Sheshiyuanyi

职业技能培训鉴定教材

设施园艺——蔬菜种植

主 编　王俊刚　郑　群　史为民

编 者　唐晓东　李贤超　赵冰梅

　　　　吴云建　李　格　杨江平

审 稿　赖军臣

U0318614

中国劳动社会保障出版社

图书在版编目(CIP)数据

设施园艺：蔬菜种植/人力资源和社会保障部教材办公室，新疆生产建设兵团人力资源和社会保障局，农业局组织编写. —北京：中国劳动社会保障出版社，2013

职业技能培训鉴定教材

ISBN 978 - 7 - 5167 - 0238 - 3

Ⅰ.①设…　Ⅱ.①人…②新…③农…　Ⅲ.①蔬菜园艺-设施农业-技术培训-教材
Ⅳ.①S626

中国版本图书馆 CIP 数据核字(2013)第 079205 号

中国劳动社会保障出版社出版发行

(北京市惠新东街 1 号　邮政编码:100029)

出 版 人:张梦欣

*

北京市白帆印务有限公司印刷装订　新华书店经销

787 毫米×1092 毫米　16 开本　23 印张　449 千字

2013 年 5 月第 1 版　　2022 年 3 月第 2 次印刷

定价: **45.00** 元

读者服务部电话:(010)64929211/84209101/64921644

营销中心电话:(010)64962347

出版社网址: http://www.class.com.cn

内容简介

　　教材在编写过程中紧紧围绕"以企业需求为导向，以职业能力为核心"的编写理念，力求突出职业技能培训特色，满足职业技能培训与鉴定考核的需要。

　　本教材详细介绍了设施园艺中蔬菜种植的最新实用知识和技术。全书主要内容包括：园艺设施的建造及运行管理、设施蔬菜生产栽培、设施蔬菜病虫害防治。每一单元后安排了单元测试题，供读者巩固、检验学习效果时参考使用。

　　本教材是蔬菜种植人员参加职业技能培训与鉴定考核用书，也可供相关人员参加在职培训、岗位培训使用。

前　言

　　为满足各级培训、鉴定部门和广大劳动者的需要，人力资源和社会保障部教材办公室、中国劳动社会保障出版社在总结以往教材编写经验的基础上，联合新疆生产建设兵团人力资源和社会保障局、兵团农业局和兵团职业技能鉴定中心，依据国家职业标准和企业对各类技能人才的需求，研发了农业类系列职业技能培训鉴定教材，涉及农艺工、果树工、蔬菜工、牧草工、农作物植保员、家畜饲养工、家禽饲养工、农机修理工、拖拉机驾驶员、联合收割机驾驶员、白酒酿造工、乳品检验员、沼气生产工、制油工、制粉工等职业和工种。新教材除了满足地方、行业、产业需求外，也具有全国通用性。这套教材力求体现以下主要特点：

　　在编写原则上，突出以职业能力为核心。教材编写贯穿"以职业标准为依据，以企业需求为导向，以职业能力为核心"的理念，依据国家职业标准，结合企业实际，反映岗位需求，突出新知识、新技术、新工艺、新方法，注重职业能力培养。凡是职业岗位工作中要求掌握的知识和技能，均作详细介绍。

　　在使用功能上，注重服务于培训和鉴定。根据职业发展的实际情况和培训需求，教材力求体现职业培训的规律，反映职业技能鉴定考核的基本要求，满足培训对象参加各级各类鉴定考试的需要。

　　在编写模式上，采用分级模块化编写。纵向上，教材按照国家职业资格等级编写，各等级合理衔接、步步提升，为技能人才培养搭建科学的阶梯型培训架构。横向上，教材按照职业功能分模块展开，安排足量、适用的内容，贴近生产实际，贴近培训对象需要，贴近市场需求。

　　在内容安排上，增强教材的可读性。为便于培训、鉴定部门在有限的时间内把最重要的知识和技能传授给培训对象，同时也便于培训对象迅速抓住重点，提高学习效率，在教材中精心设置了"培训目标"等栏目，以提示应该达到的目标，需要掌握的重点、难点、鉴定点和有关的扩展知识。另外，每个学习单元后安排了单元测试题，方便培训对象及时巩固、检验学习效果，并对本职业鉴定考核形式有初步的了解。

本系列教材在编写过程中得到新疆生产建设兵团人力资源和社会保障局、兵团农业局和兵团职业技能鉴定中心的大力支持和热情帮助，在此一并致以诚挚的谢意。

编写教材有相当的难度，是一项探索性工作。由于时间仓促，不足之处在所难免，恳切希望各使用单位和个人对教材提出宝贵意见，以便修订时加以完善。

人力资源和社会保障部教材办公室

目 录

第 **1** 单元

园艺设施的建造及运行管理

设施园艺（protected horticulture）是指在不适宜露地种植的季节或地区，利用温室、塑料大棚等农业设施栽培蔬菜、果树、花卉等园艺作物的生产方式。设施园艺是环境可控农业，它能不同程度地减轻或防止露地生产条件下灾害性气候和不利环境条件对农业生产的危害，使人类的农业生产与食品供应得到安全保障。设施园艺作为专业术语源于日本，欧美称为温室栽培（greenhouse cultivation）。我国则把具有固定保护设施的生产方式叫做保护地栽培。此后，随着农业科技对外交流的不断深入，设施园艺便被我国广泛接受，并将设施园艺的内涵扩展到中、小拱棚及阳畦等小型简易保护地栽培。

农业设施是指能够提供适宜的生产环境等条件，具有特定生产功能的农业生产性建筑、配套设备的工程系统。它具有以下两个特点：一是可以为各种农业生产对象提供比自然环境更加适宜的生产环境条件，且可以调控环境；二是依靠各种生产设备实现高效生产。

第一节　发展设施园艺的重要性

单元
1

培训
目标

➔ 了解设施园艺在我国农业中的作用
➔ 熟悉设施园艺的生产方式
➔ 掌握设施园艺的特点

一、设施园艺的意义和作用

设施园艺耕种是向耕地投入更多的能量以及新的能源形态，能够调节地上和地下环境条件，其本质是将农业从自然生态中脱离出来，产生更高的生产能力，这就是设施园艺在农业生产上的最大意义。

在我国，设施园艺是科技含量高、产品附加值高、土地产出率和劳动生产率高的"三高"农业生产方式。近年来全国设施园艺呈现出加速发展的态势。至 2008 年年底，我国设施园艺面积已突破 334 万 hm^2（含小拱棚）。设施蔬菜年产量达到 1.68 亿 t，年产值超过 4 000 亿元，基本解决了我国长期以来蔬菜供应不足的问题，并实现了周年均衡生产，在全国农产品稳定供给方面发挥着积极的作用。同时也成为促进农业增效、农民增收和农村繁荣的重要产业。目前，设施园艺在我国农业中的作用突出表现在以下几个方面：

1. 设施园艺给社会带来的最直接效益是满足人民生活水平不断提高对农产品的需求

设施园艺的发展极大地丰富和改善了人民生活水平，提高了人民的生活质量，充分体现了农业的基础性作用，为统筹城乡发展、构建和谐社会产生了积极影响。

2. 设施园艺生产过程具有较高的科技含量，能够有效地促进农业科技进步，提高农业现代化的水平

设施园艺是多学科交叉渗透的知识与技术高度密集的农业生产方式，是现代农业的重要组成部分。随着科技的发展，设施园艺装备升级速度不断加快，装备的科技含量不断提高；生产设施向着大型化、标准化和科学化的方向快速发展；生产过程朝着机械化、智能化和工厂化的方向发展，综合生产能力不断提升，示范、带动和提高农业现代化水平效果明显。

3. 设施园艺产业推进了涉农工业的发展

设施园艺设施的建设、运行和维护带动了农业建材（如农膜、PC板、保温板等）、农业机械（如播种机、灌溉机械、采收和包装设备等）、农产品加工、储藏等行业的快速发展。

4. 设施园艺的发展拓展了农民城镇属地就业渠道，稳定地提高了农民的增收能力

设施蔬菜、果品、花卉等园艺产品生产都是典型的劳动密集型产业，很多生产基地和生产大户都要聘用大量的农业工人。设施园艺的基础设施建设也需要投入大量劳力，在农村和乡镇创造了大量的就业机会。

5. 提高了农业资源和能源的利用效率

与传统农业相比，设施园艺从作物需求出发，以节能为核心，以提高能源与资源的利用效率为目标，在土地资源、水资源、生产资料和劳动力等方面的利用效率大大提高。

6. 提高了农业生产的减灾和防灾能力

设施内相对密闭的生产环境较少受到室外自然条件的影响，因此具有较强的减灾和防灾能力，可以大大降低低温、干旱和大风对农业生产的影响，为从业者获得稳定的生产收入提供了保障。

二、设施园艺的内容、生产方式及其特点

1. 设施园艺的内容

设施园艺主要涉及三门学科，即生物学、环境学和工程学。生物学科的内容主要包含蔬菜、果树、花卉的生产管理。环境学科包含对光照、温度、湿度、气体、土壤5个环境因子的产生机制、变化规律的认识及其调控技术。工程学科则是设计及建造能够满足作物对环境因子需求且坚固、经济的设施类型和结构，另外还包括设计及配置环境调控设备和生产设备。

2. 设施园艺的生产方式

根据自然条件、市场需求以及设施类型和生产装备不同，设施园艺的生产方式大致可概括为以下几种：

（1）育苗栽培。冬、秋及春季利用塑料大棚温室为露地和设施栽培培育蔬菜幼苗；

单元
1

夏季利用荫棚培育秋菜幼苗。

（2）越冬栽培。利用设施栽培耐寒性蔬菜，在保护设备下越冬，早春收获。

（3）早熟栽培。利用设施进行防寒保温，提早定植，以获得早熟产品。

（4）延后栽培。夏季播种，秋季在设施内栽培蔬菜，早霜后仍可继续生长，以延长蔬菜的供应期。

（5）炎夏栽培。高温多雨的季节利用荫棚、大棚及防雨棚等设施进行遮阴、降温、防雨，在炎热的夏季进行栽培。

（6）促成栽培。在寒冷的冬季利用温室栽培喜温果菜类蔬菜，促使其形成产品。

（7）软化栽培。利用棚窖或其他软化方式，为形成的鳞茎、根、植株或种子创造遮光生长条件，生产出韭黄、蒜黄、豌豆芽等芽菜。

（8）假植栽培。秋冬季把在露地已长成或半长成的蔬菜连根掘起，密集囤栽在设施中使其继续生长，冬春季节供应。

（9）无土栽培。是指在设施中不使用土壤，用营养液或基质来种植蔬菜的一种栽培方式。

（10）种株越冬采种。为加快育种或繁种进程，冬季在设施中栽培种株，以获得种子。

3. 设施园艺的特点

设施园艺使用的设施和设备繁多，生产方式各异，但其特点可以总结如下：

（1）需要选用适宜的设施类型。

（2）要充分发挥设施的生产性能。

（3）需要人为调控设施内的环境条件。

（4）要求较高的生产技术和管理水平。

（5）根据各地的地域特点，充分利用当地的自然资源。

（6）实现生产的专业化、规模化以及产业化。

第二节 设施园艺的历史、现状和发展趋势

培训目标

→ 了解设施园艺发展历史

→ 熟悉设施园艺发展现状

→ 掌握我国设施园艺发展趋势

单元 1

一、设施园艺发展的历史和现状

1. 设施园艺的发展历史

世界设施园艺的发展大体上分为以下三个阶段：

（1）原始阶段。2 000多年前，我国使用透明度高的桐油纸作为覆盖物，建造温室。古代的罗马是在地中挖壕，上面覆盖透光性好的云母板，并使用铜制烟管进行加温。

（2）发展阶段。主要是第二次世界大战后，玻璃温室和塑料大棚等发展起来，而且附加设备增多。

（3）飞跃阶段。20世纪70年代后，大型钢架温室出现，自动控制室内环境条件已成现实，世界各国温室面积迅速增加，室内加温、灌溉、换气等附加设备广泛运用，甚至出现了植物工厂，完全由人类控制作物生产。

2. 设施园艺的发展现状

从设施总面积上看，中国居世界第一，日本排第二。但从玻璃温室和人均温室面积上看，荷兰居世界第一。从设施内栽培的作物来看，蔬菜生产占到总生产面积的80%左右，其中果菜类可占90%左右，果菜中最多的是草莓、黄瓜、甜瓜、番茄、西瓜、茄子、甜椒等蔬菜，而我国西瓜和甜瓜在温室内生产较少，剩余20%是花卉和果树，又以花卉为主。温室内装备有加温、多层幕、换气扇、自动灌水、CO_2气体施肥以及水耕栽培设施，为自动控制环境因子创造了条件。设施园艺发展的现状表现出以下特征：

（1）设施面积较大，但发展程度不同。据不完全统计，世界上温室和大棚的面积大约有1 645 840 hm^2。其中西北欧国家由于常年天气较冷，夏季短，气温不高，以玻璃温室为主，而亚洲、南欧、北美以塑料温室为主。

（2）设施结构与建筑材料多样化

1）设施结构的多样化。纵观国外设施园艺，其结构主要有以下三种类型：

①小拱棚。用支撑物托住塑料薄膜，高度在1 m左右，两侧薄膜用泥土固定，使用简便。

②塑料大棚。外形有篷型、屋顶型，以塑料膜为覆盖物，内部设施较少，主要用于春、夏、秋季生产。

③温室。大致有三个等级：简易温室，指一般小型温室，不完全具备调温、通风等设备；现代化温室，指连栋大型温室，可以实现耕种机械化和管理自动化；工厂化温室，它是一座比较完善的植物工厂。

2）建筑材料的多样化。20世纪80年代以后建的温室，几乎全部用镀锌钢、镀锌管和铝合金的屋顶，覆盖材料出现了玻璃钢、玻璃纤维增强聚酯（FRP）板和双层充气薄膜。20世纪90年代至今，聚碳酸酯（PC）板因具有透光与保温性能好、耐用、不易破损、防火性能强等优点得到了广泛应用。

（3）温室管理实现机械化、自动化，并向智能化管理发展。20 世纪 90 年代中期以来，二氧化碳施肥技术、计算机环境控制技术、滴灌技术、无土栽培技术在温室中普遍应用，采用湿帘—风机系统的降温技术也得到普及。荷兰的温室生产管理中采用了计算机控制环境和无土栽培技术，番茄产量高达到 48～50 kg/m²，黄瓜产量达到 50～70 kg/m²。利用计算机对温室环境因素进行调控，除了可调控空气温度、相对湿度、空气流速、二氧化碳和光照外，还可以定时、定量灌水以及确保营养液的精确注入。

（4）温室的科研成果不断转化，推动着生产迅速发展。国内外在温室生产中推广了以下新技术：

1）二氧化碳施肥技术。近 20 年来，现代化温室内已普及二氧化碳增施技术，增施的浓度达到空气中二氧化碳的 3 倍，主要采用燃烧碳氢化合物的方法。

2）熊蜂授粉技术。作物产量提高 20% 左右。平均每只蜂授粉面积为 20 m²。

3）工厂化穴盘育苗技术。利用穴盘精量播种生产线，自动完成从穴盘基质填充、播种、覆盖、淋水等一系列操作，播种效率大为提高。

4）栽培管理的机械化操作。如移苗、嫁接、收获、灌溉、施肥、中耕及运输作业等都可实现机械化操作。

（5）温室生产产业化体系已完整运行。包括产前的种苗、肥料、农药公司，产中的灌溉、植保、机械化服务体系，产后的销售与加工体系等，均已完整运行。

二、设施园艺发展新趋势

1. 国外设施园艺发展趋势

以荷兰、法国、西班牙、以色列、日本等国家为代表，其明显特征是设施结构多样化、生产管理自动化、生产操作机械化、生产方式集约化。

（1）开发新覆盖材料和设施结构创新。

（2）研究节能环境调节技术，如浅层地能（地源热泵）技术、节能光源 LED 在温室中的应用等。

（3）温室环境自动控制技术创新。

（4）设施栽培专用品种的创新。

2. 我国设施园艺发展趋势

（1）开发新型温室结构，制定设施标准体系。我国今后设施结构标准化要抓住两个重点，一是设施结构类型以日光温室为主，现代化温室为辅。二是强调资源的高效利用。如开发新型墙体材料、保温材料和骨架材料，要设计出空间大、透光保温好和便于机械化操作的新型温室结构，以提高性能。

（2）开发设施内环境控制技术与设备。重点研究温室环境指标（包括温度、湿度、光照等）和自动化控制技术，对加温、降温、灌溉、通风、排湿、补光、二氧化碳施肥等环境调节技术实行优化组合，特别是自动化技术和信息技术的应用研究。

（3）新品种引进与配套栽培技术研究。

（4）开发与应用设施生产机械作业技术。主要是开发研制一系列温室小型农机具，并能够进行温室内耕翻、定植、铺膜、消毒、嫁接、起垄、开沟、施肥、打药、清洗、包装等机械作业。

（5）开展设施生产产业化体系及经营管理模式的研究。

（6）开展绿色蔬菜生产技术的研究。

（7）培养设施园艺管理的专门人才。

第三节　园艺设施类型、性能及应用

→ 了解塑料拱棚的类型、结构和应用
→ 熟悉现代化温室的结构和性能
→ 掌握日光温室的结构、性能和应用

单元
1

一、塑料拱棚

塑料拱棚都是没有围护墙体，只由一定数量的拱形骨架连接，借以支撑和固定塑料薄膜而形成的具有一定高度和空间的保护设施。根据其高度和跨度的大小分为小拱棚、中拱棚和大棚，其中中拱棚的形状、结构与大棚类似，只是在高度、跨度等建筑尺寸上存在差异，如图1—1所示为塑料大棚，图1—2所示为小拱棚。拱棚一般无加温设备，即传统意义上的"冷棚"。

图1—1　塑料大棚

图1—2　小拱棚

1. 类型与结构

大棚可按照栋数多少分为单栋和连栋。以大棚屋面的形状不同可以分为拱圆形和屋脊形。通常以骨架材料和建筑结构划分为以下类型：

（1）竹木结构大棚。这种大棚的跨度为8~12 m，高为2.4~2.6 m，长为40~60 m，每栋生产面积为333~667 m²。骨架由立柱、拱杆、拉杆、吊柱（悬柱）、压杆（或压膜线）和地锚等构成。上面覆盖棚膜。

（2）钢拱架大棚。这种大棚的骨架是用钢筋或钢管焊接而成的。通常大棚宽为10~12 m，高为2.5~3.0 m，长为50~60 m，单栋面积多为667 m²。其特点是坚固耐用，中间无柱或只有少量支柱，空间大，便于作物生长和人工作业，但一次性投资较大，且钢骨架需注意维修、保养，每隔2~3年应涂防锈漆，以防止锈蚀。这种大棚可根据骨架结构不同分为单管拱架、双管平面桁架和三角空间桁架。

（3）水泥柱钢竹混合结构大棚。这种结构的大棚是每隔3 m左右设一钢拱架。用钢筋或钢管作为纵向拉杆，每隔2 m左右一道，将拱架连接在一起。在纵向拉杆上每隔1.0~1.2 m焊一短的立柱；在短立柱顶上架设竹拱杆，与钢拱架相间排列。其他如棚膜、压杆（线）及门窗等均与竹木或钢筋结构的大棚相同。

钢竹混合结构大棚用钢量少，棚内无柱，既可降低建造成本，又可改善作业条件，避免支柱的遮光，是一种较为实用的结构。

（4）镀锌钢管装配式大棚。自20世纪80年代以来，我国一些单位研制出了定型设计的装配式管架大棚，这类大棚多采用管径为25~32 mm热浸镀锌的薄壁钢管制成拱杆、拉杆、立柱，用卡具、套管连接杆件组成大棚骨架，覆盖薄膜用固膜卡槽卡簧固定。目前国内主要生产跨度为6 m、8 m、10 m，高度为2~3 m，长为30~60 m等规格的拱圆形大棚。棚体南北延长，无立柱。由于它具有质量轻、强度高、耐锈蚀、易于安

单元 **1**

装和拆卸、中间无柱、采光好、作业方便等特点，同时其结构规范、标准，可大批量工厂化生产，所以，在经济条件允许的地区可大面积推广应用。

2. 性能及应用

（1）性能

1）光照环境。大棚内的光强与大棚结构、薄膜透光率、大棚方位、季节、天气状况有关，同时，棚内光照也存在着季节变化和光照不均匀现象。北方5月以后棚内的日平均光照度可达到 4×10^4 lx 左右，能满足蔬菜等生长发育的需要。大棚内地面上光照分布的均匀性与屋面形状和大棚方位有密切关系。南北延长拱圆形屋面室内近地面多为散射光，分布较均匀。

2）温度环境

①塑料棚内气温的季节变化。无霜期比露地增加50天左右，秋季初霜期可延后30天左右。以北疆地区为例，露地终霜期一般在5月中旬，初霜期在9月下旬至10月上旬，大棚内的终霜期可提前到4月初，初霜期可延迟到11月上旬。

②塑料拱棚内气温的日变化。晴天日出后室内气温迅速上升，正午后1~2 h最高可达到40℃以上，下午6—7点后很快下降，最低温度出现在日出前1 h左右。一天中昼夜温差可达30℃。阴天温度的变化幅度比晴天小。棚内的地温与气温的变化成正相关。注意在早春和晚秋季节，在白天晴转阴、夜间有薄云且有风的天气状况下，夜间棚内气温会出现"逆温"现象。

3）湿度（土壤水分）环境。由于塑料薄膜基本上不透水、不透气，大棚在密闭情况下室内的水分不易向外散失，因此，棚内的土壤含水量和空气湿度都比露地高。当白天采取通风措施时，棚内气温高，土壤蒸发和作物蒸腾量大，土壤含水量下降较快；虽因气温升高而导致相对湿度下降，但仍然维持在60%以上，特别是在夜间室内空气湿度常高达80%以上，易诱发病害。

（2）应用。目前大棚的主要用途如下：

春季早熟栽培——即早春利用温室育苗，大棚定植。

春到秋长季节栽培——其早春定植及采收与春茬早熟栽培相同，采收期直至9月末。

二、日光温室

日光温室一般是指以太阳辐射能为主要能量来源的单屋面温室，一般由透光前屋面（前坡）、后屋面、后墙、山墙、操作间和外保温帘（被）组成，坐北朝南，东西向延伸，如图1—3所示为日光温室内部结构，图1—4所示为日光温室外部结构。日光温室不仅白天的光热来自太阳辐射，夜间的热量也基本上依靠白天蓄存的太阳能来供给。日光温室前屋面具有很高的太阳光透过率，围护墙体具有保温和蓄热的双重功能，适用于冬季寒冷但光照充足的地区反季节种植蔬菜、花卉和瓜果。

图1—3　日光温室内部结构

单元
1

图1—4　日光温室外部结构

冬季能够少加温甚至不加温就能生产喜温蔬菜的日光温室称为节能型日光温室，其原理主要通过改进采光屋面的角度和形状以及保温墙体的结构和材料，白天尽可能多地吸纳、积蓄太阳能，夜间严密保温以防止热量散失，来维持温室内的温度。这种温室最突出的特点就是节能，在我国北方北纬40°～42°地区，冬季晴天多，光能资源丰富，基本上不需要加热即可进行反季节、超时令园艺产品生产。与大型连栋温室相比，节能型日光温室可节约煤炭50 t/667 m²左右，节约了大量能源，也减少了温室加温对生态环境造成的破坏。

节能型日光温室生产有较强的地域性，不同的区域气候决定了不同的日光温室类型、结构、栽培方式、品种选择及茬口安排。因此，依据各地区气候条件和自然资源合理设计温室结构及布局温室生产十分重要。各地在发展温室时需要考虑的气候因子包括年极端最低气温（℃）、12月和1月平均气温（℃）、冬季晴天日数（d）、12月和1月晴天日数（d）、12 月和 1 月日照时数（h）、12 月和 1 月太阳辐射照度（MJ/m²）等。

1. 结构与类型

可根据日光温室的建筑外形进行分类。例如，按前屋面形状不同可以分为半拱圆式日光温室、一坡一立式日光温室；按后屋面长短、后墙高矮分为长后坡矮后墙型日光温室、短后坡高后墙型日光温室、无后坡型日光温室；也可根据建筑材料分为竹木骨架日光温室、钢拱架砖混墙体日光温室、钢拱架夯土墙体日光温室等。

生产上常根据出现年代早晚及其光热性能表现将节能日光温室划分为两代。第一代中具有代表性的鞍山Ⅱ型日光温室，在室外 –20℃ 的严冬完全不加温的情况下，可生产喜温类果菜。因此，这一指标被业内专家作为认定第一代节能日光温室的重要标准。随后一，第一代节能日光温室向着有利于采光、增温、作业方便、结构安全和经济实用的方向发展形成了第二代，其结构上的特点是：在设计前屋面时应用了"合理采光时段屋面角度"理论，增大前屋面坡度角，增大脊高、跨度，减少立柱，缩短后屋面长度。其中代表性的有辽沈Ⅰ、Ⅱ型日光温室，改进冀优Ⅱ型节能日光温室等。另外，第二代节能日光温室在墙体材料和保温被材料的选择、卷帘机的改进上也取得了重大突破。

（1）日光温室的结构。日光温室的结构分为建筑结构和支撑结构两部分。

1）建筑结构。主要包括墙体（后墙、山墙）、屋面等部分，各部分的构造及作用如下：

①后（北）墙。后墙位于温室的北边。按照建墙材料不同，后墙有土墙、草泥墙、砖墙和砖土混合墙等类型。主要作用是保温蓄热和支撑屋面。

②山墙。分别位于温室的东侧和西侧。山墙南低北高，最高点位于屋脊处。材料与后墙相同。主要作用是保温蓄热。

③前屋面（采光面）。前屋面位于温室的前部，前屋面主要由拱架、塑料薄膜和外保温覆盖物组成。主要作用是采光。

④后屋面。后屋面位于温室的后上部，由屋架、保温层和保护层三部分组成。主要作用是保温并抬高屋脊，以提高采光性能，另外在白天放置卷起的保温被。保温层是后屋面的主体部分，一般厚 30 cm 左右。简易日光温室多用作物秸秆作为保温材料，并用塑料薄膜把秸秆与外界隔离开，避免受潮霉烂。永久性日光温室则多用耐用的聚苯乙烯塑料板、珍珠岩、煤渣、蛭石等作为保温材料。保护层起保护保温材料不受雨淋、风吹等作用，保护层材料主要有草泥、水泥砂浆及防水层等，草泥的防水渗透能力差，一般厚 10 cm 左右；水泥砂浆的防水渗透能力强，一般厚 5 cm 左右，常与防水层结合使用。

2）支撑结构。主要包括拱架、后屋面屋架、立柱和基础。

①拱架。拱架是前屋面的主体结构，其形状有曲面形及斜面形，一般采用梁、拱、桁架的结构设计，使用竹木或钢管、钢筋等材料，主要作用是屋面造型、支撑薄膜和保温被。

单元
1

②屋架。屋架是后屋面的骨架部分，起固定支撑后屋面的作用。竹木结构日光温室多采用桁檩椽结构，用粗木作桁，以立柱支撑，在桁木上沿东西方向固定细木作檩，檩上布置木椽。钢架结构日光温室后屋面骨架常与前屋面拱架合为一体。

③立柱。立柱位于温室内。主要作用是支撑固定前、后屋面。竹木结构日光温室一般有 3 ~ 4 排立柱，依所在温室中的位置不同，分别叫做前排立柱（简称前柱）、中排立柱（简称中柱）、后排立柱（简称后柱）。立柱主要采用耐潮湿、不霉烂、强度高、造价低的水泥预制柱。钢架结构日光温室一般无立柱或只设置后柱。

④基础。日光温室常用的是柱下独立基础和墙下条形基础。它的作用是将作用在温室支撑结构上的荷载传递到地基。

（2）日光温室类型

1）第一代节能日光温室

①短后坡高后墙日光温室。为了提高采光性能，便于操作和栽培果菜类蔬菜需要，日光温室抬高了后墙，缩短了后屋面水平投影。代表类型为两种，一种是短后坡高后墙砖混墙体钢架结构日光温室；另一种是短后坡高后墙夯实土墙竹木结构日光温室。由于这种温室缩短了后屋面，提高了后墙和中脊高度，增加了前屋面长度，提高了温室采光性能。但因后墙加高，后坡缩短，因此，后墙用料及用工量加大，夜间保温能力降低，需增加墙体厚度和后屋面厚度，前屋面夜间盖双层草苫或草苫加盖棉被。

②一坡一立式日光温室。又称琴弦式日光温室。其特点是前屋面为斜面，下部为一小立窗。后屋面短，空间大，有利于作物生长和人工作业。但采光性不如半拱圆形。

③鞍山Ⅱ型日光温室。这是由鞍山市园艺研究所设计的一种无柱拱圆形日光温室。前屋面为钢结构，后墙为砖与珍珠岩组成的异质复合墙体。

2）第二代节能日光温室

①辽沈Ⅰ型节能日光温室。由沈阳农业大学设计，无柱式。跨度为 7.5 m，脊高 3.5 m，后墙高 2.5 m，后面仰角 30.5°。墙体内、外侧为 37 cm 砖墙，中间夹 9 ~ 12 cm 聚苯板。后屋面也采用聚苯板等复合材料保温，拱架采用镀锌钢管，配套卷帘机、卷膜器等设备。其前屋面坡度角和保温材料等都优于鞍山Ⅱ型日光温室，在北纬42°以南地区，冬季基本不加温即可生产喜温果菜。

②改进冀优Ⅱ型节能日光温室。这种温室跨度为 8 m，脊高 3.65 m，后坡水平投影长度为 1.5 m。后墙为 24 cm + 12 cm 夹心墙，内填 12 cm 厚珍珠岩。骨架为钢筋桁架结构。该温室性能优良，在华北地区冬季可基本满足喜温果菜的生产要求。

2. 性能及应用

（1）性能

1）光照环境

①光强。由于可见光通过温室透明屋面时一部分被反射，一部分被薄膜吸收，因

此，进入室内的可见光比外界减少。当直射光入射角为 0° 时，干洁新膜的透光率可达 90%，但实际生产中，由于前屋面坡度角过小，骨架材料遮阴、薄膜老化、灰尘污染、附着水滴等原因，温室的透光率会降至 50% 以下，造成冬季室内光强较弱。

②光照时数。日光温室冬季光照时数受到保温被揭盖时间的限制，一般比当天的日照时数少 2 h 左右。

③光照分布。由于日光温室采光面为单屋面构造，所以光强和采光量在垂直和水平方向上分布都不均匀。一般温室的北侧光照较弱，南侧较强；东西靠近山墙处在午前和午后分别出现三角形弱光区。

④光质。薄膜对紫外线的透过率比玻璃高，所以，日光温室作物产品的维生素 C 含量、花青素含量以及外观品质比玻璃温室好。但不同种类的薄膜紫外线的透过率有差异，对波长为 270 ~ 380 nm 的紫外线，透过率由高到低的顺序为聚乙烯（PE）＞乙烯—醋酸乙烯（EVA）＞聚氯乙烯（PVC）。

2）温度环境

①气温。在高纬度地区，日光温室内气温存在着明显的四季变化。日光温室内气温的日变化与外界基本相同，冬季晴天揭帘后 0.5 h 左右温度开始上升，中午 12 时左右温度达到最高值，下午 14 时以后气温开始下降，最低温度出现在揭帘前 0.5 ~ 1 h。

由于光照分布的不均匀造成室内温度分布不均匀。通常白天室内上部温度高于下部，中部高于四周；夜间北侧温度高于南侧。此外，温室面积越小，低温区域所占比例越大，温度分布越不均匀。

②地温。尽管室内地温也存在着日变化和季节变化，但与气温相比，地温比较稳定。从地温的日变化看，上午揭帘后，地表温度很快上升，下午 14 时左右达到最高值，14—16 时很快下降，盖帘后地表温度下降缓慢。随着土层深度的增加，日最高地温出现的时间逐渐延后，距地表 20 cm 以下深层土壤温度的日变化很小。从地温的分布看，温室周围的地温低于中部地温。

3）空气湿度。温室内空气湿度表现出以下特点：日光温室内空气的绝对湿度和相对湿度均大于露地；白天室内气温升高，相对湿度降至 50% ~ 70%；夜间气温下降，相对湿度增高达到 80% ~ 100%。日光温室内的局部湿度差较大，这种差异随设施空间增大而明显。由于空气相对湿度大造成起雾和作物表面结露，加上膜面滴水及叶片吐水等原因，常造成作物表面沾湿。

4）气体条件。温室内 CO_2 浓度的日变化非常明显，白天 CO_2 浓度常降至 200 μL/L 以下，造成 CO_2 亏缺。

日光温室内的有害气体主要有氨气、亚硝酸气体、二氧化硫、乙烯、氯气等。氨气、亚硝酸气体产生的原因主要是施用有机肥、铵态氮肥或尿素过量。炉火加温易产生二氧化硫和一氧化碳。乙烯和氯气主要是农用塑料制品中挥发出来的。

5）土壤环境。日光温室内的土壤养分转化和有机质分解速度快，肥料利用率高。由于室内土壤施肥较多又较少受到雨水淋湿，且因地表蒸发强烈土壤水分由下层向表层运动，使得土壤盐分随水分向表土积聚，易产生次生盐渍化现象。

（2）应用。日光温室在生产中的应用主要有以下几方面：

1）育苗。包括冬季育苗、春季育苗和夏季育苗。

2）蔬菜周年栽培。包括瓜类、茄果类、绿叶菜类、豆类、葱蒜类、甘蓝类、食用菌类、芽菜类等蔬菜的春茬、秋茬、秋冬茬、冬茬栽培。

3）花卉栽培。生产盆花和鲜切花。

4）果树栽培。利用日光温室进行草莓、葡萄、桃、樱桃等水果作物的早熟或延后栽培。

三、现代化连栋温室

现代化温室主要指覆盖面积大（大于 1 hm²），室内环境可自动化调控，受自然气候影响较小，能全天候进行园艺作物生产的连栋温室，它是目前园艺设施的最高级类型。

连栋温室是指将两栋以上的单栋温室在屋檐处通过天沟连接起来的温室。连栋温室一般都采用性能优良的结构材料和覆盖材料，具有良好的透光性和结构可靠性。连栋温室配备有完善的环境控制设备，生产机械化程度高，性能优良。

1. 类型与结构

（1）类型

1）按照温室透光覆盖材料划分

①玻璃温室。其代表型为荷兰的文洛型（Venlo）温室，如图1—5所示。

单元
1

图1—5　玻璃连栋温室

②塑料薄膜温室。其代表型为以色列的各型温室，如图1—6所示。

图1—6　塑料连栋温室

③硬质塑料板材温室。以美国和我国的连栋温室较为常见。

2）按照温室屋面形状划分

①人字形屋面温室。又称尖屋顶温室，采用玻璃和PC中空板硬质透光覆盖材料覆盖的温室基本上都是该类型。这种温室每跨可以是一个人字形屋面，如门式钢架结构玻璃温室；也可以是两个或两个以上的人字形屋面，如典型的文洛型温室。

②拱圆顶温室。屋面为拱圆形，或由两个半圆弧组成的尖屋顶温室都属于该类型。大部分塑料薄膜温室都是拱圆顶温室。

③锯齿形温室。屋面上具有竖直通风口的温室都属于该类型。

④平屋顶温室。屋面为水平或近似水平的温室。

（2）现代化温室的结构。温室结构一般是指其主体框架，包括基础、骨架、天沟（排水槽）等部分。基础包括独立的立柱基础和侧墙连续条形基础。骨架包括立柱、水平梁、拱架，采用矩形钢管、槽钢制成，经过热镀锌防锈处理。还有一类是门窗、屋顶等铝合金型材，经抗氧化处理。天沟的作用是将单栋温室连接成连栋温室，同时又起到收集和排放雨水的作用。

1）文洛型（Venlo）温室结构。"Venlo"一词来源于荷兰一个小镇的名称，20世纪50年代文洛型温室就诞生在这里。这种温室屋面梁采用了水平桁架作为主要承力构件，屋盖梁采用专用铝合金型材"人字形"对接，立柱及侧墙檩条采用热镀锌钢结构。水平桁架与立柱间固定连接形成稳定结构。

温室单间跨度为6.4 m、8 m、9.6 m、12.8 m，开间为3 m、4 m、4.5 m，檐高为3.5～5.0 m，每跨由两个或三个（双屋面的）小屋面直接支撑在水平桁架上，小屋面跨度为3.2 m，矢高0.8 m。根据水平桁架的支撑能力，将两个以上的小屋面组合成6.4 m、

单元
1

9.6 m、12.8 m 的多屋面连栋温室，可大量减少早期连栋温室每小跨天沟下的立柱，减少构件遮光。这种结构的屋盖承力材料选用铝合金型材，也作为玻璃镶嵌材料。其覆盖的 4 mm 厚玻璃从天沟直通屋脊，中间不加檩条，减少了屋面承重构件的遮光，提高了透光性。

开窗设置以屋脊为分界线，左右交错开窗，屋面开窗面积与地面积比率（通风窗比）实际为 10% 左右。文洛型温室屋面通风窗如图 1—7 所示。

图 1—7　文洛型温室屋面通风窗

这类温室最大的特点是：构件截面小，透光率高，光照均匀；温室密封性好；通风面积大；屋面排水效率高；使用灵活性强；构件的通用性强，安装简单及便于维护等。

2）塑料薄膜温室结构。圆拱结构是塑料温室最常用的建筑外形，一般跨度为 7.0 ~ 10.0 m，开间为 3.0 ~ 4.0 m，檐高为 3.0 ~ 4.5 m，拱面矢高为 1.7 ~ 2.2 m。由于塑料温室屋面荷载较小，其结构形式常见为吊杆桁架结构。屋面拱架一般都设置为主、副梁结构。主梁（拱）采用单根或两根拼接的圆拱形单管，通常为圆管、方管或外卷边 C 型钢。主梁底部有一水平拉杆，一般为钢管，在主拱杆与水平拉杆之间垂直连接 2 ~ 3 根吊杆。主梁直接与温室立柱连接，将屋面荷载通过立柱传递到基础。副梁一般直接连接到天沟侧板上，主要起支撑薄膜的作用。这种温室适用于风载较小的地区。在大风或多雪地区，为了增强温室结构的承载能力，温室的屋面结构常做成整体桁架结构。

2. 配套设施和设备的种类及功能

（1）自然通风系统。自然通风系统的主要作用是通风换气、调节室温。一般分为顶窗通风、侧窗通风和顶侧窗通风三种方式，其中顶侧窗通风效果最好。常用自然通风设备主要有开窗机和卷膜机两种。玻璃温室采用前者，塑料温室常采用后者。

1）开窗机。开窗机主要包括两部分，即闭启（执行）和传动机构，电动机和控制电路。

开窗机按其采用的传动机构不同又分为以下三种：

①齿轮齿条开窗机。是指采用齿条机构作为传动或执行机构的开窗机，通常包括电动机、减速器、联轴器、传动轴、一组或数组传动机构、一组或数组启闭窗的执行机构，齿条机构是其核心部件。按齿条机构所起作用的不同，温室齿条开窗机可分为齿条直推连续开窗机（见图1—8）和齿条推杆式开窗机（见图1—9所示）。

图1—8　齿条直推连续开窗机

②曲柄连杆开窗机。采用曲柄连杆机构传动，因传动轴及减速机受力过大，常引起减速电动机磨损及产生运行误差。

③四连杆开窗机。其传动采用四连杆机构，该类型开窗机多在中、小型玻璃温室中采用。

减速电动机采用三相或单相电动机，控制电路有手动控制和自动控制两类。自动控制电路是采集温度、湿度、CO_2传感器的数据后进行处理，把指令放大传送给执行电动机完成启闭窗动作。

2）卷膜机。卷膜机应用于塑料薄膜温室，用于将塑料膜卷起和展开，形成通风口，如图1—10所示。驱动方式有手动和电动两种。按照传动方式的不同，卷膜机可分为爬升式、臂杆伸缩、管状电动机驱动式三类。

图1—9　齿条推杆式开窗机

①爬升式卷膜机。它主要由手动卷膜器（或电动卷膜器）、爬升导杆、卷膜轴和连接件等组成。卷膜器内部的传动机构驱动卷膜轴，并使卷膜轴沿爬升导杆导引方向升降，使塑料薄膜卷起和展开。

单元
1

图1—10 塑料温室卷膜机

②臂杆伸缩式卷膜机。它主要由手动卷膜器（或电动卷膜器）、伸缩臂杆、卷膜轴和连接件等组成。伸缩臂杆的固定管在一端铰接于温室骨架，可在一定角度范围内摆动，伸缩臂杆的活动管与卷膜器相连，起到支撑卷膜器并为卷膜器导向的作用，通过伸缩臂杆的伸缩和摆动，保证卷膜器驱动卷膜轴适应温室的弧形表面，沿温室屋面将塑料膜卷起和展开。

③管状电动机驱动式卷膜机。它采用管状电动机直接安装在圆管内，与圆管形成一体，管状电动机和卷膜轴构成了卷膜机。这类卷膜机不需要另外的零件进行导向和安装固定，可以不受屋面形状和温室结构的限制，适用于侧墙、屋面等处卷膜开窗。

（2）加热系统。现代化温室面积大，没有覆盖外保温层，只能依靠加温来保证寒冷季节园艺作物的正常生产。温室采暖方式主要有热水采暖、蒸汽采暖、热风采暖、电热采暖、辐射采暖等。

1）热水采暖。热水采暖系统由锅炉、热水输送管道、循环水泵、散热器以及各种控制和调节阀门等组成。该系统由于供热热媒的热惰性较大，温度调节可达到较高的稳定性和均匀性，一次性投资大，循环动力大，但热损失较小，运行较为经济。一般冬季室外采暖设计温度在 -10℃ 以下且加温时间超过三个月的，常采用热水采暖系统。热水采暖系统对温室内的散热器排列有以下要求：保证温室内温度均匀；热源能根据温室作物生长的变化而变化，从而保证作物生长的温度；要保证热水在管道内循环流畅。如图 1—11 所示，温室内的散热器按管道的移动性可分为移动式散热器和固定式散热器，其中固定式散热管可兼做作业车的轨道，以便于温室作物的日常管理，如图 1—12 所示。

a)

b)

图1—11　温室散热器

a）移动式散热器　b）固定式散热器

2）热风采暖。热风采暖是指通过热交换器将加热空气直接送入温室以提高室温的加热方式，如图1—13所示为温室用燃油热风炉。这种加热方式由于是强制加热空气，

图1—12　温室固定式散热管兼做作业车轨道

图1—13　温室用燃油热风炉

一般加热的热效率较高。热风加热系统由热风炉、送气管道（一般用聚乙烯薄膜做管道）、附件及传感器等组成。热风炉分为燃煤热风炉、燃油热风炉和燃气热风炉。在热风采暖系统中，由于热风干燥，室内相对湿度小，又由于空气的热惰性较小，加温时室内温度上升速度快，但停止加温后室内温度下降也较快，加温效果不及热水采暖系统稳定。与热水加温系统相比，热风加温运行费用较高，但一次性投资小，安装简单。适用于室外采暖设计温度较高（-10～-5℃），冬季采暖时间短的地区，尤其适用于小面积单栋温室。

（3）室内帘幕系统。室内帘幕系统具有双重功能，夏天可遮挡阳光，降低室内温度；冬季可增强夜间保温效果。设置内遮阳是温室节能、遮阳、温度控制和湿度调节的有效手段。遮阳保温幕将阳光反射而不是吸收阳光，有效降低温室内光照度，同时使作物和空气温度相应降低；夜间阻挡温室向外界发射的热辐射，可以保持幕布下的热量不散失；加湿时关闭遮阳幕将使温室内湿度迅速增大，同时，遮阳幕的下表面对从温室内发射过来的热辐射有很好的吸收能力，使幕布能保持较高的温度，幕布的较高温度可以防止冷凝，避免幕布下表面产生冷凝水滴。室内帘幕系统主要由遮阳保温幕（遮阳网）、拉幕驱动机构和遮阳网支撑固定装置组成。温室内遮阳系统如图1—14所示。

a)

b)

图1—14 温室内遮阳系统

a) 打开状态 b) 收起状态

单元
1

常用的遮阳网有纱网、铝箔网和镀铝网等。纱网以单丝聚酯纤维纺织而成。后两者是按照保温和遮阳的不同要求，嵌入不同比例的铝箔。

拉幕驱动机构（拉幕机）按照传动方式不同可以分为钢索拉幕机、齿条拉幕机和链式拉幕机。钢索拉幕机主要由减速电动机、联轴器、驱动轴、轴支撑、驱动钢索、换向轮等组成。齿条拉幕机主要由减速电动机、传动轴、齿条、齿轮盒、推拉杆、支撑滚轮等组成。齿轮齿条传动系统的工作原理是：电动机带动传动轴运转，传动轴上的齿轮齿条副将圆周运动变成直线运动。与齿条连接的推拉杆通过十字连接带动铝合金活动推杆在幕线上平行移动，铝合金活动推杆拉动幕布一端缓慢展开、收拢，全部展开及收拢后分别触动开、合限位器开关，电动机停止，运行结束。

遮阳网的支撑固定方式一般有托幕式和挂幕式两种。托幕式是每隔一定距离布置一道托幕线用于托住遮阳网，每间隔一定距离还要布置一道压幕线，用于限制遮阳网的收拢体积。遮阳网在托幕线和压幕线之间运动。在与梁交叉的地方采用专用卡具支撑托幕线。挂幕式是利用专门吊挂用的卡具将遮阳网悬挂在不锈钢丝上，驱动机构置于遮阳网上方。挂幕式的优点是收网时整齐、美观，缺点是网展开后会形成一定网兜。

（4）室外遮阳系统。在夏季，由于进入温室的太阳辐射热负荷太高，当使用外遮阳系统时，阻隔了大部分太阳辐射进入温室，在具有良好通风的温室中可将室内温度控制到只比室外高1℃的水平，主要适用于夏季的遮阴、降温，同时可避免强光灼伤作物。另外，通过调节遮阳网的开启和关闭来满足温室对光线变化的需求。高强度的遮阳网还具有防雹保护作用。温室外遮阳系统如图1—15所示。

单 元

1

图1—15　温室外遮阳系统

（5）湿帘风机降温系统。湿帘（水帘）风机降温系统利用水分蒸发吸收汽化热的原理降低温室温度。其原理是湿帘内的淋水系统工作，使得湿帘充分浸湿。风机工作形成室内负压，室外未饱和空气流经多孔湿帘，经湿帘表面水分蒸发，使得进入室内的空气温度下降，流入室内，起到降温作用。降温幅度一般可达 3~7℃。

湿帘风机降温系统由湿帘加湿系统和风机组成，如图 1—16 所示。湿帘加湿系统包括湿帘本身、支撑湿帘材料的箱体或支撑构件、加湿湿帘的配水和供回水管路、水泵、水池、过滤装置、水位调节装置和电动控制系统等。湿帘采用的波纹纸经过特殊处理，结构强度高，具有优良的渗透吸水性，耐腐蚀，使用周期长。优良的湿帘可以保证水均匀淋透整个湿帘墙。湿帘的波纹状结构为水和空气的热交换提供了较大的蒸发表面。

湿帘风机降温系统一般采取负压纵向通风的方式，选择轴流式风机，满足在 25.4 Pa 静压下所需的通风量。湿帘风机降温系统一般是将风机集中布置在温室一端的山墙上，湿帘则通常布置在温室另一端山墙上。风机与湿帘间距最好在 30~70 m 之间。

（6）补光系统。温室内人工补光的方式有两个，一是光合作用补光，在室内光照不足时，对喜光作物进行人工光源的补光是强光照补光，一般光照为 1 000~2 000 lx，波段为可见光范围；二是光周期补光，对长日植物当黑夜时间过长而影响作物的生长发育时，进行的人工光周期补光是弱光照补光，一般光照大于 22 lx，波段在 660~665 nm 为好。

补光系统主要设备包括人工光源、线路及控制装置等。选择人工光源时一般参考以下标准：

1）人工光源光谱中要富含红橙光和蓝紫光。

2）光源发出的光能与其所消耗的电能之比（发光效率）要高。

3）要考虑光源使用寿命、安装、维护及价格等因素。

温室补光常用的光源有白炽灯、卤钨灯、高压水银荧光灯、高压钠灯、低压钠灯和金属卤化物灯。

（7）灌溉施肥系统。温室内作物需水完全依靠人工灌溉措施来保障。温室里一般装备各种微灌系统，主要设备包括水源设备、过滤设备、施肥（施药）设备、调控与测量设备、输配水管网、灌水器、自动控制部件等。除了灌水器外，其他配套设备的组成是相同的。按照灌水器不同，微灌主要包括滴灌、微喷灌、小管出流灌和渗灌。其中滴灌系统适用于地栽作物、基质袋培和盆栽，微喷灌系统适用于矮生地栽作物，自行式喷灌机（见图 1—17）适用于工厂化育苗。一般温室栽培作物主要采用滴灌形式，它具有省工、省水、节能、优质、增产、适应范围广、易于实现自动控制等特点，还可以配合施肥设备精确地对作物进行随水追肥或施药等作业。低温季节在温室中采用滴灌形式，能够避免其他灌溉方法灌水后温室内部湿度过大而易使作物染病的弊端。

a)

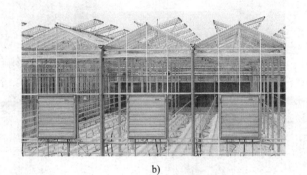

b)

c)

图 1—16　温室湿帘风机降温系统

a）湿帘　b）风机　c）轴流式风机

单元
1

1）水源设备。主要采用稳压供水设备，常采用无塔恒压压力罐和变频恒压供水两种方式。

2）过滤设备。目前，微灌系统中主要使用颗粒过滤器、筛网过滤器、叠片式过滤器和旋流式水砂分离器4种过滤器。

3）施肥（施药）设备。常用的施肥（施药）装置有自压式施肥装置、压差式施肥罐、文丘里注入器、注入泵（计量泵）（见图1—18）等。

图1—17 温室自行式喷灌机

图1—18 温室施肥设备水动式注入泵

4）调控与测量设备。包括阀门、流量计、压力调节装置。阀门是直接控制和调节微灌系统压力、流量的操作部件，一般有闸阀、逆止阀、空气阀、水动阀、电磁阀等。

5）输配水管网。其作用是将经首部枢纽处理过的水按照要求输送分配到每个灌水单元和灌水器。输配水管网包括干管、支管和毛管三级管道。毛管是微灌系统的最末一级管道，其上安装灌水器。

6）灌水器。它是微灌设备中最关键的部件，直接向作物施水，其作用是消减压力，将水流变为水滴或细流或喷洒状施入土壤，包括微喷头、滴头、滴管带等，滴水器大多数是用塑料注塑成型的。

7）自动控制部件。可以根据作物和土壤需水信息，利用自动控制技术进行适时、适量灌溉，在灌水的同时，还可以控制施放肥料和农药。将多个控制器与一台装有灌溉专家系统的计算机连接，再加上数据采集传感器、通信系统及相关软件和硬件，即组成温室自动灌溉施肥控制系统。

单元 1

微灌系统中直径小于等于 63 mm 的管道常用聚乙烯（PE）管材，大于 63 mm 的管道常用聚氯乙烯（PVC）管材。聚乙烯管分为高压低密度聚乙烯管和低压高密度聚乙烯管。高压低密度聚乙烯管为半软管，管壁较厚，对地形的适应性强。低压高密度聚乙烯管为硬管，管壁较薄，对地形的适应性不如前者。聚氯乙烯管具有良好的抗冲击和承压能力，属硬质管，对地形的适应性不如高压低密度聚乙烯管。塑料管可用焊接、螺纹连接、套管粘接或承插等方式连接。

（8）二氧化碳施肥系统。二氧化碳施肥系统主要包括 CO_2 发生器（见图 1—19）、控制装置和 CO_2 浓度测定仪。

（9）环流风机系统。由于温室内是个密闭环境，因此温室中空气流动很少，而温室中一般湿度较高，在这种高湿无流动的空气环境中极易滋生各种病虫害。因此，设置环流风机不仅可以减小温室内温度、湿度梯度，提高 CO_2 分布的均匀度，还可制造植物生长的微风环境，保证植物生长的一致性，减少病虫害发生。环流风机是专为温室小气候环流而设计、制造的一种小功率单级叶轮级（R 级）低噪声节能低压轴流风机，如图 1—20 所示。它采用宽叶片、大弦长、空间扭曲倾斜式叶形，配以整体结构的集流器机壳和低噪声的异步电动机，具有运转平稳、效率高、噪声和能耗低、可自由调整风机悬挂高度的特点，且风向稳定，不能前后摆动。

图 1—19　燃烧式 CO_2 发生器

图 1—20　环流风机

（10）计算机环境测量和控制系统。自动控制是现代温室环境控制的核心技术，可自动测量温室的气候和土壤参数，并对温室内配置的所有设备都能实现自动控制，如开窗、加温、降温、加湿、光照和二氧化碳补充、灌溉和施肥等。自动化控制系统包括气象监测站、计算机、打印机、主控制柜（见图1—21）、控制软件等。

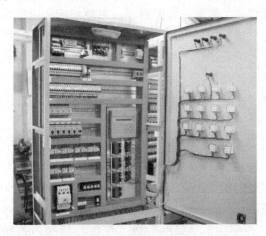

图1—21　温室自动化控制系统——主控制柜

3. 现代化温室的性能及应用

现代化温室具有完备的环境调控设备，可以确保温室环境全部或者部分可控，创造适宜作物生长发育的环境，一年四季进行园艺作物的生产。

（1）光照环境。现代化温室全部由透明覆盖物覆盖，全面进光，透光率高，光照时间长，而且光照分布比较均匀。在冬季室外光照弱的地区，温室内配置了人工补光设备进行补光，保证作物的优质高产。

（2）温度环境。现代化温室有热效率高的加温系统，在最寒冷的冬、春季节，不论晴天还是阴雪天气，都能保证作物正常生长发育所需要的温度。在炎热夏季，采用外遮阳系统和湿帘风机降温系统，保证温室内温度达到作物所要求的标准。采用热水或热风加温方式，加热管道可按作物生长区域合理布局，除固定管道外，还有可移动及升降的加热管道，因此温度分布均匀。

（3）湿度环境。现代化温室作物生长势强，蒸腾旺盛，在密闭情况下，水蒸气经常达到饱和。但现代化温室有完善的加温和通风系统，通过加温降湿和通风排湿可有效降低空气湿度。夏季炎热高温时，现代化温室内有湿帘风机降温系统，使室内温度降低，保持适宜的空气湿度。

（4）气体环境。现代化温室密闭性好，作物生长旺盛，常使室内 CO_2 浓度低于露地，造成 CO_2 亏缺。现代化温室一般配备 CO_2 补充设备，进行 CO_2 施肥。

（5）土壤。现代化温室为解决温室土壤的连作障碍、土壤酸化、土传病害等一系列问题，普遍采用无土栽培技术。例如，果菜类蔬菜和鲜切花生产多用基质栽培技术，叶菜生产多采用水培技术。

单元 1

现代化温室主要应用于高附加值的园艺作物生产上，如喜温果菜、鲜切花、盆栽观赏植物、果树、园林观赏树木的栽培及育苗等。

第四节 园艺设施设计和建造

→ 了解设施的设计要求
→ 熟悉设施建造场地的选择和布局
→ 掌握园艺设施的施工技术

园艺设施的主要类型是温室和大棚（后者也可看做简易的塑料温室），均属于农用建筑，除了在结构上要满足安全可靠性的要求外，在功能上还应满足栽培作物的要求。园艺设施设计和建造以温室的设计与建造为主。温室主体建筑的设计及制造、温室配套设备和设施的合理选配与安装和调试是温室设计及建造过程中的重要环节。只有认真控制每个环节的质量，才能确保温室的主要技术性能和总体性能。温室主要的技术性能指标包括温室的透光性、保温性和耐久性。

影响作物生长的环境因素（如光照、温度、湿度、气体成分等）与各地的自然条件密切相关，而我国不同地区的气候条件相差甚远。因此，温室设计及建造的最大特点是地域性强，各地应根据当地的自然气候条件以及栽培作物种类和品种的特性要求，设计和建造相应形式的温室。日光温室主要利用太阳光热资源作为增温能源，适用于光照充足的黄淮、华北、东北和西北地区；塑料大棚与单层薄膜温室适用于华中、华南、西南地区；单层玻璃温室、单层 PC 板温室比较适合华中、华南、西南地区；双层玻璃温室和 PC 多层中空板温室比较适合华北、东北、西北地区。

建设单栋温室只考虑设计的问题，如建设温室群，就必须进行温室及其辅助设施的合理规划，以减少占地面积，充分利用资源，降低建造成本。

一、温室和大棚的建筑特点与设计要求

1. 建筑特点

（1）必须适合作物的生长和发育。为了适宜作物生长和发育，要求设施白天能充分利用太阳光能，高温时应有通风、换气等降温设备；夜间应有保温性、密闭性好的结构，现代化温室和日光温室还应有采暖设备；为了调节土壤水分，应有性能良好的排灌设备等。

（2）严格调控环境。为了创造最适宜作物生长、代谢的环境条件，要能随着作物的生育进程和外界天气变化不断地调控设施内的小气候。

单元 **1**

（3）良好的生产条件。设施环境不仅要适宜作物生育，也应适于劳动作业和保护劳动者的身体健康。

（4）廉价的建筑物。目前，我国的园艺设施产品价格高，所以要求尽量降低建造费用和运行费，因此要根据经济状况考虑建筑规模和设计标准。

2. 设计要求

（1）基本要求

1）安全性。温室塑料大棚结构及所有构件的设计必须能安全承受可能的所有荷载；任何构件危险断面的设计应力不得超过温室结构材料的许用应力。温室结构及其构件必须有足够的刚度，以抵抗纵向、横向的挠曲、震动和变形。

2）耐久性。温室的金属结构零部件要采取必要的防腐、防锈措施，覆盖材料要有足够的使用寿命。

3）稳定性。温室结构及其构件必须具有足够的稳定性，在允许荷载作用下不得发生失稳现象。

（2）采光要求。温室是采光建筑，其透光性能的好坏直接影响到室内植物的光合作用以及室内温度的高低，透光率是评价温室透光性能的一项最基本的指标，它是指透进温室内的光量与室外光量的百分比。透光率越高，温室的光热性能越好。透光率高低与温室类型、朝向、间距、温室本身的剖面几何参数、采光面形状、结构材料的遮挡程度以及所选用的覆盖材料有关。一般玻璃温室的透光率为 60% ~ 70%，连栋塑料温室为50% ~ 60%，日光温室则高达 70% 以上。

（3）保温要求。加温耗能是温室冬季运行成本高的主要原因，提高温室的保温性，降低能耗，可显著提高温室的经济效益。保温性能的好坏与围护结构的设计有关。衡量温室保温性能的指标有温室围护结构的传热热阻和温室保温比。传热热阻是传热学中的概念，与传热的形式、途径和材料本身的热工参数有关。温室保温比是指温室透光覆盖材料的实际面积与热阻较大的温室围护结构内表面积加覆盖的地面面积之和的比值。保温比越大，说明温室的保温性越好。连栋温室和塑料大棚的保温比均小于1，日光温室的保温比可大于1。

（4）内部空间要求。温室内部是作物生长和生产管理活动的场所，除植物栽培空间外，还要求能够为各种生产设备摆放和正常运行提供足够的空间，同时，还应该为操作管理者留出适当的空间。

（5）建筑节能要求。温室的建筑构造即温室的墙体、屋面、侧窗、天窗、天沟等部分的构造以及各部分之间的连接，除了满足各自的使用功能外，还应满足节能方面的要求。通过合理的构造，降低屋面和墙体的传热系数，增加透光率，使温室最大限度地吸收太阳能，并减少内部热量的流失，有效地利用太阳能，达到节约能源的目的。

（6）环境调控及减轻劳动强度方面的要求。

单元
1

（7）经济性的要求。

二、场地选择与布局

1. 选址对自然资源和社会经济条件的要求

（1）气候条件。气候条件是影响温室的安全与经济性的重要因素之一，它包括气温、光照、风、雪、冰雹与空气质量等。

1）气温。在掌握建造地域气候变化过程的基础上，要对冬季加温以及夏季降温的能源消耗进行估算。

2）光照。为了多采光，要选择南面开阔、无遮阴的平坦地块。日光温室选址根据当地1月份的平均日照百分率、日照时数和最低气温等气象参数来综合考虑。

3）风。风速、风向、风带分布必须加以考虑。冬季生产的温室应选择背风向阳的地带。全年生产的温室应利用夏季主导风向进行风压通风换气。避免在强风口或强风带建造温室，大风会影响温室结构安全和塑料薄膜的使用寿命。避免在冬季寒风带建造温室，以免加热费用过高。

4）雪。雪压是温室结构的主要荷载，应避免在大雪地区和地带建造温室。

5）冰雹。冰雹对玻璃温室的安全是至关重要的，应避免在可能发生雹灾的地方建造温室。

6）空气质量。空气质量的好坏主要取决于大气的污染程度。温室选址要避开空气污染重的城镇和工矿区。

（2）地形地势与地质条件。南向倾斜坡度的场地有利于冬季的光照及阻挡北风和排除雨水，但地面坡度一般以小于1%为宜。连栋温室应尽量选择平坦地形；日光温室可以充分利用坡地。连栋温室的建造需要地质条件良好的场地，以避免因地基不好而造成温室不均匀沉降。

（3）土壤条件。对于有土栽培的温室，由于室内要长期高密度种植，因此对地面土壤要进行选择。一般选择沙壤土且排水性能良好的地方。对于无土栽培的连栋温室，为了使基础坚固，要选择地基土质坚实的地方。

（4）供水条件。要选择靠水源近、水源丰富、水质好、地下水位低、排水良好的地方。

（5）基础设施条件。园艺设施建造过程需要大量的材料与设备，生产过程需要大量生产资料、燃料和产品。为了便于运输建造材料，应选离居民点、高压线及离道路较近的地方。另外，现代化温室的采暖、降温、光照和自动化的生产过程都需要电力等动力与能源条件做保证。要力争进电方便，路线简捷，并能保证电力供应。

（6）经济技术水平和劳动力条件。现代化温室需要较高的资金、技术、劳动力投入，因此，选址时要考虑当地的经济技术水平以及劳动力保障和人员素质。

单元
1

（7）地理位置和市场区位条件。设施园艺生产的高投入特点必须有高效益作为其持续发展的保障条件，而地理位置与市场区位条件则是影响其效益的重要因素。

2. 设施园艺生产基地的规划与布局

场地选择好后，按功能划分为种植区（生产区）、辅助生产区、管理区。生产基地除了一定规模的温室群外，还必须有相应的配套设施才能保证正常生产。这些设施有辅助生产用的锅炉房、变电站、水泵房、控制室、库房以及非直接生产用的办公室、市场、加工厂等。

（1）建筑物的分区布局。首先将种植区的温室群布置在场地采光、通风等最佳的位置，还应该靠近主干道，以便于运输。对温室群最好再按生产模式和作物种类划分成若干小区，以便于规划道路和水、电管线网。对于辅助生产区安排的锅炉房、水塔、料场、仓库等设施，应建在温室群的北面，以免遮阳；烟囱应布置在冬季主导风向的下方；如果道路不做硬化，最好有独立的道路与公路相通，以避免道路穿过种植区。另外，这些设施要集中设置，以便于管理。在管理区安排办公室、市场、加工厂等，这些设施与种植区联系紧密，道路要短，与外界交通要方便。

（2）温室的间距。温室的间距包括相邻温室的前后栋间隔距离以及左右间的间隔距离。如果从土地利用率上考虑，其间隔越狭窄越好。但从通风遮阴上考虑，过于狭窄则不利。前后栋温室间距的确定一般以前栋温室不影响后栋温室的采光为条件。一般为温室矢高的 2~3 倍，纬度高的地区距离要大一些，纬度低的地区则小一些。左右相邻的温室间隔距离最好参考道路的宽度，并且排列位置一致，形成风道，以保证通风良好。

（3）温室的方位。温室大棚的方位是指其屋脊的延长方向（走向），大体分为南北延长和东西延长两种方位。温室方位会影响室内的光照分布及一天的见光时间。一般日光温室（单屋面温室）的方位为坐北朝南东西方位，但对 40°N 以北的高纬度地区和晨雾大气温度低的地区，日出时不能立即揭帘受光，方位可适当偏西，以便更多利用下午的日光。相反，对于冬季不太寒冷且雾不多的地区，方位应适当偏东，以充分利用上午的阳光。无论方位偏东还是偏西，偏斜角一般为 5°~10°，不宜太大。连栋温室多为南北方位，以防止骨架产生死阴影。

三、园艺设施建造施工技术

目前生产上常用的设施主要是各类温室和塑料大棚，所以这里的园艺设施建造主要是指温室的施工建造。一般大型现代温室工程的施工顺序按照先地下后地上，工期长的工程先施工，工期短的工程按资源优化和工艺要求的原则适时插入，先主体后装修，水暖专业工程安装穿插作业的基本顺序组织施工。日光温室的建造施工流程如图 1—22 所示。

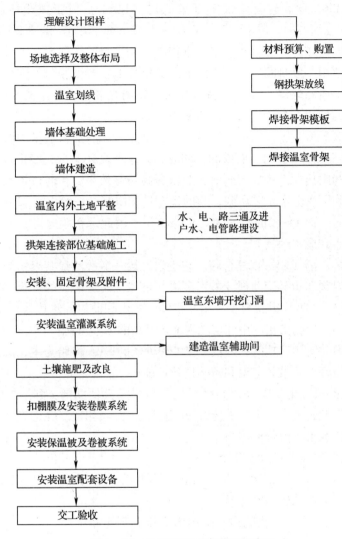

图1—22 日光温室的建造施工流程

1. 建筑材料的选择

（1）透明覆盖材料。透明覆盖材料主要有塑料薄膜、半硬质塑料膜、硬质塑料板、玻璃等。选择时均须考虑以下性能：光学特性，即具有良好的采光性；热特性，即具有较高的保温性；耐候性以及一定的力学性能。

1）塑料薄膜。按其母料进行分类，目前温室所用的塑料膜主要可分为聚氯乙烯（PVC）膜、聚乙烯（PE）膜、乙烯—醋酸乙烯（EVA）复合膜和最近开发出的聚烯烃（PO）膜。

①聚乙烯（PE）膜。它是由低密度聚乙烯（LDPE）树脂或线性低密度聚乙烯（LLDPE）树脂吹制而成的，厚度一般为 0.08~0.12 mm，幅宽一般为 2~14 m。除作为地膜使用外，也广泛作为外覆盖和保温多重覆盖使用。聚乙烯薄膜具有吸尘少、无增塑剂释放等特点，使用一段时间后透光率的下降要比聚氯乙烯薄膜低。但聚乙烯薄膜对紫外线的吸收率比聚氯乙烯薄膜高，容易引起聚合物的光氧化而加速薄膜的老化。因此，大多聚乙烯薄膜的使用寿命要比聚氯乙烯薄膜短。

②聚氯乙烯（PVC）膜。它是以聚氯乙烯树脂为主原料加入适量的增塑剂（增加其柔性）采用压延式生产工艺制作而成的，同时，许多产品还添加光稳定剂、紫外线吸收剂以提高耐候性和耐热性，添加表面活性剂以提高防雾效果。目前市场上的聚氯乙烯膜多为无滴耐老化膜，受生产工艺所限，膜的幅宽受到限制，一般为 2~3.5 m。PVC 膜的密度为 1.25 g/cm^3，而 PE 膜的密度为 0.92 g/cm^3，因此，在膜厚度、覆盖面积相同的情况下，前者比后者成本约高 25%。

③乙烯—醋酸乙烯（EVA）复合膜。它是以乙烯—醋酸乙烯共聚物为主原料添加紫外线吸收剂、保温剂和防雾滴助剂等采用多层共挤工艺制造而成的复合多功能膜。其外表层一般以 LLDPE、LDPE 树脂为主，添加耐候、防尘等助剂，使其具有较强的耐候性，并可阻止防雾滴助剂等的渗出。中间层以 VA 含量高的 EVA 树脂为主，添加保温、防雾滴助剂，提高保温和防雾滴功能；内层以 VA 含量低的 EVA 树脂为主，添加保温、防雾滴助剂，力学性能好，有较高保温和防滴持效性能。

④PO 膜。它是最近由日本采用高级烯烃原材料及其他助剂，利用外喷涂烘干工艺而生产出的一种新型农膜。与市场上传统 PE 膜及 EVA 膜相比，在透光性、保温性及使用寿命等方面优势突出，但价格偏高。

PO 膜的优点主要表现在以下几个方面：

a. 卓越的透光性。采用高级烯烃原材料，雾度低，透明度高。早晨光线透过率高，散射率低，这样就会在早晨迅速升温。

b. 超强的持续消雾、流滴能力。采用消雾流滴剂涂布干燥处理，可以抑制雾气产生，消雾流滴期可与农膜使用寿命同步。

c. 强化保温性能。薄膜内部采用有机保温剂，使棚内向外辐射的红外线大部分被反射回来。有效地控制了热量散失，保证了作物夜间的生长温度，缩短了成熟期。可有效防止夜间温度骤降而造成的对作物的冻害。

d. 使用寿命长。采用高科技抗氧剂及光稳定剂，极大地延长了农膜的使用寿命，正常使用可达 3 年以上。

e. 超强的拉伸强度。原材料具有超强的拉伸强度及抗撕裂强度。

f. 防静电、不粘尘。采用纳米技术，四层结构，表面进行防静电处理。无析出物，不易吸附灰尘，达到长久保持高透光的效果。

单元
1

> **相关链接：**
>
> ## PE、PVC、EVA 三种膜的性能比较
>
> 　　透光性能：300 nm 以下的紫外线，PVC 膜透过率很低，PE 膜有一半以上能透过，EVA 膜透过率最高；对于可见光，各种膜透过率均较高，由高到低排序依次是 PVC 膜＞EVA 膜＞PE 膜；至于红外线，对于波长 2 000 nm 以下的太阳辐射，各种膜的透过率均较高，而对 5 000 nm 以上的长波辐射，其透过率（散热）依次是 PE 膜＞EVA 膜＞PVC 膜。
>
> 　　保温性能：PVC 膜比 PE 膜保温性能好，EVA 膜的保温性能介于两者之间。
>
> 　　流滴防雾性：PVC 膜由于自身树脂具有极性而与涓雾流滴剂的亲和性较好，因此 PVC 膜的流滴效果较好，流滴持效期长，一般可达 4～6 个月；PE 膜由于树脂自身无极性，与带有极性基团的无滴助剂亲和性不好，因此 PE 膜流滴性略差，流滴持效期也较短，一般为 2～4 个月；EVA 复合膜由于部分树脂具有极性，因此流滴效果也较好，流滴持效期一般可达到 4～6 个月，性能好的可达 6～8 个月。
>
> 　　力学性能：PE 膜、EVA 复合膜通常拉伸强度、断后伸长率、直角撕裂强度高于PVC 膜。

　　2）硬质塑料板

　　①玻璃纤维增强聚酯（FRP）板。以不饱和聚酯为主体，加入玻璃纤维制成。厚 0.7～0.8 mm。表面涂层或覆盖聚氟乙烯保护膜。有 10 年以上使用寿命。

　　②玻璃纤维增强丙烯（FRA）板。以聚丙烯酸树脂为主体，加入玻璃纤维增强。厚 0.7～0.8 mm。耐紫外线，耐老化，使用寿命达 15 年。耐火性差。

　　③丙烯树脂（有机玻璃）（MMA）板。厚度为 1.3～1.7 mm，透光率高，保温性好，但热线胀系数大，耐热性差。

　　④PC（聚碳酸酯树脂）板。它是一种无定形、无毒、无味、透明无色或呈微黄色的热塑性工程塑料，具有均衡的力学性能和电性能，透光率高，使用寿命长达 10 年。温室覆盖使用的类型有波纹板和多层中空板。

　　波纹板厚 0.8～1.1 mm。加工成波浪形后，板的承载能力显著提高；同时，覆盖的温室内光照比较均匀。

　　中空板（双层、三层）总厚度（包括中空部分）为 6～16 mm。其特点是：强度高，抗冲击力是玻璃的 40 倍，其他塑料板材的 5～20 倍；质量轻（密度为 1.2 g/cm³）；透光率高，90% 左右，且衰减慢；使用寿命长，一般在 15 年以上；保温性好，中空板传热系数为 1.6～2.2 W/（m²·K）；亲水性、防滴性好；阻燃性好；防尘性差，中空板板边开口封闭不严时，易进入水汽和尘埃，降低透光率。

3）玻璃。在大多数地处高纬度寒冷气候的地区，常用的透明覆盖材料是玻璃。通常选用 4 mm 和 5 mm 厚两种规格。玻璃温室用的浮法平面玻璃为建筑级。玻璃的透光率与 Fe_2O_3 的含量有关，含铁量高的玻璃侧面看上去呈绿色，透光率低；含铁量最低的玻璃侧面看上去呈白色，透光率高。

用玻璃覆盖的优点如下：

①透光性能优异。在 330～3 000 nm 波段范围内，洁净玻璃的透光率可达到 90%，且入射光基本以直射光为主。玻璃透光率在入射角 45°以内几乎没有多大变化，入射角大于 45°后，透光率明显下降；超过 60°后，透光率急剧下降，如图 1—23 所示为直射光对玻璃的透光率与其在玻璃表面所成入射角的关系。所以，在温室设计中温室屋面的倾斜角度要尽量使太阳光线的入射角保持在 45°以内。

②保温性良好。玻璃几乎不透过 3 000 nm 以上的长波辐射，室内各表面发射出的长波辐射能被玻璃阻挡于室内，形成温室效应。

③玻璃的耐老化性能好。

④热胀冷缩系数低，结构系数可靠。

⑤玻璃表面的亲水性好，防滴流能力强。

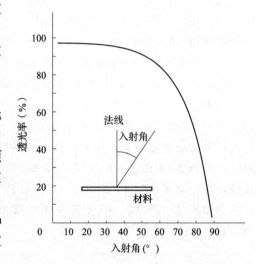

图 1—23　直射光对玻璃的透光率与其在玻璃表面所成入射角的关系

（2）保温隔热及蓄热材料。通常把导热系数不大于 0.23 W/（m·K）的材料称为保温隔热材料，工程上习惯称为绝热材料。保温材料通常是具有高空隙率的多孔材料，按结构不同可分为纤维结构、多孔结构和粒状结构。

1）墙体保温蓄热材料。常用墙体材料的热工性能参数见表 1—1。

表 1—1　　　　　　　墙体材料的热工性能参数

材料名称	密度（kg/m³）	导热系数［W/（m·K）］	蓄热系数（传热周期为 24 h）［W/（m²·K）］
钢筋混凝土	2 500	1.74	17.20
加气泡沫混凝土	500～700	0.19～0.22	2.76～3.56
砂浆黏土砖砌体	1 700～1 800	0.76～0.81	1.28～1.51
空心黏土砖砌体	1 400	0.58	7.52

续表

材料名称	密度 （kg/m³）	导热系数 [W/（m·K）]	蓄热系数（传热周期 为 24 h） [W/（m²·K）]
夯土黏土墙或土坯墙	2 000	1.1	13.3
水泥膨胀珍珠岩	400~800	0.16~0.26	2.35~4.16
聚苯乙烯泡沫塑料	15~40	0.04	0.35~0.69
木材	550	0.175~0.35	3.9~5.5
稻草	120	0.093	—
锯末屑	250	0.093	1.84
毛石	2 800	3.49	0.92
锅炉炉渣	1 000	0.29	4.40

2）日光温室外覆盖保温材料。在寒冷季节的夜间，日光温室透明屋面的保温主要依靠覆盖草苫等保温材料来实现。

①草苫（帘）。用稻草或蒲草编织成草帘。价格低廉，易于加工，保温性和防风性能较好。其缺点一是自重大，尤其吸水后不仅自重大而且导热系数增加；二是耐久性差，一般使用年限为 2~3 年；三是掉草、掉灰污染薄膜。

②纸被。纸被是用 4~6 层牛皮纸缝制成与草苫大小相仿的一种保温覆盖材料，它弥补了草苫缝隙，显著减少缝隙散热。纸被防水性差，一般要在草帘或纸被上面铺设防水层，如薄膜或聚乙烯编织布等。

③保温被。保温被由 3~5 层不同材料组成，由外层向内层依次为防水布、无纺布、棉毯、镀铝反光膜等，几种材料用一定工艺缝制而成，具有质量轻、保温效果好、防水、阻隔红外线辐射、使用年限长等优点。

2. 土建部分的施工

（1）地基与基础。农业设施工程都建在地基土层上，所受到的全部荷载都由它下面的土层来承担，受到工程结构影响的那部分土层称为地基。而工程结构向地基传递载荷，介于上部结构与地基之间的部分则称为基础。地基和基础是工程结构的根基，是保证工程结构安全性和满足使用要求的关键之一。

地基的承载力是指地基土承受基础传来的压力的能力。在基础传下来的压力作用下，地基要产生变形。压力较小时地基处于平衡状态，当压力较大时地基出现塑性变形，塑性变形较小时仍然可以处于稳定状态，若压力继续增大，地基将失去稳定状态，不能承受基础传来的压力，此时地基达到了极限承载力。地基承载力不仅与土的性质有关，还与基础的大小、形状、埋深有关。

为使建筑物基础与地基有良好的接触面，从而把基础的荷载均匀地传递给地基，常在基础的底部采用不同的材料作为基础的垫层，垫层根据土质和地区的不同，常采用的有灰土、碎石（或卵石）、三合土、砂石或低标号混凝土等。

温室的基础主要以墙下条形基础和柱下独立基础为主，这两种基础统称为扩展基础，根据其受力特点和所用材料不同，又可分为无筋扩展基础和钢筋混凝土扩展基础。

无筋扩展基础的材料一般常采用砖、毛石、混凝土或毛石混凝土、灰土、三合土等组成，无须配置钢筋。用这些材料砌筑的基础抗压性能好，抗拉、抗剪性能差。为防止基础破坏和开裂，一般不允许基础的拉应力和剪应力超过材料强度设计值，可通过加大基础的高度来满足。这种基础一般较高，几乎不会发生挠曲变形，故习惯上称为刚性基础。

钢筋混凝土扩展基础是在混凝土中配置水平分布的钢筋，基础内的拉应力和剪应力主要靠钢筋来承担，从而提高基础的抗剪和抗弯能力。

1）垫层施工。垫层施工前，应仔细检查基槽的尺寸，看标高是否符合设计要求，标高过高的地方应铲平，过低的地方用砂石料回填。

灰土垫层是用熟石灰和黏土按 2∶8 或 3∶7 的比例配制而成的，一般适用于地质条件较好、地下水位较低的地区，灰土垫层施工步骤如下：

①将基槽原土层拍夯 1~2 遍，确保地基坚实。

②将熟石灰和黏土过筛后按比例拌和均匀，水分适中，用手能握成团，以用手指轻捏即碎为好。

③垫层应分层填筑，分层夯实，每层厚度根据夯实工具而定，一般采取 20~40 kg 的石夯时，虚铺厚度为 20~30 cm。

④灰土垫层施工完成后，应及时进行基础施工并及时回填。

2）基础砌筑。基础垫层施工完毕，经水准仪操平检验合格后，就可以进行弹线，开始砌筑基础。

砖基础俗称大放脚，其各部分尺寸都应符合砖的模数。砌筑方式分为两皮一收和二一间隔收。转角处要放七分头，七分头应分层交替放置，不管基础多宽，均按此规律进行，直至退到墙体为止。基础埋在地下，因此首先要结实、牢固。具体砌筑时，应首先将基础立皮数杆固定，由墙体的转角开始，砌出 4~5 层砖后，以两端为标准，拉好线绳，以线绳为标准砌筑中间的墙体。

（2）墙体施工

1）砖墙施工

①施工前的准备工作。应检验砖的外观、几何尺寸及标号。在砌筑前一天，应将砖堆浇水湿润，以免砌筑时因砖吸水过大而影响浆的黏结强度，使砂浆流动性降低，砌筑

困难，一般要求湿润到半干半湿即可。砂浆应根据设计要求的强度等级确定配合比。根据龙门板上的墙体轴线在墙基面上弹出墙体轴线，根据墙体宽度定出墙边线及门洞线的位置。皮数杆一般立在墙角处，立皮数杆时要用水准仪测出室内地坪▽±0.000 m 标高，然后将皮数杆的▽±0.000 m 与室内地坪的▽±0.000 m 对齐。

②温室墙体砌筑。温室墙体砌筑常采用"三一砌筑法"，即"一铲灰、一块砖、一挤缝"的操作方法。砖墙常用的叠砌形式有一顺一顶、三顺一顶、梅花式、三三一法等几种砌法。砖墙的水平灰缝及垂直灰缝一般应为 10 mm 厚，不得大于 12 mm，也不得小于 8 mm。水平灰缝的砂浆饱满度应不小于 80%，垂直灰缝采用挤浆或加浆的方法，使其砂浆饱满。

砖墙的转角处及交界处应同时砌筑，若不能同时砌筑而必须留槎时，应留成斜槎。槎的长度不小于高度的 2/3。

2）日光温室夯土墙体的建造。土墙体现都采用机械打土墙的方法。打墙时要将 30 cm 深的熟化土打在拟建温室内墙以外，在墙体成形时切回栽培床（有条件的园区可将熟土向南堆放或运出，墙体完成后同温室间距内的表土一起填回）。

日光温室墙体开始施工前 5~7 天，应对打墙土提前浇水浸泡，待土壤墒度适合时（一般土壤既可攥成一团，又可将其搓散）即可打墙体。

施工队机械应配置挖掘机、推土机和压路机。按后墙及东、西山墙划线，利用施工机械压实基础（来回碾压，推土机碾压次数要达到 15 次，压路机要达到 10 次），基础上可铺上一层薄膜，可阻断返盐碱。用挖掘机加土，推土机和压路机压实，墙体压实程度要一致，无明显接缝，以保证强度，各地视土质情况确定每次加土厚度，要求墙体高处特别是压实机械上不去时，每次加土厚度要少，尽可能人工辅助打夯。每层土上完 1 h 内必须进行碾压，要平整一致，当后墙建造至规定的 2.6 m 时，停止墙体的建造。对于东、西山墙，按照温室山墙图样尺寸建造，后墙与东、西山墙的拐角处应该同时建造，以防止出现裂缝。后墙过道、山墙护坡、前拱脚基础部分由挖掘机切成形，按设计图样切墙，不能破坏原土结构。

温室墙体外侧也要进行切墙工序，以保证墙体厚度并且平整一致。后墙的浮土都要用洒水拍实或草泥抹面的方法进行处理。整平后墙、山墙，做到坡度整齐一致，然后用少洒多次的办法洒水，保证洒水时水不流，浸润浮土，达到一定深度时（10 cm）用木板拍实，或直接用 5 cm 草泥抹面。

墙体建完后，将棚内与棚间的地面推平，整理平整。栽培床初步平整后灌大水沉降，再次平整。

（3）主体结构的安装。现代化连栋温室主要需完成主体钢结构的安装。日光温室主要需完成温室拱架的安装。

1）现代化连栋温室钢结构的安装。钢结构施工前应逐一核对每一个柱底预埋件的位置和标高，将偏差调整到允许范围内。

钢结构施工应按以下方法进行：先安装立柱、柱间支撑、屋架或桁架以及相应的檩条、天沟，形成稳定的空间几何体（必要时采用拉钢索等临时措施保证结构的安全），以稳定的几何体为基础分别向跨度、开间两个方向安装。安装过程中，结构件之间的连接应保持一定的调节余量，待主要受力构件安装后，从中间几何不变体开始调整，使得立柱达到应有的垂直度，并紧固所有的连接件。

立柱定位是施工中的关键环节，其安装精度直接影响到整个钢结构的安装效果。为确保预埋件的位置准确，可采用以下方法：构造柱定位绑筋后，浇筑混凝土至预埋件标高下 100 mm，将预埋标高引测到构造柱主筋上，焊接预埋件，焊好后，在墙轴线引桩上挂线并从定位基点开始拉尺测距，将立柱中轴点标记在线绳上，用吊线锤法在预埋件上定出墙体轴线和立柱中心，然后在预埋件上画出柱脚定位框，再用水准尺结合经纬仪定位焊接立柱。

钢结构构件应根据钢构件的安装顺序施工。

2）日光温室拱架的安装。无柱式日光温室的拱架是通过 5~6 道横拉杆（横拉筋）连接在一起的，横拉杆两端固定在山墙的地锚上。在埋设山墙地锚后，按温室长度画出每个拱架上下的安装位置，然后开始安装。钢拱架上下两端浇筑在基础内或焊接在预埋件上固定。安装拱架时，应从日光温室西侧山墙开始，每 4 个钢架一组，边调整边焊接横拉筋。双拱钢架焊接在有垂直拉花处。横拉筋要直接连接到山墙地锚上。具体实施方法如下：从山墙地锚上开始焊接 5 条横拉筋，直接连接到第一个拱架上，每 4 个钢拱架为一组，调整及安装，依次进行，全部焊接完毕，将横拉筋焊接至东侧山墙地锚上。具体参数按设计图施工。焊接时应注意调整拱架的垂直度及平整度。

（4）覆盖材料的安装施工

1）塑料薄膜的固定

①连栋温室。连栋温室使用卡槽加卡簧的方式来固定塑料薄膜。卡槽的材料可分为镀锌板和铝合金两种，根据塑料膜的厚度和安装方式不同分成不同的形状。卡簧为弹簧钢丝，外表面包塑处理，以增加卡簧的耐腐蚀性及表面的光滑程度，以免损伤塑料薄膜。

连栋温室在覆盖塑料薄膜时，通常需要 4~6 人同时进行。将塑料薄膜放在一跨温室的端部，将塑料薄膜朝外的一面向上放置（薄膜上有文字标明），并用支架支撑起来。留两个人在端部，注意端部骨架不要有尖锐的东西，以免划伤塑料薄膜。其余的安装人员沿天沟拉着薄膜向一端前进，跨度两边的人员同时将膜绷紧，再用卡簧同时固定薄膜。

②日光温室。棚膜实用宽度要比前屋面长出 1.5 m，以便埋入前屋面脚底的土中用来固定，以及在温室中部顶部设重叠覆盖的"通风扒缝"；实用长度比温室长度多 1 m 以上，以便于固定在山墙上。

单元 1

目前日光温室的通风扒缝方式有以下几种：

a．下部活缝式。在温室底部离地面 1 m 左右处有一条 1 m 多宽的塑料薄膜覆压，下边用土压紧在地面，上边卷进一条绳。其上部用一整块塑料薄膜覆盖，该膜与下部薄膜的接合处重叠 30 cm 左右，需放风时，将下部两膜用绳拉开，形成活缝。

b．顶部活动式。将温室屋面上的塑料薄膜纵向分成上、下两部分，上部固定在拱架上，下部薄膜的边里卷入一根绳子。不需通风时，将穿绳子的面压于固定在棚架上的一面之上；需要通风时，只需将穿绳的一面往下拉，棚顶就开出一条带状天窗。通风量的大小可用天窗的宽窄来控制。

日光温室采用以上通风方式覆膜，称为三幅棚膜覆盖，最下面一道棚膜沿东西方向拉紧后固定在两侧山墙上，上部预留通风缝并固定在骨架上。中间一道棚膜与下面那道棚膜重叠 30~40 cm。东西两端拉紧后，棚膜东西两边用木杆卷一段，固定在两侧山墙上。安装时应从一头向另一头赶，棚膜不得有褶皱。最上面一道棚膜的上边固定在后屋面上，下边覆盖前屋面 1 m 左右宽度，与中间一道棚膜重叠 30~40 cm。覆膜后，在每两个骨架之间用压膜线将棚膜压牢。压膜线上端固定在后屋面天锚处，下端连接到地锚上，用紧线器拉紧后拴牢。

2）玻璃的固定。温室屋面及周边围护用玻璃的尺寸规格应充分考虑其强度要求，长宽比例通常为 $1.1 \leqslant a/b \leqslant 1.8$（其中 a 为玻璃的长边，b 为玻璃的短边）。由于温室屋面和四角 2 m 范围内存在风负荷的局部叠加，故该区域内玻璃分隔宽度应小于 0.63 m。

铝合金型材作为玻璃温室主要镶嵌和覆盖支撑构件，与密封件配合，用来进行玻璃的固定和密封。铝合金型材一般用螺栓、拉铆钉等紧固件固定在温室骨架上。与铝合金型材配套的橡胶密封件起到减小震动、增加密封性的目的。一般橡胶密封件的材质为氯丁橡胶或乙丙橡胶。

3）PC 板及其固定。聚碳酸酯（PC）板是近年来应用较多的温室新型覆盖材料，具有采光好、保温、轻便、强度高、防结露、抗冲击破坏性能强等优点。温室常用的 PC 板有中空板和波纹板两种。下面以 PC 中空板为例说明其安装方法。

①板材的切割。中空板厂家供货规格一般为 2.1 m×5.8 m，其中长度尺寸可根据用户要求定做，但由于温室现场安装误差等原因，实际定做的长度应留有少许余量，在现场安装时再进行板材的切割。中空板应用旋转刀具切割，切割后应随时用压缩空气将锯屑吹出中空板的槽隙。切割完毕，须及时用防尘胶带封边。

②板材和板材的连接。中空板的对接通常有两种方法，一种是用 H 形塑料夹来连接板材；另一种是用铝合金型材来连接板材。前者连接方式简单，不影响遮光，但板材可换性较差，而且对接处强度低，不能承受较大的荷载。后者结构复杂，其连接强度和密封性均优于前者。

③拐角处 PC 板的连接。侧墙拐角处用拐角型材和橡胶封条来连接板材。先将拐角

型材用自攻钉固定在温室立柱上，然后将两侧的 PC 板插入铝合金型材中，最后塞入密封条。

④板材与结构的固定。PC 板中间用自攻钉、大帽垫和方形橡胶垫与骨架连接。

（5）配套设备的配置及安装

1）连栋温室配套设备的安装。连栋温室配套的环境调控设备、生产装置和设备一般应由专业的温室公司负责安装。

2）日光温室配套设备的安装。日光温室配套设备包括机械卷帘系统、外保温覆盖物、备用加温设备、手动机械放风装置、CO_2 施肥装置、节水滴灌施肥系统等。

①机械卷帘系统的安装。根据日光温室卷帘机的安放位置和对保温覆盖物卷铺形式的不同，卷帘机分为牵引式、侧置摆杆式和中置双悬臂式三种。其中最常用的属中置双悬臂式卷帘机，下面以其为例来介绍安装过程。

a. 立杆和顶杆的安装。在温室中心前端 1.5～1.7 m 的地面上挖一长约 2 m（与温室长度方向平行）、宽约 0.4 m、深约 0.5 m 的土槽，将厂家提供的立杆带有横向支撑管的一端放入槽内，然后将顶杆和立杆用销轴或焊接连接好。若土质疏松，可将土槽适量加深。立杆另一端与顶杆铰接，顶杆另一端通过六角螺钉、平垫圈、弹簧垫圈与卷帘机主机连接。

b. 卷帘机主机的安装。卷帘机主机由电动机和减速器组成。电动机通常采用三相异步电动机，电压为 380 V，功率为 1.5 kW。要求电动机转速低，为 900 r/min，转矩大。需设刹车装置，以免保温被卷起后自然回落。减速器一般采用五级减速器，将卷帘机主机放置在温室中心处下方的地面上（须与顶杆、立杆相对应），以卷帘机主机中心沿日光温室长度方向向两侧安装相应规格的连接卷杆，通过法兰盘用螺栓连接在卷帘机主机输出轴连接盘上，两端要长于山墙，以便刮风时与山墙地锚连接抗风。

②放置保温被

a. 找到日光温室的正中间位置，确定保温被正面（有标志一面防水膜在外）向上，先安装宽为 1 m 的保温被。

b. 依次安装两边的保温被，棉被间用针（缝麻袋的弯针）缝合（1 m 宽的中间保护被不缝合），要求两个保温被相压 20 cm。保温被上覆盖一层旧棚膜。保温被的上部用压板固定在顶部。下端用喉箍或铁丝固定在卷帘机卷被杆上，不能使固定部分有滑动现象存在。山墙及后屋面保温被边要用沙袋压实防风。

③连接倒顺开关及电源。三相电源从温室的一边安排，连接倒顺开关后通过地埋电缆连接卷帘机。

④试机。如果卷起的保温被弯曲，可在卷得慢处垫以适量软物或通过调节保温被紧度等来调节卷速，直至卷杆水平（不能产生弯曲后继续卷起，极易使卷杆断裂，要倒回卷帘机，调整后再卷起，反复进行，直到平整卷起为止）。

第五节　温室大棚的日常管理

→ 了解温室大棚等设施日常管理的主要内容

→ 熟悉设施内环境因子的特征

→ 掌握设施内环境因子的调控技术

　　温室大棚等设施的日常管理一方面是指对设施环境（包含光照、温度、湿度、气体、土壤 5 个环境因子）进行调节，使其既适宜于作物生长和发育所需，又能够经济节约；另一方面是对设施的结构、覆盖材料和配套的设备进行检查和维护，使其保持在良好状态。

一、光环境调控及其管理

　　光环境对温室作物的生长和发育产生光效区、热效应和形态效应，直接影响其光合作用、光周期反应和器官形态的形成。从温室作物对光环境的需求来看，要求温室的透光率要高，受光面积大且光的分布均匀。

　　1. 设施内的光环境特征

　　太阳辐射到达温室表面产生反射、吸收和透射而形成室内光环境，其主要影响因子是覆盖材料的透光性与温室结构特征。温室光环境包括光强、光质、光照时数和光的分布 4 个方面。

　　温室内的光环境与室外的光环境具有不同的特征，首先是总辐射量低，光照强度弱。其次是辐射波长组成与室外有很大差异。由于透光覆盖材料对光辐射不同波长的透过率不同，一般紫外光的透过率低。但当太阳短波辐射进入设施内并被作物和土壤等吸收后，又以长波的形式向外辐射时，多被覆盖的玻璃或薄膜所阻隔，很少透过覆盖物，从而使整个设施内的红外光长波辐射增多。最后是光照分布在时间和空间上极不均匀。

　　2. 影响设施光环境的主要因素

　　影响透光率的主要因素有室外太阳辐射能、覆盖材料的光学特性、温室的结构和作物的群体结构与辐射特性。

　　温室的透光率是指温室内地平面接收的光照强度与室外水平面光照强度之比，以百分率来表示透光率。

　　太阳光由直射光和散射光两部分组成，温室内直射光的透光率（T_d）与散射光的透光率（T_s）不同，若温室内全天的太阳辐射量或全天光照为 G，室外直射光量和散射光量分别为 R_d、R_s，则 $G = R_d T_d + R_s T_s$。一般 T_s 是温室固定系数，由温室结构与覆盖材料所决定，与太阳位置及设施构筑方向无关。

（1）散射光的透光率（T_s）。$T_s = T_{s0}(1-r_1)(1-r_2)(1-r_3)$，其中 T_{s0} 是透明材料本身的散射光透过率；r_1 是温室结构材料的遮光损失，一般温室为 $0.1 \sim 0.15$；r_2 是温室覆盖材料因老化的透光损失；r_3 是薄膜结露和尘污造成的透光损失。

（2）直射光的透光率（T_d）。依纬度、季节、时间、温室建造方位、单栋或连栋数、屋面角和覆盖材料的种类等而异。

1）构架率。温室全表面积内，直射光照射到结构骨架（或框架）材料的面积与全表面积之比称为构架率。构架率越大，说明构架的遮光面积越大，直射光透光率越小。

2）屋面直射光入射角的影响。太阳直射光入射角是指直射光线照射到水平透明覆盖物与法线所形成的角。入射角越小，透光率越大，入射角为 0°时，光线垂直照射到透明覆盖物上，此时反射率为 0。透光率随入射角的增大而减小，入射角为 0°时透光率约为 83%，入射角为 40°或 45°，透光率明显减小。入射角超过 60°时，反射率迅速增加，而透光率急剧下降。

3）覆盖材料的光学特性。如图 1—24 所示为塑料薄膜的紫外线、可见光、近红外分光透光率。

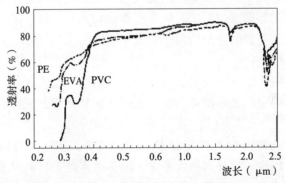

图 1—24　塑料薄膜的紫外线、可见光、近红外分光透过率

由于各种覆盖材料使用后的污染、老化及水滴水膜的附着，使透光率大为减弱，光质也有所改变。一般 PVC 膜易被污染，PE 膜次之，玻璃污染较轻。

4）温室结构方位的影响。温室内直射光透光率通常以地面直射光日总量平均透过率来表示，即温室内地表或作物群体冠层顶部水平面上接受直射光日总量 Q 与温室外水平地面直射光的日总量 P 之比，用 $\dfrac{Q}{P} \times 100\%$ 来表示。

温室内直射光透光率与温室结构、建造方位、连栋数、覆盖材料、纬度、季节等有密切关系，纬度越低，连栋数与方位两因素对透光率的影响越小。冬季以东西单栋温室的透光率最高，其次是东西连栋温室，南北向温室透光率在冬季不及东西向，但到夏季，这种关系发生了逆转。南北向优于东西向。因此，从透光率的角度看，东西向优于南北向，但从室内光分布状况来看，南北向比东西向均匀，因为东西向温室由于檩条和北屋面形成一阴影弱光带，使靠北侧几跨温室靠北边床面的透光率下降，形成凹凸不匀的光分布状况。

我国北方日光温室的实际建造方位，在黄淮地区以南偏东5°~10°为多，而气候寒冷的高纬度地区则多以南偏西朝向居多。

对于东西向单栋温室，透光率随屋面角的增大而增大。而东西向连栋温室，屋面角增大到约30°时透光率达最高值，再继续增大则透光率又迅速下降，这是由于屋脊升高后，直射光透过温室时要经过的南屋面数增多了。相反，南北栋温室的透光率与屋面角的大小关系不大。但不论是哪一种，单栋温室的透光率均高于连栋温室。

通常塑料温室拱圆形比屋脊形透光要好。

3．光环境的调控

（1）光量（光强）的调控

1）遮光。通过遮光来抑制气温、土温和叶温的上升，以改善品质，或者进行短日照处理，都要利用遮光来调控光照时数或光强。

①遮光方法。使用设施内配备的遮阳网等设备，或是对透明覆盖物表面进行遮光覆盖。

②遮光材料。主要是各种类型的遮阳网。

2）人工补光。主要有两个目的，一是调节光周期，抑制或促进花芽分化，调节开花和成熟期；二是促进光合作用，补充自然光的不足。

3）提高温室内光照透过率。主要措施如下：

①改善设施的透光率

a．选用透光性好、防尘、抗老化、无滴的透明覆盖材料。

b．采用合理的屋角面。

c．温室架构选材上尽量选结构比小而强度高的轻量钢铝骨架材料，以减少遮光面。

d．注意建造方位。

②加强设施的光照管理

a．经常打扫、清洗，保持屋面透明覆盖材料的高透光率。

b．在保持室温适宜的前提下，设施的不透明内外覆盖物（如保温幕、草苫等）应尽量早揭晚盖，以延长光照时间，增加透光率。

c．注意作物的合理密植，注意行向（一般南北向为好），扩大行距，缩小株距，增加群体光透过率。

d．通过张挂反光幕和玻璃温室屋面涂白等增加室内光分布均匀度，夏季涂白还可防止升温。

（2）光照长度的调控

单元
1

1）短日照处理。短日照处理采用遮光率为100%的遮光幕覆盖，如对菊花进行遮光处理，可促进提早开花。

2）长日照处理。长日照处理采用补光处理，如对菊花进行照光处理，可延长秋菊开花期至冬季，确保其在三大节日期间开花，实现反季节栽培。一般长日照处理用照度几十勒克斯即有效，光源多用 $5 \sim 10 \ W/m^2$ 的白炽灯。

照明方法有以下几种：从日落到日出终夜照明；日落后 $4 \sim 8 \ h$ 连续照明；黑夜中插入连续照明 $2 \sim 5 \ h$；黑夜中 $2 \sim 5 \ h$ 中间间歇明暗反复操作，即在 $1 \ h$ 内点灯数分钟至 $20 \ min$，如此反复点灭，与连续长日处理效果相同。

（3）光质的调控。对光质的调控方法可以利用不同分光透过特性的覆盖材料。塑料覆盖材料通过添加不同助剂的方法可改变其分光特性。如玻璃基本不透过紫外辐射，而PE膜和FRA（玻璃纤维增强聚丙烯树脂板）能透过较多的紫外线，所以，塑料温室种植茄子及花卉的品质和色度比玻璃温室好。此外，光质的调节也可以利用人工光源来实现。

二、CO_2环境及其调控

1. 设施内的 CO_2 环境

温室大棚等保护设施处于相对封闭状态，内部 CO_2 浓度日变化幅度远远高于外界。由于设施类型、空间面积大小、通风状况以及栽培的作物种类、生育阶段和栽培床条件等不同，设施内部 CO_2 浓度会有很大差异。

设施土壤条件对 CO_2 环境有明显影响，增加厩肥或其他有机物质的施用量，可以提高设施内部的 CO_2 浓度。

2. CO_2 浓度与作物光合作用

提高空气中 CO_2 浓度使作物光合速率上升的原因有两方面，一方面，CO_2 是光合反应的底物，大气 CO_2 浓度升高的同时，叶肉细胞间隙 CO_2 浓度升高，从而提高 CO_2 与氧气的比值，导致二磷酸核酮糖羧化酶（RuBPCase）活性增加，加氧酶（Oxygenase）活性降低，光呼吸受到抑制，并加速碳同化过程；另一方面，随着 CO_2 浓度的升高，光补偿点下降，光合量子产额增加，对弱光的利用能力增强，可补偿弱光下的光合损失。

3. CO_2 施肥技术

（1）CO_2 施肥浓度。通常以 $800 \sim 1\ 500 \ \mu L/L$ 作为多数作物的推荐施肥浓度。

（2）CO_2 施肥时间。从理论上讲，CO_2 施肥应在作物一生中光合作用最旺盛的时期和一日中光照条件最好的时间进行。

苗期 CO_2 施肥利于缩短苗龄，培育壮苗，提早花芽分化，提高早期产量，苗期施肥应及早进行。定植后的 CO_2 施肥时间取决于作物种类、栽培季节、设施状况和肥源类型。

一天中，施用 CO_2 时间应根据设施 CO_2 变化规律和植物的光合特点安排。CO_2 施肥多从日出或日出后 0.5~1 h 开始，通风换气之前结束。

（3）CO_2施肥过程中的环境调节

1）光照。需要维持较高的光照强度。

2）温度。需要维持在光合作用适温的上限水平。

3）肥水。肥水供应充足。

4．CO_2肥源

（1）液态 CO_2。

（2）燃料燃烧

1）发生机。

2）中央锅炉系统。

（3）CO_2颗粒气肥。

（4）化学反应。

5．其他提高设施 CO_2浓度的方法

（1）通风换气。

（2）增加土壤有机质。

（3）微生物发酵法。

三、温度环境及其调控

1．温室作物对温度的基本要求

因为任何作物生长发育和维持生命活动都要求一定的温度范围，即所谓最适、最高、最低界限的"温度三基点"。

2．温室的温度环境特点与热平衡

（1）温室温度变化特征。在不加温条件下，温室内温度的增加主要靠太阳的直接辐射和散射辐射透过透明覆盖物，照射到地面，提高室内气温和土温。而室内反射出来的是长波辐射，能量较小，大多数被玻璃、薄膜等覆盖物阻挡。因此，温室内进入的太阳能多，反射出去的少，再加上覆盖物阻挡了室内外气流交换，室内热量积聚，温度自然比外界高，这就是所谓的温室效应。

温室内的温度随外界温度的变化而变化，它不仅有季节性变化，而且也有日变化，不仅日夜温差大，而且也有空间分布上的局部温差。

1）温室气温的季节变化。一年四季中随着外界太阳辐射和气温的变化，室内气温也呈现出明显的四季变化。

2）温室气温的日变化。不加温温室气温日变化规律是其最高与最低气温出现的时间略迟于露地，但室内日温差要显著大于露地。

3）设施内逆温现象。通常温室内温度都高于外界，但在无外保温覆盖的塑料拱棚

或玻璃温室中，日落后的降温速度往往比露地快，如再遇冷空气入侵，特别是白天阴天多云，夜间放晴且有微风，温室大棚夜晚通过棚膜表面向外散热更为剧烈，且室内因薄膜阻挡得不到室外气流的热量补充，常常出现室内气温反而低于室外气温 $1 \sim 2\,℃$ 的逆温现象，一般出现在凌晨，10 月至翌年 3 月都有可能出现。

4）室内气温的分布存在不均匀状况，一般室温上部高于下部，中部高于四周。

（2）温室的热量平衡原理。温室是一个半封闭系统，它不断地与外界进行能量与物质交换，根据能量守恒原理，蓄积于温室内的热量为 ΔQ：

$$\Delta Q = 温室内得到的热量（Q_\text{i}）－温室散失的热量（Q_\text{o}）$$

当 $Q_\text{i} > Q_\text{o}$ 时，温室蓄热升温。

当 $Q_\text{i} < Q_\text{o}$ 时，室内失热而降温。

当 $Q_\text{i} = Q_\text{o}$ 时，室内热收支达到平衡，此时温度不发生变化。

根据热平衡原理，人们采取增温、保温、加温和降温措施来调控温室内的温度。

温室内得到的热量 Q_i 主要来自两个方面，一是太阳辐射能（Q_r），二是人工加热量（Q_g）。温室散失的热量包括以下几个方面：温室围护结构外表面的辐射散热和外表面与室外空气之间的对流散热（Q_f）；温室内土壤蒸发、作物蒸腾、薄膜内表面水分蒸发以潜热形式失热（Q_q）；通过通风换气排出的显热（Q_c）和潜热（Q_v）；室内土壤向深处和四周传导失热（Q_s）。

综上所述，可得出温室的热量平衡方程式如下：

$$Q_\text{r} + Q_\text{g} = Q_\text{f} + Q_\text{q} + Q_\text{c} + Q_\text{v} + Q_\text{s}$$

该方程仅是一种粗略的近似，忽略了室内灯具的加热量，作物生理活动的加热或耗热，覆盖物、空气和构架材料的热容等。

1）贯流放热。透过覆盖材料或围护结构的热量叫做温室表面的贯流传热量。传热过程主要分为三个过程：首先温室的内表面 A 吸收了从其他方面来的辐射热和空气中来的对流热，在覆盖物内表面 A 与外表面 B 之间形成温差，然后通过传导方式，将上述 A 面的热量传至 B 面，最后在设施外表面 B 又以对流辐射方式将热量传至外界空气之中。

热贯流率的大小除了与材料的热导率 λ（即导热系数）、对流传热率和辐射传热率有关外，还受室外风速大小的影响。风带走覆盖物外表面的热空气，使室内的热量不断向外散失。

2）通风换气放热。温室进行自然通风或强制通风，或者建筑材料的裂缝，覆盖物的破损，门、窗缝隙等都会引起冷风渗透，造成室内的热量流失。

温室内通风换气失热量包括显热失热和潜热失热两部分。

换气失热量与换气次数有关，因此，缝隙越大，换气次数越大，其损失的热量越多。

此外，换气传热量还与室外风速有关，风速增大时换气失热量增大。由于通风时必有一部分水汽自室内流向室外，所以通风换气时除有显热失热以外，还有潜热失热。通

单元 1

常在实际计算时往往将潜热失热忽略。

3）土壤传导失热。土壤传导失热包土壤上下层之间的传热和土壤横向传热，土壤导热失热量与土壤热导率大小成正比，与土壤内温度分布的梯度大小也成正比。

3. 保温与加温

（1）保温措施。根据上述热收支状况分析，保温措施要考虑减少贯流放热、通风换气放热和地中热传导，另外，在白天尽量加大室内土壤对太阳辐射的吸收率。

1）采用多层覆盖，减少贯流放热量。

2）增强温室密闭性。

3）增大保温比。可减少保护设施内的放热，所谓保温比，是指设施所覆盖的土地面积与其围护结构外表面积之比，保温比越小，保温越差；反之，保温比越大，保温越好。

4）设置防寒沟，防止地中热量横向流出。

（2）加温技术

1）常见的加温方式及特点

①热水采暖。它是以 60～80℃ 的热水为热媒的采暖系统进行加温的方式。该方式由于供热热媒热惰性较大，温度调节可以达到较高的稳定性和均匀性。一次性投资大，循环动力大，热损失小，运行较为经济。

②蒸汽采暖。它是以蒸汽为热媒的采暖系统进行加温的方式。温度一般为 100～110℃，相比热水采暖系统散热器面积小，一次性投资相对较低。

③热风采暖。它是通过热交换器将加热空气直接送入温室以提高室温的加温方式。这种加温方式由于是直接加温空气，一般加温的热效率较高。但由于空气的热惰性较小，加温时升温快，停止加温后室内温度下降也较快。加温效果不及热水采暖系统稳定。相比热水加温系统，热风加温运行费用较高，但其一次性投资较小。

2）最大采暖负荷的计算。温室大棚的散热量随外界气温降低、风速加大而增多。为保持室内作物的正常生长和发育，用采暖设备补充相当于所散失的热量叫做采暖负荷。在栽培期间最冷季节保持作物正常生长和发育所需补充的热量叫做最大采暖负荷。因为采暖设备一定要具备这种能力，所以最大采暖负荷就成为确定采暖设备（如锅炉等）容量指标的依据。在栽培期间将每天的采暖负荷累积起来，就叫做期间采暖负荷，它是估算栽培期间燃料消耗量的依据。

采暖负荷的热能单位按我国法定计量单位的规定应以焦耳（J 或 kJ）或千瓦时（kW·h）表示。

温室大棚中热量的损失包括从覆盖材料及墙体等表面散失的贯流传热量、通过门窗、放风口等缝隙散失的换气传热量以及通过室内地面传递的地中传热量。计算最大采暖负荷首先必须分别计算出上述三者单位面积的热量损失，再乘以各项目的散热面积，累加计算出三者的总和。

4. 降温技术

根据温室热收支平衡原理，温室降温可从三个方面采取措施：减少进入温室的太阳辐射能、增加温室的潜热消耗和增大温室的通风换气量。

（1）遮阳降温。分外遮阳与内遮阳，前者在离温室大棚的屋脊 40 cm 处张挂透气性黑色或银灰色遮阳网，通过钢索驱动系统或齿条传动机构开启和闭合，可遮光 60% 左右。

（2）屋顶喷淋降温。在玻璃温室屋脊设置喷淋装置，水滴通过喷头喷布于屋面，既减少太阳辐射的透光率，又能吸收屋面的热量。

（3）蒸发冷却法。其原理是每升水蒸发时需吸收 2 400 kJ 汽化热，利用水转化成水蒸气，显热转换成潜热达到降温的目的，但会增加温室内湿度，若相对湿度达到 100%，则不能继续蒸发。因此，同时要不断地将湿气从室内排出，达到降温的效果。主要形式有以下两种：

1）湿帘排气法。在温室北墙设置湿帘，其面积与温室地面面积比为 8：100，在距湿帘对应南侧墙安装轴流式风扇，距离一般为 30～40 m，工作时风扇将室内空气强制抽出，形成负压，同时水泵启动，通过给水槽将水淋在湿帘垫上。室外空气通过多孔湿帘表面时产生蒸发作用，空气中大量显热变为潜热，空气温度降低，低温、湿润的空气进入室内与室内热空气混合而使之降温。理论上湿帘—风机系统可使室内温度降低到湿球温度，实际应用时，一般高于湿球温度 2～3℃，屋外空气越干燥，温度越高，湿帘降温效果越大。

2）细雾喷散法。有两种类型，一种是由温室侧底部向上喷；另一种是从温室上部向下降雾。喷雾要求细雾雾滴大小在 50 μm 以下，对蒸发冷却才有效。

（4）通风换气降温。通风包括自然通风和强制通风（启动排风扇排气）。

四、湿度环境及其调控

1. 设施内湿度环境特征

（1）设施内空气湿度特点

1）空气湿度大。

2）存在季节变化和日变化。设施内湿度环境季节变化和日变化明显。季节变化一般是低温季节相对湿度高，高温季节相对湿度低。昼夜变化为夜晚湿度高，白天湿度低，白天的中午前后湿度最低。

3）湿度分布不均匀。由于设施内温度分布存在差异，导致相对湿度分布也存在差异。一般情况下，温度较低的部位相对湿度较高，而且经常导致局部低温部位产生结露现象。

（2）设施内空气湿度的影响因素。在非灌溉条件下，园艺设施内部空气中水分来源主要有三个方面，即土壤水分的蒸发、植物叶面蒸腾以及设施围护结构和栽培作物表面的结露蒸发。影响设施内空气湿度变化的主要因素如下：

1）设施的密闭性。在相同条件下，设施环境密闭性越好，空气中的水分越不易排出，内部空气湿度越高。因此，在需要保温的寒冷季节，由于温室大棚通风不足，使得空气湿度过高。

2）设施内温度。温度对设施内湿度的影响有两个方面，一方面，温度升高使土壤水分蒸发量和植物蒸腾量升高，从而使空气中的水汽含量增加，进而提高绝对湿度；另一方面，由于温度影响空气中的饱和含水量，温度越高，空气的饱和含水量越高，相对湿度减小。

2. 湿度与设施作物生长和发育

设施内湿度对作物生长和发育的影响表现在土壤水分和空气湿度两个方面。在干旱条件下，作物受到缺水胁迫，造成细胞失水、萎蔫，细胞膜受损、透性增加，正常的生理代谢发生紊乱，呼吸作用异常，光合性能下降，物质积累和分配受到影响，产量、品质下降。

空气中水分主要影响园艺作物的气孔开闭和叶片蒸腾作用。空气湿度过低，则蒸腾速度提高，作物失水也相应增加。

空气湿度还直接影响作物的生长和发育，如果空气湿度过低，将导致植株叶片过小、过厚，机械组织增多，开花及坐果差，果实膨大速度慢。

3. 设施内湿度环境与病虫害发生的关系

当设施内空气相对湿度大于60%时，利于真菌性和细菌性病害的发生及蔓延。温室内空气过于干燥有利于蚜虫和白粉虱的繁殖，从而造成病毒性病害的发生及蔓延。

4. 设施湿度环境的调控

（1）空气湿度的表示方法与测量

1）绝对湿度。绝对湿度是指单位体积空气内水汽的含量，以每立方米空气中水汽克数（g/m^3）表示。

2）相对湿度（RH）。相对湿度是指在一定温度条件下空气中水汽压与该温度下饱和水汽压之比，用百分比表示。

3）饱和差。饱和差是指在一定温度下空气中水汽压与该温度下饱和水汽压之差，以 kPa 表示。饱和差越大，空气越干燥，土壤水分蒸发量越大。

4）露点温度。当空气中气压不变时，水汽达到饱和状态时的温度称为露点温度。此时，相对湿度为100%，饱和差为0。

（2）空气湿度的调控。园艺设施的湿度调控包括空气湿度调节和土壤湿度（土壤水分）调节，都涉及除湿和增湿等方面问题。一般在设施栽培条件下经常出现空气湿度过

单元

1

高的情况，因此，空气除湿是湿度调控的主要内容。

1）除湿目的。主要是防止作物沾湿，降低空气湿度，最终目的是抑制病害发生。

2）除湿方法。空气除湿方法可分为两类，即主动除湿和被动除湿，其划分标准是看除湿过程是否使用动力（如电力或其他能源），如果使用，则为主动除湿；否则为被动除湿。

主动除湿主要靠加热升温和通风换气来降低室内湿度，特别是强制通风。

被动除湿方法较多，目前使用较多的有以下几种：

①自然通风。

②覆盖地膜。

③采用节水灌溉模式。

④采用消雾防滴膜。

五、设施内气流环境和有害气体

1. 温室内的空气流动与调节

在温室条件下，尤其是冬季温室密闭状态下，室内气流速度低，为促进加温温室内气温分布均匀，缓解群体内 CO_2 浓度低的现象，降低相对湿度，必须促进室内空气的流动，以实现温室作物的优质高产。

（1）空气流动速度与作物的生长和发育。空气流动到达作物叶片表面时，气流与叶面摩擦而产生黏滞切应力，形成一个气流速度较低的边界层，称为叶面边界层。由于进行光合作用的 CO_2 和水汽分子进出叶面气孔时都要穿过这一边界层，因而其厚度、阻力和气流都对叶片的光合作用和蒸腾作用构成重要影响，从而影响作物的生长和发育。研究资料表明：叶面边界层厚度和阻力的大小与气流速度的大小密切相关，当气流速度在 0.5 m/s 以下时，叶面边界层的厚度与阻力均增大；而在 0.5～1.0 m/s 的微风条件下，叶面边界层阻力厚度显著降低，有利于 CO_2 和水汽分子进入气孔，促进光合作用，这是温室作物生长的最适宜气流速度。但风速过大，则叶面气孔开度变小，光合强度受到抑制。

（2）换气与室内气流。为调控温室内气温、湿度和 CO_2 浓度而进行换气时，温室内产生气流。

（3）气流环境的调节。为促进温室内空气的流动，通常在温室内设置环流风扇以强制空气流动。

2. 温室内有害气体及其排除

温室内有可能危害植物生长的有害和有毒气体有以下几种：

（1）乙烯。乙烯主要来源于燃料的不完全燃烧和一些塑料薄膜、塑料管道的挥发；通常室内空气中混入乙烯浓度达到 0.05 μL/L 时，经两天即出现叶片下垂、叶色褪绿、变黄、落叶、植株矮化现象，甚至枯死。

（2）氨气。温室土壤中大量施用鸡粪、饼肥、厩肥等有机肥，在土壤中发酵以及施用碳酸氢铵、尿素等化肥，都可能释放出大量氨气，对温室中富含有机物的培养土进行高温水蒸气消毒时也会释放大量氨气。当氨气浓度达到 5 μL/L 时，植物就会开始受害，一般症状是植株幼芽最先受害，叶片出现水浸状斑，叶肉组织白化，其后变成黑褐色，逐渐枯死。

（3）其他大气污染物。影响植物生长的 4 种主要大气污染物是二氧化氮、过氧酰基硝酸酯（PAN）、臭氧（O_3）和二氧化硫。

1）二氧化氮。二氧化氮是燃料燃烧产物，汽车尾气和发电厂废气等是二氧化氮的主要来源，在密闭温室中，过量施用未充分腐熟的有机肥或尿素也会产生二氧化氮。植物在二氧化氮达 2 μL/L 浓度时即出现与氨中毒同样的症状，组织崩溃，褪绿，叶片出现白斑和落叶等症状，蔬菜中黄瓜、番茄最敏感，其危害具有累积性。

2）过氧酰基硝酸酯。煤、石油燃烧时产生的废气（特别是汽车尾气）在紫外线作用下发生化学反应后生成臭氧、过氧酰基硝酸酯、乙醛及其他有毒物、氧化物的混合气，具有很强的氧化性。遇逆温和不利于扩散的气象条件时，呈烟雾状积聚不散，称为光化学烟雾。对人畜、植物有很强刺激与毒害。仅 0.01 μL/L 的过氧酰基硝酸酯就足以使对其敏感的牵牛花、烟草等减产。一般 0.1 μL/L 的含量就会伤害植物的叶绿体组织，使植物的呼吸作用、光合作用、离子吸收与有机物合成受抑。

3）臭氧。大气中臭氧正常浓度为 0.02 μL/L，而在城市周围却高达 0.05 μL/L，已达到植物受害的程度，臭氧通过植物叶片的气孔破坏细胞膜，造成质壁分离，增强了膜透性和呼吸作用，使光合作用减弱，酶遭受破坏。

4）二氧化硫。石油和煤燃烧释放或硫黄熏蒸消毒不慎都会产生二氧化硫，混入温室空气中，浓度达 0.1~0.3 μL/L 时就会影响光合作用，破坏叶绿体中部叶片，叶脉间呈水浸状褪绿斑，严重时呈明显白色，直至植株萎蔫、枯死。

5）土壤熏蒸剂。氯化苦、溴甲烷、二溴乙烯、甲醛等使用不当都会造成对植物的伤害。

6）除草剂。含 2，4 - D 及相似挥发性的生长抑制剂的除草剂严禁在温室内使用。

7）塑料薄膜增塑剂。

六、根际环境及其调控

根际环境的调控包括水分、温度、养分、pH 值和通气性等的调节与管理。

1. 水分环境

（1）水分的变化规律。园艺设施内空间甚至地面有较严密的覆盖材料，土壤耕作层不能依靠降雨来补充水分，只能由灌水、土壤毛细管上升水等来供给。设施内与露地相比，自然通风少，土壤蒸发和作物蒸腾量相对较少，加之灌水多，蒸发蒸腾水在覆盖材料表面结露后下落返回土壤，因此，设施周边土壤水分含量比露地高。

另外，设施园艺一般施肥量大，且无雨水的充分淋洗，土壤中盐类容易随着毛细管向上移动而在土壤表面积聚，使土壤溶液浓度提高，影响作物根系对水分的吸收。

（2）水分的调控。一般用 pF 值来表示土壤水分的含量，它是由土壤水分张力计所测得的土壤负压值换算成以毫米水柱表示的值，减去张力计压力表头到陶瓷管中心高度相应的水柱数值，然后取常用对数值而得到的数值。pF 值与土壤水分含量成反比，作物根系可利用的土壤水分范围为 pF 在 1.5~4.2，其中 pF=1.5~2.0 为作物生育最适的土壤水分含量，pF 为 3.0~3.3 时土壤水分不足，但 pF 小于 1.5 时则土壤水分过多，土壤通气状况恶化，植株生育不良。

1）灌水期。主要根据作物需水规律及土壤含水量来确定。

2）灌水量。灌水量应根据设施内作物生理需要和土壤水分含量来确定。可以采用"蒸发蒸腾比率"来计算一次灌水量：

一次灌水量（h）=蒸发器计蒸发量（E）×蒸发蒸腾比率（K）

蒸发蒸腾比率是蒸发蒸腾总量与蒸发器计蒸发量的比值，可以通过试验测出某种作物在某季节的蒸发蒸腾比率曲线，再由蒸发器测出蒸发量，从曲线查得相应的蒸发蒸腾比率，从而计算出一次灌水量（mm）。

3）灌水方法。滴灌和喷灌。

2. 温度环境

根系要求比较稳定的根际温度。一般作物生长适宜的根际温度为 15~25℃，临界最低和最高允许限度大致为 12~13℃和 28~30℃。温度过低，如 12℃以下，易引起病害，根吸收养分能力减弱，有益微生物活动受抑制；温度过高，如 25℃以上，根系呼吸旺盛，消耗过多的营养物质，生育不良。

3. 养分环境

一般用营养液、土壤浸出液电导率（EC 值）来表示介质中无机盐类浓度，以此作为施肥的依据之一。由于设施内土壤淋不到雨水，加之设施栽培施肥量过高，土壤中残留的肥料盐类容易积累，大的灌水量和较高的温湿环境使盐分随着土壤毛细管水向上移动而积累在土壤表层，造成土壤溶液浓度变大，产生次生盐渍化现象。栽培作物易发生各种生理障碍。因此，应定期对设施土壤进行盐分浓度测定和营养诊断，把握土壤养分状况，进行合理的施肥。

4. 酸碱环境

园艺设施内土壤不被雨水淋洗，土壤表面易积累盐分，使 pH 值产生变化。与施用肥料种类有很大关系，如大量施用硝酸盐等生理碱性肥料 [如 $NaNO_3$、$Ca(NO_3)_2$、KNO_3 等]，会使土壤中相对积累金属阳离子，根际 pH 值升高；相反，若大量施用钾源类等生理酸性肥料（如 K_2SO_4 等），会使土壤中剩余并积累 SO_4^{2-} 等阴离子，使根际 pH 值降低。所以，应尽量选用无残留的生理中性肥料，合理搭配生理酸性和生理碱性肥料。

七、综合环境调控

1. 综合环境调控与变温管理

实际生产中，众多的环境因子之间相互作用，相互协调，形成综合动态环境，对作物产生影响，为创造作物生长的最佳生态环境，不可能只考虑单一因子，而应考虑多种环境因子的综合效应。实践中往往根据情况调控某一环境因子时，其他环境因子有可能随之变到一个不适宜的水平，所以，单因子调控是不能达到良好效果的。因此，人们必须根据作物需要，采用综合环境调节措施，把多种环境因子，如光照、温度、湿度、二氧化碳浓度、气流速度、电导率等都维持在一个相对最佳组合下（即合适的平衡点），并以最少限度的环境控制装置，实现节能、省工、省力运作，以期实现优质、高产和低耗、可持续生产的目的。这种环境调控方法的前提是对于各种环境因素的控制目标的设定值必须依据作物的生长和发育状态、外界的气象条件以及环境调节措施的成本等因子变化综合考虑。

温室的综合环境管理不仅仅是综合环境调控，还要对环境状况和各种装置的运行状况进行实时监测，并要配置各种数据资料的记录分析，存储、输出和异常情况的报警等，还要从温室经营的总体出发，考虑各种生产资料投入成本和运营成本，产品的市场价格变化，劳力和管理成本等，根据效益分析来进行有效率的综合环境调控。

根据不同果菜生育适温和太阳辐射状况（晴、阴），提出综合调控温室温度的作物变温管理模式。证明其比恒温控制能显著提高产量和品质，节省燃料能耗。通常五段管理模式，即早上日出前预先加温至接近光合适温的水平；上午维持光合适温的水平；下午保持光合及其光合产物运转所需适温；日落后至前半夜 $4 \sim 6$ h 维持光合产物运转的适温；后半夜依不同作物的光合特性保持抑制呼吸消耗的温度。

随着 20 世纪 70 年代微型计算机的问世，以及此后信息技术的飞速发展和价格的不断下降，计算机日益广泛地应用于温室环境综合调控和管理中。虽然计算机在综合环境自动调控中功能大，效率高，且节能、省工、省力，成为发展温室园艺业优质、高效、高产和可持续生产的先进实用技术，但温室综合环境管理涉及温室作物生育、外界气象条件状况和环境调控技术措施等复杂的相互关联因素，有的项目由计算机信息处理装置就能做出科学判断，进行合理的管理，有些必须通过计算机与人脑共同合作管理，还有的项目只能依靠人们的经验进行综合判断和决策管理，可见计算机还不能完全替代人脑完成设施园艺的综合环境管理。

2. 综合环境控制的设备

（1）设备的组成与功能。现代化温室中环境调控设备主要包括加温、降温、保温设备，加湿、降湿设备，遮光、补光设备，二氧化碳施用设备，通风系统，营养液管理系统以及气象站。为有效管理这些设备，多采用自动化控制系统。自动化控制系统的硬件核心通常由单片机、计算机、工控机、可编程控制器等来承担，它们的共同特点是具有中央处理单元（CPU），当设施中的温度、光照、湿度等信息输入 CPU 时，即按照设定的算法及时进行处理运算，做出决策，发出控制信号，通过输出设备实施控制。控制系统除上述功能以外，还具有以下功能：

1）自动报警。

2）记录显示功能。

3）通信功能。

（2）传感器。传感器为控制设备的重要部件，专为进行正确调控而提供精确信息，要求精密、准确、可靠、坚固。可分为用做室外气象监测的辐射计（测量太阳辐射能）、温度计、湿度计、风速计、风向计、雨量计等；以及室内检测用的温度计、湿度计、二氧化碳分析仪等。

（3）设定值。温度的调节是温室环境控制的基本要素，一般采取换气窗的开闭和加热设备来实施。通过设定温室的上限温度作为通风换气的设定值，通过设定下限温度作为加热设备启动加温的设定值，即温室温度调控的目标值是换气设定温度与加温设定温度之间的温度范围，并划分为若干个时间段来设定。若室内温度下降到加温设定值以下，则加热设备就启动工作；当室内温度升到换气温度以上时，则换气装置就启动开窗，室内气温就逐渐趋于温室设定温度之间。湿度设定值的确定尚有困难，因为当温度发生变化时，设定的相对湿度值马上也发生了变化，所以宜导入绝对湿度或饱和差的概念，分别给予温度、湿度的设定值，要想同时实现双方的设定值是不可能的。所以实际上都以温度调节为优先。

二氧化碳的调控可依光照强度来变动释放二氧化碳的间歇时间。

3．计算机综合环境控制设备的调节

（1）输出原理

1）开关（ON/OFF）调控。屋顶喷淋和暖风机的启动与关闭等采用 ON、OFF 这种最简单的反馈调节法。

2）比例积分控制法。对偏差进行比例（P）、积分（I）、微分（D）组合运算。

3）前馈控制法。

（2）加温装置的调控。通常有暖风机加温和热水加温两种。现在多以开关调节，有效积分控制（PI 控制）是一种更有效的方法。

（3）换气窗的调控。以比例积分法控制。

（4）保温幕的调节。多以开关调节。

（5）湿度的调节。宜采用 PI 调控法。

（6）二氧化碳的调节。宜采用 PI 调控法。

（7）环流风机的控制。均采用开关简单调节。

单元测试题

一、名词解释

1. 设施园艺

2. 温室透光率

3. 最大采暖负荷

4. 贯流传热量

二、填空

1. 现代化温室的配套设施有_____。

2. 设施内对光照条件的要求：_____。设施内光照的调节主要有两个方面：一是_____；二是_____。

3. 温室覆盖常用的塑料薄膜有_____。代表符号分别为_____。以上塑料覆盖物对可见光的透过率从高到低依次为_____。保温性能从大到小依次为_____。

三、问答题

1. 为什么遮阳保温幕能够具有遮阳降温与保温的双重功能？

2. 试述湿帘降温系统的主要设备组成及其工作原理。

3. 如何从优化日光温室建筑结构和改进日光温室管理措施两方面来提高日光温室的透光率？

4. 温室通风的目的是什么？

5. 根据图 1—25 所示温室内气温的日变化说明不同时段温室内的热量平衡状况。

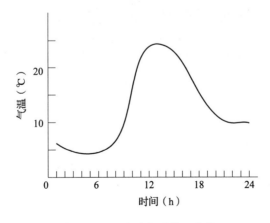

图 1—25　温室内气温的日变化

单元

1

单元测试题答案

一、名词解释

1. 设施园艺：是指在不适宜露地种植的季节或地区，利用温室、塑料大棚等农业设施栽培蔬菜、果树、花卉等园艺作物的生产方式。

2. 温室透光率：是指温室内地平面接收的光照强度与室外水平面光照强度之比。

3. 最大采暖负荷：是指在栽培期间最冷季节保持作物正常生长和发育所需补充的热量。

4. 贯流传热量：透过覆盖材料或围护结构的热量叫做温室表面的贯流传热量。

二、填空

1. 加温系统、通风系统、帘幕系统、降温系统、补光系统、补气系统、灌溉与施肥系统、自动控制系统

2. 光量充足、光照时间长、室内光照分布均匀、透射光中具有一定紫外光

光量调节

光照时间调节

3. 聚氯乙烯膜、聚乙烯膜、乙烯—醋酸乙烯复合膜

PVC、PE、EVA

PE > EVA > PVC

PVC > EVA > PE

三、问答题

1. 答：遮阳保温幕是由铝箔条或镀铝膜与聚酯线条间隔按照一定的透光率编制而成的缀铝膜。白天覆盖可以反射太阳光，因而具有遮阳降温的功能。夜间覆盖能反射地面长波辐射，隔断红外辐射形式的热量散失，因而具有夜间保温的功能。

2. 答：主要设备包括湿帘、风机、供水系统。湿帘降温系统工作时，水淋湿湿帘，湿帘表面充分湿润。设置在湿帘对面侧墙上的风机向室外排气，使室内产生负压，室外干热空气穿过湿帘进入室内过程中，会蒸发湿帘表面的水分而降低自身温度，这样经过降温的冷凉空气进入室内使得室内空气温度降低。

3. 答：（1）在结构方面

1）选择适宜的温室方位角。

2）选择适宜的温室前屋面坡度角和形状。

3）选择适宜的后屋面仰角。

4）选择适宜的温室高跨比。

5）选择断面尺寸小的前屋面骨架材料。

（2）在管理措施方面

1）选择透光率高的无滴膜。

2）保持薄膜表面干洁。

4. 答：通风降温排除多余热量。通风降湿排除过多水汽。通风补充空气 CO_2 浓度。通风排除有害气体。

5. 答：$\Delta Q = Q_{收入} - Q_{支出}$

0—5 时，温室降温，$\Delta Q < 0$；

6—12 时，温室升温，$\Delta Q > 0$；

13—14 时，温室温度达到最高，$\Delta Q = 0$；

15—24 时，温室降温，$\Delta Q < 0$。

单 元

1

第**2**单元

设施蔬菜生产栽培

随着市场经济的发展和科学技术的进步，以"菜篮子工程"为契机，蔬菜种植面积逐年扩大，种植水平不断提高。特别是近 20 年来，在我国北方地区，以日光温室和大棚为主的设施蔬菜生产迅猛发展。设施蔬菜生产不仅可以打破蔬菜生产及供应的地域和季节限制，调剂蔬菜种类、品种，而且在设施内更容易集成和配套现代农业新技术，实现工厂化生产。

第一节　设施蔬菜的育苗技术

→ 熟悉常规育苗的技术环节

→ 能够正确配制、使用无土育苗的育苗基质和营养液

→ 掌握茄果类和瓜类嫁接育苗技术

一、常规育苗技术

单元 **2**

育苗是蔬菜生产中的一项重要措施，目前，除一些速生叶菜、根菜类、薯芋类等不育苗外，大多数蔬菜（如茄果类、瓜类、甘蓝类、葱蒜类等）均要育苗移栽。秧苗的好坏直接影响蔬菜的质量、品质和栽培季节等。因此，培育好壮苗是蔬菜增产、增收及按人们意愿进行早熟栽培、延后栽培的重要一环。归纳起来，育苗移栽与直播相比有以下几方面的优点：早熟丰产，均衡供应；便于集中管理，培育壮苗；提高经济效益。蔬菜常规育苗材料来源方便，技术易于掌握，常被独立生产的种植户选用。

1. 常规育苗的设施和设备

（1）冷床。由床框、盖窗或塑料薄膜构成的透明覆盖物、草栅或苇绒栅或蒲草栅等不透明覆盖物以及风障构成。盖窗用来吸收太阳辐射，为苗床加热，床土则储藏热量，草栅等及床框则用来保温，尤其是在夜晚作用更明显。苗床的形式根据床框的倾斜面分为单斜面和双斜面两类。一般可在早春为露地栽培育苗，目前使用较少。

在建造冷床时，一般是坐北朝南或偏西 5°～7°，以充分利用傍晚的日光。用土、砖、草等做床框，南床框要尽量矮些，根据床内培养土的厚度和秧苗出苗床前的高度决定，一般为 15～20 cm，过高则遮光面大；北床框的高度关系到苗床的倾斜角，进而影响到苗床接收太阳的光量。因此，要根据育苗时期、蔬菜种类等来决定，一般采用的倾斜角为 5°～15°，喜凉菜或天气较暖时可小一些。高度以南床框的顶点为起点，加高 10～30 cm。床框的厚度关系到保温情况，因气候条件而不同，一般为 20～50 cm，因材料而异。一般单斜面苗床宽 1～1.8 m，双斜面苗床宽 1.8～2 m，苗床长度为 20～40 m。

（2）酿热温床。酿热温床的结构是在冷床的基础上，在苗床底部挖出一个填充酿热材料的床坑而成，为使苗床温度均匀，床坑底部应做成南边较深、中间凸出、北边较浅的弧形。

酿热温床的原理是利用微生物（包括细菌、真菌、放线菌等）分解有机物所产生的热量进行的。用于酿热的材料称为酿热物，包括禽畜粪、秸秆、树叶、杂草等。酿热物发热的多少、快慢主要依好气性微生物的繁殖速率而定，而好气性微生物活动的强度则依酿热物中所含 N、C、O_2 和水分的数量而定。所以，酿热材料的配合比例、含水量就应根据各种酿热材料的 C 和 N 的含量比、苗床的使用时间、育苗种类等来决定。

（3）电热温床。电热温床主要由电热线和控温仪构成，应用功率较大时外加交流接触器。

电热温床在布设前首先要选定电加热温床的功率密度。电热加温时的功率密度是指每平方米铺设的电热线的瓦数，单位是瓦/平方米（W/m^2）。其选用的大小取决于当地的气候条件、育苗季节、蔬菜种类及使用的设备等，具体选择时参考表2—1。基础地温是指未通电加热前地下 5 cm 处的地温，设定地温是指育苗温床应达到的温度。表2—1所列的数值是指在不设隔热层，日加温 8～10 h 制定的，如果要在较短时间内达到设定温度，每平方米则应增加 10 W 左右，如有隔热层，功率密度可降低 10%～20%，当日均增温值小于2℃时一般不必设电热温床。

表2—1　　　　　　　　　电热温床功率密度选定参考值　　　　　　　　　W/m^2

设定地温	基础地温			
	9～11℃	12～14℃	15～16℃	17～18℃
18～19℃	110	95	80	—
20～21℃	120	105	90	80
22～23℃	130	115	100	90
24～25℃	140	125	110	100

铺设电热温床时，根据苗床面积、设定功率、所选用的电热线的型号和额定功率算出用线根数，然后再根据长度、床宽和床长算出布线行数和线间距离。

用线根数 =（苗床面积 × 设定功率）/电热线额定功率

布线行数 =（电热线长度 - 床宽）/床长

线间距离 = 床宽/（行数 + 1）

在使用电热线时应注意以下几点：

1）因为电热线的电阻是额定的，使用时只能并联，不能串联，不能接长或剪短；否则会改变电阻及电流，使温度不能升高或将电热线烧断。

2）电热线不能交叉、重叠和结扎，成盘或成圈的电热线不得在空气中通电试验或使用，以免烧结、短路、断线。

3）布线的行数应是偶数，以便电热线的两端在苗床的一头，方便接电源及控温仪等。

4）电热线的接头应放在地表以上，以防管理时触电。

5）布线和收线时不要硬拔、强拉，不能用锹、铲挖掘，不能形成死结，以免造成断线或破坏绝缘。

6）在苗床进行管理及灌水时宜切断电源。

（4）育苗温室和大棚。有关温室和大棚的类型、结构、环境特点等内容已在第1单元详细介绍，这里不再赘述。

（5）育苗容器。秧苗定植到田间后，缓苗的快慢除了与当时的气候条件、秧苗质量、管理水平等因素有关外，还与秧苗根系的保护程度密切相关。生产上应采用容器育苗来保护幼苗根系，特别是对于根系易发生木质化、断根后很难恢复的瓜类、豆类等，更应采用容器育苗。

1）营养土块。将配制好的营养土加入适量水拌匀，至手能握成团时装在压制模内，压成土块，或将营养土加水拌成干泥状，铺在事先准备好的畦内，厚10 cm，再用木板抹平，按所需要的苗距切成小方块，土块中央扎一小穴，准备播种或分苗。

2）纸筒（纸袋）。一般用旧报纸、书本纸等卷成筒形，高7～10 cm，直径为7～9 cm，内装九成培养土，主要用于瓜类或茄果类蔬菜的育苗。

3）塑料薄膜筒。将折径为12～14 cm的吹塑薄膜筒裁成无底的筒，可根据所育蔬菜苗种类和苗龄裁成不同的高度，内装培养土。也可将旧塑料薄膜卷成筒，自己粘（缝）制而成。塑料薄膜筒制钵速度快，保水能力强，使用和保存方便。

4）塑料钵。用聚乙烯压制而成，形似花盆，上口大、底部小。产品规格较多，可按需要选用，蔬菜育苗一般选用钵高9 cm、上口径为9 cm、底径为7 cm、底部有漏水孔的塑料钵。由于上口大、钵底小，定植时土坨易挖出。虽一次性投资较大，但可以重复使用多次。

5）穴盘。长期反复利用的耐用型穴盘要求抗老化性能好，保质期长。

目前使用的穴盘按制造材料的不同通常分为聚苯泡沫穴盘和塑料穴盘。常规育苗选用塑料穴盘。塑料穴盘中又因其塑料种类的不同而分为聚苯乙烯穴盘、聚氯乙烯穴盘和聚丙烯穴盘。塑料穴盘的外围尺寸通常为54 cm×28 cm，每盘上的孔穴数量不同，有32、50、60、72、98、128、200、288、512、800等穴孔的穴盘，通常用的有72、128、200、288穴孔的穴盘。穴盘生产商不同，所设计的穴盘规格也各有特色，也就是说，同样是128穴孔的穴盘，不同品牌的穴盘的穴孔间距离、穴孔的大小和深度、穴孔底部的排水孔、穴孔斜面的倾斜度、穴孔的形状、孔壁的厚度、穴盘的质地和整个盘面的大小等都会不一样。

2. 育苗时期的确定

育苗的播期应根据生产计划、气候条件、蔬菜种类及品种特性、苗床设备、育苗技术及栽培方式等具体情况确定。其中应主要考虑以下内容：

（1）确定定植期。人为确定的定植期减去秧苗的苗龄（日历苗龄）后向前推移的时间即为播种期。蔬菜的定植期因蔬菜种类和栽培方式不同而不同。如结球甘蓝、花椰菜等喜冷凉蔬菜进行早春露地栽培时，一般在 10 cm 地温稳定在 5℃ 时即可定植，新疆的南疆约为 3 月中旬；若进行早熟栽培，即用小拱棚或再加盖草苫时，应视保护设施的保温效果确定定植期，一般可比露地栽培提前 15 ~ 20 天。茄果类、瓜类等喜温性蔬菜露地栽培应在断霜后定植，约 4 月下旬；若采用保护设施（如小拱棚、中拱棚、加盖苫等）进行春早熟栽培时，同样应根据保护设施及其保温效果等条件确定定植期，但均要求 10 cm 地温必须稳定在 12 ~ 14℃ 方可定植，一般比露地栽培提前 20 ~ 30 天定植。

（2）确定适宜的苗龄。定植期确定后，即可根据蔬菜的种类、育苗方式确定适宜的苗龄。如黄瓜，其特点是根系木栓化快，大苗移栽困难，影响缓苗成活。因此，作为露地定植时一般采用三叶一心的苗，冷床育苗，30 天苗龄；而冬春保护栽培往往用四叶一心的大苗，温床或温室育苗，30 ~ 40 天苗龄定植为宜。早春冷床育苗时，西葫芦 22 天即可达到适宜的生理苗龄。番茄幼苗生长较慢而且需要分苗，一般需要 7 ~ 9 片真叶，第一花序现蕾，70 天苗龄较为适宜。茄子 5 ~ 6 片真叶、80 ~ 90 天苗龄时根系活性强，幼苗生长旺盛，定植成活率高。甜椒要求 10 ~ 12 片真叶、80 ~ 90 天苗龄为宜。其他如结球甘蓝、花椰菜等以 6 ~ 8 片叶、70 ~ 80 天苗龄为适宜。

3. 育苗前种子和床土的准备

（1）育苗前的种子准备。蔬菜种子质量的优劣直接关系到出苗和秧苗生长，还会对定植后的生长、发育、产量乃至质量都有很大影响。因此，要选用品种纯正、发芽率高、生活力强、成熟饱满、不染病虫和无杂质的蔬菜种子。

首先要对品种的纯度（即真实性）进行检验，看其是否是生产所需的种类和品种。有些种类的种子可从外观直接判断，如种子的形状、种皮的颜色和花纹或种皮表面的某些特征等，但有些种子不易从外观识别，须借助其他手段来区分。其次，检验种子的播种质量，包括净度、饱满度、发芽率、发芽势等。在种子准备之初，需对种子的净度和饱满度进行检验，播种前必须测定种子的发芽率和发芽势，这是确定播种量的基本依据。

1）感官检查。种子外观饱满，色泽鲜艳，浸种时漂浮数量少，浸种后用手挤压有弹性者为好种子。

2）种子净度。取一定数量的种子样品，拣除一切杂质，称纯净种子的质量，则净度的计算公式为：

$$净度（\%）= \frac{纯净种子质量}{供试种子总质量} \times 100\%$$

其他品种或种类的种子、泥沙、花器残体等都属于杂质。种子净度越高，质量越

单元 2

好。蔬菜种子的净度应达到98%以上。

3）种子饱满度。衡量种子的饱满程度是用1 000粒种子的质量（g）表示的。千粒重越大，种子越饱满，播种质量就越高。

4）种子发芽率（%）。取定量原种子，放在适宜的发芽环境中催芽，经过一定天数后计算发芽率。发芽率越高，种子质量越好。发芽率用下式计算：

$$发芽率（\%）= \frac{全部发芽种子数}{供试种子数} \times 100\%$$

各类蔬菜种子的发芽率可分为甲、乙两级。甲级种子要求发芽率达到90%～98%；乙级种子要求达到85%左右。但例外的是伞形科蔬菜种子和甜菜种子，前者为双悬果，在一个果实所含的两粒种子中有一粒常因授粉不良等原因发育不好而成为秕子，发芽率只要求达到65%左右，甜菜种子为几粒种子包在花萼中而成，为一聚合果，俗称"种球"，因此发芽率要求高达165%以上。

在统计种子发芽数时，无根或无根无芽，幼根无根毛，种子柔软、腐烂，不能发芽，幼根、幼芽畸形的种子等一律不作为发芽。

5）种子发芽势。它是衡量种子发芽速度和整齐度的一个标准，发芽势越高，表示种子生活力越强，种子质量越好。发芽势用下式计算：

$$发芽势（\%）= \frac{规定时间内正常发芽种子数}{供试种子数} \times 100\%$$

（2）育苗前的床土准备

1）营养土的调制。育苗营养土是培育壮苗的基础，秧苗的正常生长和发育所需的水分、养分、空气等都要从营养土中吸收，所以，肥沃的土壤是培育壮苗的先决条件。营养土配制原则是：土壤松软、肥沃、养分充足，能够促进根系发育和保证秧苗生长所需营养，并能减少移植时对根部的伤害。一般配制方法是用非重茬蔬菜较肥沃的壤土和腐熟好的优质圈肥，按6：4的比例混合，有草炭土的地区用草炭土加壤土及圈肥按4：3：3的比例配制。优良的床土应具备良好的物理性能和化学性能，土壤酸碱度适宜，含有害微生物较少或不含有害微生物。床土中应含有较多的有机质和丰富的速效氮、磷、钾和多种微量元素，有机质含量最好达到20%，不能少于5%，速效氮含量应达到100 mg/kg，速效磷应达到100～200 mg/kg。土壤酸碱度以中性偏酸为好，过酸过碱均会影响根系对各种营养元素的吸收，或产生相应的化学变化。

常用营养土配比：田园土6～7份、腐熟有机肥（厩肥）3～4份，分别过筛后混合，每立方米混合土中另加入硫酸钾0.5 kg、三料过磷酸钙0.5～1.5 kg。

配制营养土的有机肥可以用马、牛、猪粪，应在使用前半年以上时间提前沤制，倒堆2～3次，促进腐熟。

田园土应选用没有种过蔬菜的园田地的表土（即15 cm的阳土），没有园田土时，也可挖取当年的葱蒜类蔬菜地里的土壤或非同科菜田的下层土壤，土质以壤土为佳。

单元
2

2）营养土的消毒。目前使用的方法主要有药土消毒、熏蒸消毒和药液消毒。

①药土消毒。把一定量的药剂与一定量的营养土混合成药土，播种时用做垫子土和盖子土。播种时，用1/3药土铺底，用2/3药土覆盖，使种子四周都有药土，可以有效地控制苗期病害。配制药土时，先把药剂用少量土混匀，再用较多的土混拌，经过几次加土并充分翻混，药剂才能与土混拌均匀。配制药土常用的农药有以下三种：

a．五代合剂。用70%五氯硝基苯与65%代森锌按1:1的比例混合使用，一般用量为每平方米苗床各5～8 g，混土15～20 kg，按上述药土消毒法在播种时下铺上盖施用。五代合剂对苗期病害的防治效果极好，但对某些蔬菜（如辣椒等）有抑制根系生长的副作用，故要慎用。

b．五福合剂。用70%五氯硝基苯与50%福美双按1:1的比例混合，每平方米苗床各用5～8 g，用法同前。

c．甲基托布津。用70%甲基托布津配成700倍药土，在辣椒等对五代合剂敏感的蔬菜上使用，效果也很好。

②福尔马林熏蒸消毒。对取来用于配制营养土的田园土，按1 000 kg原土用40%的福尔马林200～300 mL稀释到30 kg，均匀地喷洒到土壤里，拌匀后堆积，用塑料膜密封2～3天，以达到杀菌的目的，然后揭开薄膜，摊开土壤，经过1～2周，使土壤中的药气散发完后再用来配制营养土，否则易发生药害。

③药液消毒。用50%代森锰锌200～400倍液消毒，每平方米床面用药剂原粉10 g左右，配成2～4 kg药液喷浇即可。床土湿时可配成200倍液，床土干时可配成400倍液。还可用绿享1号3 000倍液喷洒床土。

4．播种前的种子处理

（1）浸种。浸种可以加速种子吸水，在短时间内吸足种子发芽所需的全部水分，促进萌动。浸种时应掌握好浸泡的水温和浸泡时间，根据浸种水温的高低，浸种可分为热水烫种、温汤浸种和一般浸种等。

1）热水烫种。烫种在操作时要严格掌握水温，并在处理过程中及时加热水调节，维持水温，经常搅拌。烫种的温度为70～75℃，部分种皮厚的种子，如茄子、冬瓜、丝瓜、西瓜等，烫种水温可达到90～100℃。放入种子后要不断搅拌，水温降至50℃时，维持7～8 min，当水温降至30℃时，停止搅动，再继续浸泡一段时间。不同种子耐高温能力不同，在烫种时要防止烫伤种子。最好先做少量试验，待证明所烫温度及维持时间不会烫伤种子时，再大量进行烫种。

热水烫种水量不可超过种子量的5倍，种子必须经过充分干燥，以防烫伤种子。种子含水量越少，越能忍受高温刺激。

2）温汤浸种。先将种子倒入能浸种的容器内，再缓缓倒入50～55℃（两份开水对一份凉水）温水，边倒边搅拌，并补给温水，保持50～55℃的水温，持续10～15 min。

浸种水量一般为种子量的 5～6 倍（体积比）。水温降至 30℃以下时继续浸种。直到种子吸水完全膨胀后捞出催芽。

3）一般浸种（常温浸种）。用温度为 25～30℃的水直接浸泡种子，但不起消毒作用。

浸种的容器以干净的瓦盆、瓷盆为好，不宜使用金属或带油污的容器，以防影响种子发芽。浸种时间要因水温高低和种皮厚薄而不同，水温高，浸种时间可短一些；反之，浸种时间应长一些。若种子皮薄，浸种时间可短一些。总的原则是以种子吸足水分、没有干心为适度。浸种时间一般不宜过长，时间过久，种子内的一些有机物质易渗出，甚至因氧气不足引起缺氧呼吸及产生有毒物质，使种子霉烂。若浸种时间太短，种子吸水不足，出芽慢且不整齐。常见蔬菜种子的浸种水温和时间参见表 2—2。

表 2—2　　　　　　　　　　　主要蔬菜浸种水温和时间

蔬菜种类	浸种水温（℃）	浸种时间（h）
甘蓝类、豆类、冬瓜	25～30	1～3
白菜类、萝卜	25～30	4～5
黄瓜	25～30	3～4
西红柿、甜（辣）椒	25～30	6～8
莴苣	25～30	7～9
南瓜、甜瓜、西葫芦、丝瓜	25～30	8～12
西瓜、芹菜、胡萝卜、菠菜	20～30	24

浸种过程中要搓掉种皮上的黏液，并每隔 8 h 换水一次，以防种子缺氧。浸泡豆类种子时，当种皮由皱缩变鼓胀时，表明种子已吸足水，可捞出播种。其他种子浸好以后，捞出装入湿的麻袋或纱布袋内进行催芽。

若土壤湿度适宜发芽的条件，一般就不用进行浸种，而只需进行种子的药剂消毒。

（2）种子的干热处理。对于未完全成熟的蔬菜种子，经过暖晒处理，有利于促进后熟。黄瓜、西瓜和甜瓜种子经 4 h（其中间隔 1 h）50～60℃干热处理，增产分别达 39%、35% 和 23%，并能促进发芽。干热处理促进发芽的原因在于使种子增强对水分的吸取力。

（3）种子的化学处理。促进发芽的药剂较好的有硫脲和赤霉素，浓度分别为 0.1% 和 5～10 mg/L。处理方法同一般浸种法。

（4）种子的药剂消毒。分为药粉拌种和药水浸种两种方法。

1）药粉拌种。它是把种子和药剂拌在一起，种子表面黏附着均匀的药剂，可杀死附着于种子表面的病菌，并防止土壤中病菌的侵入。药粉拌种方法简易，一般取种子质量 0.3% 的杀虫剂和杀菌剂，在浸种后使药粉与种子充分拌匀即可。也可与干种子混合拌匀。常用杀菌剂有 70% 敌克松、50% 福美锌、50% 退菌特等；杀虫剂有 90% 敌百虫粉等。

2）药水浸种。它是把种子浸到一定浓度的药液里，杀死种子所带的病菌。药水消毒前，一般先把种子在清水中浸泡 5 ~ 6 h，然后浸入药水中，按规定时间消毒。捞出后，立即用清水冲洗种子至无药味为止，即可播种或催芽。采用药水浸种要严格掌握药液浓度和消毒时间。以防发生药害，药液的用量一般为种子的两倍左右。

药水浸种常用药剂及方法：

①福尔马林（即 40% 甲醛），先用其 100 倍水溶液浸种 15 ~ 20 min，然后捞出种子，密闭熏蒸 2 ~ 3 h，最后用清水冲洗。

②1% 硫酸铜水溶液，浸种 5 min 后捞出，用清水冲洗。

③10% 磷酸三钠或 2% 氢氧化钠的水溶液，浸种 15 min 后捞出洗净，有钝化番茄花叶病毒的作用。

药液浸种的防治对象及用药见表 2—3。

表 2—3　　　　　　　　　　　药液浸种的防治对象及用药

病害名称	用药	处理方法
番茄早疫病	40% 福尔马林 100 倍液	先用清水浸泡种子 3 ~ 4 h，再用药水泡 15 ~ 20 min，取出后用清水冲洗至无药味，再浸种催芽或直播
辣椒炭疽病及细菌性斑点病	1% 硫酸铜水溶液	先用清水浸泡种子 4 ~ 5 h，再用药水泡 5 min，取出后用清水冲洗至无药味，再进行催芽处理
黄瓜炭疽病及枯萎病	40% 福尔马林 100 倍液	先用清水浸泡种子 3 ~ 4 h，再用药水泡 30 min，取出后用清水冲洗至无药味，再进行催芽处理
番茄、辣椒病毒病	磷酸三钠 10 倍水溶液	先用清水浸泡种子 3 ~ 4 h，再用药水泡 15 min，取出后用清水冲洗至溶液变中性为止，再浸种催芽

单元 **2**

（5）催芽。种子浸种达到一定的时间后，种子表皮由皱缩变鼓胀或软化，利于种芽突破种皮，应捞出进行催芽。催芽时，将种子用湿麻袋（或纱布）等包好放入清洁的瓦（瓷）盆内。种子包内的种子应保持松散状态。催芽过程中，每隔 6 ~ 8 h 松动包内种子一次，以便换气，并使种子温度均匀一致。每天将种子淘洗一次，洗净种子上的黏液，防止霉烂。淘洗完种子后，甩掉多余的水分，继续催芽。

催芽的温度开始时应稍低，逐渐增高，当胚根将要突破种皮时，温度要开始降低，这样可以促进胚根粗壮，利于形成壮苗。一般蔬菜催芽的适宜温度可参考表 2—4。当种子 75% 左右露出芽尖或萌动时，即可停止催芽，准备播种。催芽时间不宜过长，一般胚根稍伸出种皮即可，以防止种芽过长而容易折断。

表2—4　　　　　　　　几种主要蔬菜催芽的适宜温度　　　　　　　　℃

蔬菜种类	催芽适宜温度			最低温度
	初　期	中　期	末　期	
西红柿	20～23	25～30	18～23	10
茄　子	20～25	25～30	20～25	10～12
甜（辣）椒	20～23	25～30	20～25	10
甘　蓝	16～18	18～20	15～18	9～10
黄　瓜	20～25	25～30	20～23	13～15
西葫芦	20～25	25～30	20	12～13
芹　菜	10～20	20～25	13～20	9～12

5. 苗床播种

（1）播种量和播种面积的确定。栽培某一种蔬菜时，在播种前应根据计划栽培面积和栽培方式等条件来确定所需秧苗株数，并参考其每克种子的粒数计算所需种子数量；其中还要考虑种子的质量因素，如发芽率、净度等。但并非所有能发芽的种子均能出苗，所以，还应当考虑其成苗率，即种子出苗数与发芽数的比值。最后还要留出20%～30%的分苗及定植秧苗保险系数。根据以上因素，即可计算出实际播种量。常见蔬菜每667 m² 栽培面积的用种量参见表2—5。

表2—5　　　　　　　　每667 m² 栽培面积的用种量　　　　　　　　g

蔬菜种类	用种量	蔬菜种类	用种量
番茄	20～35（适温）35～55（低地温）	地冬瓜	55～100
		中国南瓜	250～400
辣椒	80～110（适温）180～220（低地温）	西瓜	100～160
		甜瓜	30～80
茄子	20～35（适温）40～55（低地温）	结球甘蓝	20～50
		球茎甘蓝	25～40
黄瓜	100～150（适温）200～250（低地温）	花椰菜	20～30
		大白菜	50～100
架冬瓜	170～280（适温）	芹菜	100～250
美洲南瓜	300～450（低地温）	莴笋	15～23

$$实际用种量（g）= \frac{大田栽植所需秧苗数（株）}{种子发芽率（\%）\times 种子净度（\%）\times 成苗率（\%）\times 每克种子粒数（粒数/g）}\times 1.2$$

单元 **2**

确定用种量后，即可确定苗床播种面积；再根据其在分苗床的适宜密度计算出分苗床面积。计算公式如下：

播种床面积（m²）＝实际用种量（g）×每克种子粒数×每粒种子所占面积×1.2

$$分苗床面积（m²）＝\frac{大田所需栽植秧苗数（株）}{分苗床秧苗密度（株数/m²）}×1.2$$

蔬菜的种类和品种不同，其种子大小差异很大，故其播种量不同，育苗所需面积也不相同。常见蔬菜的播种床面积可参考表2—6所列的每平方米苗床的播种量进行推算。如黄瓜育苗采用点播方式，株距、行距均为10 cm，每平方米可播1 000株，每667 m²大田栽培4 000～5 000株，即需苗床40～50 m²。而茄果类的育苗则分播种床和分苗床两个阶段，其播种床适宜密度一般为每平方米1 200～1 500株；分苗时的株距、行距均为10 cm。若栽培667 m²番茄所需秧苗4 000～6 000株，则需播种床面积4～6 m²，分苗床面积40～60 m²，无论播种床面积还是分苗床面积，均需另加20%～30%的秧苗保险系数，以确保栽植所需要苗数。

表2—6　　　　　　　　　　　每平方米苗床的播种量　　　　　　　　　　　　　　　　　g

蔬菜种类	用种量	蔬菜种类	用种量
番茄	30～40	冬瓜	80～90
辣椒	50～60	花椰菜	15～30
茄子	40～50	莴笋	10～15
黄瓜	80～100	结球莴苣	15～20

（2）播种方法

1）撒播。小粒蔬菜种子可采用撒播的方式播种，如茄子、辣椒、番茄、小白菜、生菜等。具体做法是将催芽后的种子与湿细沙混拌均匀，苗床浇足底水，待水下渗、地温回升后即可撒播。播后及时覆土，覆土厚度为1.0 cm左右。然后在苗床上覆盖地膜保温、保湿。

2）点播。黄瓜、葫芦瓜等大粒种子多采用点播的方式播种。先将营养袋装3/5的营养土，浇足水，然后将种子播于袋中，再覆土2～3 cm。注意营养袋上沿留出1 cm的空隙，以便苗期浇水。

6. 播种后的管理与分苗

（1）出苗期的管理。从播种到子叶出土称为出苗期。这一阶段主要是胚根和胚轴的生长，以维持适宜的土温最重要。温度低，发芽慢，延迟出苗时间，造成出苗快慢不一致，大小不整齐，温度过低还会造成沤根，胚根发黄，胚芽不易出土；温度过高，出苗速度过快，胚芽出土细弱，易形成高脚苗，不易形成壮苗。播种后，对于喜温性蔬菜，如茄果类、黄瓜等，应把温度控制在25～30℃，喜冷凉蔬菜（如甘蓝、花菜、芹菜等）以20～25℃为宜。在此范围内白天温度稍高，夜间稍低些，通过气温提高地温。为了提

单元
2

高床温，昼夜可盖上帘子（如草帘、棉帘、厚布帘等），育苗盘播种盖地膜后最好放在架子上。当苗子开始出土时，揭开覆盖物，并要经常查看苗床，最好每天上午检查一遍，若发现胚芽大量拱土，应及时撤掉地膜，以防止烤伤胚芽。用育苗盘育苗时，可把育苗盘从架上搬到地下光照好的部位，边出苗边见光绿化。温室内盖小拱棚时，应适当放小风，防止出苗过快。撤掉地膜后，如果盖土逐渐干燥，应当轻轻喷水，使盖土保持湿润，并进行"扦土"（用小钩轻轻中耕床土表面，把表层钩碎），使盖土与下面的床土紧密接触，种皮保持湿润，防止幼根、幼茎受害和出土"戴帽"。

（2）籽苗期的管理。从子叶微展到第一片真叶显露（即"破心"）称为籽苗期。此阶段是幼苗由依靠种子储藏营养转向自养的过渡时期，幼苗的胚轴极易徒长，管理工作以防徒长为中心。籽苗期徒长的主要原因是夜间温度过高，加上勤浇水，更易徒长。所以籽苗期管理应当以"控"为主。具体措施如下：

1）发现子叶有"戴帽"现象时，应人工拿去种皮，因为"戴帽"生长的籽苗最易徒长，但是不能干摘帽；否则，易把子叶摘掉或摘断。应当先喷点水，使种皮湿润，再轻轻帮助其摘帽，或傍晚盖帘子前轻轻喷水，让苗子经过夜间自己脱帽。

2）降低床温。出苗后适当降低夜间气温，喜温蔬菜夜间控制在 10～15℃（室内气温），喜冷凉蔬菜夜间控制在 9～10℃，即比出苗期分别降低 2～3℃。白天茄果类、瓜类喜温蔬菜控制在 25℃ 左右，喜冷凉蔬菜可控制在 20℃ 左右，能保证光合作用正常进行。这一阶段外界仍然寒冷，管理上主要还是注意夜间保温（加温），白天温室不放风，当温度过高时可以短时间遮花阴，但室内小拱棚要放风，而且随着外界气温的升高逐渐加大放风量，相继变为白天揭夜间盖，直至拆除。

3）争取光照。出苗后，在保证温度需求的条件下，温室的草苫要早揭晚盖，勤擦薄膜，尽可能增加光照时间和光照度；如果播种过密，籽苗拥挤，应适当间苗，改善籽苗受光情况，防止徒长。

4）片土保墒。片土就是往幼苗根部筛撒细土。"片土"可以减少床面水分蒸发，降低苗床湿度，提高床温，同时还可以对幼苗进行根部覆土，促进不定根发生。"片土"要在叶面上水珠消失后进行，以免沾污叶面，"片土"厚度每次不超过 1 cm，"片土"后要轻轻抖落叶面上的细土，以免影响光照。

5）控制浇水。籽苗期间一般不轻易浇水，但用育苗盘、育苗钵播种出苗的易干旱，应当酌情喷水。另外，播种时采用五代合剂等药土防病的，籽苗期间不能控水，应保持床土湿润，防止药剂抑制籽苗生长。

6）防止病害发生。喜温蔬菜在低温、高湿条件下易得猝倒病，而喜冷凉蔬菜在高温条件下易发此病。除种子和土壤消毒外，还要通过调节温度和湿度进行预防。一旦发病应及时拔除，用药剂进行土壤消毒，如果病害蔓延较快，应创造条件尽快分苗，防止扩大蔓延。

7）加强灾害天气的管理。为了接受较多的光照，阴天也要揭帘子，雪后应立即扫雪揭帘子。如遇雪后晴天，应先半揭帘子，隔一段时间后再全揭帘子，逐渐扩大温室受光面积，以防止温度突然升高而导致子叶萎蔫。如遇轻微冻害，可先喷些水，然后蒙上薄膜，遮花阴，使苗床缓慢升温，让苗子逐渐恢复正常。若受到突然暴晒，则无法挽救。

（3）小苗期的管理。从真叶破心到 2～3 片真叶展开称为小苗期。在这一阶段，根系和叶面积同时扩展，徒长的可能性比籽苗期小。幼苗单株生长量较小而生长点在大量分化叶原基，并且果菜类是由营养生长向生殖生长转变的过渡阶段，如茄果类生长点开始凸起形成花芽，豆类和瓜类则在腋芽孕育花芽，所以苗床管理的原则是：保持幼苗营养体的正常生长，促进叶原基的发生和花芽分化。

1）苗床的温度控制。喜温蔬菜白天温度控制在 20～25℃，夜间控制在 13～16℃（室内气温）；喜冷凉蔬菜白天温度控制在 20～22℃，夜间控制在 8～12℃。在管理方法上，一是早揭晚盖不透明覆盖物，给予幼苗较强的光照和较长的光照时间。二是随着外界气温逐渐升高，适当加大通风量和通风时间。三是早间苗，保持合理的密度。四是对于易徒长的甘蓝、番茄、黄瓜等不要小水勤浇，应当在干旱时浇透水，随后"片土"保墒（即向床面撒一些湿润的培养土或药土，不使床面龟裂，减少水分蒸发），尽量减少浇水次数，防止土温下降及秧苗徒长；对茄子、辣椒等不易徒长的蔬菜，以保持土表有 0.5 cm 左右厚的干燥层、以下土壤湿润为原则，不要严格控制浇水，也可以在喷水后"片土"保墒。五是对短日照诱导花芽分化的蔬菜幼苗如黄瓜等，以保持 10 h 左右的日照为宜。灾害性天气管理与籽苗相似。茄果类蔬菜和黄瓜的苗期适宜温度见表2—7。

表2—7　　　　　　　　　茄果类蔬菜和黄瓜的苗期适宜温度　　　　　　　　　　　℃

种类	播种—出苗		出苗—真叶顶心		真叶顶心—分苗	
	气温	地温	白天气温	夜间气温	白天气温	夜间气温
番茄	28～30	20～25	18～22	10～11	20～22	11～12
茄子	28～35	20～25	20～25	14～16	24～26	15～18
辣椒	28～35	20～25	20～25	12～13	23～25	15～18
黄瓜	28～30	20～22	20～22	11～12	23～25	13～14

2）苗床的光照管理。北方地区早春时节日照时间短，因此要采取各种措施尽量使幼苗多接受阳光照射。光照调控的方法是：白天尽量提早揭开保温帘，傍晚尽量延迟覆盖保温帘，塑料薄膜要保持干洁，有条件的可以人工补光。

3）苗床的水分管理。在幼苗生长前期要防止床内湿度过高，在幼苗生长后期苗床易缺水，这时要适量喷洒浇水，切不可漫灌。

另外，在育苗期间常会遇到阴天、雪雨等不利天气，对幼苗生长极为不利。因此，

单元
2

应视天气状况加强管理，以免秧苗受害。

①阴天。遇阴冷天气，在提高苗床温度的同时，也要注意尽量使秧苗多见光。保温被等覆盖物可适当晚揭、早盖，但每天一定要选中午前后温度较高时揭开，使秧苗有足够的见光时间，以免天晴揭苫后造成秧苗萎蔫；夜间可增盖保温被或草苫，以利于保温。

②雪天。白天降雪应及时打扫；夜间降雪时要盖好保温被等覆盖物，其上再加一层塑料薄膜，雪停后立即扫雪，以保持覆盖物干燥，并及时揭开覆盖物使秧苗见光。连续雨雪天后，揭苫时应注意观察秧苗情况，如发现秧苗萎蔫现象，应随时回苫搭成花阴补救。

③大风天。大风天气要注意将覆盖物盖好，不要使风直接吹入畦内，以免损伤秧苗。因此，首先要将塑料薄膜四周压好，不使其被风吹开吹破；其次，盖保温被时应使保温被顺风压苫，避免顶风压苫被风吹跑，必要时可再拉铁丝固定。

（4）分苗。茄果类、甘蓝类蔬菜的幼苗生长缓慢，幼苗期长，前期幼苗植株个体小，单位面积存苗量大，故适合采用播种畦（老苗畦）撒播，集中育苗，便于管理，节省用工及苗床面积。但是，随着幼苗不断长大，苗床上秧苗变得拥挤，影响幼苗正常生长。为防止拥挤，培养壮苗，需要把秧苗假植到分苗床上去，即分苗。分苗是在育苗过程中的移植。分苗是改善秧苗光照和营养状况，培育壮苗的重要措施。分苗时，由于根系受到损伤，对幼苗生长和果菜类花芽分化有一定影响，但在分苗过程中，幼苗的主根被切断，可促进侧根的发生，使幼苗根系比较集中，并且通过移苗可以防止苗期病害的蔓延。总之，分苗有利也有弊，是否需要分苗取决于不同种类蔬菜幼苗对移植的反应、定植苗龄大小和育苗设施条件等。

1）不同蔬菜的耐移植特性。不同蔬菜对移植的反应不同，大致可分为三种类型：一是耐移植蔬菜，包括茄果类、甘蓝、速生菜类蔬菜，它们移植后根系再生能力较强，因此这些蔬菜在育苗过程中一般都进行移植。二是移植有困难的蔬菜，包括瓜类蔬菜，其根的再生能力较差，不太耐移植，适宜定植的苗龄比较小，在育苗设施面积允许的情况下可以不经过移植，直接用营养袋（钵）点播育成苗。若要进行移植，必须在秧苗幼小时（子叶期）进行。三是不耐移植蔬菜，包括豆类蔬菜及根菜类蔬菜。豆类蔬菜根系再生能力很差，适宜定植的苗龄更小，育苗过程中一般不移苗。根菜类蔬菜虽幼小时移植也易成活，但产品的品质易受到影响。

2）分苗的次数和时间。应当以幼苗的营养面积不明显阻碍其生长和果菜类花芽分化为原则。一般提倡适当提早分苗，以减少根系损伤和对幼苗生长发育的影响。新疆由于冬季寒冷、光照条件差，一般只进行一次分苗。茄果类蔬菜分苗应在2~3片真叶期即花芽分化前进行；瓜类蔬菜育苗若需要分苗，应在子叶充分展开并变绿时进行，伤根少，恢复快。无论多大苗进行分苗，应保证分苗至定苗有30~40天的成苗时间，即保证秧苗有充足的生长和锻炼时间。

3）分苗的营养面积（株距和行距）。主要根据育苗蔬菜的种类、苗龄大小、分苗的次数、设施面积等加以确定。一般保护地定植的秧苗、一次分苗，以 8～10 cm^2 为宜，营养袋分苗，其口径应符合上述标准。在培育壮苗的综合因子中，营养面积是重要条件之一，但在生产条件下，由于设施或苗床不足或是从生产效益考虑又难以保证较为充足的营养面积，这就要求在育苗时事先做好计划及苗床准备，以保证必要的基本营养条件，加上适当的秧苗生长控制，促使秧苗健壮。当然，营养面积也不是越大越好，营养面积过大反而易出现因土表干燥而抑制秧苗生长的现象，特别是对生长缓慢、要求土壤水分较高的蔬菜秧苗（如辣椒、茄子等）表现更为明显。

4）分苗技术。分苗可采用多种形式，即分苗床分苗、土块营养钵分苗、纸钵分苗、瓦盆或塑料钵分苗、塑料薄膜袋分苗等。目前生产上多采用塑料薄膜袋分苗，其优点是一个袋子可使用多年，节省成本，便于搬运，利于倒苗，保湿，根系发育好，土壤理化性质好，便于定植，定植后缓苗快。塑料袋分苗技术要点如下：

①准备适宜规格的营养袋。辣椒可使用直径为 8 cm 的营养袋；番茄、茄子、甘蓝、花菜可使用直径为 9 cm 的营养袋；瓜类可使用直径为 9～10 cm 的营养袋。营养袋高 10～11 cm。

②准备培养土。装袋前 3 天翻堆喷水（或药水），使培养土潮湿，以手握成团、掉地可散为度。装土时，为了操作方便，营养袋先装土至1/2 处，用手将袋土压紧实，以不漏土为宜，压后有 1/3 袋高，再装入一些营养土，约占袋高的 1/2，堆放在一起备用。

③苗床（营养盘）头天浇水，便于拔苗，减少根系损伤。

④移苗时，用手轻拿秧苗茎部，注意不要沾上水和泥土，将已装好培养土的营养袋倾斜，使土面成45°倾斜角，把幼苗放入斜面，再用手抓一把培养土盖住秧苗根系，把袋立起，使秧苗垂直立于袋中，其装土量离袋口 1.5 cm 左右，以便于浇水。

⑤一般辣椒苗栽双株，其他蔬菜苗栽单株。辣椒、茄子栽植时子叶露出土面 1 cm 左右；黄瓜、番茄栽植时应根据秧苗健壮情况，健壮苗子叶可露出 1 cm 左右，徒长苗可栽深一点，子叶与土面平。

⑥将栽好幼苗的营养袋按规划的区域码放整齐，地面要平整，营养袋苗也要齐整。栽植的营养袋苗要及时浇水，水质要洁净，水温在 15℃ 以上，有条件的可使用加热的20～25℃的水更好。水要浇透，不漏浇，可用壶浇，有自来水条件的，可用细管浇，一般浇两遍即可浇透。

7. 分苗后的管理

（1）分苗的目的。分苗主要是为了扩大幼苗植株间的距离，使秧苗占有合理的营养面积，以利于促进发生更多的侧根，使根群比较集中分布在主干附近的土层中，从而在定植起苗时可有效地减少根系损伤，提高栽植成活率。但由于分苗断根等影响幼苗正常生长，为了有利于分苗后的缓苗，在分苗及分苗后需注意以下几点：

单元
2

1）分苗前几天要注意锻炼幼苗，即在分苗前 3～5 天白天多通风降温，使秧苗多接收阳光，增强光合作用，积累养分；夜间温度控制可比平常低 3～5℃，以减少呼吸作用的消耗，增强抗逆性。这是培育壮苗的一个重要环节。

2）分苗前一天，播种苗床适当喷水，使土壤湿度适宜，以利于起苗时少伤根系，利于分苗后的缓苗。若采用分苗床分苗，分苗采用水稳苗法，即在分苗畦内按所定行距开沟、浇水，再按一定株距将苗贴在沟边，待水渗后覆土将苗栽好。分苗时力求将幼苗栽整齐，横、竖成行，以便于以后切块起苗。分苗时，应边分苗边将塑料薄膜覆盖严密，以保持苗床内温度及湿度，还应在塑料薄膜上加盖苇毛苫遮花阴，防止日晒使幼苗萎蔫。一个分苗床栽完后，随即严密封好塑料薄膜，尽量提高畦温，以促进幼苗尽早生根缓苗。白天日光强烈时，可覆盖少量苇毛苫搭花阴，午后揭去，翌日继续，直至幼苗不萎蔫时止。

3）分苗后 1 周内一般不需通风，苗床内以保温、保湿为主，促进快缓苗。苗床温度，茄果类蔬菜幼苗要求白天保持在 26～28℃，夜间不低于 10℃，以保证幼苗及早缓苗生长。待秧苗中心的幼叶开始生长时，表明秧苗已经发生新根，此时应开始通风降温，以防止秧苗徒长。

（2）分苗后的水分管理。分苗后在管理上需要采取措施尽快提高苗床温度，加快根系伤口愈合，促进根系生长。幼苗缓苗及缓苗后的生长还要求有疏松的土壤条件，良好的通透性，以利于根系发展。分苗时浇灌大水会降低畦内温度。秧苗在低温高湿条件下易发生多种病害，并会导致沤根、烂根。另外，浇大水后使土壤沉实、板结，导致土壤通气性不良，也不利于其根系发展。因此，分苗时一般多采用水稳苗法浇水，即在分苗畦内根据所定行距开沟浇水，切忌浇大水。

（3）分苗后的肥料管理。蔬菜多采用营养土育苗，在苗期一般不进行追肥。如果发现秧苗虚弱或有徒长现象，可采用叶面追肥的方法进行补救，以改善秧苗的营养状况。叶面追肥的种类应视秧苗状况确定。如果秧苗徒长，可单喷 1%～2% 过磷酸钙的清水浸出液、5% 草木灰清水浸出液或 0.2% 磷酸二氢钾。如果秧苗表现黄瘦，可将以上溶液加 0.3% 的尿素混合喷施。叶面追肥的喷施时间应选择晴暖天气的下午进行，喷洒要均匀，力求每片叶都能喷满水至不流淌为限。喷完后稍晾，随即盖好透明覆盖物。第一次喷肥后隔 5～7 天再喷第二次或视秧苗状况而定。

8．定植前的秧苗锻炼

定植前对秧苗进行锻炼的目的是增强其对不良环境的适应能力，以利于定植后缓苗生长。经锻炼的秧苗表现为茎、叶内碳水化合物的含量提高，含氮量相应减少，植株中干物质和细胞液浓度增加；茎、叶表皮组织增厚，角质和蜡质增多，叶色变浓；秧苗植株的抗性增强，并有利于瓜果类蔬菜的花芽分化，使之适应定植后的环境条件，以保证缓苗快，成活率高，实现早熟、丰产。锻炼秧苗的方法如下：

单元 2

（1）低温锻炼。定植田与育苗床内温度差异大，为适应定植后的温度环境，定植前必须进行低温锻炼。白天的床温可降到10℃左右，在秧苗不受寒害的限度内，应尽量降低夜间温度。

（2）囤苗。囤苗是采取人工措施挪动幼苗，使根系受到一定损伤，以控制茎叶生长。用营养钵或其他容器培育的秧苗，在定植前搬动几次，可达到囤苗的目的。如采用切块囤苗，在定植前7~10天，苗床浇水，水渗完前，用长刀在秧苗的株、行间把营养土切成方土块，切土深约10 cm，切块后6~7天土块干硬，即可起苗定植于大田。囤苗期间注意防雨淋，不致散坨。

（3）蹲苗。对幼苗适当控水，提高幼苗体内干物质含量，促进果菜类花芽分化，提高抗逆性。

二、无土穴盘育苗技术

无土育苗是近年来蔬菜生产上引进推广的一项新技术。无土育苗易于对育苗环境和幼苗生长进行调节，便于实行标准化管理和工厂化、集约化育苗。与常规育苗相比，无土育苗具有不伤根、缓苗期短（或没有缓苗期）、成活率高、适宜运输、防止蔬菜土传病害、育苗时间短等特点，适合发展蔬菜规模经营的趋势，也是今后蔬菜生产的必由之路。

1. 无土育苗的设施和设备

常用的设施和设备有温室（包括温室内部设施）、准备房、播种设备、催芽室、水肥系统等。这些设施和设备的运用能为种苗生长提供良好的环境，充分保证种苗的品质；同时大大提高了生产效率，管理也更加便捷。

（1）无土育苗的设施。育苗设施由育苗温室、播种车间、催芽室、计算机管理控制室等组成。

1）育苗温室。育苗温室主要分为连栋温室和单体温室。连栋温室因其利用率高、空间大而更适合于现代种苗的大规模生产，而对小规模的种苗生产者和繁殖自用种苗来说，单体温室和简易大棚也不失为一个较好的选择。有关温室和大棚的类型、结构、环境特点等已在第1单元进行了详细介绍，这里不再赘述。

2）播种车间。大型种苗场通常安装有播种流水线所需要的介质混合机、介质运输机、介质填充机、播种机、覆料机以及淋水机等。在播种区内完成播种的全过程，生产者可根据不同的情况选择不同的播种机。特大型的种苗场应该配置滚筒式播种流水线；大、中型的种苗场可选择平板播种机或自动针式精量播种机；小型种苗场可选择简易管式播种机。如果不采用播种流水线完成播种的全过程，也可用人工来完成介质混合、装盘、播种、覆土、淋水等工作。

3）催芽室。工厂化育苗时，一般采用丸粒化种子播种或包衣种子干播，播种覆土后将穴盘基质洒透水，然后把穴盘一同放进催芽室内，空间要有一定大小，而且室内的温度和湿度条件要能调控，以便根据各种作物发芽的最适温度、湿度条件进行调节。规模化育苗时，虽然一次性播种的量也较大，但多为将种子催芽后人工播种，所以无须催芽室。催芽时，用恒温培养箱、生化培养箱等，种子量稍大时，也可用市售电热毯催芽，效果也很好。

在我国北方寒冷地区，催芽室应建在育苗用的温室内，可以减少加温能耗。催芽室的规格体积可根据供苗量和人工操作方便自行设计，按每平方米可摆放 30 cm×60 cm 的穴盘 5 个、摆放育苗穴盘的层架每层按 15 cm 计算，再由每个穴盘的可育苗数和每一批需要育苗的总数就可以计算出所需要的催芽室的体积。建在温室内的催芽室可采用钢筋骨架、双层塑料薄膜密封，两层薄膜间有 7～10 cm 空间。因为能透光，既能增加室内温度，又可使幼苗出土后即可见光。催芽室出入口的门应采用双重保温结构，内设加温空调或空气电加热线加温。采用空气电加热线加温时，布线间距应大于 2 cm，离开墙壁 5～10 cm。用线功率若以外界温度 0℃、催芽室温度需 30℃，每立方米应大于 110 W。电气设备开关、控温仪（感温探头应放在室内）、电表、交流接触器等都应设在室外，室内不能有暴露的电源线或接头，以免因漏电而造成事故。摆放育苗盘的层架的规格要与建造的催芽室相匹配，每层间距为 10～15 cm。层架下面应装设方向轮，以便于推运。

4）控制室。现代种苗生产中，温室环境、生产过程、发芽环境都是由各种各样的仪器、设施、设备来控制的，所有这些仪器、设施、设备的控制都统一在控制室内进行调控和管理。

（2）无土育苗的设备。它包括育苗温室环境控制系统和育苗生产设备两大部分。

1）育苗温室环境控制系统。育苗温室环境控制系统为种苗培育提供适宜的生长环境，由加温系统、降温系统、遮阴保温系统、二氧化碳补充系统、补光系统和计算机控制与管理系统等组成。

2）育苗生产设备

①种子处理设备。常用的种子处理设备包括种子拌药机、种子表面处理机械、种子单粒化机械和种子包衣机等，另外还有用 γ 射线、高频电流、红外线、紫外线、超声波等物理方法处理种子的设备。广义的种子处理设备还包括种子清选机械和种子干燥设备。

②精量播种设备。精量播种设备一般由搅拌机、自动上料装填机、压窝装置、精量播种机、覆土设备、喷淋灌溉设备等组成整个流水线，流水线各工序间自动进行，基质（土壤）搅拌、装盘、压窝、播种、覆盖、喷水 6 道工序一次完成。为便于搬运、安装、调试、维修，整套流水线一般都按功能划分成几套设备，各设备可组合成整个流水线，也可单独运行。设备之间的协调一般通过传送带的同步运动来保证，整个播种系统由计算机控制，可对流水线传动速度、播种速度、喷水量等进行自动调节，一般每小时可播

种 1 000 ~ 1 200 盘。

精量播种机是精量播种流水线的核心部分，常用的有滚筒式、真空吸附式等类型，此外，还有颤振式、送料式等类型。播种机按其设计样式不同分为针管式播种机、板式播种机和滚筒式播种机。半自动播种机有手持管式播种机、板式播种机（包括简易板式播种机、改良型板式播种机）；全自动播种机有针式精量播种机、滚筒式播种机。

③基质消毒设备。在基质的生产和加工过程中往往需要杀灭致病菌、虫卵和杂草种子等，因此需要配置基质消毒设备。根据工作原理不同，基质消毒有物理消毒和化学消毒两种方法。物理消毒法包括热风消毒、微波消毒、太阳能消毒、高温蒸汽消毒等方法，其中以高温蒸汽消毒较为普遍，效果较好。化学消毒法是指将液体或气体消毒药剂注入基质中达一定深度，并使之汽化和扩散，从而达到灭菌、消毒的作用。消毒面积较大时一般采用动力式消毒机，按机械运动方式不同分为犁式、凿刀式、旋转式和注入棒式四种类型，药液注入方式有线状注入和点状注入等形式。

蒸汽消毒机一般使用内燃炉筒烟管式锅炉。燃烧室燃烧后的气体经炉管、烟管从烟囱排出，传热面上的水在蒸汽室汽化后排出进行消毒。为保证安全运行，一般要求以最大蒸发量设置给水装置，蒸汽压力超过设定值时安全阀打开，安全装置起作用。蒸汽消毒机除可对基质消毒外，还可对苗床、穴盘、花盆等温室用具进行有效消毒。

在基质消毒前，需将待消毒的基质疏松好，用帆布或耐高温的厚塑料布将待消毒的基质密封，通过覆盖物下的高温蒸汽传送管通入蒸汽，即可进行消毒。需注意的是：因消毒时基质类型、天气情况等相关因素和条件差异较大，实际采用的消毒时间应根据具体情况增加或缩短。

④灌溉和施肥设备。灌溉和施肥系统是无土育苗的核心设备，通常包括水处理设备、灌溉管道、储水及供给系统、灌溉和施肥设备、灌水器（如滴头、喷头）等。其中，储水设施可按混合罐原理制作成一个系统。

⑤苗床。为便于操作和创造更佳的育苗环境，育苗温室配置有苗床设备，种子经播种放入穴盘，催芽后即放入育苗温室的苗床上进行绿化。苗床一般分为固定式和移动式两种，设计时主要考虑最大限度地利用育苗温室的面积、便于操作和提高利用率等因素。固定式苗床主要由固定床架、育苗框以及承托材料等组成。床架用角铁、方钢等制成，育苗框多采用铝合金制作而成，承托材料可采用钢丝网、聚苯泡沫板等。固定式苗床因位置固定，作业时较为方便；但走道面积大，育苗温室利用率相对较低，苗床面积一般只有温室总面积的 50% ~ 65%。移动式苗床床架固定，育苗框可通过滚动杆的转动而横向移动，或将育苗框做成活动的单个小型框架，可在苗床床架上纵向推拉移动。与固定式苗床相比，可大幅提高温室利用率，最高可达 90% 以上；但对制作工艺、材料强度等要求高。有些苗床的育苗框和承托材料之间密封，可以用浸灌方式为幼苗供应所需水分和肥料。另外，苗床的高度也可通过床架的螺栓进行调节。

单元
2

⑥穴盘。我国目前所使用的穴盘来源比较广泛，有从欧美引进的，有从韩国进口的，也有国内企业制作的。长期反复利用的耐用型穴盘要求抗老化性能好，保质期长。按制造材料的不同通常分为聚苯泡沫穴盘和塑料穴盘。

聚苯泡沫穴盘即通常所说的 EPS 盘，其外形尺寸通常为 67.9 cm×34.9 cm，也即英制的 26（3/4）in×13（3/4）in。泡沫盘有 200、242、338、392 穴孔的穴盘，常用的是 200 和 242 穴孔的穴盘。这种泡沫穴盘经常被反复使用，直到不能再利用为止。在重复用于种苗生产时，必须经过严格的消毒处理。

2. 育苗基质

育苗基质是用来固定根系、支持秧苗生长的，只要物理、化学性质稳定，易取材，成本低的材料都可选用。生产上多选用蛭石∶草炭 =2～3∶1 的轻基质，也可选用水煮过的锯末、腐熟的菇渣等。

3. 营养液

营养液最好是用化学药剂配制。将药剂先配制成原液，然后稀释使用。但此法成本高，难以推广。目前生产上主要利用易取材、成本低、使用方法简单、便于推广普及的商品肥料直接配制而成。

（1）前期苗小所需营养少，营养液配方可以简化：100 kg 水中加入硝酸磷酸钾复合肥（N15，K12）100 g；100 kg 水中加入尿素 20～25 g，磷酸二氢钾 25～30 g。

（2）营养液的配制也可采用以下配方：

1）1 000 kg 水中加入尿素 400～500 g，磷酸二氢钾 450～900 g，硫酸镁 500 g，硫酸钙 700 g。

2）1 000 kg 水中加复合肥（N15，K12）1 000 g，过磷酸钙 800 g，硫酸镁 500 g，硫酸钾 200 g。

4. 无土育苗方法

（1）育苗前的准备

1）育苗盘的消毒。用 50～100 倍的福尔马林浸泡 30 min 后，用水洗净晒干待用。

2）基质装盘。基质在育苗盘中铺设的厚度因秧苗大小而不同。用于无土育苗法的苗盘装 6～7 cm 厚。基质不可过薄，否则水分不易管理。

3）备好种子及配制营养液的容器，购置配制营养液所需的化肥。

（2）播种

1）播种时期。无土育苗方式与常规育苗方式相比，培育相同生理苗龄的幼苗所需的育苗天数要短得多。因此，若定植期一致，无土育苗应比常规育苗的播种期晚。例如，培育显蕾的番茄幼苗，常规育苗需要 60～80 天的时间，而无土育苗仅需 45～50 天的时间。

2）播种方法

单元
2

①人工播种。选择一个高度适宜的工作台（如果要长时间坐着操作，适宜的高度在45 cm左右），将装满介质的穴盘置于工作台上，人为地将种子一粒一粒地播于穴盘孔穴中或其他育苗容器中。

②手持管式播种机播种。将播种机置于工作台上，放好装满介质的穴盘，将种子放入种子槽，打开吸尘器开关，由操作者控制播种管的工作。

首先，用拇指按住控制孔，其余手指握住播种管，当控制孔被封住后，播种管针头因吸尘器产生的真空作用而产生吸力，将播种针头伸入播种槽内，针头接触种子时种子即被吸附在针头上，这时可调节气流阀，直至每个针头只吸附1粒种子为止（吸种子时，播种管轻轻地晃动或振动有助于种子的吸附）。当针头吸好种子后，将播种管移到穴盘的上方，对准穴孔，松开拇指，真空作用消失，种子即掉入穴孔之中，重复吸和放种子这一过程就可以完成整个播种过程。

③板式播种机播种。先准备好种子和装满介质的穴盘，播种时操作人员将种子手工撒播到带有吸附种子的小孔的播种板上，通过振动和适宜的摇晃，在真空吸附下，每个小孔会吸住种子。将多余的种子倒回盛放种子的容器或槽中。当所有的小孔都吸附上种子之后，将播种板放置到穴盘上。人工切断真空气源后，种子直接落到穴盘的孔穴中，一次操作即可完成一张穴盘的播种。

④全自动播种机播种。不论是针式还是滚筒式，都是流水作业，须按照播种机的说明书进行操作。

3）播种量和播种深度

①播种量。单位面积内所用种子的数量称为播种量，通常用 kg/hm^2 或 g/m^2 表示。播前必须确定适宜的播种量，其计算式为：

$$实际播种量（g/m^2）= \frac{单位面积计划育苗数}{每克种子粒数×种子使用价值}×安全系数（2.5 \sim 5）$$

$$种子使用价值（\%）= 种子净度（\%）×发芽率（\%）$$

②播种深度。播种深度一般为种子横径的 $2 \sim 5$ 倍。播后须淋水。

（3）苗期管理

1）出苗期的管理。从播种到出苗，即胚芽露出到子叶出土微展。要求床土水分充足、通气良好和温度较高。在苗床浇透了水、覆土厚薄适宜和松软透气的条件下，这一段的管理重点是管好温度。喜温苗温度控制在30℃左右；喜凉苗温度控制在20℃左右。这时温度越低出苗越慢。

其次要管好床土，防止土面裂缝和子叶"戴帽"。要及时撒盖湿润的细土，填补土缝，增加土表湿润度和压力，以助子叶脱壳。子叶"戴帽"不仅会使子叶变为畸形（如扭曲、叶缘形成缺刻等），而且影响光合作用及以后叶子的生长。

2）籽苗期的管理。从子叶微展到破心（初生真叶显露）这一阶段是幼苗逐步过渡到独立生活的关键时刻，管理在于控水降温，防止胚轴徒长，形成所谓"高脖苗"或"高脚苗"。这一段生长中心的主要方向在胚轴，降温可以控制胚轴伸长而促进子叶肥大、厚实；控水可以促进根系扩展和养分积累，从而可以促进生长锥中叶原基的分化。

温度标准：喜温苗白天控制在 15 ~ 20℃，夜间为 12 ~ 16℃；喜凉苗白天控制在 8 ~ 12℃，夜间为 5 ~ 6℃。这一段中的低夜温条件对促进花芽分化有很大的作用。如黄瓜雌花节位降低，果实分布也密；番茄在 10 ~ 13℃ 比在 21℃ 分枝及果穗多 2 ~ 3 倍。这一段的天数，茄果类为 10 ~ 20 天；黄瓜为 5 ~ 8 天；西葫芦、豆类为 4 ~ 5 天；耐寒菜为 4 ~ 6 天。

这一段还要求强光，照度应大于半饱和光合作用所需的光强，即 1 万 lx 以上。氮肥不能过多；否则会延长秧苗进入独立生活的天数约 2 天。

3）幼苗期的管理。幼苗期从破心开始到苗的适应形态年龄，也可分为两段来管理。

第一段管理是指从破心到三、四叶期。这一段生长量很少，但这时生长中心在根、茎、叶。所以管理在于既要保证根、茎、叶的正常生长，又要适当控制，从而促进叶原基的大量发生和花芽分化。管理措施：适当提高温度，果菜类白天温度控制在 20 ~ 25℃，夜间为 15 ~ 18℃，低于 15℃ 则发育受阻；茎叶菜类白天温度控制在 18 ~ 22℃，夜间为 10 ~ 12℃。同时要求强光条件以利于加强分化，这段时间给予秧苗 8 ~ 10 h 短日照，能提早果菜类的花芽发生；对莴苣类能控制花芽发生，而避免先期抽薹。

第二段管理是指从三、四叶到苗成龄，这一段秧苗生长量占苗期全部生长量的 95% 左右，生长中心继续在根、茎、叶。对于果菜类，还包括花器官的形成、分枝及其花芽的分化和形成。所以，这一段管理在于首先迅速促进秧苗扎根，恢复生长；继而保持秧苗根、茎、叶正常生长，防止徒长。对于喜凉苗（如结球甘蓝、球茎甘蓝等）要防止受冻，以免引起先期抽薹问题。对果菜类的秧苗则要保证适温、强光和光照时数，促进花芽继续分化和花器各部分的正常形成。

（4）出盘及苗龄。种苗出圃前应进行炼苗。在这个阶段，主要是为种苗的移栽或包装、运输做准备，应使种苗通过炼苗而能适应新的环境。炼苗时应加强光照和通风，对水、肥进行适度的控制，降低苗床温度，叶面喷施钙镁肥料，使叶面浓绿，提高幼苗抗性。经过炼苗后的种苗能适应长途运输，并能提高种苗移植后的成活率。但应注意有些品种不能用控制水分的方法进行炼苗，以免形成"小老苗"等。

有时穴盘苗已可以供移栽，但生产者因种种原因无法及时移栽，这时生产者必须让穴盘苗缓滞生长，直到穴盘苗能移栽为止，此即滞留穴盘处理。处理方法有多种，即通过低温、调节湿度、施用硝酸钾、硝酸钙，调整 pH 值等，使穴盘苗生长缓慢。经过炼苗的穴盘幼苗整齐度好、根系活力强、耐长途运输、抗逆性强、缓苗期短。

一般蔬菜的适宜苗龄如下：

1）茄果类。早春番茄适宜苗龄为65~70天，茄子、菜椒为70~85天，出盘时叶龄为6~7叶。中晚熟栽培苗龄适当短些。

2）瓜类。一般冬瓜、黄瓜适宜苗龄为35~40天，丝瓜为30~35天，出盘时叶龄为两叶一心。

3）甘蓝类。主要是夏秋季育苗，苗龄为25~30天，出盘时叶龄为5叶左右。

三、嫁接育苗技术

现代的蔬菜嫁接研究始于1925年的日本和朝鲜，最初主要是利用葫芦砧防治西瓜保护地生产的连作障碍。到20世纪30年代逐渐扩展到网纹甜瓜、茄子、黄瓜、番茄等果菜类，但直到20世纪50年代以后嫁接栽培才得以推广、普及。我国从20世纪70年代末到80年代初才从日本引入瓜类、茄果类的嫁接栽培技术。

1. 嫁接育苗的优点

（1）驱避病虫害。驱避病虫害是采用嫁接栽培技术的最初目的，嫁接换根是克服连作障碍的主要对策，既可避开土壤病虫害，又能保护作物的品质。如果砧木选择得当，可有效地防止西瓜、甜瓜、黄瓜的枯萎病，黄瓜根结线虫病，番茄、茄子青枯病、黄萎病、根结线虫病，以及辣椒疫病等土传病害。同时，一些组合对瓜类的霜霉病、病毒病、白粉病，番茄的叶霉病等非土传病害也表现出一定的抗性。

（2）增强嫁接植株的抗逆性。果菜类的不同瓜砧、茄砧的耐旱性、耐湿性、耐热性、耐寒性都有很大差异，可以根据不同的栽培目的和方式选用相应的砧木。例如，瓜类的冬季栽培可选择低温伸展性好的黑子南瓜作为砧木；夏季栽培选择新土佐、金刚、铁盔、马库斯等南瓜品种；耐热、耐湿栽培可选择丝瓜、白菊座南瓜作为砧木；耐旱、耐盐栽培可选择黑子南瓜、冬瓜以及印度南瓜作为砧木。茄子在高温和潮湿季节应选择角茄作为砧木，保护地的促成、半促成栽培多选用刺茄、黏毛茄、赤茄和托鲁巴姆等作为砧木。

（3）增加产量和改进品质。嫁接不仅能抗病、抗逆、增产，而且很多报道表明，在没有发生连作障碍和土传病害的地方，以及用抗病品种做接穗，采用嫁接栽培也能获得成倍的产量，特别对早期产量的增加效果明显，据报道，西瓜利用葫芦作为砧木避茬可比对照增产111.7%，生茬增产46.6%；茄子用野生黏毛茄作为砧木，在嫁接苗接穗比对照晚播10天的情况下，始花期及始收期几乎一致。

许多研究证实，采用嫁接技术，如果砧穗选择得当，能显著提高果菜类的感官和风味品质。黄瓜以黑子南瓜作为砧木，果大、果直、畸形瓜少；西瓜以冬瓜作为砧木则好瓜率高、瓜皮薄，以葫芦作为砧木能明显增加单果重；茄子以米特、耐病VF、赤茄、观赏茄、刚果茄及黏毛茄作为砧木能显著增加单果重。同时，西瓜以瓠瓜、抗病西瓜作为砧木还能改善接穗西瓜的营养和风味。

单元 2

2. 砧木的选择

（1）西瓜。日本在20世纪30年代比较研究了冬瓜、葫芦、南瓜、黄瓜、甜瓜、香瓜、菜瓜、丝瓜、苦瓜、佛手瓜等作为砧木的使用性，认为冬瓜砧和葫芦砧表现较好，但冬瓜砧的低温延伸性较差，所以直到1965年多使用葫芦作为砧木。1965年葫芦出现蔓割病的新小种，促使日本再次扩大对砧木的选择研究。选择、选配出了"金丝瓜""清光""新土佐"等南瓜品种作为砧木，表现较好，但综合生产性能不及冬瓜和葫芦。进入20世纪80年代，又研究了阿里奇瓜、蛇瓜和西瓜共砧，它们的生产性能与冬瓜相当，不及葫芦砧，且共砧不抗蔓割病。因此，最有希望的砧木就是抗病葫芦。于是日本从亚洲各地引入了大量的葫芦材料，进行研究、选择和选配，这一时期培育的抗葫芦枯萎病的葫芦品种有FR－6、FR－3、协力、先驱、钝K等，并一直使用至今。

在我国，大连农科所、郑州果树所从事西瓜专用砧的选育工作，前者从日本引进的葫芦品种中选出葫芦一号和西砧一号，后者育成超丰F1葫芦，表现出抗病、丰产、品质好等优点。山东省潍坊市农科院于1998年选育出了抗重一号瓠瓜。

（2）甜瓜。日本认为新土佐是亲和力较强的砧木，但以南瓜品种作为砧木，影响品质并出现生理障碍。因此，目前多使用抗病共砧，如健脚、纯绿宝石等。在我国，甜瓜的主产区多为露地直播栽培，因此其嫁接栽培虽然研究较早，但在生产中并没有受到重视和利用。近年来，华北和南方沿海城市厚皮甜瓜的早熟栽培发展迅速，甜瓜枯萎病的发生逐年上升，已经成为这些地区发展保护地甜瓜栽培的主要限制因素，选择亲和性好的甜瓜砧木进行嫁接栽培已经引起人们的重视。

（3）黄瓜。枯萎病并非黄瓜的主要病害，并且不同砧木对黄瓜品质的影响不像西瓜、甜瓜那样严重，因此，砧木的选择重点应放在生态型的选择。日本的越冬栽培以低温伸展性强的黑子南瓜为主；高温期选用新土佐、铁盔、马库斯等品种；水田、地下水位高者可选用根浅、耐湿的白菊座南瓜；越夏栽培则选用强力新和等。欧美以使用黑子南瓜为主。我国主要使用黑子南瓜、南砧一号和当地的南瓜品种。

（4）茄子。日本从20世纪30年代开始不断从国外引入抗病材料，从中选择和培育抗病砧木。到20世纪80年代初，选育出抗青枯病、枯萎病、黄萎病及根结线虫病的砧木7个。生产上多用赤茄和耐病VF，但它们不抗青枯病；一号长茄等虽较耐青枯病，但不耐湿，夏季栽培生长弱，易患缺镁症；角茄对青枯病的特定系统有强耐病性，耐枯萎病，耐湿，宜作为水田砧木或适于夏秋栽培用砧，但对黄萎病的抗性弱。于是，日本蔬菜试验场于1975、1976、1977年分别从尼日利亚、波多黎各、普利茅斯引入茄子砧木"托鲁巴姆"，并经系统选育，于1983年应用于生产，认为其对青枯病、黄萎病、枯萎病和根结线虫病具有复合抗性，其他性状与生产中应用的其他砧木没有差异。我国的茄子砧木多从日本引进，生产上多用赤茄。刚果茄作为砧木在很多性状上超过赤茄和耐病VF。赤茄、观赏茄、刚果茄易出现徒长、株形和果实变形、果色淡化等现象。沈阳农业大学蔬菜园艺系20世纪90年代初从日本引进托鲁巴姆,并解决其采种困难和发芽慢等问题,现在生产上的推广面积正逐年扩大。

(5)番茄。美国从20世纪80年代初开始选育抗黄萎病的砧木,同时日本也进行了这方面的研究。在日本抗褐色根腐病使用"KNVF""抗病新交1号""KCFT"等;抗青枯病选用"BF兴津101""LS-89""PFN"等。关于病毒病的抗性,认为番茄有的属于无病症或耐病型(Tm-2α基因型)、有的属中间型(Tm-2基因型),在嫁接时砧、穗的基因型必须相同,否则砧穗都会感病,现已明确常用砧木的基因型。到20世纪90年代中期,日本已选育出了抗青枯病、根腐枯萎病、黄萎病、枯萎病生理小种1和2以及TMV、根腐线虫病的番茄砧木,如影武者、加油根3号、对话、超级良缘、博士K等。在我国,所用砧木多是从国外引进的成型品种。

(6)辣椒。有关辣椒砧木选育的报道很少,有报道认为应用野生龙葵防治辣椒疫病的效果较好。生产上多用抗病共砧,尖椒类型使用"PFR-K64""PFR-S64""LS279"作为砧木,甜椒类型以"土佐绿B"等作为砧木。

值得注意的是,嫁接植株是砧木和接穗的共生体,其生育特性既不同于接穗,也不同于砧木,而且同一优良砧木对不同接穗的影响差异很大;反之,同一接穗采用不同的砧木,其效果大相径庭。因此,生产中在选择砧木时,必须根据栽培场所的致病性、土壤性质和肥力、栽培时期等变化而变化;生产前,必须做砧、穗的亲和性试验,选择优良的砧、穗组合应用于生产。

3. 蔬菜嫁接育苗技术

(1)瓜类蔬菜嫁接育苗技术(以黄瓜为例)

1)砧木的选用。黄瓜多以南瓜品种作为砧木。因嫁接多在温室内进行,要求砧木的抗病性、适应性较强。较适宜作为砧木的南瓜品种有白皮南瓜、红皮南瓜、云南黑子南瓜等,尤以选用云南黑子南瓜为砧木较好。

2)播种日期的确定。育苗日期因栽培方式、嫁接方法、砧木品种不同而各不相同。高温期苗生长快,所需育苗日期短,低温期育苗需要的天数较多。黄瓜的胚轴具有软而生长快,且易放粗的特性。因此嫁接时接口插接费事,切口不易贴合,成活率也较低。

南瓜砧木苗的胚轴有长有短,粗细不同,品种之间差异很大。实行靠接时,在育苗期必须把砧木苗和接穗苗的苗高从发芽开始就有计划地调整好,否则嫁接后移栽时很费时间。

采用靠接砧木一般比接穗晚播5~6天,采用插接砧木要比接穗早播6~7天。

3)播种。砧木的播种可先在育苗盘中装入营养土或育苗基质,装入深度为盘深的4/5,浇足底水,水渗下后按3~5 cm间距摆放种子,然后覆1~2 cm厚的细土。当真叶顶心时,分到营养袋中。也可以将催过芽的种子直接播在浇足底水的营养袋中,每个营养袋点一粒种子,覆盖1~2 cm厚的细土。

接穗采用人工点播于营养盘中，种子间距为 1.5～2 cm，覆土厚 1.5 cm 左右。

4）嫁接的方法。瓜类多采用靠接法和插接法。

①靠接。黄瓜苗的胚轴比其他瓜类软，接穗削口不容易插进砧木接口中，操作费事，成活率也较低。因此，靠接比插接、劈接有利。嫁接的适期以接穗黄瓜苗的第一个真叶展开（发芽后第 10 天），砧木南瓜苗的第一个真叶刚要展开时（发芽后第 5 天）为最好。一般的做法是黄瓜先播种，2～4 日后播种南瓜，高温期育苗可以同一天或迟一天播南瓜。

嫁接时首先把接穗苗和砧木苗从播种床中仔细地挖出来。挖苗时要与嫁接组配合好，做到边挖、边运、边接，保证苗不萎蔫。

具体嫁接操作是先拿起砧木苗，把生长点用手掰掉或用刀割掉，然后在两个子叶着生部下侧面（与子叶成直角的一面）按 35°～40°向下斜着把胚轴割到 2/3 左右处，割成 1 cm 长的接口。

接穗在子叶下 1 cm 处向上割成角度为 25°～30°，深入胚轴 2/3 左右的约 1 cm 长的接合口。如果双方接口割浅了，接合面小，则定植时易脱离，所以必须割到胚轴的 2/3 处。

双方的接口割好后，应当准确、端正、迅速地插在一起，用夹子固定好。嫁接后苗的姿势如同砧木的子叶抱着接穗的子叶，两者一上一下重叠在一起。也有把砧木的子叶去掉一个进行靠接的。

嫁接完成苗要立即移栽好，移栽时砧木与接穗的胚轴下部一定要分开，栽成人字形，以后要剪断接穗的胚轴就非常方便。移栽最好用塑料制育苗钵。

因为砧木、接穗都带根，移栽后从外观看，生长良好，但是在嫁接后的一段时间内究竟接活与否不容易判断。所以，要在 8～10 天后把接穗的胚轴割断几株试试看。割法是在嫁接部位下边，先把接穗胚轴割断 2/3，如上部不萎蔫，再完全割断。割断后仍无异状时，把接穗的胚轴下部切除，使接穗与自己的根完全断绝关系。如只把胚轴在一处割断，有的仍能愈合，长到一起。

完全把接穗胚轴切断，一般要在嫁接后第 10 天（高温季节第 8 天）进行。割断胚轴要在阴天或傍晚（尤其是夏季更应在傍晚）进行。

夹子本应在割断胚轴后 3～5 天去掉，但留到定植后撤除更稳妥、可靠。这样能防止栽苗时接口扭动脱离或折断。不过夹子要经常变换位置或放松，否则夹子把茎箍得太紧，容易伤苗。

②插接。插接的嫁接适期为砧木苗子叶完全展开，第一个真叶开始展开，接穗苗的子叶已充分展开。

黄瓜插接的具体操作方法如图 2—1 所示。

第一，在苗床上把接穗苗从根颈割掉一批，拿到嫁接场所，放在水盆中漂浮待用。嫁接时取出一株，在子叶基部下 1 cm 左右处，把胚轴下部无用的部分切除。

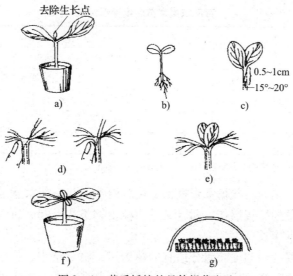

图 2—1　黄瓜插接的具体操作方法

第二，把留下的胚轴下部两面削成 15°～20° 的楔形接口，放到口中含着。

第三，把砧木苗从苗床中带根挖出，除掉生长点。用竹签或粗钢针从一枚子叶的基部斜着插入胚轴另一侧的表皮部，做成插接孔。

第四，把口中含的接穗的楔形接口插入砧木的插孔中，用夹子固定住即成。

5）嫁接后的管理。经过嫁接手术，嫁接苗的部分组织受到创伤，需要尽快恢复组织，愈合伤口，重新开始生长，因此管理工作必须加强。

嫁接苗在湿度高、温度适宜的条件下最易成活。所以，移栽后苗床一定要用小拱棚密闭起来，人为创造一个多湿、温度适宜的小气候。低温期创造这种条件比较容易。高温期苗床密闭，温度过高，反易造成苗的萎蔫，所以还要通过遮光以调节光的照射量，同时还可借以调整温度、湿度。嫁接苗移栽的当天和第 2 天要密闭遮光。第 3 天，早晚光弱时可使床内射进少量光，6 天以后即可把小拱棚两侧的薄膜揭开一部分，以后逐渐扩大，以利于通风换气。

嫁接苗移栽后，昼温应为 25～30℃，地温为 25℃，夜温最低为 20℃，开始几天气温要通过遮光调节，不要通过换气调节。3 天以后，昼温仍应保持在 25～30℃，地温为 23～25℃，夜温 17～20℃。成活后昼温为 25～28℃；夜温傍晚时为 16℃，早晨最低应保持在 12℃；地温为 23℃，傍晚为 20℃，早晨最低保持在 17℃。黄瓜嫁接育苗温度管理标准见表 2—8。

刚嫁接移栽时，苗床内湿度应接近 100%。第 2 天和第 3 天不进行换气，但要使阳光射进床内一部分。以后可通过遮光、换气相结合的办法调节气温、湿度，促使嫁接苗早日成活。

表2—8　　　　　　　　　　　　黄瓜嫁接育苗温度管理标准

嫁接后的天数（天）	昼		夜	
	地温（℃）	气温（℃）	地温（℃）	气温（℃）
0～5	23～25	22～26	22～23	20～22
6～10	22～23	23～25	18～22	16～18
11～14	22～23	22～25	17～18	13～15
15～20	22～23	22～25	16～18	10～13

注：气温超过27℃时，苗消耗大，易发生病害，成活率低，须注意。

对于靠接的苗，砧木、接穗都带根，嫁接后的管理与一般移栽苗相同即可。但砧木和接穗都遭受过较重的嫁接损伤，而且又是两棵植物长在一起，所以必须使其接合部分早日愈合并恢复正常生长。

嫁接苗要及时移栽到温度、水分适宜的苗床里，浇少量水，把根与土结合踏实。若浇水太多，地温下降。浇水后即密闭起来，同时用草帘或纱布在上面遮光。两三天内使苗保持多湿状态，但遮光不要过严密，保证苗得以健壮生长。温度高，遮光时间长，苗徒长软弱，而且嫁接部位可能发出自生根。所以，只要苗不萎蔫，苗床就要敞开，让苗充分见阳光。

低温期育苗在嫁接后10天，高温期育苗在嫁接后8天，把接穗胚轴在嫁接部下边割断，使其完全靠砧木根生长。

（2）茄果类蔬菜嫁接育苗技术。番茄、茄子的嫁接方法有多种，如插接、靠接、劈接等，番茄以靠接较简便，茄子则以劈接为主。

1）靠接。主要应用于番茄。番茄砧木提早2～5天播种，播后10～15天幼苗2片真叶时将砧木和接穗双双栽入同一营养钵中，砧木居中，接穗靠一侧，浇水使之正常生长。砧木3～4片真叶，茎粗为0.3～0.4 cm，接穗3片真叶时嫁接为宜。接前控制浇水，利于嫁接操作和接后成活。嫁接时砧木与接穗切口选在第一片真叶与第二片真叶之间，或者子叶与第一片真叶之间，砧木由上向下切，接穗由下向上切，切口角度为30°左右，长度为0.5～1 cm，深度达茎粗的1/2，最多不超过2/3，然后将砧、穗切口套接在一起用夹子固定。

茄子接穗早播5～6天，砧、穗2～3片真叶时嫁接。砧、穗均在第一片真叶下方1 cm处切口，切口长度为0.4～0.5 cm，深度为茎粗的一半，然后将两者相接后固定。成活后断掉接穗根系并去除砧木顶部叶片。番茄靠接操作过程如图2—2所示。靠接法保留砧、穗根系，成活后再将接穗根系切除。

2）劈接。劈接是茄子嫁接采用的主要方法。砧木提前7～15天播种，托鲁巴姆则需提前25～35天播种。砧木、接穗1片真叶时进行第一次分苗，3片真叶前后进行第二

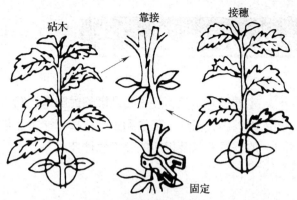

图 2—2　番茄靠接操作过程

次分苗，此时可将其栽入营养钵中。砧木和接穗约 5 片真叶时嫁接。接前 5~6 天适当控水，促使砧、穗粗壮，接前两天一次性浇足水分。嫁接时首先将砧木于第二片真叶上方截断，用刀片将茎从中间劈开，劈口长度为 1~2 cm。接着将穗苗拔出，保留两片真叶和生长点，用锋利的刀片将其基部削成楔形，切口长为 1~2 cm，然后将削好的接穗插入砧木劈口中，用夹子固定或用塑料袋活结绑缚。茄子劈接操作过程如图 2—3 所示。其管理方法基本同黄瓜。

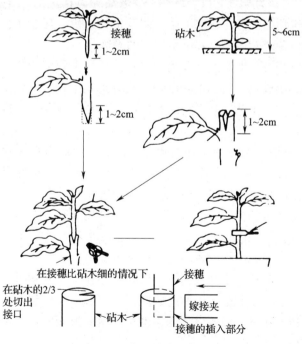

图 2—3　茄子劈接操作过程

第二节 茄果类蔬菜栽培

培训目标

➡ 掌握设施番茄、茄子和辣椒的优质丰产栽培技术

➡ 能够比较番茄、茄子和辣椒在植物学特征与对环境条件要求上的异同，以及相应的栽培管理技术

一、番茄

番茄又名西红柿，茄科茄属植物，在有霜地区栽培为一年生草本植物。由于其具有适应性强、营养丰富、生熟食兼用等优点，保护地栽培面积不断扩大。

1. 生物学特性

（1）番茄的植物学特征

1）根。番茄根系发达，再生能力强，茎基部易发生不定根，不但移栽缓苗快，用较大的侧枝扦插也容易成活和发根生长。

2）茎。番茄的茎多为半直立或半蔓性，少数品种为直立性。当主茎上出现花序后，开始萌发侧枝，由于顶端优势，花序下第一侧枝生长最快，其他叶腋均易发生侧枝，生产上需进行整枝，以调节营养生长和生殖生长的平衡。

番茄茎属于合轴分枝，即当主茎顶端形成花芽后，由侧芽代替主茎生长、结果。有些番茄，当主茎顶端形成花芽后，不断由侧芽代替主茎生长、结果，不封顶，称为无限生长型。另一种番茄，当主茎着生一定的花序后，由花序封顶，不再伸长，称为有限生长型，也叫自封顶番茄。

3）叶。栽培番茄多为奇数羽状叶，叶片缺刻深，形成多数裂片，呈羽状，每片叶有小裂片 5~9 对，前端一个大裂片。番茄叶片大小、形状、颜色因品种及环境条件而异，一般自封顶型的品种叶片较小，而无限生长型的品种叶片较大。其叶片及茎通过分泌腺能分泌一种特殊气味的汁液，由于菜青虫等厌恶其味道，故虫害较少。

4）花。番茄花为完全花，聚伞花序，小果型品种多为总状花序，一般每个花序的花数为 5~6 朵或 10 余朵，因品种或环境条件而异。每朵小花由花柄、花萼、花冠、雄蕊、雌蕊组成。花柄基部有一个凸起的节，该处细胞在果实成熟时，因为细胞间的果胶物质发生变化而使果实容易脱落，即所谓的离层。离层不仅成熟果实会产生，在开花期或幼果期，如果受精不正常，或营养失调，也会产生离层而脱落。番茄自花授粉，异交率为 4%~10%。

无限生长型番茄的主茎长到 8~10 片叶开始着生第一个花序，晚熟品种长到 11~13

片叶才着生第一花序,以后每隔 2～3 片叶发生一个花序,如果生长条件许可,可不断抽生枝条和结果。有限生长型番茄在第 6～7 片叶开始着生第一个花序,以后每隔 1～2 片叶发生一个花序,主茎着生 3～4 个花序后封顶不再生长。

无限生长型番茄生长期较长,植株高大,果形也较大,多为中、晚熟品种,产量较高,品质较好。而有限生长型番茄生长期较短,植株较矮,结果比较集中,多为早熟品种。随着栽培制度的改变和栽培技术的进步,番茄已实现周年生产、周年供应,有限生长型番茄的早熟优势已不明显,只具备早熟特点,品质、产量较差的品种基本不再采用,已被无限生长型品种代替。

5)果实。番茄的果实为浆果,形状有圆球形、扁圆形、高圆形、长圆形、梨形、桃形、樱桃形等。果实的颜色有红色、粉红色、黄色、橙黄色等。果实大小差别显著,一般分为大、中、小三个类型。70 g 以内为小型果,70～200 g 为中型果,200 g 以上为大型果。番茄果实的商品成熟度与生理成熟度是一致的。

6)种子。番茄种子扁平、肾形,呈灰褐色或黄褐色,表面密生银灰色茸毛,成熟较早,开花授粉 40～50 天就完全具备正常发芽能力。千粒重 3～4 g,使用寿命为 5～6 年,生产使用时年限为 2～3 年,新种子发芽率高。

(2)番茄的生长发育周期。番茄的生育期可分为发芽期、幼苗期、开花坐果期和结果期。

1)发芽期。是指从种子发芽到第一片真叶出现。正常情况下历时 7～9 天,需积温 175～180℃。发芽期为异养阶段,主要靠种子储藏的养分生长。发芽期番茄的下胚轴容易伸长成为徒长苗。

2)幼苗期。是指从真叶破心到现蕾。幼苗期经历两个不同的发育阶段,第一阶段是播种后 20～30 天出现第三片真叶前,为分化根、茎、叶的营养时期。此阶段子叶和真叶能产生成花激素,对花芽分化有促进作用。子叶的大小影响第一花序形成的早晚,真叶大小影响花芽分化数目及花芽的质量,所以,在基本营养阶段应尽量创造适宜的环境条件,使子叶和真叶健壮生长。一般幼苗 3 cm 高、3 片叶展开、播种 25～30 天后,花芽开始分化,进入幼苗期的第二个阶段,即营养生长和花芽分化同时进行阶段。此后每隔 10 天分化一穗花序,苗期一般可分化三穗花序。

3)开花坐果期。番茄连续开花坐果,开花坐果期仅包括第一花现大蕾至坐果这段时间。这一时期较短,根据环境条件不同和品种的差异,历时 15～30 天。开花坐果期是从以营养生长为主,过渡到生殖生长与营养生长同时进行的转折期,如果控制不当,容易造成营养生长和生殖生长失调,因此,该期主要任务是要调节营养生长和生殖生长的平衡,注意保花保果,提高坐果率。

4)结果期。从第一花序坐果到果实采收结束为结果期。番茄是陆续开花结果的植物,结果期大量营养往果实里运输,营养生长也在不断进行,所以,各花序之间及营养

单 元

2

生长与生殖生长之间存在着激烈的养分竞争。下位叶片制造的养分除供给根系等营养器官外，主要供给第一花序果实生长的需要；中位叶片的养分主要输送到中部果实中；上部叶片养分除供给上部果实外，还供给顶端营养生长的需要。由于营养物质分配的关系，有时因下位果实消耗过多的养分而使茎轴顶端瘦细，上位花的发育不良。所以，结果期必须加强肥水管理和植株调整，调节营养生长和生殖生长的平衡，才能保证高产、稳产。

果实的发育大致分为三个时期：第一时期是从开花到开花后 4～5 天，果实肥大速度很慢，肉眼几乎看不出果实肥大，用激素处理后可以缩短这一时期；第二时期是开花 4～5 天至 30 天以后，果实膨大速度快，为果实肥大期，外界环境条件适宜时速度较快，条件差时延长时间，所以，冬季温室生产有时果实发育很慢；第三时期是果实成熟期，果实的膨大速度减慢，最后不再膨大，主要进行果实内部组织的化学变化。

（3）番茄对环境条件的要求。番茄原产于南美洲，由于原产地气候条件的影响，番茄具有喜温、畏寒、喜光、怕热等习性。在气候温暖、光照强、昼夜温差大、干燥少雨的大陆性气候条件下，番茄生长良好，产量高；在沿海多雨、高温、光照不足的条件下，番茄生长较弱，病害严重，产量较低。

1）温度。番茄属喜温蔬菜，怕冷忌霜。种子发芽的适宜温度是 20～30℃，以 25℃恒温催芽效果好，发芽快、整齐，4 天即可出芽。幼苗期白天以 20～25℃，夜间以 10～15℃为宜。在栽培时，可利用番茄幼苗对温度适应性较强的特点，在幼苗出土后及定植前这一段时间内把温度降低到 6～8℃，对其进行低温锻炼，以增强幼苗的抗寒能力。开花坐果期番茄对温度反应比较敏感，其适宜温度白天为 20～30℃，夜间为 15～20℃，低于 15℃或高于 35℃均不利于开花和花器官正常发育，往往会造成落花或产生畸形果。结果期白天要求 25～28℃，夜间为 16～20℃，温度低则果实生长速度慢，日温增高至 30～35℃时，果实生长速度较快，但坐果数较少。夜温过高不利于营养物质的积累，果实发育不良。番茄红素形成的适宜温度为 20～24℃，低于 12℃或高于 30℃都不利于番茄红素及其他色素的形成，影响果实正常转色。

根系生长最适温度为 20～22℃，最低为 8～10℃，日平均地温如低于 12℃或高于 30℃时，就会阻碍根系生长。

2）光照。番茄为喜光作物，光饱和点为 7×10^4 lx，光补偿点为 2 000 lx。种子发芽期对光照的要求属于好暗性，但好暗性随温度变化而变化，25℃好暗性不明显，20℃和 30℃好暗性增强，所以番茄催芽应控制在 25℃；幼苗期对光照要求严格，光照不足延迟花芽分化，着花节位上升，花数减少，花的素质也下降；开花坐果期光照不足容易落花、落果；结果期在强光下不仅坐果多，单果重也大；弱光下坐果率低，单果小，还容易出现空洞果和筋腐病果。

番茄对每天光照时数要求不严格，在 16 h 日照以下日照时间越长表现越好。但冬季温室每天日照不足 8 h，不能满足生长要求，故必须从多方面来改善温室内的光环境。

番茄正常生长发育要求完整的太阳光谱，塑料膜或玻璃覆盖下培育的番茄苗容易徒长，主要是由于缺乏短波光。

3）水分和湿度。番茄地上部茎叶繁茂，蒸腾作用比较强烈，但番茄根系比较发达，吸水力较强，因此对水分的吸收属于半耐旱的特点，即需要较多的水分，但又不必经常大量灌溉，且不要求很大的空气湿度，一般发芽期需水分多；播种后要求土壤相对湿度在 80% 以上；幼苗期要求土壤相对湿度为 65%～70%；结果期需水较多，要求土壤相对湿度在 75% 以上。空气相对湿度以 50%～65% 为宜，空气湿度大，不仅阻碍正常授粉，而且在高温、高湿条件下病害严重。

4）土壤。番茄对土壤的适应能力强，但以排水良好、土层深厚、富含有机质的壤土或沙壤土最为适宜。土壤酸碱度以 pH 值 6～7 为宜。

5）营养。番茄为高产作物，喜肥耐肥，在生长期中需要有充足的有机质及其他营养元素才能获得高产。根据试验，每生产 6 t 番茄约需吸收 10 kg 的纯 N、2～5 kg 的 P_2O_5，33 kg 的 K_2O。这些元素 73% 左右存在于果实中，27% 左右存在于茎、叶、根等营养器官中。

①氮。氮对番茄叶的生长和果实的发育起着重要作用，是与产量关系最为密切的营养元素。如氮肥不足，则植株生产细弱，叶片黄化，结果少。氮素多，易使植株徒长，抗病力减低，还易产生筋腐果等生理病害。番茄在各个生育期所吸收和消耗的氮的数量是不同的，幼苗期占 10%，开花坐果期占 40%，结果盛期占 50%。因此，在番茄的生长前期施用氮肥不宜过量，否则会引起植株徒长；但在开花结果期，适当增施氮肥，对植株生长、开花坐果及果实发育均起重要的促进作用。

②磷。番茄吸收磷的数量虽然不多，但它对促进番茄根系发育、花芽分化、果实发育等都有显著作用。番茄缺磷会造成茎细弱，叶片小而硬，背面呈紫色，果实品质降低。番茄在生长前期即果实有核桃大小时吸磷量占全期的 90%。所以要注意前期追施磷肥。吸收的磷中大约有 94% 存在于果实及种子中。植物对磷的吸收率比较低，一般施用的磷肥只有 30% 被植物所吸收；尤其在低温条件下植物的磷吸收率更低，在低温下番茄的茎秆往往呈现紫色。番茄缺乏磷肥，会妨碍其对氮素的吸收，进而导致植株生长停顿，茎变细，叶变小而呈无光泽的深绿色。在生产上，如果番茄发生施用氮肥很多而植株仍然生长不良的现象，便是缺磷造成的。因此，在增施氮肥的同时必须配合施用适量的磷肥，才能促使番茄植株生长健壮和多结果。

③钾。番茄对氧化钾的吸收量最多，其对茎秆的发育、果实的形成以及植株体内的物质转运和营养物质的制造起良好作用，尤其对果实的品质（如果形、着色、果肉饱满程度、糖的合成运转、维生素 C 含量等）有重要作用。番茄如果缺钾，则会降低植株的抗病能力，果实的品质也差。

单元 2

根据以上所述，要使番茄植株增强抗病能力，提高其果实的产量和品质，必须根据番茄对肥料养分的要求，在施用足够氮肥的基础上配合施用适量的磷肥和钾肥。

2. 类型和品种

目前，设施栽培的番茄主要有水果用的樱桃番茄和菜用的普通番茄。这里仅介绍菜用的普通番茄。

普通番茄按照花序着生的位置及主轴生长的特性不同，可以分为以下两大类：

（1）有限生长型（自封顶型）。自主茎生长6~8片真叶后开始着生第一花序，以后每隔1~2片叶着生一个花序（有些品种可以连续每节生花序）。但在主茎着生2~4个花序后，其顶端着生一个花序，因而不再向上长。由叶腋所生的侧枝一般只能着生1~2个花序，就自行封顶。因此，植株矮小，开始结果早而集中，供应期较短，早期产量高，适用于早熟栽培，如金棚1号、903、北京早红、早粉2号、早丰、早魁、西粉2号、西粉3号等。

（2）无限生长型。这类品种在主茎生长7~9片叶后开始着生第一花序（晚熟品种第10片以上才着生第一花序），以后每隔2~3片叶着生一个花序，主茎顶端着生花序后，不断由侧芽代替主茎继续生长、结果。由叶腋抽出的侧枝上也能同样发生花序。因此，这一类型的植株高大，在主茎上可生7~8个或更多的花序。开花结果期长，总产量高，品质好，多为中、晚熟品种，如毛粉802、L402、906、佛罗里达、满丝、强力米寿、特罗皮克、农大33号、鲜丰4号、中蔬6号等。

3. 栽培季节、茬口

北方地区的番茄设施栽培类型有春提早栽培、秋延晚栽培、秋冬茬栽培、冬春栽培等，其中以前两种栽培形式为主。

4. 栽培技术

（1）番茄春提早栽培技术要点

1）选择品种。番茄适应性强，一般品种在各种保护地设施栽培均能正常生长和发育，在选择品种时主要考虑高产、优质、耐储藏、耐运输等条件。早春栽培要求在一年中最寒冷的季节育苗，在比较寒冷的季节开始收获产品，必须选用耐低温、弱光，抗病性强及果形、颜色等都较好的中晚熟品种。目前，新疆地区主要品种有金棚1号、903、L402、毛粉802、嘉美、金牌国粹、西粉3号、西粉4号等。

2）培育壮苗

①育苗准备。播前15~20天温室升温烤地；播前7~10天温室及营养土消毒；适时进行种子处理。

②播种适期及播种量。番茄冬春季育苗天数为70~80天，北疆温室番茄一般在2月中旬至3月上旬定植，播种适期应为12月初至12月下旬；大棚一般3月底至4月初定植，播种适期应为1月上旬至1月中旬。一般每667 m²用种量为25~30 g。每平方米苗

床播种量以 12 ~ 15 g 为宜。

③播种。番茄种子较小，催芽后的种子可掺一些干细沙或珍珠岩使种子分散，以保证播种均匀。播后覆土厚度要适宜、均匀，以防"戴帽"出土或出苗不一致。

④苗期管理

a. 温度管理。播种后出苗前，昼温保持在 28 ~ 30℃，夜温不低于 20℃；出苗后至真叶顶心前，昼温降至 20 ~ 25℃，夜温降至 10 ~ 12℃（防徒长）；1 ~ 3 片真叶期，昼温提高到 25 ~ 30℃，夜温提高到 12 ~ 15℃；分苗到缓苗期间，白天适宜温度为 30℃，夜温为 15 ~ 18℃；缓苗后，昼夜温度逐渐降低，白天适宜温度为 25℃，夜间为 15℃左右；定植前 7 ~ 10 天要进行炼苗，昼温下降到 18 ~ 20℃，夜温下降到 8 ~ 10℃，可短时间下降到 6℃。

b. 水分管理。一般播种时浇足底水，分苗前不浇水；分苗时浇透水，水温 25℃左右；分苗后营养袋内土壤不干不浇水，当植株出现旱象（土壤干硬、叶色黑绿）时，可在晴天上午适当浇水。浇水量以渗水 8 ~ 10 cm、床土表面不积水、幼苗根系周围的土壤湿润为宜。

c. 光照管理。在保证温度的前提下尽力延长光照时间，5 ~ 6 片叶时开始"排稀"和"倒苗"。

d. 分苗注意事项。分苗可在第一片真叶平展时开始，2 叶 1 心前结束；分苗前 3 ~ 5 天控水炼苗；分苗应选择"冷尾热头"的晴天中午进行；分苗结束后，覆盖干细土保湿，有利于提高地温。

e. 壮苗标准。中晚熟品种苗龄为 70 ~ 80 天，苗高 20 cm 左右，不超过 25 cm，茎粗壮，节间短，具 7 ~ 9 片真叶，叶片肥厚，叶色浓绿，叶缘及叶背呈淡紫色，根系完好，现大蕾而未开花，幼苗经过充分的低温锻炼。

3）适时定植

①整地施基肥。番茄不适宜连作，也不能与土豆、茄子、辣椒等同科植物连作。前茬作物收获后，每 667 m² 撒施腐熟的有机肥 5 000 ~ 8 000 kg，过磷酸钙 40 ~ 50 kg，深翻两遍，使土肥充分混匀，翻后耙平。基肥量施用多少根据茬口决定，生育期长的茬口要多施有机肥。定植前半个月应扣棚提温，并进行棚室消毒。

②定植时间。一般要求室内 10 cm 地温稳定在 10℃以上，气温稳定在 12℃以上时方可定植。定植要选"冷尾热头"的晴天上午进行。阴雨天气温度低，地温不易提高，定植后缓苗时间长，影响第一穗花的发育。

③栽培密度。不同的品种、整枝方式和留果穗数，种植的株行距不同。一般行距为 60 ~ 70 cm，株距为 25 ~ 30 cm，667 m² 栽苗 3 200 ~ 4 500 株。

④定植方法。一般采用高垄覆膜、宽窄行定植。一是整地后按 120 ~ 140 cm 行距划线起垄，垄宽 70 ~ 80 cm，沟宽 50 ~ 60 cm，垄高 15 ~ 20 cm，定植前把垄埂搂成龟背形，

单元
2

然后用铁锨拍平，铺 90 cm 宽的地膜（有条件可在膜下铺设滴灌带进行滴灌），定植时在垄埂两侧 2/3 处按 25~30 cm 的株距打孔，将苗坨放在打好的孔穴内，浇水洇苗，然后浅覆土，如天气好，地温高，也可栽后浇一次小水稳苗。早春因地温低，定植穴可提前 1~2 天打好，以便提高地温。二是整地后按大行距 70~80 cm，小行距 50~60 cm 划线，按株距 25~30 cm 在线上摆放苗后起垄，垄高 15~20 cm，在小沟上覆 120 cm 宽的地膜，在地膜上划口放苗，然后进行膜下暗灌。

4）定植后的管理

①温度光照管理。早春茬番茄定植时，外界气温较低，应注意加温和保温。缓苗期，白天温度控制在 28~30℃，不超过 30℃不放风，夜间为 15~18℃；7~10 天缓苗后，温度适当降低，白天控制在 25℃左右，夜间为 13~16℃；阴天适当降低温度，白天控制在 18~20℃，夜间为 12~13℃；开花结果后适当提高白天温度，以 28~30℃为好，但夜间温度不能过高，13~15℃即可。整个生育期要加强光照，以利于光合作用。

②肥水管理。浇水、追肥是调节营养生长和生殖生长平衡的手段。一般定植时浇一次定植水，缓苗后再浇一次缓苗水。从开花到坐果，原则上不浇水，即进入蹲苗。这一阶段主要是通过中耕保墒，即从定植至结果中耕 2~3 次，特别是定植时浇水量大的，应及时中耕，以促进根系生长，防止徒长。中耕应由深逐渐变浅。当全棚植株第一果穗花全部坐果，直径达 4~5 cm，第二穗花全部坐果时开始浇水，浇水量以渗透土层 15~20 cm 为宜。以后浇水根据光照强弱、温度高低、通风量大小、土壤水分蒸发快慢来确定浇水时间和浇水量，一般以见湿见干为原则。浇水应选晴天上午进行，阴雨天不要灌水。

番茄在重施基肥的基础上，追肥以氮肥为主。一般坐果后第一次浇水时，随水每 667 m² 追施尿素 10 kg；第二次追肥在第一穗果实已充分发育时，每 667 m² 追施尿素 10 kg，随水冲施。在果实生长盛期，每 7~10 天可进行一次叶面追肥，每 15 kg 水可兑尿素 50 g 或磷酸二氢钾 30~50 g，如两样同时喷施应减少肥料量，以防止叶面肥浓度过高而烧伤叶片。温室大棚浇水追肥后应加强通风管理，特别是追施挥发性强的氨态氮肥时，如通风不良，植株易产生氨中毒症，使叶片变白枯死。

③立架绑蔓或吊绳缠蔓。番茄定植后两周左右，植株达到一定高度不能直立生长时，需要立支架绑蔓或用尼龙绳、麻绳吊蔓。

a. 立架绑蔓。为了减少遮光，最好搭直立架，即每株番茄附近插一根竹竿，每排竹竿用 3 道竹竿连成一个整体，架的南北两端顶部用竹竿东西连成一个整体，使各排架牢固不倒伏。立架后进行第一次绑蔓，用塑料绳在第一花序下 1~2 片叶处把茎蔓绑在架杆上，以后每穗花序下绑一次蔓。绑蔓不可过紧，不能在花序之上，否则将影响营养物质的运输。

b. 吊绳缠蔓。在定植行的上端南北拉一道铁丝，把绳一端固定在铁丝上，另一端系在短竹竿上，绳的长度适宜，将短竹竿离植株 10 cm 左右斜插入畦埂远离根系处。植株高达 25 cm 以上时，将绳按顺时针方向由植株下部向上缠绕。吊绳缠蔓操作方便、安全，并可减少立架对光照的影响。

④植株调整。番茄整枝是一项重要的技术措施。设施番茄栽培一般采用单干整枝，即只留主蔓结果，把所有的侧枝抹掉。在主蔓上留一定的果穗后，上面留两片叶，摘除主枝生长点（摘心）。早熟栽培一般留 3～4 果穗后摘心。整枝时间一般在第一个侧枝长到 5～6 cm 时进行。若打杈过晚，易造成养分消耗，植株生长过旺则易徒长，影响坐果；打杈过早则易造成植株的早衰。第一次整枝后，随侧枝萌生，经常进行打杈。生长中后期随时摘除老叶、黄叶和下部重病叶，以利通风和光合积累，减少病害发生。

⑤保花保果。番茄开花期正处于低温弱光期，坐果困难，需要用生长素处理。目前生产上应用较多的植物生长调节剂有 2，4-D、番茄灵、沈农番茄丰产剂 2 号等。

a. 2，4-D。在低浓度时能刺激植株生长，防止落花，高浓度时则抑制生长，其特点是坐果快，坐果率高，促进早熟，可提早采收 4～6 天，但只能蘸花或涂抹花柄，不能喷花，使用浓度稍高就易产生畸形果。使用浓度为 10～20 mg/L，温度高时用低浓度，温度低时用高浓度，并需要加入红色做标记，避免重复蘸花，造成果实畸形。蘸花以当天开放的花为宜，过早过晚都会降低处理效果。小花蕾不易处理。涂抹时用毛笔蘸少量 2，4-D 溶液涂抹花柄的离层处，一朵一朵地涂抹，要防止滴落在幼叶和生长点上。

b. 番茄灵。又称防落素。可蘸花、涂花，还能喷花，不易产生畸形果，使用比较方便、安全，但用后初期果实膨大较慢，半个月后逐步加快。使用浓度为 20～30 mg/L。

⑥疏花疏果。为了获得番茄高产，使果实整齐一致，提高产品质量，需要疏花疏果。大型果品种每穗留 3～4 个，中型果留 4～5 个。疏花疏果分两次进行。当每一穗花大部分开放时，把畸形花和开放晚的小花疏掉，用激素处理后，番茄花全部发育成果实，应把发育不整齐的果、形状不标准的果疏掉。

5）采收。番茄是以成熟果为商品的蔬菜，果实的成熟大体分为 4 个时期，在哪个时期采收，需根据市场需要和运输远近来决定。

①绿熟期。果实已充分长大，果色由绿变白，种子发育基本完成，经过一段时间的后熟，果实即可着色。长途运输，因需要时间长，在绿熟期采收，经过后熟可以着色，但品质风味差。

②转色期。果实顶部开始着色，面积占 1/4，采收后 1～2 天可全部着色。销往外地多在此时采收。

③坚熟期。果实已呈现品种特有的色泽、风味，营养价值最高，适于作为水果生食，不耐储运，只能就地销售，或小包装近距离外销。

④完熟期。已经充分成熟，含糖量最高，果肉已经变软，只可加工成番茄酱或采种。

（2）番茄秋延晚栽培技术要点

1）选择中晚熟优良品种。番茄秋延后栽培，生长期较长，应选用抗病性好、生长势旺、总产量高、果实商品性好的中晚熟优良品种。经试验，选择毛粉802、L402两个品种较好。尤以毛粉802品种抗病性和商品性更佳，高抗病毒病，果实呈粉红色，单果重200 g以上。目前金棚1号在秋延后的栽培面积较大。

2）合理安排茬口。为提高温室全年经济效益，前茬以种植采收期较短的黄瓜、西葫芦为宜。前茬在6月上中旬采收结束后，可及时进行温室清理、消毒、施肥、整地，以保证按时定植秋延后番茄。

3）培育适龄壮苗。北疆地区一般在5月初至6月初播种育苗。种子用10%磷酸三钠溶液消毒，浸种催芽后播种于育苗盘或苗床中，1片真叶展开后分苗于6 cm×6 cm的营养袋中。也可按株距和行距为10 cm×10 cm分苗于苗床内。育苗期气温高，要适当遮阴，避免强光照，控制浇水量，防止徒长。徒长苗易感染病毒，定植后不易缓苗，死亡率高。在幼苗3叶期至开花前，可喷撒1 000~1 500 mg/kg的矮壮素，每7天1次，连续2~3次，可防止徒长，使植株矮壮，还可防止后期枝叶过密，造成灰霉病流行。在苗龄40~50天、幼苗7~8片真叶、第一花序现蕾时即可定植。

4）适期定植。为充分利用夏秋光热资源，保证番茄有充分的生长时间，最晚应在7月初定植完毕。采取宽窄行种植，垄距为120 cm，窄行为50 cm，宽行为70 cm，株距为30 cm每667 m²，栽苗3 600~3 900株。定植时挖穴带土坨定植，覆土至与土坨表面平齐即可。

5）加强田间管理

①遮阴防虫。秋延后番茄定植时正值夏季高温期，温室上要覆盖遮阳率60%左右的银灰色遮阳网，可降低棚内温度6~9℃，并有防虫作用。一般要覆盖至8月底。

②整枝与绑蔓。秋延后番茄采用单干整枝，仅留主蔓结果，及时摘除侧芽。支架可用竹竿搭架或用塑料绳吊蔓。每株留4穗果，在第4穗果上方留2~3片叶打顶。

③浇水与施肥。定植后灌足水。缓苗后以中耕保墒为主，少浇水，促进根系生长。当第一穗果4~5 cm时，植株进入结果期，需水量增加，一般5~7天浇水1次，水量要适中，间隔要均匀，以防脐腐病和裂果发生。番茄生长量大，每667 m²施有机肥5 000~7 000 kg。追肥要及时，一般结果初期结合浇水追施尿素或二铵，每667 m²每次10~15 kg，共3~4次。

④保花与疏果。在高温季节，番茄常因授粉不良而落花，可在每穗花序有2~3朵花开放时，用浓度为10~15 mg/L的2，4-D溶液蘸花，或用浓度为25~30 mg/L的防落素向花序喷雾，每花序可喷两次，间隔2~3天，处理时间以早晨和傍晚较好，要避免中午高温时处理或多次处理，以免造成药害或畸形果。毛粉802、金棚1号均为大果型品种，在果实坐住后，每穗只留4个健壮果实，其余小果应尽早疏去，以保证单果重在200 g以上，提高商品性。

⑤后期管理。当外界最低气温降到12℃以下（9月上中旬）时，及时撤去遮阳网，覆盖棚膜。9月至10月上旬，外界气温尚高，要注意白天及时放风降温，白天保持在23～25℃，夜间为15～16℃，并注意及时灌水，促进第3、4穗果实膨大。要求在10月初达到第1穗果微红，第2、3穗果较白，第4穗果膨大到商品标准。这时已形成预期的总产量，如生育期推迟，将难以达到高产目的。

6）植株上保鲜与采收。10月中旬以后，气温下降，光照减弱，番茄进入植株保鲜阶段，温室内不再浇水、施肥。管理要点是控制白天温度为20～23℃，夜间为12～15℃，保持空气湿度在50%左右。为了增加通风透光，降低空气湿度，减少灰霉病发生，可从下向上分批打去番茄枝叶，到11月上旬可打去全部枝叶，仅留主干和果实。11月下旬气温进一步下降，要做好夜间防寒工作，根据各地情况可覆盖草帘或用火炉适当加温。其关键要点是番茄果实在低于10℃时会因"冷害"而腐烂，失去商品价值，因此，夜间温度必须保持在10℃以上，这是番茄在植株上保鲜时间长短和效果好坏的关键措施。

第1穗果一般于10月中旬自然红熟，可及时采收上市。第2、3穗果根据市场价格高低陆续采收上市。第4穗果难以自然红熟，为了不影响冬茬生产，也可于12月上旬将青果全部采回，放入温度为20℃左右的室内催红后陆续供应市场。

（3）番茄主要生理障碍的产生原因与防治方法

1）畸形果。在低温下分化的花芽往往产生多心皮的子房，由这种多心皮子房所形成的果实便成为畸形果。在形态上有三种类型：

①变形果。果实的结构上没有很大的变化，但形态不完整，其中有的呈椭圆形、有的为桃形。

②瘤状果。果实近萼片一端有瘤状凸起，其形如鼻。这是由于子房发育初期在其基部有独立的心皮生长凸出来。

③脐裂果。果脐部位的果皮裂开，以至胎座组织及种子向外翻转或裸露。由于畸形花的花柱开裂所形成。

花芽分化期间遇到低温是产生畸形果的主要因素，但不是唯一的因素。植株生长过旺会促使畸形果的产生。在育苗期间，多肥多湿，茎秆生长粗大，就容易产生畸形果。小型果品种不易形成畸形花，因而也不易形成畸形果。

2）空洞果。果实的胎座组织生长不充实，果皮与胎座组织分离，种子腔成为空洞，于是果肉不饱满，表皮有棱起，影响果实的质量与品质。产生原因：受精不良，种子退化，胎座组织生长不充实；施用生长调节剂的浓度过高，或施用时花蕾过小；氮素施用过多；果实生长期间温度过高或过低；阳光不足，碳水化合物积累少等。防治方法：加强肥水管理或用振动器帮助授粉。

3）脐腐。在高温、干旱季节较为常见。原因是果实缺钙，造成果实内缺钙的原因如下：

単元 2

①土壤缺钙。

②地温高，土壤干燥，土壤溶液浓度过高，K、Mg、NH_4-N 过多，影响植物对钙的吸收。

③在高温、干燥的条件下钙在植物体内运转缓慢。

防治方法：酸性土施石灰；控制 NH_4-N 的用量；避免土温过高及土温的剧烈变化；结果期经常保持土壤湿润；可用 0.5% 氯化钙喷射新叶及新出现的花序。

4）裂果。有环状开裂、放射状开裂，也有不规则的侧面裂果或裂皮。产生原因：主要是果实生长前期土壤干燥，果实生长迟缓，其后遇到降雨或突然灌大水，果肉组织生长迅速，果皮的生长不能适应，引起开裂，并且不同品种对裂果的抗性也有所不同。防治方法：选择抗性强的品种；栽培上增施有机肥，使水分供应均匀，果实不受阳光直射，施用 B、Cu 肥料或用 B9 处理。

5）筋腐病。主要症状分为两种类型，一是褐变型，果实外表出现灰色污点，果实内维管束及其周围组织呈褐色，坚硬木质化；二是白化型，果心呈白色，果壁硬化、发白，淡而无味。产生原因：夜间地温过高；高温日照不足，造成植株碳水化合物不足；氮素过多，碳与氮含量比下降引起代谢失调；土壤中 K、B 缺乏；土壤湿度过大、通风不良，妨碍番茄根系吸收水分和养分，使植株体内养分失去平衡。防治方法：P、K 肥配合施用，避免 NH_4-N 过量，增施 K 肥，氮肥以 NO_3-N 为主；雨季要注意排水，改善土壤通气状况。

6）日伤。由于太阳直晒，引起果皮温度过高而烧伤。品种间差异大，叶面积小、果皮薄的品种易发病。防治方法：加强肥水管理，增施有机肥，增加土壤的保水力，使枝叶繁茂，采用锥形架或人字架，绑蔓时将果穗配置在架内叶阴处。

7）果实着色不良。有绿肩、污斑、褐心等。污斑是指果皮组织中出现的黄色或绿色的斑块。产生原因：高温及阳光直射；N、K、B 缺乏；在果实肥大盛期，果内水分缺乏，也能使果皮呈网目状，果皮硬化，着色不良。

8）卷叶。卷叶是指在番茄植株基部的叶子边缘向上卷曲的现象。产生原因：过度地打顶整枝；氮肥施用过多；干旱以后，随即大量灌水或者植株顶端有病毒病，影响茎秆继续生长；品种间差异大。防治方法：不宜过早打顶摘心及施用过多的氮肥。卷叶本身不是病毒病，但有病毒病的植株容易引起卷叶。

二、辣椒

辣椒又名番椒、海椒、辣子等，为茄科辣椒属，是以浆果为产品的蔬菜。在温带地区为 1 年生草本，在热带则是多年生灌木。辣椒包括甜椒和辣椒，在果实未变红前采收时，又统称青椒。由于辣椒具有较耐弱光的特点，很适于在日光温室中栽培，经济效益较高。

1. 生物学特性

（1）辣椒的植物学特征

单元 2

1）根。辣椒与番茄、茄子相比根系不算发达，主要表现为主根粗，根量少，入土浅，根系生长速度慢，直到长有 2~3 片真叶时才能生长出较多的二次侧根。茎基部不易发生不定根，根受伤后再生能力较差，所以育苗时只适宜在 2~3 片叶时进行一次分苗，应采用护根育苗的方法。

2）茎。茎直立，腋芽萌发力较弱，株冠较小，适于密植。顶端形成花芽后，以双杈或三杈分枝继续生长。根据分枝习性，辣椒分为有无限生长型和有限生长型。

①无限生长型。植株高大，生长旺盛。当主茎长到 7~15 片叶时，顶端出现花蕾，花蕾以下 2~3 节生出 2~3 个侧枝，果实即着生在分杈处。双杈或三杈分枝继续生长，每个分枝顶端再形成花芽，从其下再抽生出 2~3 个侧枝，如此下去，便形成了以第一个花为中心，成同心圆一层层地向外增加开花数，分枝的叶节可达 20~25 节。辣椒植株上的第一个果实称为门椒，依次向上属于同一层次的辣椒，则分别称为对椒、四母斗、八面风和满天星。多数栽培品种属于此类。

②有限生长型。植株矮小，生长较弱。主茎长到一定叶片后，顶端发生花簇封顶，形成多数果实。花下的腋芽抽生分枝，分枝的腋芽还可能再发生副侧枝，侧枝和副侧枝都由花簇封顶，但多不结果。以后植株也不再分枝生长。这类属于观赏与食用兼用的品种，在生产上已很少使用。

辣椒前期的分枝基础在于苗期的环境条件，后期的分枝在于管理技术。在昼夜温差较大、营养状况良好时，三杈分枝较多。

3）叶。辣椒的叶为单叶、互生，呈卵圆形或长卵圆形，叶缘全缘，前端尖锐，叶面光滑，微有光泽。辣椒的叶形与营养及环境条件有一定的关系：氮肥不足时，叶形变长；钾肥充足时，叶幅较宽；氮肥过多、夜温过高时，叶柄变长，且顶部嫩叶呈凸凹不平状；夜温低时叶柄短；土壤干旱时叶柄稍稍弯曲，叶身下垂；土壤过湿时，会使整个叶片呈萎蔫下垂状。

4）花。辣椒为完全花，一般单生，也有 2~5 朵花丛生。植株营养状况的好坏会直接影响到花柱的长短。长柱花的柱头高出花药，花大色浓，为健全花；短柱花的柱头低于花药，花小梗细，为不正常花；中柱花的柱头与花药平齐。长柱花和中柱花具结实能力，短柱花多授粉不良，落花率高，不能结实。

5）果实。辣椒的果实为浆果。形状以灯笼、长灯笼、羊角、牛角、圆锥形居多。辣椒的果皮与胎座组织分离，形成较大的空腔，细长形果多为 2 室，灯笼形果多为 3~4 室。青熟果为浅绿色至深绿色，成熟果为红色或黄色。

辣椒的果实食用范围较广泛，从青熟果到生理成熟，到红干椒均有食用价值。保护地栽培以采收青熟果为目的。

6）种子。辣椒种子的形状扁平，有长卵形、短卵形或圆形。种子的大小、质量因品种而异。对于普遍栽培的辣椒品种，种子千粒重 4~7 g。新鲜种子有光泽，陈种子失

单元
2

去光泽呈黄褐色。

（2）辣椒的生长发育周期。辣椒的生育期可分为发芽期、幼苗期、开花坐果期、结果期。

1）发芽期。从种子发芽到第一片真叶出现为发芽期。经催芽播种后一般5~8天出土。出土后15天左右出现第一片真叶。

2）幼苗期。从第一片真叶出现到花蕾显露为幼苗期。辣椒花芽分化大约在4片真叶开始。生产上为了避免分苗伤根影响花芽分化，多强调分苗在3叶或3叶1心前进行。

3）开花坐果期。从第一个花穗显露到门椒坐住为开花坐果期。开花坐果期历时较短，仅为20~30天。

4）结果期。从第一朵花坐果到果实采收结束为结果期。此期开花和结果交替进行，营养生长与生殖生长的矛盾突出。

辣椒进入结果期，正在生长的果实对茎叶生长和生殖器官的发育有明显的影响。结果数增加，新开花质量降低，结实率下降；若摘除果实，减少其数量，缩短生长时间，则花质提高，开花及结实正常。所以，结果期前应促进营养生长，结果初期应早采果，以保证开花数及坐果率。

（3）辣椒对环境条件的要求。辣椒的生活习性可概括为喜温暖、怕寒冷，又忌高温和暴晒；喜湿又怕水涝，比较耐肥。

1）温度。辣椒既不耐高温又不耐寒，尤其幼苗期对温度要求严格，成株耐低温能力增强。种子发芽适温为25~30℃，需5~7天发芽。苗期要求较高的温度，白天为25~30℃，夜间以18~20℃为宜。开花期低于15℃时大量落花落果，降到10℃以下不能开花。温度上升到35℃以上时花粉变态或不孕，因不能受精而落花。

2）光照。辣椒对光照的要求不太严格，有较强的适应性，只要温度适合，光照时间的长短一般对辣椒的影响不大。但日照时间越长着花越多，果实膨大得越快。不同的生育期对光照的要求不同：种子发芽要求黑暗避光的条件；育苗期要求较高的光照；生育结果期要求中等的光照强度，其光饱和点为30 000 lx，比番茄、茄子都低，光补偿点为1 500 lx，光照不足会影响花的素质；光照过强则茎叶矮小，不利于生长，也易发生病毒病和日灼病。

3）水分和湿度。辣椒对水分要求严格，既不耐旱也不耐涝，喜欢较干燥的空气条件。单株需水量并不多，但由于根系不太发达，因而其耐旱性不如茄子，更不如番茄，不经常供水则较难实现丰产，特别是大果型品种对水分的要求更为严格。辣椒被水淹数小时就会出现萎蔫，严重时死亡。土壤相对含水量在80%左右，空气相对湿度为60%~80%时，对辣椒的生长有利。所以，栽培辣椒时土地要平整，浇水和排水都要方便，保护地栽培，通风、排湿条件一定要好。

4）土壤及营养。辣椒在中性土壤和微酸性土壤上都可以种植，但其根系对养分的要求严格，宜在土层深厚肥沃、富含有机质和通透性良好的沙壤土上种植。辣椒生育要求充足的氮、磷、钾营养，但苗期氮肥、钾肥不宜过多，以免引起徒长，延迟花芽分化和结果。磷对花的形成和发育具有重要作用，钾则是果实膨大必需的元素，生产上必须做到氮、磷、钾配合施用，在施足底肥的基础上，适时搞好追肥，以提高产量和改善品质。

2. 类型和品种

辣椒按果实形态分为尖椒和圆椒（灯笼椒），按辣味分为辣椒、麻辣椒和甜椒，各有很多品种，且成熟期早晚各不相同。生产上应根据栽培季节、栽培形式、市场销售情况及居民的消费习惯等进行选择。目前，北疆地区栽培的主要品种有螺丝椒、洛椒98A、改良猪大肠、墨玉大椒、陇椒2号、沈椒3号、茄门椒等。

3. 栽培季节、茬口

辣椒栽培与番茄相同，主要有春提早栽培、秋延晚栽培及冬春茬栽培等类型。

4. 栽培技术

（1）早春茬辣椒栽培技术要点。温室早春茬栽培是在冬季育苗，立春前后定植，采收期比大棚早，前期产量较高、经济效益也比较好的一种栽培方式。根据市场需求和植株长势，可延迟采收到立秋，也可连秋生产，延迟到入冬拔秧。早春茬辣椒与番茄栽培有很多相似之处，现介绍其栽培技术要点。

1）品种选择。辣椒早春茬栽培重点是解决早春到初夏的市场供应，其实质是早熟栽培。在考虑当地消费习惯的同时，必须选择早熟、耐低温、耐弱光同时兼顾丰产性和抗病性的品种。目前，北疆地区栽培的主要品种有洛椒98A、改良猪大肠、陇椒2号、沈椒3号等。

2）培育壮苗。培养合格的大苗、壮苗是辣椒早熟栽培成功的关键。

①播种期和播种量。辣椒比番茄坐果迟，苗龄比番茄长，一般为 90～100 天，大棚早熟栽培应在 12 月下旬播种，最迟应在 1 月上旬播完。日光温室在 11 月上中旬播种。通常每 667 m² 用种量为 120～150 g，按每平方米苗床 20～30 g 均匀撒播。

②种子处理。先用 55℃热水浸种 15 min，然后用 30℃左右的清水浸种 10 h，搓去种子表面的黏液，再用 10%磷酸钠浸泡 20 min，捞出后清洗干净，即可催芽。辣椒种子发芽比较缓慢，催芽时间较长，催芽过程中，每天用清水清洗种子两次，当种子有 50% 萌动时即可播种。

③苗期管理。播种后出苗前，温度控制在白天 30～35℃，夜间 20℃；出苗后至真叶顶心，白天控制在 20～25℃，夜间为 12～15℃；真叶顶心至 4 片真叶（分苗期），白天控制在 25～30℃，夜间为 15～20℃；分苗后缓苗前，适宜温度为 25～30℃；缓苗后，白天控制在 20～25℃，夜间 15～17℃；阴天温度可以稍低一些。定植前一周温度降到 10℃左右，以利于锻炼幼苗。

白天光照时间以 10～12 h 最佳，在温度适宜的前提下，早揭帘，晚盖帘。

单元
2

辣椒根系浅,喜潮湿。分苗前相对湿度保持在80%以下,分苗后缓苗前相对湿度保持在80%以上,缓苗后相对湿度保持在70%~80%。辣椒苗在播种和分苗时浇透水后一般不再浇水,为了保持湿润或发生干旱现象时,可覆盖过筛的湿细土2~3次,或用喷壶少量洒水。

分苗后叶面喷施0.1%~0.2%的磷酸二氢钾水溶液2~3次,或0.3%尿素水溶液2~3次,最好交替使用。

④壮苗标准。株高为18~20 cm;叶片肥厚,叶色浓绿,9~10片叶,茎粗为0.4~0.5 cm,根系洁白、发达,可见大花蕾而未开花。

3)定植。辣椒整地施肥方法同番茄。一般应在棚室10 cm地温及气温稳定在12℃以上时定植。栽植密度依品种生长势强弱而有所区别,尖椒每667 m² 定植4 000穴(每穴双株),即大行距为60 cm,小行距为40 cm,株距为25~30 cm;圆椒每667 m² 定植3 700穴(每穴双株),即大行距为70 cm,小行距为50 cm,株距为25~30 cm。定植方法同番茄。

4)定植后管理

①温度和光照管理。缓苗期应保持较高的温度和湿度,促进幼苗生根发育。温度以28~32℃为宜。缓苗后白天保持室内温度为25~28℃,夜间保持在12~13℃。白天到30℃时,在温室顶部扒缝放风。棚面有覆盖物的,应早揭晚盖,延长光照时间,阴天也应揭盖。阴雨天温度可适当低一些,夜间可低到10~12℃。随着气温升高,要逐渐加大通风量,以防止高温、高湿使植株徒长,引起落花落果。当室外最低气温达到15℃以上时,应昼夜放风。夏季应将大棚前底脚围裙膜全部卷起,顶部也打开通风口放对流风。

②水肥管理。辣椒定植时,为了防止浇水过多而降低地温,可逐窝浇水,成活见长后,浇一次透水(缓苗水),随后进行中耕,保墒增温。在基肥充足且缓苗水浇足的情况下,坐果前一般不再浇水。当门椒开始膨大后开始浇水、追肥。一般每667 m² 追施尿素10 kg或磷酸二铵15 kg。进入盛果期再追肥2~3次,可浇一次水追一次肥。浇水次数及浇水量应视土壤墒情和植株长势而定。辣椒根系浅,根量少,在土壤中分布范围小,栽培密度大,从单株看需水量不是很大,但必须小水勤浇,经常保持适宜的土壤水分。进入夏季,由于温度高和大放风,蒸发量大,宜勤浇水,浇水量也增大。浇水要在晴天上午进行,并加强通风。

③保花保果。冬春茬辣椒开花初期温度偏低,容易造成大量的落花。为了提高坐果率,可用浓度为15~20 mg/L的2,4-D或浓度为25~30 mg/L的番茄灵在开花时涂抹花器官。只是辣椒多为单花,逐个蘸花很不容易,稍不慎便会引起药害。生产上主要是靠提高温室的采光和保温性能增加蓄热量来防止落花落果。

④植株调整。早春茬辣椒栽培密度大,进入盛果期枝叶繁茂,影响通风透光,有些副侧枝生长纤细,结果小,商品质量差,应当摘除。在主要侧枝上的一级侧枝所结的幼果直径达1 cm时,留4~6片叶摘心。中后期长出的徒长枝也应摘除,使营养集中到果

实的生长发育上。

5）采收。保护地辣椒栽培以青熟果供应上市，应在品质最佳时采收。采收标准是果实的体积长到最大限度，果肉加厚，种子开始发育，质量增加，种子开始变硬，果皮有光泽，这时不但品质最好，单果质量也达到最大，同时，呼吸和蒸腾作用也最低，有利于运输和短期储藏，但辣椒结果期，下部的果实往往影响上部果实的发育，前期不适当提早采收，会造成果实坠秧，使营养生长与生殖生长失去平衡。所以，门椒要早收，以防坠秧，以后的果实可在品质最佳时采收。植株生长势弱的提早采收，长势旺的适当延迟采收。

（2）秋冬茬辣椒栽培技术要点

1）育苗

①品种选择。秋冬茬栽培从播种育苗到定植正处在温度高、昼夜温差大、光照过强的季节，秧苗易徒长，对花芽分化不利，又容易感染病毒病。后期光照时间短、强度弱，温度降低，对辣椒的生长又出现不利条件。因此，必须选择耐高温、抗病毒病能力强，后期又较耐低温、弱光的品种。目前，北疆地区种植较多的有改良猪大肠、墨玉大椒。墨玉大椒前期耐高温，后期耐低温，抗病性强，膨果快，产量高。

②苗床准备。育苗地块在育苗前应用遮阳网进行覆盖，上下通风口应覆盖防虫网，以防止高温和飞虫进入棚内，诱发病毒病。播种前 10 ~ 15 天，每 667 m² 施入充分腐熟的猪粪或鸡粪 4 000 kg，氮磷钾复合肥 50 kg，深翻平整浇水后盖严棚膜，高温密闭烤棚。

③播种。秋延后辣椒播种时间一般在 4 月底至 6 月初，种子消毒后直播营养杯（袋）中，每穴 1 粒。营养杯浇透水，待水下渗后点种并覆盖 0.5 cm 细土，再覆盖地膜保墒。

④苗期管理。当 60% 幼苗拱土出苗时揭去覆盖物，因棚内温度较高，要保持营养袋土壤见干见湿，加大通风量，避免高温、高湿，定植前喷施 600 倍的病毒 A 和 800 倍的代森锰锌，以防止病毒病和疫病。当幼苗长至 6 ~ 7 叶时即可定植。

2）定植。选择 7 月上旬的晴天下午或阴天定植，以提高成活率。定植时以平地定植为佳，采用大、小行距定植，大行距为 70 cm，小行距为 50 cm，墨玉大椒一般单株定植，株距为 35 cm，亩定植 3 100 株左右；改良猪大肠一般双株密植，株距为 20 ~ 30 cm，亩定植 4 000 穴左右。定植后浇水稳苗。

3）定植后管理

①肥水管理。定植 3 ~ 5 天后浇一次缓苗水，以利成活。挂果后及时追肥，每 667 m² 在两株间施复合肥 10 ~ 15 kg，松土起垄成大小沟，株高为 50 cm 左右时，为防止倒伏，可吊绳或用细竹（木）竿搭支架。进入结果盛期，5 ~ 7 天浇一次水，高温时大小沟浇水，结合浇水每 15 ~ 20 天追施一次复合肥，共 2 ~ 3 次。随着温度逐渐下降，减少浇水量，10 ~ 15 天浇一次水，且只小沟浇水，10 月中旬以后停止浇水、施肥。

②温度管理。定植后，加大通风量，降低棚内湿度和温度，开花前撤去遮阳网，以

防遮阴旺长。随着天气逐渐转凉，当夜温低于15℃时，关闭下通风口，并在夜晚关闭上通风口，10月份以后应注意保温，夜间最低温度不能低于10℃，否则容易产生冷害，但每天中午应适当通风，以降低棚内湿度，防止灰霉病的发生。10月中旬撤去防虫网。

4）株上保鲜与采收。及时采掉门椒、八面风后打顶，10月份后进入株上保鲜，逐渐打叶，以防止叶片蒸发水分，使果实变软。到11月底至12月上旬根据天气情况、市场价格一次性采收上市。

（3）辣椒主要生理障碍的产生原因与防治方法

1）落花、落蕾、落果

①产生原因

a. 营养不良，尤其是氮素不足或过多。

b. 春季辣椒早期落花、落蕾主要原因多为低温、春旱、干风。

c. 结果期落花、落蕾，除营养条件外，高温、干旱、病毒病、水涝也是主要原因。

d. 进入高温期，突然灌大水尤其是暴雨后暴晴，气温急剧上升，更易导致落花、落果，甚至大量落叶，造成严重减产。

②防治方法

a. 增强光照。低温季节要加强光照管理，清洁棚膜，后墙可挂反光幕。

b. 通风降湿。通过中午短时放风，降低棚室内湿度，减轻病害发生率。尽量避开盛花期喷药，减少使用水剂；多使用烟剂和粉尘剂，以免增加空气湿度而加重落花、落果。

c. 加强保温措施。夜间温度太低的大棚可在草帘上再覆盖一层棚膜。

d. 看苗追肥。不要施用过多的氮肥，可有效避免落花、落果。

2）辣椒日灼病

①产生原因。主要是果实局部受热，灼伤表皮细胞引起的，一般叶片遮阴不好，土壤缺水或天气干热过度、雨后暴热，均易导致此病。

②防治方法。通过覆盖地膜，可保持土壤水分相对稳定，并能减少土壤中钙质等养分的流失。适时灌水，尤应在结果后及时、均匀浇水，防止高温危害，浇水应在9~12时进行。合理密植，双株定植使叶片互相遮阴，避免果实暴露在阳光下。根外追肥，在着果后喷洒1%过磷酸钙、0.1%氯化钙或0.1%硝酸钙等，隔5~10天一次，连续防治2~3次。

3）辣椒僵果

①症状。早期辣椒僵果呈小柿饼形，后期果实呈草莓状，果小，皮厚肉硬，色泽光亮，柄长，剖开室内无子或少子，无辣味，果实不膨大。

②产生原因。在花芽分化期（播后35天左右），植株受13℃以下低温影响，营养供应失衡，花粉不能正常发育；开花期遇低温，花粉不能正常散发，未受精而结成的单性果缺乏生长刺激素，影响了对锌、硼、钾等元素的吸收，故果实不膨大，最后成为僵

单元 2

果。越冬辣椒结果期正值寒冷季节，白天温度尚可，下半夜温度却在10℃以下，因此易发生僵果。

③防治方法。一是提高地温。苗床和定植地施用充分腐熟的有机肥或添加马粪等酿热物，保持土壤疏松和提高地温，增加抗寒力。二是覆盖地膜保温。夜间温度太低的大棚，可在草帘上再盖一层棚膜，或用双层草帘保温

三、茄子

茄子又名"落苏"，为茄科茄属一年生植物，热带为多年生，是我国夏秋季主要蔬菜之一。采用日光温室生产茄子，可以使茄子供应期延长，栽培效益显著。

1. 生物学特性

（1）茄子的植物学特征

1）根。茄子根系发达，主根粗壮，主根上分生侧根，再分生二级根和三级根。成株根系可深达1.3～1.7 m，横向伸长可达1.0～1.3 m，主要根群分布在33 cm的土层中，吸收能力较强。茄子根系易木质化，不定根发生能力差，移植后生根缓苗慢，故不易多次分苗，并应采用护根育苗的方法。

2）茎。幼苗时期为草本，后逐渐木质化，长成粗壮、直立性强的茎。分枝习性为假二杈分枝，即当主茎有一定叶片后，顶端形成花芽，而在花芽下的两个腋芽抽生侧枝，代替主茎生长。两个侧枝几乎均衡生长，构成双杈分枝。侧枝长出2～3片叶后，顶芽又形成花芽，此后的侧枝又以同样方式形成侧枝。每隔2～3片叶又形成一花，分枝一次。根据果实先后出现的顺序，分别称为门茄、对茄、四母斗（四门茄）、八面风、满天星等。

3）叶。茄子叶为单叶互生，呈圆形或长椭圆形。茎叶颜色与果色相关。紫色品种的嫩枝和叶片带紫色，白茄和青茄品种呈绿色。茄子叶龄影响光合能力。叶龄在30天前光合能力强，35天以后光合作用迅速减退。因此，生产上要及时摘除下部衰老无效的叶片。

4）花。茄子为完全花，单生，也有2～3朵簇生的，簇生花一般只有基部的一朵完全花坐果，其他花往往脱落。花为紫色或淡紫色，因品种而异。花柱的长短不同，分为长柱花、中柱花、短柱花。长柱花与中柱花有结实能力，短柱花不能结实。茄子是自花授粉，花期可持续3～4天，夜间也不闭合，从开花前一天到开花后3天内都有受精能力，所以，日光温室早春茬栽培的茄子虽然有时温度较低，仍能坐果。

5）果实。茄子的果实为浆果。形状有圆形、卵圆形、长棒形。颜色有紫色、绿色、白色，老熟后变成黄褐色。圆茄果肉致密发脆，长茄果肉疏松、柔嫩，果肉多为白色。

茄子果实体积接近最大限度、种子尚未发育时是品质最佳时期，过熟则不宜食用，过早采收不但品质达不到最佳，还影响产量。

6）种子。茄子的种子扁平，圆茄品种种子多为圆形，脐部凹口较深；长茄品种种

子多为卵圆形，脐部凹口较浅。茄子种子表皮坚硬、光滑，吸水较慢，千粒重4~5 g，使用寿命为4~5年，使用年限为2~3年。

（2）茄子的生长发育周期。茄子的生育期可分为发芽期、幼苗期、开花坐果期、结果期。

1）发芽期。从种子发芽到第一片真叶出现为发芽期。种子吸水膨胀，7~8 h达到饱和状态，在温度适宜的条件下，一般5~6天"露白"即可播种，播种后5~6天出土。出土后8天左右出现第一片真叶。

2）幼苗期。从第一片真叶出现到花蕾显露为幼苗期。幼苗期同时进行营养器官和生殖器官的分化及生长。4片真叶开始花芽分化，所以分苗应在3片真叶前完成。早熟品种主茎5~6片真叶着生第一朵花，中晚熟品种7~14片真叶着生第一朵花，以后每隔两片真叶形成一个花芽。茄子的花芽大部分在苗期分化，因此，创造适宜的条件，培育适龄壮苗是茄子丰产的关键。

3）开花坐果期。从第一个花穗显露到门茄坐住为开花坐果期。开花坐果期历时较短，仅为20~30天。

4）结果期。从第一朵花坐果到果实采收结束为结果期。此期开花和结果是交替进行的。茄子果实的发育要经历显蕾期、开花期、凋瓣期、瞪眼期、成熟期、生理成熟期。在门茄瞪眼期以前仍属于营养生长与生殖生长的过渡阶段，而且营养生长占优势，所以应适当控制营养生长，促进营养物质向果实运输。进入瞪眼期以后，茎叶和果实同时生长，光合产物主要向果实运输，茎叶中得到的营养较少。对茄和四母斗结果期是植株生长的旺盛时期，也是棚室产量形成的主要时期。茄子从开花到采收上市需21~26天，从技术成熟到生理成熟（种子成熟）需30天左右。

（3）茄子对环境条件的要求

1）温度。茄子对温度的要求比较严格，耐热性强于番茄，对低温的适应性不如番茄，低于20℃植株生长缓慢，10℃以下停止生长，0℃植株受冻害。

2）光照。茄子对光照时间和光照强度要求较高，日照延长，生长旺盛；光照减弱，日照时间缩短，光合作用能力降低，植株长势弱，产量下降，而且色素形成不好，紫色品种果实着色不良。若幼苗期光照不足，花芽分化及开花期延迟，长柱花减少，中、短柱花增多。因此，在冬季温室生产中要特别注意改善光照条件，以利于茄子的生长。

3）水分和湿度。茄子枝叶茂盛，结果数多，消耗水分多，生育过程中不宜缺水，特别是从门茄采收后，整个盛果期需水量最大，若水分不足，不但果实发育慢，而且果面粗糙，品质下降。若空气湿度过高，长期超过85%，很快就会引起病害发生。

4）土壤及营养。茄子对土壤要求不太严格，沙质和黏土均可栽培，但以栽培在富含有机质、耕层深厚、保肥保水能力强的土壤中为宜。土壤过于黏重和板结时，常造成土壤含氧量不足，导致根系缺氧而生长不良，甚至死亡。茄子适于中性到微碱性土壤，

单元
2

pH 值超过 7.5 也能正常生长。

茄子对肥料的要求以氮肥最多，钾次之，磷最少。在其生育初期，为促进植株长大，多以氮肥为主。结果期需要补充大量氮肥，并适当配合磷肥和钾肥。

2. 类型和品种

茄子品种资源丰富，种类及品种繁多，按照果实形态分为圆茄、长茄、卵茄（或称矮茄）三个类型。其主要特征及代表品种如下：

（1）圆茄类型。植株高大、直立、生长势强、叶宽大而肥厚。果实呈球形或扁圆形，果大，肉质较紧密，果皮颜色有黑紫色、紫红色、绿色和白色。适于气候温暖、干燥、阳光充足的大陆性气候。主要品种有五、六、七、八、九叶茄，高唐紫茄，安阳茄，天津大敏茄，西安大圆茄，济南大红袍等。

（2）长茄类型。植株中等，分枝较多，叶较狭小，叶缘呈波状。果实呈长棒状或细长稍弯似羊角。果皮薄，肉质松软，果皮颜色有紫色、绿色和白色。结果数多，单果小。此类型适应性较强，南北方广泛种植。主要品种有杭州红茄、北京线茄、南京紫水茄、上海玉茄、武汉兰草花、花茄等。

（3）卵茄（矮茄）类型。植株矮小，生长势中等，叶小而薄，叶缘呈波浪状。果实为卵圆形至长卵形，果肉组织疏松似海绵状。多为早熟品种，产量较低。主要品种有北京灯泡茄、天津牛心茄等。

3. 栽培季节、茬口

茄子的生长期和结果期长，耐热性较强，北方多采用早春茬栽培和早春定植、越夏管理（再生管理）、秋延后的长季节栽培。早熟栽培一般选用五叶茄，长季节栽培多选用大圆茄。

4. 早春茬茄子栽培技术要点

茄子早春茬栽培与番茄、辣椒有很多相似之处。

（1）品种选择。茄子早春茬栽培应选用早熟品种，因早熟品种现蕾早，坐果能力强，果实生长速度快，上市早，前期产量高，经济效益好。茄子的品种很多，不同的品种其熟性、颜色、果形、产量、品质及耐病性等方面各不相同，要根据栽培方式、季节及本地的消费习惯选用。目前北疆地区主栽快圆茄、五叶茄、美尔长茄、黑珊瑚长茄、新疆长茄等。

（2）育苗技术要点

1）播种适期及播种量。茄子苗龄要求为 90～100 天，温室栽培在 2 月下旬至 3 月初定植，应 11 月中旬至下旬播种。每 667 m² 用种量为 40～50 g，按每平方米苗床 15～20 g 种子均匀撒播。

2）种子处理。茄子种子发芽比较慢，播种前用 55℃热水浸种 5～10 min，温度下降至 25℃左右后浸泡 5～6 h，捞出后装入布袋中反复搓洗，洗去种子表面黏液后，用

0.1%的高锰酸钾溶液消毒5~10 min，再清洗干净后用清水浸泡24 h（水温为20~25℃），捞出后沥干催芽。催芽温度白天30℃处理8 h，夜间20℃处理16 h，每天用清水冲洗1~2次。经4~5天50%的种子露白后即可播种。

3）播种。播种前苗床浇足底水，水渗后撒播。播种后覆盖1~1.5 cm厚细土，并覆盖薄膜，以保温、保湿。

4）苗期管理。茄子生长发育要求的温度比番茄、辣椒都高。播种时正是低温季节，要注意保温和加温，白天保持在25~30℃，夜间保持在20~22℃，土壤温度为16~20℃，5~6天即可出苗。苗床揭膜后，要尽快使苗床见干，湿度大时要进行"扦土"。苗床缺水要随水再浇1次土壤杀菌剂，以防苗期猝倒病。出苗后要注意适当降温，防苗徒长，真叶出现前，白天温度保持在25℃左右，夜间不低于17℃，要特别注意防止夜温过高。幼苗在生长过程中要经常对苗床进行"片土"，以防止床土龟裂和板结，每次覆土不要过厚，一般选晴天无水珠时进行，结合覆土可对畦内过密的幼苗进行间苗，以利于其他幼苗的生长。3片真叶前进行分苗。定植前对秧苗进行低温锻炼，白天温度保持在20~30℃，夜间保持在8~10℃。

5）壮苗标准。茄子苗具有8片真叶，叶色浓绿，叶片肥厚，茎粗壮，节间短，根系发达，苗高20 cm，带待开的大花蕾。定植前经5~7天进行与定植场所温度相同的锻炼。

（3）定植。茄子整地、施基肥、定植方法同番茄。定植时间应在棚室内10 cm地温稳定在12℃以上、气温稳定在10~13℃时进行。定植密度为每667 m²定植3 000~3 500株，即大行距为60~70 cm，小行距为40~50 cm，株距为35~40 cm。定植时地温低，不宜浇水过多，可先逐窝浇水，3~4天后再浇一次缓苗水。

（4）定植后的管理

1）温度管理。茄子对温度要求比番茄高，不论白天和夜间，温度都要比番茄高2~3℃。定植后应提高温度，室温不超过32℃不需要通风，以促进缓苗。缓苗后即可注意通风，白天保持棚温为25~30℃，午后降到18℃左右覆盖保温被或草苫，凌晨在10℃以上，最低不低于8℃。遇到灾害性天气，短时间降到5℃不至于受害，但是应尽量延长高温时间，缩短低温时间。

2）水肥管理。定植水浇足，缓苗后开花前不旱不浇水，进行促根控秧。此期水分过多易造成植株疯长，延迟坐果。门茄瞪眼（门茄3~4 cm）时是开始浇水施肥的适期。浇水时随水追肥，每667 m²冲施尿素10 kg。以后视植株和果实生长情况随水追肥，前期以轻施、少施为主，结果期后应以氮肥为主，每667 m²冲施尿素10~15 kg，并配以磷肥和钾肥。浇水的原则是保持地表见湿见干。

3）整枝。茄子整枝可促进果实早熟。整枝方式依栽培密度、肥水条件及栽培环境条件不同而有所差别，在密植条件下，一般采用双干整枝。方法是在门茄以下保留两片叶，其余叶片及分枝全部摘除，门茄以上留两个枝条，直至四母斗出现始终只保留两个枝条，四母斗以上由于进入夏季，光照充足，又在大通风条件下，通风透光好，可留4个枝条。

4）保花保果。花期低温或过高的棚温可造成茄子落花。可用40 mg/kg的防落素蘸花保果。

5）打老叶和疏花疏果。随着植株生长，下部老叶逐渐失去功能，摘去植株下部老叶、黄叶，可使植株下部通风透光，减少病虫害的传播，并使果实着色好。但正常的健康叶不能摘，摘叶过量会造成减产。茄子有些品种中，每穗有花两朵以上，如果每朵花都让其坐果，将来果实长不大，所以每穗只留一个果，而将多余的花朵摘除，以利于幼果的生长和发育。

（5）采收。茄子的食用成熟期在开花后25天左右，采收标准是：果实充分长成，色泽光亮，萼片下的环带由宽变窄或不明显，即可采收，若延迟采收，不利于上面幼果的生长和发育。

第三节　瓜类蔬菜栽培

➡ 熟悉设施黄瓜、西葫芦、西瓜、甜瓜等的栽培技术要点
➡ 掌握影响瓜类花芽和性别分化的因素，并能在生产中正确加以应用

单元 **2**

一、黄瓜

黄瓜别名王瓜、胡瓜，属葫芦科，1年生草本植物，是温室、大棚最常栽培的蔬菜种类之一。

1．生物学特性

（1）黄瓜的植物学特征

1）根。黄瓜的根分为主根、侧根和不定根。主根垂直向下生长，在适宜的条件下自然伸长可达1 m以上，侧根在主根上发生，在侧根上还发生一级侧根，自然伸展长可达2 m左右，从根颈部和茎的基部发生不定根，扦插容易成活。保护地栽培经过育苗移栽，主根已断，栽培密度较大，根群主要分布于深25 cm左右、半径30 cm左右的范围内，尤其以表土以下5 cm最为密集。黄瓜根系木质化较早，比较脆弱，容易断根，而且断根后缺乏再生能力，适合直播或小苗移栽，而不宜大苗移栽。黄瓜原产于热带森林地区，土壤富含有机质，通透性好，湿润多雨，所以其根具有喜温、喜湿、好气、趋肥不耐肥等特性。

2）茎。黄瓜属于攀缘性茎，中空，五棱，生有刚毛，5~6节后开始伸长，不能直立生长，需要用支架或吊蔓。从第三节真叶展开后每节都发生不分枝的卷须。

3）叶。黄瓜的子叶两片对生，呈长圆形或椭圆形，真叶为单叶互生掌状五角形，叶缘有缺刻，叶片和叶柄上有刺毛，叶片薄而大，蒸腾能力强。

4）花。花从叶腋生出，雌雄同株异花，雄花多群生于叶腋，雌花也有群生的，但多数为单生。虫媒，异花授粉，单性结实力强。偶尔也出现两性花，但常发育成畸形果。还有同一株均为雌花的，这种只有雌花的植株可以正常结实。

黄瓜大部分花芽在幼苗期分化，雌花出现的早晚、雌雄花的比例因品种而异，同时还受环境条件的影响，在较低的温度和较短的日照时数下容易形成雌花。

5）果实。果实为假果，卵形至圆筒形，长短变异很大，一般长 25~50 cm。幼果白绿色至浓绿色，具蜡质。果实表面有瘤状凸起，瘤的顶端着生黑刺或白刺，是区别品种的主要依据之一。黄瓜有单性结实的特性，在没有昆虫授粉的情况下能正常结果，这一特性对保护地反季节栽培是有利的。

6）种子。黄瓜的种子呈披针形。扁平，黄白色。千粒重 23~42 g，发芽力 5~6 年，生产上多采用第一年采种、第二年在相应季节播种，效果较好。

（2）黄瓜的生长发育周期。黄瓜的生育期包括发芽期、幼苗期、抽蔓期（开花坐果期）、结果期四个时期。

1）发芽期。从种子萌动到第一片真叶露出为发芽期。在适宜的温度下需要 5~6 天。该期需要供给充足的水分，保持较高的温度，使种子迅速发芽出土。

2）幼苗期。从真叶露出到长出 4~5 片真叶为幼苗期。大约需要 30 天。此期花芽大量分化，叶面积不断扩大，营养生长和生殖生长并进，因地下部生长较快，容易引起根系供水过多而使地上部徒长，形成"高脚苗"。

3）抽蔓期。由 4~5 片真叶定植到根瓜坐住为抽蔓期。需要 25~30 天。此期茎蔓延长，叶片不断扩大，花芽继续分化和形成，形成大量瓜纽。

4）结果期。由根瓜坐住到植株拉秧为结果期。此期果实大量形成，根系、茎叶的生长也达到最高峰。

（3）黄瓜对环境条件的要求

1）温度。黄瓜在果菜类蔬菜中对温度的反应最敏感，要求也比较严格。喜温、畏寒、忌高温。生育期间的适温以白天 25~32℃、夜间 15~18℃、昼夜温差 10℃ 左右为宜。低于 10℃ 停止生长。黄瓜对低温的适应能力与秧苗的锻炼有关，经过锻炼的植株能忍受 3~5℃ 的低温，这是日光温室在不加温条件下冬季栽培的基础。黄瓜对高温的忍耐能力较差，35℃ 以上生长不良，超过 40℃ 会引起落花落果。阴天光照不足，要求温度比晴天低 2~3℃ 为宜。黄瓜对地温反应敏感，根毛发生的最低温度为 12~14℃，生育期间最适宜的地温为 20~23℃。地温降到 12℃ 以下根系生长受阻，8℃ 以下根系不能伸长。

地温高于30℃，根系活动能力减弱，并易使植株老化早衰。

2）光照。黄瓜是喜光作物，光照充足时，同化作用旺盛，产量高，品质好。多数品种为短日照类型，即在10～12 h以下的短日照和较低夜温条件下有利于花芽分化，并能促进雌花形成，降低结果部位。

3）水分。因黄瓜根系较浅，叶面积大，耗水多，故不耐旱。要求土壤相对湿度为85%～90%，空气相对湿度为70%～90%，夜间空气相对湿度达90%以上也能忍受，但湿度过大容易引起病害。一般土壤水分充足时，降低空气湿度能减少病害发生，延长生育期。黄瓜虽然喜湿，但要求土壤必须含有充足的氧气才能正常生长，所以黄瓜又有怕涝的习性，特别是地温低时，土壤湿度过大容易发生病害。

4）土壤与营养。黄瓜由于根系浅，以疏松、肥沃、富含有机质、透气好、保水排水的壤土为宜。在黏质土壤中生育迟，但生长期长，产量高。在沙土或沙质土壤中种植，生育早，易老化。黄瓜适于微酸性到弱碱性的土壤，pH值为5.5～7.6均能适应，最适宜pH值为6.5。

黄瓜根系弱，对高浓度的肥料反应特别敏感，在施肥浓度高的情况下容易发生烧根的现象；黄瓜生长快，结果早，营养生长和生殖生长几乎同时并进，要求养料严格。因此，黄瓜施肥时应采用勤施薄施的原则。黄瓜定植后30天内养分吸收缓慢，从开始收获到收获盛期吸收量急剧增加，因此结果盛期施肥很重要。

黄瓜对三要素的吸收量以钾最多，其次是氮，磷为最少。黄瓜全生育期不可缺磷，特别是播种后20～40天磷的效果格外显著，此时绝不能忽视磷肥的施用。黄瓜全生育期缺钾时，不论是营养生长还是生殖生长，后果均十分严重，且前半期缺钾所造成的后果比后半期缺钾更为严重。

（4）黄瓜的花芽分化和性型分化。黄瓜在幼苗期就发生花芽，并进行花芽的性型分化。据观察，黄瓜的花芽开始于发芽后10日左右，当第一叶展开时生长点已分化12节，其中除最上面的3节外，各叶腋已花芽分化，但性型尚未决定；当第二叶展开时叶芽已分化至第14～16节，同时第3～5节的性型已决定；第七叶展开时，第26节叶芽已分化，花芽分化至23节，同时第16节花的性型已决定。

黄瓜雌花发生的节位、数量以及发育情况与环境条件和遗传特性关系密切。

1）植株营养状况。若光合作用旺盛，呼吸速率低，碳和氮含量的比值大，有利于雌花分化；蹲苗可促进雌性化发育，增加雌花数。

2）环境因素

①温度。在第一叶到第4～5叶，即子叶展开后10～30天当中进行低温（主要是低夜温）处理，便可达到增进雌花数目和降低雌花节位的目的。

②日照。8 h的短日照对雌花的分化最为有利，5～6 h的日照有促进雌花发生的效果，但不利于黄瓜的发育；12 h以上的长日照反而有促进雄花发生的作用，短日照处理

单元 2

的时间和期限同低温处理。

③水分与湿度。空气湿度和土壤含水量高时，有利于雌花的形成，例如，土壤含水量从40%增加到80%，雄花增加41%，而雌花增加114%；再如空气湿度为80%比40%时雌花数目大为增加。

④施肥。氮肥、磷肥分期施用比一次施用有利于雌花的形成，但分期施用钾肥时反而有利于雄花的形成。

⑤气体条件。CO含量增加时，可抑制呼吸作用，促进雌花的分化；CO_2含量高时可提高光合产量，增加雌花的数量。例如，CO_2的含量达1%时，雌花率可达100%，此外乙炔也有增加雌花的功效。

3）化学因素。通过分析激素与性型的关系，现已发现乙烯利（200～500 μL/L）、萘乙酸NAA（50 mg/L）、吲哚乙酸IAA（500 mg/L）等均能促进雌花的分化。赤霉素（50 mg/L）、$AgNO_3$、硫代硫酸银等能促进雄花的分化。

4）机械因素。在幼苗期去掉雌性系及其杂交种的子叶会影响植株性型表现。完全保留子叶，植株无雄花产生，摘除子叶则有雄花产生，雌花数减少，但总花数不变。用手轻轻摩擦子叶会使两性株的雌花数增加，但对雌性系无效果。

5）嫁接。黄瓜植株通过处理后而获得的性型表现能力能通过嫁接传给接穗，而且以雌性系作为砧木时对接穗也有影响。

6）密度。对雌性系来说，不稳定的雌性系受密度的影响大，密度越大，产生雌花越多。

2. 类型和品种

目前，北方设施中主要选用刺黄瓜类和小黄瓜类。早春栽培多选用长春密刺、新泰密刺、津绿3号、津春1-5、津优1-4、冬宝等刺黄瓜品种以及戴多星、壮瓜、春光2号、春光3号、甜翠绿6号等小黄瓜品种。秋冬栽培多选用津研2号、津研7号、唐山秋瓜、天津秋黄瓜、汉中秋瓜等中晚熟刺黄瓜品种。

3. 栽培季节、茬口

新疆栽培黄瓜以春季早熟为主，一般在1月初至2月中下旬在温室内育苗，2月中旬至3月初定植于日光温室，3月中下旬至4月上旬定植于大棚，晚一周定植于小棚，于5月初开始采收。在新疆栽培秋冬黄瓜，前期若不采取降温措施，则病害严重，产量低，所以栽培较少。在工矿区也有在冬季进行促成栽培的。

4. 栽培技术

（1）早春茬黄瓜栽培技术要点

1）选择品种。选择较耐低温、弱光，雌花节位低，瓜条大小适中，外观和风味良好，产量高，抗病能力强的品种，如新泰密刺、长春密刺、山东密刺、津春3号、津优2号、津绿3号、津春5号、密刺王、中农5号等。

2）培育壮苗

①播种期及播种量。黄瓜苗龄以30~35天为限，一般温室2月中旬定植的，1月上旬播种，3月上旬定植的，2月上旬播种。不同品种种子的千粒重不同、育苗方式不同，用种量也不同，每667 m² 地需准备4 500株苗。若采用营养袋直接播种，每袋需播两粒种子，需种子150~200 g。若集中播种，子叶平展后分苗在营养袋内的需种子150 g左右，每平方米苗床可播25~30 g种子。

②种子处理。用55~60℃热水浸种5~10 min，经充分淘洗，搓去种子表面的黏液，用25℃清水继续浸泡5~6 h，捞出后用干净的纱布包好放在28~30℃条件下催芽（可用恒温箱或包埋在用开水消毒的热湿锯末中），约12 h黄瓜种子便可萌发，待50%以上种子萌发便可播种。

③播种。一般采用营养袋直播一次成苗，即直接播种在浇透水的营养袋中，播后覆盖2 cm厚的干营养土，并用薄膜覆盖，保温、保湿。若采用分苗移栽，可先将已发芽的种子集中播种在经开水消毒并挤干水的锯末中或播种在淘洗过的细炉渣中，播种后用湿锯末或细炉渣覆盖2 cm，再覆盖地膜。黄瓜育苗通常采用直径为9~10 cm、长10~11 cm的塑料筒作为营养袋，内装经消毒的配合营养土。

④苗期管理

a. 温度管理。播种后出苗前，白天保持在28~30℃，地温保持在20~22℃（利用高气温促进地温的提高）。出苗至真叶顶心，白天保持在25~28℃，夜间为13~15℃；第1片真叶至第4、5片真叶长出，白天保持在25~30℃，夜间为10~14℃，大温差管理利于养分积累。特别是2叶1心时（即花芽分化阶段），夜间的温度尤其不能过高，以促进花芽向雌花分化；定植前5~7天，白天保持在20~24℃，夜间为10~12℃，最低可降至5~8℃。若采用分苗移栽，子叶平展时及时分苗，分苗时营养袋应浇透水，缓苗期白天温度保持在28~30℃，夜间保持在15~18℃。

b. 水分管理。在底水浇足的情况下，种子发芽拱土，覆土有裂缝时可撒一次细潮土，厚0.5 cm，子叶发足后再撒一次细潮土，以补充水分不足，并诱发其生不定根。1片真叶"倒苗"一次，此时喷一次水。以后每倒一次苗喷一次水，喷水后适当升温。定植前2~3天喷一次大水，促进根系生长，防散坨，以利于缓苗。

c. 喷乙烯利。在加温温室，育苗期间要经常加温，昼夜温差小，对黄瓜幼苗雌花的分化和形成不利，喷施乙烯利可以有效地增加雌花数量。一般在两片真叶展开时，用200 μL/L乙烯利（约15 kg水兑40%乙烯利5 mL）处理一次，4片真叶展开时再处理一次。

d. 壮苗标准。秧苗具有4~5片真叶，苗高15~20 cm，子叶完好，叶片肥厚，叶色浓绿有光泽，茎粗壮，节间短，根系多，色白且粗壮，带瓜纽。

3）适时定植。黄瓜早春茬栽培时，当棚室内10 cm地温稳定在12℃以上即可定植。

单元 2

种植方法与番茄基本相同。种植前每667 m² 撒施优质有机肥6~8 t（或翻地前撒施有机肥3~4 t, 开沟起垄后，沟施3~4 t）, 深翻耧平。定植时按大行距70 cm, 小行距50 cm划线，按株距25 cm在线上摆苗，摆苗后起大、小垄，覆1.2 m地膜，在地膜上划口放苗后进行膜下暗灌。或按120 cm距离划线起垄，垄宽70 cm, 沟宽50 cm, 垄高15~20 cm。定植前把垄拍紧整平，铺90 cm宽地膜（有条件可在膜下装滴灌设施）, 在垄背的2/3处按株距25 cm左右打孔定植。定植时可在株间点施磷酸二铵，每667 m²用量为30~40 kg。

4）定植后的管理

①温度管理。黄瓜秧苗定植至缓苗，白天温度保持在30~32℃, 夜间保持在15℃以上，地温20℃左右；缓苗后，降温至28~30℃以利于蹲苗。为了降低湿度，可在早晨短时间（15~20 min）通风换气。5~6片叶前按幼苗期温度管理；抽蔓期，白天温度保持在25~28℃, 前半夜保持在15℃以上，后半夜保持在11~13℃；结果期白天温度保持在25~30℃, 前半夜为14~16℃, 后半夜降至12~14℃。随外界气温升高，逐步加大通风量和延长通风时间，防止高温灼伤瓜秧。

②肥水管理。温室黄瓜定植早，地温不高，定植时以窝浇水为宜，定植水要浇足，但不能过大。缓苗后（一般5天左右）浇一次缓苗水。缓苗水要适时，水量宜小，忌大水漫灌。浇缓苗水后要进行中耕松土，以便提高地温，保墒。根瓜采收前一般控制浇水量，待根瓜约15 cm长、瓜把发黑时开始追肥浇水。第一水浇透，每667 m²追施磷酸二铵15~20 kg。根瓜采收到结果盛期，一般每10天左右灌一次水，浇一次水追一次肥，每次追肥量为10~15 kg, 可交替使用尿素、磷酸二铵。结果盛期，随产量的增加，对水、肥的需求量增大，可按见湿见干的方法浇水。追肥掌握"少吃多餐"的原则，每次追肥量不需太多，但至少隔一水追一次肥，每次每667 m²追施尿素7~10 kg。生长后期，植株开始衰老，可以进行根外追肥，喷尿素或磷酸二氢钾水溶液，浓度为0.3%左右。

③插架绑蔓。当黄瓜秧有30 cm长时已不能直立，需及时插架绑蔓。现常采用绳索吊蔓。即在定植行的上端南北拉一道铁丝，把绳一端固定在铁丝上，另一端系在短竹竿上，将短竹竿离植株10 cm左右斜插入畦埂远离根系处。随着黄瓜蔓的伸长，不断缠绕在吊绳上，缠蔓时要调节高度，使"龙头"保持在同一水平线上，以防生长时相互遮阴。

④植株调整。及时摘除侧枝和老叶、病叶，同时把雄花和卷须摘除。当植株有30多片叶时摘心，促进结回头瓜。或当植株长至30~40节, "龙头"接近温室屋面时，可进行落蔓。落蔓的方法是在吊蔓时吊绳留出足够的长度，落蔓时只要松开顶部即可下落。落下的茎蔓是打掉老叶的基部老蔓，盘放于植株基部。

5）及时采收。根瓜要适当早采收，以防坠秧。采收初期果实生长较慢，3~4天采收 1 次，随着生长速度加快 2~3 天采收 1 次，进入盛果期每天采收 1 次。采收最好在每天早晨进行，瓜条含水量大，品质鲜嫩。

（2）秋冬茬黄瓜栽培技术要点

1）品种选择。选择前期耐热、抗病，后期耐低温、弱光的品种，如秋棚 1 号、中农 5 号、津优 4 号、无刺黄瓜鲁顶峰等。

2）育苗技术要点

①播种适期。6 月下旬播种育苗（点播营养袋一次成苗），7 月中旬定植温室，或 7 月中下旬直播栽培床。

②播前准备。播种前扣盖遮阳网或用棚膜扣盖后上下卷起，通风流畅，起降温作用；营养土提前混合、消毒，装袋后摆放整齐待播；种子用 55℃ 热水浸种 5~10 min（不断搅拌）后，再用 0.1% 高锰酸钾浸泡 8~10 min，用清水冲洗干净后浸泡 4~6 h，沥干后催芽并及时播种。

③播种

a. 育苗移栽。点播前给营养袋浇足底水，人工每袋点播 1 粒露白的种子（平放），盖 2 cm 厚细土，轻拍紧压。

b. 直播栽培。直播前要求栽培温室扣盖遮阳网或用棚膜扣盖后上下卷起，通风降温。结合整地起垄，每 667 m² 施入 5~8 t 腐熟的有机肥和 50~60 kg 复合肥。采用宽窄行穴播种子，按大行距 80 cm、小行距 50 cm 开沟，穴距为 25 cm。播前先顺沟灌水，在水印处点播种子（种子经消毒后用水泡 8~10 h，阴干后及时播种）。

④苗期管理

a. 营养袋育苗。在适宜温度下（苗床温度白天控制在 24~26℃，夜间为 17~18℃）3~5 天可出苗。1~2 片真叶时，每个营养袋留一株苗，其余拔掉。由于夏季育苗正值高温期，日照长，夜温高，不利于雌花的形成，在 1~2 片真叶时喷洒 100 mg/kg 的乙烯利，可有效增加雌花量。苗期为防止徒长，可适度控水。5~6 天喷洒一次叶面肥，促进瓜苗健壮生长。两片真叶时，将营养袋移动一次并浇水，促进侧根生长，利于定植后的缓苗。

b. 直播栽培床苗。每穴 2~3 粒种子，一般 3~5 天可出齐苗，若出苗不齐，可轻浇一次小水，浸垄促进种子出苗。6~7 天不出苗的，应检查后及时补种。1~2 片真叶时，每穴留一株，其余从子叶处掐头。

3）定植。营养袋育苗苗龄 25 天（3~4 片真叶）时定植。定植前栽培温室要求扣盖遮阳网或扣棚膜并上下通风。栽培床开沟起垄，按宽行 70 cm、窄行 50 cm、株距 25 cm 定植。栽后及时浇水。

4）定植后的管理。

①温度、光照管理。秋延后黄瓜栽培的特点是前期温度高，光照强，水分蒸发量

大，不利于幼苗生长；后期气温下降，光照弱，不利于植株旺盛生长和果实膨大。因此，前期要适度遮阳、浇水，降低温度，后期扣棚提温，创造有利于黄瓜生长的环境。一般8月中旬左右去掉遮阳网（根据当地气候特点），增加光照，9月上中旬，可根据各地气温下降情况及时扣上棚膜，提高温度。通过调节通风量，控制白天温度为23～32℃（上午为27～32℃，下午为23～25℃），夜间为15～18℃。10月初，霜冻来临前，要覆盖草帘或其他保温材料，并做到早揭晚盖，尽量延长光照时间。

②水肥管理。秋延后黄瓜生长前期天气热，地温高，蒸发量大，要及时灌水，促进生长。定植后4～7天浇一次缓苗水。以后小水勤浇，瓜苗见长，生长旺盛时，适度控水、中耕、蹲苗，促进根系生长。根瓜坐住后，每667 m² 施尿素10～15 kg，施后灌水，并随水冲施提前溶化的磷酸二铵肥，每667 m² 用量为10～15 kg。后期光照弱，地温低时，根系吸收养分能力降低，要定期施叶面肥（0.2%磷酸氢钾 + 0.3%尿素 + 0.5%白糖）补充营养。

③吊蔓、整枝。瓜秧长到6～7片真叶时及时用绳吊蔓，以防止倒伏。结合绑蔓，打掉卷须、畸形花（果）及黄叶、病叶、老叶。植株生长旺盛时期，10节以下的侧枝应尽早摘除，中部以上的侧枝在瓜前留1～2片叶摘心。

5）采收上市。要求根瓜采收要早，一般花后10多天可采摘。掌握勤摘瓜原则，防止坠秧，以免影响后期产量。

（3）黄瓜生理障碍的产生原因

1）黄瓜果实的畸形与变苦

①畸形。黄瓜果实发育期间，往往由于营养不足，环境条件的影响，如早期低温，后期高温，土壤水分急剧变化或受精不良，种子发育不均匀，成为大肚、蜂腰、尖嘴、弯曲等畸形黄瓜，降低产量和品质。

a. 弯曲瓜。多数由于花芽分化后营养条件差，在蕾期就已弯曲，膨大后必为弯曲瓜；或仅仅子房一边的卵细胞受精，果实发育不平衡。另外，在果实膨大过程中，有些是由于卷须缠绕或蔓、架等机械阻挡而造成的；由于通风透光不良、水肥不足也容易产生弯曲瓜。

b. 大肚瓜与尖嘴瓜。由于受精不完全或营养不良所致。仅仅果实的顶端部受精而形成种子，使得顶端部分膨大而形成大肚瓜，多发生在根瓜或梢部瓜。若果实中部至顶部没有形成种子，由于营养不良，这个部位膨大受阻便可形成尖嘴瓜。

c. 蜂腰瓜。形似马蜂腰，两头粗中间细。变细部分的果肉常龟裂，而果心部分产生空洞、发脆。在高温干旱期，生长势一旦减弱，容易产生蜂腰瓜；也与缺硼和钾有关。

黄瓜也可由于花芽分化产生多心皮果实、两性花果实，子房部分凸出花萼以上，形成短而粗的果实，也没有商品价值，这些情况多发生在早春和秋季所结果实上。

②变苦。黄瓜苦味的发生是由于瓜内含有一种苦味物质，叫做苦瓜素。

黄瓜发生苦味既与遗传有关，也与生理环境条件有关。

产生原因：黄瓜果实的苦味是遗传的，由一对显性基因控制，与品种有关；果实里容易出现苦味的位置一般是果梗近果肩的部分；对于黄瓜不同年龄的植株，发生苦味的果实的情况也有差异，一般过老的植株上的果实和过熟的果实带有苦味的较多；根系损伤，植株生长不良所结的果实也多带有苦味；高温、干旱也容易产生苦味果实，有时在早期低温下所结果实容易产生苦味。

防治方法：淘汰有苦味的植株，在栽培上加强管理，促进植株正常生长和结果。

2）黄瓜的化瓜。黄瓜的雌花不继续发育，逐渐变黄而萎缩干枯，就叫做化瓜。产生原因如下：

①品种。单性结实差的品种容易化瓜。

②温度。白天高于35℃、夜间高于20℃或白天低于20℃、夜间低于10℃或连续阴雨天，昼夜温差小。

③光照。覆盖遮光或密度大、相互遮蔽容易化瓜。

④气体。棚室内CO_2浓度低易化瓜。应加强通风换气，施有机肥。

⑤水分。土壤含水量低，光合产物下降；土壤含水量高，植株徒长；空气湿度大，易引起病害，增加化瓜。

⑥肥料。肥料供应不足，根系不能很好发育，植株瘦弱，雌花营养不足易引起化瓜，但氮肥过多也会引起化瓜。

⑦采收。如不及时采收，商品瓜就会吸收大量的同化产物，使上部的雌花养分供应不足而造成化瓜。

⑧病虫害。直接危害叶片，减少光合作用，引起化瓜。

单元
2

二、西葫芦

西葫芦又名美洲南瓜，在瓜类蔬菜栽培中仅次于黄瓜。西葫芦的耐寒和抗热能力均比黄瓜强，而且栽培的大多是早熟矮秧品种，所以它对保护地环境要求不如黄瓜严格。另外，西葫芦早熟性强，主要采收嫩瓜供食用，对于早春补充淡季，增加果菜类蔬菜花色品种起着重要作用，近年来新疆各地西葫芦保护地均有一定的栽培面积，尤其以大、中棚早熟栽培为主。

1. 生物学特性

（1）西葫芦的植物学特征

1）根。西葫芦的根系发达，主根入土深达2 m，大部分根群分布在耕作层10～30 cm的范围内，根系吸水和吸肥能力强，而对土壤要求则不太严格。根系的再生能力较差，一般以直播为主，育苗移栽须采取护根措施。

2）茎。茎有明显的棱和较硬的刺毛，分为长蔓和短蔓两种类型。长蔓西葫芦主蔓长达数米，分枝力极强；短蔓品种分枝力弱，节间很短，习惯称为矮生西葫芦。保护地多采用矮生型品种。

3）叶。叶片呈掌状深裂，叶面粗糙，表面有刺毛。叶柄中空，无托叶。叶片形状随品种不同而有差异，主要表现在裂刻的深浅和有无银色斑块。

4）花。花为同株异花，着生于叶腋。雌花着生节位因品种而有较大差异。同时也和黄瓜一样，雌花的着生具有很强的可塑性，环境条件影响着性型分化。

5）果实及种子。果实形状、颜色因品种而不同，形状有长筒形、长棒形、圆形，颜色有白色、黑色、浅绿色。消费者多喜食长筒形、浅绿色带花纹品种。种子较大，千粒重为 140～200 g，每克 5～7 粒种子。

（2）西葫芦的生长发育周期。西葫芦与黄瓜一样可以分为发芽期、幼苗期、开花坐果期、结果期 4 个时期。

子叶展开到真叶显露前，是由异养到自养的过渡时期，相对生长率高，叶面积小，物质积累少，极易徒长。3 片真叶后生长加快，5 片真叶时第一个雄花出现，25 天后开花，第一个雄花出现 10 天显雌花，8～9 天后开花，一般雌花开花早于雄花。但由于初花期叶面积小，营养积累不足，雄花发育晚于雌花，影响授粉受精，故第一雌花开花后易出现"化瓜"现象。西葫芦不具单性结实习性，保护地早熟栽培，因早春温度低，花粉发育不良，影响授粉受精，必须给予人工辅助授粉或用生长激素蘸花，才能保证雌花的正常结果。

（3）西葫芦对环境条件的要求

1）温度。西葫芦对气候的适应性比黄瓜强。生长发育的适宜温度为 22～32℃，32℃以上的高温花器官不能正常发育，11℃以下的低温和 40℃以上的高温生长停止。当温度在 13℃时种子就能发芽，但很缓慢，在 32～35℃时发芽最快。经过锻炼的幼苗能适应短期 0℃以上的低温。根伸长的最低温度为 6℃，根毛发生的最低温度为 12℃，最高温度为 38℃。

2）光照。西葫芦属喜强光作物，弱光表现徒长，不利于雌花的形成。光周期对西葫芦的性型分化有一定的影响，在日照长度为 8 h，昼温 20℃，夜温 10℃的情况下，不但雌花多而且子房比较肥大。

3）水分。西葫芦的叶面积大，蒸腾作用较旺盛，但根系发达，在干燥条件下能正常生长，同时也比较耐潮湿。

4）土壤与营养。西葫芦对土壤要求不严格，但为了获得早熟丰产，仍以沙壤土为宜。生长初期须有充足的氮肥，以扩大同化面积，结果期应有足够的磷肥和钾肥。

2. 类型和品种

设施栽培的西葫芦主要有蔓生类型和矮生类型。

（1）蔓生类型。生长势强，节间长，主蔓长 3 ~ 4 m，晚熟，耐寒力弱，抗热性强，栽培较少。主要品种有北京笨西葫芦、甘肃扯秧西葫芦等。

（2）矮生类型。节间短，主蔓长 0.3 ~ 0.5 m，雌花多，早熟丰产，适于密植，是生产上的主栽类型。代表品种有早青一代、一窝猴、冬玉、纤手 1 号、金皮西葫芦、灰采尼、潍早 1 号等。

3. 栽培季节、茬口

西葫芦的耐寒和抗热能力均比黄瓜强，而且栽培的大多是早熟矮秧品种。因此，设施中主要栽培茬口有早春茬、冬春茬、越冬茬、秋冬茬等。

4. 栽培技术

（1）早春茬西葫芦栽培技术

1）品种选择。早春茬西葫芦栽培一般选择植株矮小、株形紧凑、雌花节位低、叶片较小、耐寒性强的品种。目前生产上应用较多的品种有早青一代、冬玉、碧玉等。

2）育苗技术要点

①育苗准备。配制营养土，并做好育苗室及营养土消毒工作。

②播种期。北疆日光温室早春茬定植时间一般在 2 月中旬，西葫芦的苗龄为 30 ~ 35 天，播期一般在 1 月上中旬。

③种子处理。把种子放在清洁的盆中，用凉水浸泡种子，用水量以水没过种子为宜，再向盆中倒入开水，调至 55℃，边倒边搅拌，恒温 55℃持续 15 min，使温度逐渐下降，当降至 30℃时停止搅拌，在 20 ~ 30℃下浸种 4 h。然后搓掉种皮上的黏液，用清水冲洗几遍，捞出晾干种子表面的水分，放入 25 ~ 28℃温度下催芽，当芽长 0.5 cm 左右时即可播种。

④播种。西葫芦根很易木质化，再生能力差，根系受伤后不易恢复，所以西葫芦应采用护根育苗的方法，即把出芽的西葫芦种子直接播入直径为 10 ~ 12 cm 的营养袋中。播种方法是先把营养袋装好营养土，浇透水后，每个营养袋播一粒种子，播种时种子平放，芽弯朝下，用手指轻轻按一下种子，使种子与土壤紧密接触，然后覆盖 2 cm 左右厚的营养土。一个苗床播好后，覆盖地膜。

⑤苗床管理。播种后，苗床温度保持在 28 ~ 30℃，夜间为 18 ~ 20℃。70% 出苗后，去掉地膜，增加光照。白天温度保持在 22 ~ 25℃，夜间温度保持在 10 ~ 15℃，以防"高脚苗"。若"戴帽"、湿度过大或秧苗徒长，可撒施细干土，以降湿、增温、增加根系生长量和防止病害的发生。在幼苗 2 叶 1 心和 4 叶 1 心时喷 40% 乙烯利（15 kg 水兑 40% 乙烯利 5 ~ 7.5 mL）。定植前低温炼苗，白天温度控制在 20 ~ 22℃，夜间在 10℃左右。当有 3 ~ 4 片真叶时即可定植。

⑥壮苗标准。苗龄为 30 ~ 35 天，真叶为 3 ~ 4 片，株高 10 cm 左右，茎粗 0.4 ~ 0.5 cm，叶片较小，叶色浓绿，叶片长度相当于叶柄的长度。

单元
2

3）定植

①整地。定植前 10 ~ 15 天整地施肥。一般每 667 m² 施腐熟的鸡粪 5 000 kg 或猪粪 8 000 kg，磷酸二铵 50 kg，或氮、磷、钾复合肥 60 kg，深翻两遍，以利于肥料充分打碎、混匀，平整土地。

②药剂熏棚。按每 667 m² 用硫黄粉 1.5 kg、敌敌畏 0.5 kg、锯末 2 kg 混匀，分 4 ~ 5 堆，选晴天中午天气较暖时用暗火熏烟，以杀死病菌和虫害。5 ~ 7 天后，通风散气，没气味时定植。

③定植。当地温稳定在 10℃ 以上时定植。选苗龄为 30 ~ 35 天、3 叶 1 心、生长健壮、叶色深绿、无病虫害的幼苗，在晴天上午进行定植。按大行距 80 cm、小行距 50 cm 划线，按株距 50 ~ 60 cm 在线上摆苗，摆苗后起大、小垄（有条件可装滴灌设施），在小行距的两垄上覆盖地膜，在地膜上划口放苗。亩栽 2 000 株左右。

4）定植后管理

①温度管理。定植后气温保持在 28 ~ 30℃，夜温为 16 ~ 18℃，地温在 20℃ 左右不通风，促进缓苗。缓苗后，白天棚温为 25℃ 左右，夜温为 11 ~ 15℃，加强通风排湿。结果期温度白天为 25 ~ 28℃，夜间为 13 ~ 15℃。

②肥水管理。定植后 5 ~ 7 天在小垄内浇一次缓苗水。以后以控为主，防止旺长。根瓜坐住后开始追肥浇水。前期 10 ~ 15 天浇一次水，每 667 m² 随水隔次冲施三元复合肥 10 kg，或粪水 100 kg，随着气温逐渐升高，7 ~ 10 天浇一次水。

③保温、增光、增设防虫网。因前期外界温度较低，棚内以保温为主，白天当温度升高到 25℃ 时通风，下午 18℃ 闭棚。草帘要早揭晚盖，增加光照时间，阴、雨、雪天也要适当见光，棚膜要经常清扫，以增加光照强度。当外界温度升高，虫害出现时，应在上、下通风口架设防虫网，以防害虫飞入。

④植株调整。对于矮生型西葫芦，虽然节间短，但是环境条件适宜，生育期较长，茎蔓高度可达 60 ~ 70 cm，茎蔓伸长，叶片增加，相互遮光，影响通风，易发生病害，对果实发育也不利，应进行吊蔓。吊蔓和缠蔓方法与黄瓜基本相同。吊蔓后便于管理，有利于抑制徒长，使植株更有利于接受阳光，提高光合效率。同时，西葫芦以主蔓结瓜为主，可采用单杆整枝，去除侧枝，并及时清除老叶、黄叶、病叶，以改善植株下部的通风透光条件。

⑤保花保果。西葫芦通常使用人工授粉或利用调节剂来保花保果。人工授粉一般在上午露水干后，雄花大量散粉时进行，用雄花对准当天开放的雌花柱头轻轻涂抹，均匀授粉。有时雄花很少，人工授粉不能满足需求，可用 50 ~ 100 mg/kg 的 2, 4 - D 或 100 mg/kg 的防落素涂抹在花柱基部与花瓣基部之间，处理时在药液中加入 0.1% 速克灵，有防治灰霉病的效果。

5）采收。西葫芦以嫩瓜为产品，根瓜 250 g 左右即可采收，进入盛果期也不宜超过

500 g，只有采收嫩瓜才能保证品质，还不会影响上部果实发育。

（2）西葫芦大棚早熟栽培技术。西葫芦的市场需求期比黄瓜短，因此其栽培的重点是抢早，采用各种措施促进生长发育，促进早熟，争取早上市。

1）培育壮苗。西葫芦的根系发育快而强大，根系产生木栓化也极早，加之茎叶生长快而叶面积大，不适宜育苗移栽。但为了早熟，采用营养土方或营养钵等保护根系的方法在温室育苗，比在大棚直播提早20天左右成熟。

①育苗适期。大棚西葫芦春早熟的育苗适期是根据大棚的安全定植期来决定的。由于西葫芦秧苗虽经过低温锻炼也不能抵抗0℃以下的低温，根系在11℃以下就停止生长，所以，西葫芦定植适期必须在地温达到11℃以上，夜间气温在0℃以上。西葫芦幼苗期为30～35天，4～5片真叶。可根据育苗条件及苗龄推算当地的育苗适期。

北疆一般在2月底用营养钵进行育苗，南疆在2月上中旬育苗。

育苗营养土的配制用腐熟马粪30%、牛粪20%、田土20%，加入锯末或细炉渣30%。每吨混合土中加硝酸铵1 kg，或硫酸铵3 kg，或尿素0.5 kg，或过磷酸钙10 kg。

育苗可采用温床或在温室内。播种前先浸种10～12 h，取出后放在27～29℃的条件下催芽，3天内发芽即可点播于营养袋。在温床育苗应先浇透底水，按5 cm×5 cm点播，上面覆盖1 cm厚的细土，当幼苗有3～4片叶时切方，待定植。

②苗期管理。西葫芦种子在13℃以上开始发芽，但需要10天以上才能出齐苗。温度在25～32℃时3～4天就能出全苗，所以播种后要严格保持出苗的适温，可采用电热加温的方法来提高土温。从子叶展开后到第一片真叶展开时应适当降温至18～25℃，以防止徒长。从第一片真叶展开到定植的前10天需提高温度至22～29℃，使秧苗加速生长，定植前10天开始通风，白天温度保持在15～22℃，夜间降至8～15℃进行低温锻炼，定植前3天内可降温至1～8℃，使秧苗能适应大棚温度。

当幼苗的日历苗龄在30天左右，有5叶1心，苗高25 cm，已初显雄花时，即达到定植苗龄。

2）定植。安全定植期的确定：西葫芦能适应的最低温度在11℃以上，13℃以上根系才开始伸长，要求棚内土壤温度稳定到12℃以上才能定植。北疆一般在4月初，南疆在3月中旬定植。

①提早定植的耕作措施。秋季深翻土壤，多施有机肥，春季提早扣膜，薄膜应在定植前一个月扣棚，烤地增温，使土壤尽快解冻。土壤稍有解冻，即可整地、做畦、铺地膜，使土壤增温快，以便提早定植。

②定植方法。西葫芦叶丛大，一般行距是0.7～1 m，株距为0.6～0.7 m，按株距和行距挖穴，浇水定植，切忌多灌水；否则，土壤温度低，缓苗慢，且易烂根。定植后还可扣小拱棚等多层覆盖，以促进缓苗，加速生长发育。

单元 2

3）田间管理

①初期的管理。西葫芦叶面积大，蒸发量也大，所以定植后的 2~3 天内应及时灌缓苗水，水量以湿透土方为度，不宜过大，灌水后及时松土（没辅地膜的田间），增加土壤透气性，促进发根。定植后的温度管理，白天保持在 20~30℃，夜间为 15~20℃，要防止 0℃以下的低温危害，同时白天要注意适当通风，以防止高温危害。

②结瓜期的管理。西葫芦在结瓜期的管理要点是调节秧、瓜关系。从定植到根瓜采收为结瓜前期，需 20~25 天。主要是控水、松土、促发根。白天温度为 25~29℃，夜间为 15~22℃，地温以 20~25℃为宜。显现雄花时应及早摘除，保留雌花充分发育。早春季节，雌花开得比雄花早，无法授粉，常影响坐果，因此应在温室提早 20 天播种 20 株左右，借此雄花为大棚西葫芦雌花授粉，雌花开放时，也可用 20~30 mg/ kg 的 2，4 - D 蘸花，花谢后 7~8 天内追肥，粪肥或氮肥每 667 m²10 kg 左右，施肥后灌水。根瓜（第一个果实）要早采收，以免影响第二、三个瓜的发育。

根瓜采收后进入盛果期，早熟品种一般从第 3~5 叶开始结瓜，每节或隔一二节又可结瓜。雌花多，若营养失调很容易化瓜。白天温度保持在 28~35℃，夜间为 20~25℃，地温为 22~26℃。肥水管理中，一般每 7~10 天随水施氮肥或稀粪。化肥施量不宜过大，每次每 667 m²10 kg 左右。

结瓜后期，每株收获 4~5 个瓜后，瓜秧衰弱，容易发生病虫害，同时市场上蔬菜种类增多，一般不再进行管理，待收老瓜或提前拔秧晒地。

三、西瓜

西瓜历来是盛暑季节的佳品，在国内正逐步向周年生产和供应发展，现在不但在盛夏季节可以吃到西瓜，而且成为北方冬季的珍品。

1. 生物学特性

（1）西瓜的植物学特征

1）根。主根系由主根、多次侧根和根毛组成。在一般栽培条件下，根系水平分布达 3 m，深约 2 m。但主要根群分布在 20~30 cm 的耕作层。茎节处能发生不定根。主根发生 20 多条侧根。早熟品种可形成 3~4 级侧根，而晚熟品种则形成 4~5 级侧根。初期发生根数较少、纤细、容易损伤，木栓化程度较高，再生能力弱，不耐移植。根系的分布因品种、土质及栽培条件等而有差异。

2）茎。茎蔓性，幼苗期节间短，呈直立状，4~5 片真叶以后节间伸长，匍匐生长。每个叶腋能发生侧枝，在主蔓 2~5 节叶腋形成的子蔓长势接近主蔓，在主蔓第 2 雌花前后若干节抽生的子蔓生长也较旺盛。其后因植株挂果，分枝力减弱。丛生西瓜的节间短，分枝较多；无杈西瓜在主蔓上很少形成侧蔓，因此在栽培上不需整枝。茎横切面呈五棱形，具 10 束维管束。

单元 2

3）叶。单叶，互生。子叶椭圆形，子叶大小与种子有关。第一片真叶小，近矩形，裂刻不明显，叶片短而宽，其后逐渐增大，裂刻由少而多，4～5叶后裂刻较深，具有品种特性。边缘具细锯齿，具叶柄，全叶被茸毛，根据裂刻的深浅和裂片的大小，可以分成狭裂片型、宽裂片型和全缘叶型（甜瓜叶型）。

4）花。花单生，着生于叶腋。雄花发生较雌花早，交替形成，雌雄异花同株，少数雌花雄蕊发育完全，其花粉具正常的活力，为雌型两性花。花萼5枚，花瓣5枚，基部联合成筒状，黄色。花药联合成3枚，背裂。花粉滞重。雌花子房下位，柱头短，成熟时3裂。雌花柱头和雄花花药都具蜜腺，昆虫传粉，为典型的异花授粉作物。在放任生长下每株可形成200～300朵花，但雌花仅占10%左右。主蔓上雌花率为3.5～4.0%，子蔓为10%，孙蔓高达27%。子蔓出现雌花的绝对值最多，约占全株雌花的一半。

5）果实。果为瓠果，果形主要有圆、短圆筒、长圆筒等形，大小各异，重者可达15～20 kg，小的仅0.5～1 kg。果皮的色泽可为浅色（白或淡绿色）、深绿、墨绿或近黑色，具细网纹，条纹深浅因品种而不同，有深绿或墨绿色条带，并分窄条带和宽条带。果肉的色泽有乳白、黄、深黄、淡红、玫瑰红、大红等色，肉质有疏松、致密之分。肉质疏松者易空心、起沙，不耐储，而肉质致密者不易空心，果皮的厚薄及硬度也因品种而异。

果实由果皮、果肉和带种子的胎座3部分组成。果皮由子房壁发育而成，细胞组织紧密，最外的一层为密排的表皮细胞，表皮上有气孔，外面有一层角质层，表皮下有8～10层细胞的叶绿素带或无色细胞，此即外果皮。紧接外果皮的是几层由木质化的石细胞组成的机械组织，其厚度与木质化的程度因品种和栽培条件而异。其内是薄壁细胞组成的中果皮，通常无色，组织紧密，多水，含糖量不高，习惯上称瓜皮。果肉即通称的"瓜瓤"主要由薄壁细胞组成，细胞间隙大，形成大量的巨形含汁薄壁细胞。

6）种子。种子由种皮和胚组成。种皮坚硬，其内有一层膜状的内种皮。种子扁平，卵形或矩形，先端有种阜和发芽孔。种子大小差异悬殊。种子有白色、黄色、红色、褐色和黑色等。种皮光滑或有裂纹，有的具黑色麻点或边缘具黑斑，可分为脐点部黑斑、缝合线黑斑或全面黑斑。

（2）西瓜的生长发育特性

1）西瓜的生长发育周期。西瓜的全生育期可分为发芽期、幼苗期、伸蔓期和开花结果期。

①发芽期。从播种至子叶开展，第一片真叶显露（破心）。在适宜的温度条件下约需10天。此期的生长量甚小。此期主要靠种子储藏的养分进行生长。地上部干重的增长量很少，胚轴是生长的中心，根系的生长较快，生理活动旺盛。充分成长的子叶光合作用和呼吸作用强度很高，而蒸腾强度较小。

②幼苗期。由第一片真叶显露至第5～6片真叶展开，又称"团棵期"。在适宜的温

度条件下（20～25℃），西瓜需 15～18 天。又可分为二叶期和团棵期。

二叶期是露心至第二片真叶开展。此期下胚轴和子叶的生长逐渐停止，主茎短缩，苗端有 4～5 枚稚叶和 2～3 个叶原基，生长极为缓慢。团棵期是指幼苗二叶至具有 4～6 叶阶段，苗端有 8～9 个稚叶和 2～3 个叶原基，主要是叶片和茎粗的生长。幼苗期地上部生长缓慢，侧轴和花原基开始旺盛分化，地下部根系迅速增长。

③伸蔓期。幼苗团棵至坐果节位雌花开放。在适温（20～25℃）条件下，西瓜需 20～25 天。此期节间伸长，植株由直立变为匍匐生长，标志着植株开始旺盛生长。植株干重迅速增加，增长速度加快。展叶数增多，叶面积增大为最大值的 57%。伸蔓期是茎叶生长的主要时期，建立强大的营养体。

④开花结果期。由坐果节位开花至果实成熟乃至全田采收完毕。西瓜主蔓第 2～3 雌花开放至坐果，在 26℃下需 4～5 天，坐果至果实成熟需 30～40 天。又可分为结果初期、中期和后期。

a. 结果初期。结实花开放至幼果迅速膨大。在适宜的温度条件下，西瓜需 4～5 天，此期植株的营养生长量达最大值。

b. 结果中期。果实迅速膨大至停止增大。此时植株总生长量达最大值，以果实增长为主，营养生长减缓。

c. 结果后期。果实停止膨大至成熟。营养生长停滞甚至衰退，果实生长量减少，果实内部物质发生一系列的变化。

2）花芽分化与性别分化

①花芽分化过程。西瓜花芽腋生，雄花的分化较雌花早。以早熟品种为例，幼苗 1 片真叶平展时，在第 3 叶的叶腋出现花原基凸起，开始花芽分化，由下而上相继分化成雄花或雌花。2 叶平展时，第 1 朵雄花花芽分化出花冠，出现雄蕊原基，7～8 节叶腋出现雌花原基凸起。4 叶平展时，茎轴已分化 15～16 片叶，第 1 朵雄花发育完全，第 1 朵雌花出现花瓣和柱头原基，在第 13～15 节叶腋内出现第 2 雌花原基。分化成雄花的花芽，萼片、花瓣原基分化以后，雄蕊迅速分化成为雄花。分化成雌花的花芽，当花瓣分化以后，雄蕊原基的分化停止，而雌蕊的分化迅速，发育为雌花。如雄蕊分化，继而分化雌蕊，则发育成雌型两性花。不同品种花芽开始分化时期和雌雄花分化节位是不同的。一般早熟品种花芽分化始于 2 叶期，而晚熟品种则始于 4 叶期；早熟品种第 1 雄花在 4～6 节，第 1 雌花在 7～8 节，而晚熟品种相应在 8～9 节和 10 节以上。

②影响雌花形成的因素

a. 播种时期。春夏播种，播种期越晚，雌花节位越高。8 月底后播种，雌花出现的节位又降低。

b. 温度。苗期温度高，雌花的分化节位提高，而较低的温度可提早雌花的分化，降低雌花着生节位。夜间温度对第 1 雌花出现的影响较大，如日温 20.6℃，夜温

13.5℃，第1雌花节位是9.3节，20节内雌雄花比为1:2.75；而夜温为16.2℃，则分别为10节和1:3.21。

温度条件对花蕾的发育则是另一种情况，较高的温度，无论雌花蕾或雄花蕾的发育均较快，如西瓜在10℃需28天，而在12℃时只需21~22天。

c. 日照。苗期缩短日照时数，雌花节位降低，雌花数目增加，如子叶开展后25天，每天8 h日照处理，主蔓第1雌花由15.5节下降至8.5节，短日照处理子蔓上雌花占82%，而对照仅占72.0%。

d. 水分和营养条件。空气湿度较高，花芽形成早而多，并有利于雌花的形成。适宜的土壤水分条件对花芽分化和雌花的形成都是有利的。水分不足能促使雄花的分化和形成，水分过多则引起秧苗徒长，推迟花芽分化，特别推迟了雌花的形成。

植株的营养条件与花芽分化有密切的关系。土壤营养充足，光照条件良好，根系吸收养分和水分正常，叶片同化效能高，同化物质积累多，茎叶生长充实时雌花分化好，雌花的密度和质量高；相反，光照不足，茎叶徒长，雌花出现的间隔较长，密度稀，坐果率不高。

e. 生长调节剂。赤霉素有促进雄花、抑制雌花发生的作用。赤霉素的浓度越高，处理的次数越多，促进雄花的效应也越显著。在2~4叶期处理对雄花的促进效应较团棵期处理显著。经赤霉素处理单株的总花数与对照相近，而雄花增加，雌花减少，改变了雌雄花的比例。

乙烯利处理西瓜则抑制植株的营养生长，第1雄花出现的节位略有提高，初期出现的雄花花萼、花瓣均较短，不能正常开放；而对雌花的出现节位和时间则显著地推迟，雌花数很少。

3）西瓜果实发育过程。西瓜从雌花开放受精至果实成熟大致需要30~40天。果实的发育可分为坐果期、果实生长盛期和变瓤期。

①坐果期。雌花开放至坐果。需要4~5天，果实体积、干重的增长仅占总值的0.8%，果柄已基本形成，其长度和粗度分别达终值的95%、80%以上。果皮生长大于胎座的生长，此期结束时果皮的厚度已达终值的46%，而胎座半径仅达13%。种子雏形呈膜状，质量仅占终值的1%。果实内部主要是细胞的分裂和增殖。

②果实生长盛期。褪乳毛至果实体积基本定型。约经21天，果实迅速生长，其体积和干重的增长占终值的90%左右。种子主要是种皮的生长，干重增长占终值的85.92%，种仁增长占终值的43.85%。

③变瓤期。果实的体积和质量继续稍有增长，其增长量分别占终值的7.18%和1.5%，胎座继续转色，种皮和种仁的干物质增长分别为终值的13.20%和56.16%。变瓤期主要是果实化学成分及色素的变化和种仁的增长。

（3）西瓜对环境条件的要求

1）温度。种子发芽的温度为 20～35℃，适温为 25～30℃，15℃左右停止发芽。幼苗期的适宜昼温为 25～30℃，夜温为 18～20℃，较低的夜温有利于花芽的分化，提早结实花的形成。茎叶生长的适宜温度为 18～32℃。以昼温 25～30℃，夜温 16～18℃为最适宜。长期在 13℃以下或 40℃以上植株生长不良。

根系生长的适温为 25～30℃，最低温度为 8～10℃，根毛发生的最低温度为 13～14℃。

果实的生长发育以日温 27～30℃，夜温 15～18℃为宜。在低温下果实小、畸形。一定的温差有利于果实的发育和糖分的积累。

2）光照。西瓜是喜光作物，光合作用的光饱和点为 80 000 lx，光补偿点为 4 000 lx。

较短的日照时数和较弱的光照不仅影响西瓜植株的营养生长，而且影响结实器官的数量、子房的大小、授粉和受精过程，而对性别比例的影响不大。

西瓜对光照条件的反应十分敏感。天气晴朗，节间和叶柄较短、蔓粗、叶片大而厚实、叶色浓绿；而连续多雨，光照不足时，则节间和叶柄较长、叶形狭长、叶薄而色淡，机械组织不发达，易染病，严重影响养分的积累和果实的生长，含糖量显著降低。

3）水分与湿度。西瓜根深且分布广，吸收能力较强；且西瓜地上部分具有茸毛，叶片深裂，可以减少水分的蒸发，凋萎系数低，具有抗旱的特性。但西瓜枝叶茂盛，生长快，产品含有大量水分，产量高，仍需一定的水分，否则影响营养体的生长和果实的膨大。西瓜生长适宜的水分含量以土壤持水量 60%～80%为宜，不同生育时期有所不同：幼苗期以田间持水量 65%为宜，伸蔓期为 70%，而果实膨大期为 75%左右，果实成熟期为 55%～60%。前期供水不足影响营养生长和花器官的发育，花蕾小，影响坐果；如水分过高则生长过旺，推迟结果。果实形成期需水量最多，但在果实成熟期土壤水分不能过多，以免延迟成熟或降低果实的含糖量、风味和耐储性。

西瓜对水分的敏感时期，一是坐果节位雌花开放前后，此时若水分不足，雌花的子房细小，影响坐果；二是果实膨大期，缺水时，则果形小，严重影响产量。

西瓜要求空气干燥，适宜的空气相对湿度为 50%～60%以下。空气潮湿生长瘦弱、坐果率低、品质差，更重要的是诱发病害。但空气湿度过低也影响营养生长和花粉的萌发。

西瓜根系极不耐涝，瓜田淹水后根部受损，会造成全田死亡。

4）土壤。西瓜的根系好气性强，根系良好生长的氧分压为 20%，氧分压为 10%的土壤，根的鲜重只有 20%～25%。因此，要求透气性好、保水、保肥的沙质壤土，还要求土层深厚、富含有机质。

2. 类型和品种

设施栽培主要选择小西瓜品种。小西瓜的品种很多，开始由日本、韩国等地引进，近几年国内有关单位培育了一批品种。目前应用较多的品种有：红小玉、春光、阳春、

单元 2

黄小玉 H、特小凤、早春红玉、黑美人等，其他栽培品种还有小兰（台湾农友）、那比特（韩国）、小天使（合肥丰乐种业股份有限公司）、小玉（广州协力园艺研究所）、华晶 5 号（河南孟津县西瓜协会）、俏美人（河北蔬菜种苗中心）等。也可选择京欣 1 号、苏蜜 1 号、皖杂 3 号、皖杂 4 号、郑杂 5 号、郑杂 9 号等。

3. 栽培季节、茬口

北方地区，在日光温室、大棚、地膜加小拱棚内进行西瓜的早熟栽培是目前设施西瓜栽培的主要形式。近几年，设施秋冬茬、冬春茬等栽培形式也有一定的发展。

4. 西瓜日光温室早春茬栽培技术要点

（1）土地准备。早春棚内土壤化冻后结合深翻每 667 m² 施入优质厩肥 1 500 ~ 2 000 kg、硫酸钾 5 ~ 10 kg、钙镁磷肥 30 ~ 40 kg、碳酸氢铵 15 ~ 20 kg、硼砂 1 kg、甲基异硫磷 0.3 kg、敌克松 2 kg，以上肥料和农药充分拌匀后均匀撒施，深翻 30 cm。然后按南北行整畦，畦高 20 cm，宽 120 cm；畦沟深 20 cm，宽 40 cm（即间隔 160 cm 起畦，平均行距 80 cm）。然后将畦面耙平耙细，用黑地膜将畦面和畦沟全覆盖，这样可以提前升高地温，缩短缓苗期。

（2）选择品种。应选择商品性好、早期产量高、能在各种保护栽培方式下正常生长结果的早熟品种。并要求具备雌花出现早，着生节位低，果实发育期较短，主蔓结实能力强，在较低温度下坐果容易，果实膨大较早较快，对采收成熟度要求不太严格，对高温、弱光适应性较强等特点。如：红小玉、春光、阳春、黄小玉 H、特小凤、早春红玉、黑美人等。

（3）培育壮苗。由于西瓜根系生长迅速，木栓化较早，再生能力弱，断根之后缓苗慢，成活率低。因而育苗移栽，应采取"护根"措施，尽量采用容器育苗，借以减少定植时散坨断根，提高成活率，缩短缓苗期。同时必须严格控制苗龄，以日历苗龄 30 ~ 35 天，生理苗龄 3 ~ 4 片真叶为宜。

（4）定植与植株配置。定植前一周，苗床细致喷洒杀菌剂（如绿亨一号 2 500 倍液），浇透水，并降低苗床温度，白天 20 ~ 23℃，夜晚 10 ~ 14℃，锻炼幼苗。定植时，距畦边 10 cm 处开穴，深 10 cm，穴底撒施复合肥 10 g；将瓜苗带土坨轻放穴内，浇足水，栽后不要急于封土，应于次日下午 3 - 4 点待穴温升高后再以热土封穴。

日光温室栽培，多选择生长势中等偏弱的早熟品种，绝大多数采取篱架栽培，并以单蔓整枝为主，因而栽培密度应相应增加，通常单蔓整枝株距 30 cm，每 667 m² 种植 2 700 株；双蔓整枝株距 45 cm，每 667 m² 种植 1 800 余株，并严格整枝技术，及时摘除主蔓基部、中部的子蔓，及时绑蔓，防止行间郁闭，影响通风透光。

（5）田间管理

1）温度管理。日光温室西瓜生育前期（定植—坐果），棚内温度管理以防寒保温为主。要求控制通风，提高棚温，夜间注意防寒，防止发生寒根、沤根、闪苗等生理障碍。

从定植到缓苗，为促发新根，防止高温低湿引起沤根，在定植后3~4天内不通风，提高棚内温度，使白天温度控制在25~35℃，夜间在15℃以上。定植初期棚内土壤和空气湿度较大，即使气温稍高也不致发生烤苗。

由缓苗至雌花开放，地上部长出新叶，表明地下部已发新根，标志西瓜已缓苗。此时开始通风，但通风口要少，并尽量利用天窗通风。一般在上午棚温升到25℃时开始通风，通风后棚温可继续升高3~5℃，下午棚温降到25℃时开始关闭通风口。白天通风时间逐渐提前，关风时间逐渐延后；在一天当中掌握通风口上午由小到大，下午又由大变小。加大通风量，防止幼苗徒长，夜间温度保持在10℃以上。

从雌花开放至果实褪毛，这段时间为4~7天，此间对温度和湿度反应较为敏感。外界气温升高，晚霜即将结束，但偶尔出现大风或寒流，白天利用侧窗加强通风，夜间注意防寒，使白天温度控制在25~30℃，夜间在15℃以上。防止棚温过高引起徒长，避免棚温过低影响授粉受精而导致化瓜。

生育后期（褪毛—采收），早熟品种约25天左右。晚霜结束，外界气温升高。此时的温度管理是加大通风量，以排湿防病为管理中心。除降雨天外，天窗全日开放，侧窗由昼开夜闭逐步过渡到全日敞开，并在白天利用南北的门对流通风，降低空气湿度，争取直接光照。继而将棚膜两侧卷起。白天棚温掌握在28~32℃，夜间保持在18~20℃，促进果实发育，提高果实品质。

2）水分和湿度管理。西瓜生长发育适宜的空气相对湿度白天为55%~65%，夜间为75%~85%。棚内湿度过高，是西瓜设施生产不利因素之一，不仅影响西瓜正常生长，也是引起植株徒长、诱发病害的主要原因。应通过通风、调温等措施，调节棚内湿度。

由于棚膜具有保水效应，温室早熟栽培西瓜，前期可减少灌水，特别是畦面覆盖地膜以后保墒效应更为显著。西瓜团棵期结合第一次追肥进行灌水，水量适中，而后中耕保墒；一般到果实褪毛时结合第二次追肥，开始灌"膨瓜水"，水量适当增加，而后间隔6~7天再灌一次水，收获前5~7天停止灌水。总之，西瓜坐果以后，外界气温升高，通风口增多、加大，温室的保墒效应已不明显。又因温室栽植密度增加，单位面积叶面积加大，应保证水分供应，才能使果实充分膨大。水分不足，果实体积变小，植株容易早衰，严重时发生"坠秧"。

3）光照管理。早春栽培应尽可能地增加光照，因此，不透明覆盖材料一定要早揭晚盖；及时清除棚膜上的尘土、污物，选用耐低温防老化无滴薄膜，改善棚内光照状况。

4）二氧化碳管理。日光温室覆盖处于密闭状态，通风可以补充棚内CO_2的不足。如果在西瓜光合作用最旺盛的时候（上午11-14时），人为进行CO_2施肥，对增加西瓜的光合效率、提高产量具有重要作用。

CO_2 施肥的方法有：在棚内堆积新鲜马粪，在发酵过程中可释放 CO_2，每立方米空间堆积 5 ~ 6 kg。燃烧丙烷气体，每 667 m^2 燃烧 1.2 ~ 1.5 kg，可使棚内 CO_2 浓度提高到 0.13%。应用焦炭 CO_2 发生器，在焦炭充分燃烧时可释放出 CO_2。在不被腐蚀的容器中放入浓盐酸（或硫酸），再放入少量石灰石（碳酸钙），通过化学反应可产生 CO_2。目前，生产上使用的生物发生器效果也较好。

CO_2 施肥时期主要在西瓜生育盛期，特别是果实发育期；适宜时间是上午 12 时左右光合作用最旺盛时期，最佳浓度是 0.1% ~ 0.15%。

5）吊蔓与整枝。为了使西瓜植株在空间分布均匀，当瓜蔓长 50 ~ 60 cm 时，应陆续绑蔓吊蔓。吊蔓前首先进行整枝。单蔓整枝仅保留主蔓，将子蔓全部剪除；双蔓整枝，除保留主蔓外，从主蔓基部选留 1 条健壮子蔓，将其余子蔓摘除。整枝后及时吊蔓绑蔓，每隔 25 ~ 30 cm 绑一道，松紧适度，切忌将两条瓜蔓绑在一起，以免影响生长。绑蔓时要求"抑强扶弱"，生长势强的弯曲弧度要大，绑得稍紧些，最终使龙头保持同一高度，防止影响低矮植株生长。

6）人工辅助授粉。西瓜是虫媒花，在自然条件下靠昆虫传粉。温室栽培处于密闭状态，且花期气温较低，昆虫数量少、活动能力弱，为提高西瓜的坐果率，人工授粉就成为必不可少的技术措施。西瓜每天清晨 8 - 9 时开花，中午 1 - 2 时花冠颜色逐渐变淡开始闭合，下午 4 - 5 时花冠完全闭合，上午 9 - 11 时是人工授粉的最适宜时间。授粉要选择当天开的花，摘下雄花除去花冠，将花粉均匀抹在雌花的柱头上，避免偏斜授粉，否则易形成畸形瓜。一般一朵雄花授一朵雌花，授粉量越大坐果的把握越大。雄花可以来自同一株，也可以异株上摘取。授粉要认真小心，不碰伤柱头，防止漏授。

单元 2

7）留瓜吊瓜。单蔓整枝只留一个果实，通常选留第二雌花，通过人工授粉使其结果。及时淘汰第一雌花，因为第一雌花开花坐果期植株小，叶面积小，果实个小，产量低，而且果实扁平、果皮厚、易空心、畸形果多。双蔓整枝，首先选择主、侧蔓第二雌花同时坐果，在果实褪毛后再进行并瓜，从中挑选一个果形端正、发育正常的幼果，及时摘掉另一个，使营养集中供应被保留果实，促进果实充分膨大。

西瓜在果实发育期间还要进行吊瓜，防止瓜蔓负载过重而坠落，并避免果柄折断而落果。当幼果长到 0.4 ~ 0.5 kg 时开始吊瓜。

8）摘心。控制瓜蔓高度，解除顶端优势，减少幼嫩茎叶生长对养分的消耗，使营养集中供给果实发育，并可提前成熟 2 ~ 3 天。当西瓜植株最顶端叶片临近棚顶 30 cm 时开始摘心。这项工作宜在晴天中午进行，有利于伤口愈合。此外，棚膜下应保持 20 ~ 30 cm 的空间，以利于棚内空气流通，避免叶片贴近薄膜造成遮阴。摘心时间一般掌握在幼果直径 10 cm 左右，每一植株具 40 ~ 50 片叶时。防止摘心过早，出现空秧或植株叶面积过少，影响果实正常发育。

四、甜瓜

1. 生物学特性

（1）甜瓜的植物学特征

1）根。为直根系，根系发达。主根深达 2 m，侧根分布直径达 2 ~ 3 m，主要根群分布在 20 ~ 30 cm 的表土层，次于西瓜。厚皮甜瓜主根深达 1.5 m，能充分利用土壤深层的水分，耐旱力较强；薄皮甜瓜主根则较浅，深 50 ~ 60 cm，主要根群呈水平生长。品种之间也有差别。

2）茎。茎有棱，前期节间短，呈直立状，其后节间伸长，匍匐生长，节上着生叶片和卷须、雄花或结实花（雌型的两性花），卷须不分权。分枝力强，主蔓各个叶腋均能抽生侧蔓，一般可发生 3 ~ 4 级侧蔓，如放任生长，主蔓可达 3 m 以上，在土壤湿润时，容易发生不定根。

3）叶。单叶、互生、无托叶，近圆形或肾形，全缘或具 5 裂片，叶缘波状或锯齿状，具柔毛，叶柄长，具毛。叶片的大小因着生部位不同而不同，基部叶形较小，抽蔓以后正常叶横径 15 ~ 20 cm，从展叶到长成需 15 ~ 20 天，展叶后 15 ~ 25 天同化效能最高。

4）花。花腋生，单性或两性。以雄花、两性花同株为主要的性型，也有雌、雄同株，雌花和两性花单生，雄花单生或丛生。花萼和花冠钟形，5 裂。花冠黄色，雄花 5 药 3 蕊；雌花子房柄长，椭圆形，柱头柄 3 裂，子房下位，雌、雄花均具蜜腺，花粉滞重，虫媒花。在主蔓上雌花或两性花着生的节位较高，而在子蔓和孙蔓则较低，通常在 1 ~ 2 节出现雌花，主蔓雌花率仅为 0.2%，子蔓达 11%，而孙蔓高达 40% ~ 63%。

5）果实。果实是由子房和花托共同发育而成的瓠果，幼果圆形或椭圆形，绿色。成熟时果皮呈现黄、白、橘红、绿等色。成熟果，形态各异，质地有面、软、脆，具不同的香味。甜瓜果实外层由花托和外果皮组成，其厚度因种类而异，中果皮和内果皮为主要的食用部分。因其果肉的厚薄、色泽、质地、含糖量及香味不同，形成了特殊的品味。心皮 5，构成 3 室，侧膜胎座。

6）种子。种子的大小因种类而异，厚皮甜瓜的种子较大，千粒重 30 ~ 60 g；薄皮甜瓜种子较小，千粒重 10 ~ 20 g，形状为椭圆形或卵圆形，具渐尖的喙，种皮有灰白色、黄色或棕色等。

（2）甜瓜的生长发育特性

1）甜瓜的生长发育周期。甜瓜与西瓜一样也可分为发芽期、幼苗期、伸蔓期和开花结果期。只是甜瓜的发育速度比西瓜要慢。

2）甜瓜的花芽与性别分化

①花芽分化过程。甜瓜与西瓜相类似，通常在主蔓和侧蔓的叶腋由下而上分化花芽。花芽分化的初期不分性别，随后才向雌性或雄性方向发展成雌花和雄花，雌花上雄蕊继续发育而成为雌型两性花，甜瓜花芽分化期较早，春播具 3 片真叶时，主蔓具 17 节，花芽已分化到 13 节，第 1～11 节已分化侧蔓，其中第 1～9 节侧蔓已花芽分化；主蔓上的下位侧蔓已分化 7～8 节叶芽。作为结果蔓的第 8～12 节侧蔓中，二级侧蔓的第 1 节已开始分化。能辨认出是两性花的，是具有 5～6 片真叶的侧枝。

②影响雌花形成的因素。与西瓜相似，只是用乙烯利和萘乙酸处理甜瓜则可促进雌花的形成。以厚皮甜瓜为材料，用 300～700 mg/L 的乙烯利于幼苗 3 叶期进行叶面喷洒处理，经处理后植株雄花明显减少，雌花数明显增加，其作用随浓度的提高而增加；在子蔓上可连续着生雌花，最多连续 4 节有雌花，雌花出现的时间比对照提前 7 天左右，雌花子房有增大的趋势，处理株一般在子蔓上结果，而对照则在孙蔓上结果。处理株的节间比对照短 1.4～1.7 cm，随浓度的提高而变短，但处理后果实易畸形，网纹减少，果肉变软。

3）甜瓜的果实发育过程。甜瓜果实的体积和质量的增长都呈"S"形典型变化。不同品种的果实生长曲线大致相同，不过由于品种生长期长短、果实形状及大小的不同而有一定的差异。果实的增长是由于细胞的分裂、细胞数目增加和细胞膨大作用的结果。小型果品种雌花开放前细胞的分裂已停止（种子除外），开花以后主要是细胞的膨大；大果型品种，雌花开放受精后 4～5 天细胞继续分裂。两者细胞的数目及体积大小不同，形成了不同大小的果实。果实发育期间外果皮细胞直径几乎没有增加，但内果皮细胞的直径几乎与果实横径的生长曲线平行，表明果实的迅速生长主要是细胞的膨大。

（3）甜瓜对环境条件的要求

1）温度。各生育阶段对温度的要求基本与西瓜相同，只是甜瓜对高温的适应性强，特别是厚皮甜瓜，在 35℃ 条件下生育正常，40℃ 仍有较高的光合作用。对低温较敏感，在日温 18℃、夜温 13℃ 以下植株生育缓慢，但耐寒性则较西瓜强，薄皮甜瓜的耐寒性更强。

2）光照。甜瓜是喜光作物，光合作用的光饱和点为 55 000～60 000 lx，光补偿点为 4 000 lx。甜瓜需 12 h 以上的日照才能正常生长，每天 12 h 日照结实花数最多；14～15 h 日照下，侧蔓发生较早，生长快；在 8 h 日照下生长不良。苗期光照不足影响叶和花芽的分化。甜瓜对光照条件的反应十分敏感。天气晴朗，节间和叶柄较短、蔓粗、叶片大而厚实、叶色浓绿；而连续阴雨，光照不足时，则节间和叶柄较长、叶形狭长、叶薄而色淡，机械组织不发达，易染病，严重影响养分的积累和果实的生长，含糖量显著降低。

3）水分与湿度。甜瓜对水分和湿度的需求与西瓜相同。薄皮甜瓜的耐湿性较强。

4）土壤。甜瓜较西瓜对土壤酸碱度的适应范围广，最适 pH 值为 6～6.8。耐轻度盐

单元
2

碱，其耐盐极限的总盐量为 1.52% 和 NaCl 0.235%。一定的盐碱有助于改善甜瓜的品质。为防止枯萎病，应实行 4~5 年的轮作。

2. 类型和品种

厚皮甜瓜的保护地栽培宜选择生育期在 100 天以内，雌花出现早，在较低温度下容易坐果，果实发育快，成熟早的品种。从 20 世纪 90 年代初开始先后推广的品种有伊丽莎白（日本）；西薄洛托、状元、蜜世界、玉露、新世纪、大利、香兰、秋香等（台湾）；金雪莲、绿宝石、郑甜 1 号、维多利亚、迎春、玉金香、京玉、西域 1 号等一批栽培面积较大的优良品种。近几年，金凤凰、仙果、红心脆 2 号、雪丽、雪里红等在生产上也有一定的应用。

3. 栽培季节、茬口

日光温室早春茬栽培已成为我国北方地区厚皮甜瓜栽培效益最高的设施栽培生产模式。

4. 甜瓜保护地早熟栽培技术要点

（1）培育壮苗。保护地栽培适宜播种期应在定植前的 35 天左右。春季栽培以适当早播为好。日光温室栽培可在 1 月中下旬至 2 月初播种。

将种子放入 55~60℃ 温水中，不断搅拌使水温降至 30℃ 左右，浸种 8~10 h，捞出后用 0.1% 的高锰酸钾溶液消毒 20 min，清水洗净，用湿布包好，在 28~30℃ 条件下催芽，露白后播种。厚皮甜瓜是喜温作物，为培育出适龄壮苗，最好用温床育苗。温床可在保温性较好的日光温室内铺上电热线。

用夏天不带病菌的大田土，加 4 份充分腐熟的厩肥（均需过筛）配成营养土，在营养土中加入适量过磷酸钙、磷酸二铵、多菌灵、敌百虫等，充分混匀，盖膜闷制 10~15 天，然后装入育苗钵中。

当苗床地温稳定在 15℃ 以上时播种，每个营养钵播 1 粒发芽的种子，覆土厚度 1~1.5 cm，播后盖地膜增温，苗床上盖小拱棚。出苗前白天气温保持 28~32℃，夜间 17~20℃；出苗后白天气温降到 22~25℃，夜间 15~17℃；其他时期白天气温为 25~28℃，夜温 15~18℃。苗期地温保持在 23~25℃。发生猝倒病时，可选用 75% 百菌清可湿性粉剂 1 000 倍液、50% 甲基托布津 500 倍液、50% 多菌灵粉剂 500 倍液进行喷洒或灌根。

（2）定植前准备。整地施肥做畦。瓜地冬前翻耕，深度 20~25 cm，浇足封冻水，早春再行复耕，结合复耕每 667 m² 施入腐熟厩肥 3 000 kg，耙碎整平。再按 130~150 cm 的行距开沟，沟内灌足底水，并在沟内集中施肥，每 667 m² 施禽畜肥 1 500 kg，过磷酸钙 40~50 kg，尿素 10 kg，使粪、土充分混合。再在施肥沟上方做成宽 60 cm、高 15 cm 的龟背形高畦。或按小行距 65~70 cm、大行距 80~95 cm 的不等行距做成马鞍形垄（基肥撒施）。或在冬前翻地施入全部基肥，并做好垄，第二年春天定植前 10 天左右，扣棚烤地，而后直接定植。

覆盖地膜：为了提高地温，保持土壤水分，降低棚内湿度，促进根系和地上部的生长，在地面加盖地膜。畦面做好、整平之后，及时覆盖地膜，促进地温升高，保持土壤墒情。地膜要求拉直、展平与地面紧密贴在一起，边缘用湿土固定。

（3）定植。选择晴天上午定植，定植前先用打孔器在距垄边 10 cm 处，按 45 ~ 55 cm 的株距打孔，栽苗、浇水、覆土。或在垄上开沟，先浇水，然后按株距栽苗、覆土，整平畦面后覆盖地膜。栽植深度以不埋子叶为度；单蔓整枝时密度为每 667 $m^2$1500 ~ 1 800 株。定植后盖严大棚，以利于提高气温和地温。

（4）定植后的管理

1）棚温管理。定植后通过揭盖保温被及塑料薄膜，维持棚温在 30℃ 左右，以利于缓苗。开花坐果前，白天气温 25 ~ 28℃，夜间 16 ~ 18℃，气温超过 30℃ 时要揭开薄膜通风。瓜坐住后，白天气温要求 28 ~ 32℃，不超过 35℃，夜间 15 ~ 18℃，保持 13℃ 以上的温差，同时要求光照充足，以利于果实的膨大和糖分的积累。

2）整枝留瓜。实行单蔓整枝，吊秧栽培。日光温室和大棚栽培可采用多次留瓜。多次留瓜的节位：第一次留瓜在主蔓第 12 ~ 15 节，第二次在主蔓第 20 ~ 25 节。除留瓜节位的子蔓保留外，及时摘除其余的枝杈，主蔓长至 30 节左右时打顶。在预留节位雌花开放时，于上午 12 时前人工授粉。当幼果长至鸡蛋大时，应当选留瓜，一般每株每次只留 1 瓜。

当第二次在第 20 ~ 25 节授粉后所留瓜开始膨大时，第一次在第 12 ~ 15 节所选留的果实已基本膨大完毕（但尚未成熟），这就避免了两次留瓜之间争夺养分。同时充分利用了春季栽培的有限时间和空间。

当第二次留瓜膨大基本结束，如第三次留瓜仍比露地提前成熟，并且植株生长势仍较强，可在植株的 15 节以下选留侧蔓，使其坐住 1 瓜。

3）肥水管理。定植后至伸蔓前，瓜苗需水量少，地面蒸发量小，因此应控制浇水。水分过多会影响地温的升高和幼苗的生长。到伸蔓期，可追施一次速效氮肥，适当配施磷、钾肥。可每 667 m^2 施尿素 15 kg，磷酸二铵 15 kg，施肥后随即浇水。开花后 1 周要控制浇水，防止植株徒长而影响坐瓜。

厚皮甜瓜多次留瓜的膨大期都要施用膨瓜肥，一般每 667 m^2 施硫酸钾 10 kg，磷酸二铵 15 ~ 20 kg，随水冲施。施膨瓜肥后隔 7 ~ 10 天再浇 1 次水，水量据土壤情况而定。除施用速效化肥外，也可在膨瓜期随水冲施腐熟的鸡粪、豆饼等，每 667 $m^2$250 kg 左右。生长期内可叶面喷施 2 ~ 3 次磷酸二氢钾、光合微肥等，促进植株的生长和果实发育。

4）病虫害防治。搞好多次留瓜，必须保证在整个生长期内不发生病害，或在后期发生，因此防止病虫害是管理的重要环节。厚皮甜瓜的主要病害有蔓割病、蔓枯病、疫病、白粉病、炭疽病等，虫害主要有蓟马、蚜虫、潜叶蝇等。栽培中要注意选择抗病的品种，苗期要采取措施培育无病壮苗，田间管理中要注意严格控制温、湿度，严格整枝，加强肥水管理。

第四节　绿叶菜类蔬菜栽培

→ 掌握设施芹菜、生菜、韭菜和小白菜的丰产栽培技术要点

→ 掌握两年生叶菜未熟抽薹发生的原因与防治方法

一、芹菜

芹菜属伞形花科两年生蔬菜，原产于地中海沿岸及瑞典、埃及等沼泽地区。芹菜除含有丰富的维生素及矿物盐外，还含有挥发性的芹菜油，具香味，能增进食欲。主要以叶柄为食，软化栽培后，组织柔嫩，风味很好。

1. 生物学特性

（1）芹菜的植物学特征

1）根。芹菜播种后主根发育较快，经过移栽主根折断后，很快发生多数侧根。移栽的芹菜根系分布在 10 cm 土层，横展直径 30 cm 左右。由于根系浅，吸收水肥的空间有限，必须有充足的水肥条件，才能正常生长。

2）茎。芹菜的茎分为短缩茎和营养茎。在营养生长阶段，叶片着生在短缩茎上，不断发生新叶，当茎端生长点分化花芽后，开始抽生花薹。芹菜栽培，不论发生多少叶片，一旦抽生花薹就不再发生叶片，所以保护地栽培要选择抽薹晚的品种，并控制环境条件，尽量延迟花芽分化，才能获得优质高产。

3）叶。芹菜是以叶柄供食用的蔬菜，叶由叶柄和小叶组成。叶簇生于短缩茎上，叶片数由栽培季节的环境条件决定，水肥充足，温、光条件适宜，叶柄粗大脆嫩，味鲜美，纤维少，品质好。

4）花。复伞形花序，花小，白色。虫媒花，异花授粉，但自交也能结实。

5）果实。芹菜果实为双悬果，成熟时沿中缝裂开两瓣，半果各悬于心皮上，不再开裂。每瓣果近于椭圆形，各含一粒种子。所以芹菜种子实际是果实。

6）种子。芹菜种子较小，千粒重只有 0.4 ~ 0.5 g，椭圆形，暗褐色，外皮有纵纹，革质，透水性差，发芽较慢，使用年限 1 ~ 2 年。

（2）芹菜营养生长期的特点。芹菜以营养器官为产品，营养生长期包括发芽期、幼苗期、叶片生长期。

1）发芽期。芹菜播种后，在温度、水分适宜的条件下，10 ~ 15 天两片子叶出土，第一片真叶展开。

2）幼苗期。第一片真叶展开，到长成一个叶环（6 片真叶）为幼苗期。在幼苗生长最适宜的温度（15～20℃），历时 50～60 天，由于幼苗生长比较缓慢，保护地生产都采用育苗移栽。

芹菜幼苗期在 2～5℃ 低温条件下，经过 15 天左右就能完成春化阶段，再遇到长日照就能进行花芽分化，转入生殖生长。

3）叶片生长期。芹菜定植缓苗后就进入生长期、心叶直立期和心叶肥大期。开始是外叶生长期，松土保墒，控制适宜温度，给予充足光照，使外叶开张，短缩茎加粗，有利于心叶生长。进入心叶生长期以后，环境条件适宜，心叶不断展开，5～8 片心叶迅速肥大生长，每天可生长 2～3 cm，25～30 天最大叶片可高达 60 cm，达到采收标准。此时根系不但分布满耕层，地面也浮出一层白根。

（3）芹菜对环境条件的要求

1）温度。芹菜性喜冷凉，耐寒怕热。种子 4℃ 即可发芽，18～20℃ 发芽需要 7 天左右，25℃ 发芽最快，30℃ 失去发芽能力。生长的适温为 15～20℃，高于 20℃ 生长不良，超过 30℃ 叶片发黄，叶柄细弱，6～7℃ 仍能生长。幼苗期抗寒能力强，可忍受零下 4～5℃ 低温，成株短期内 0℃ 影响不大。保护地栽培时，理想的管理是，白天 20～22℃，夜间 15～18℃，昼夜温差为 4～5℃，地温以 18～20℃ 最适宜。

2）光照。芹菜怕光，比较耐阴，生长期间中等光照，叶柄长，叶片繁茂。芹菜属于长日照植物，在通过低温春化阶段后，遇到 14 h 以上的日照，才能通过光照阶段转入抽薹开花结实。保护地栽培可利用调节日照时数，控制抽薹，调节光照强度，获得优质高产。

3）水分。芹菜喜湿润，忌干燥。但幼苗期既怕干旱又怕涝。营养生长盛期要求土壤始终保持湿润状态和较高的空气湿度。芹菜的成株不怕涝，因其输导组织发达，一旦土壤中氧气不足，可通过输导组织，把氧输送到根系。

4）土壤与肥料。芹菜栽培密度大，需要保水保肥能力强的土壤，以富含有机质的肥沃土壤栽培最适宜，沙壤土保肥能力差，黏土通气性不良。

芹菜对氮、磷、钾都需要，初期需磷肥较多，后期需钾肥较多。生长期对氮肥需求量最大。西芹对氮、磷、钾的需求比例为 4.7∶1∶1。

2. 类型和品种

芹菜分为中国芹菜和西芹两大类。中国芹菜又名本芹，在我国栽培历史悠久。本芹叶柄细小，株高 100 cm 左右。味浓，纤维相对较多。依据叶柄颜色，本芹又分为白芹和青芹。青芹植株高大，叶片较大，绿色，叶柄较粗，横径 1.5 cm 左右，产量高，适宜软化栽培。按叶柄充实与否，青芹又可分为实心和空心两种。实心芹菜叶柄髓腔很小，腹沟窄而深，品质好，不易抽薹，产量高，耐储藏。空心芹菜叶柄髓腔较大，腹沟宽而浅，品质较差，易抽薹，但抗逆性较强。白色品种叶片小，浅绿色；叶柄较细，横径

1.2 cm 左右，黄白色，植株矮小，多为实心，品质好，适宜软化栽培。我国栽培以本芹为主。

西芹又名洋芹，是从国外引进的一群品种。一般株高 60～80 cm，叶柄宽而肥厚，横径 3～4 cm，多为实心，味淡，纤维少，品质佳。有绿柄和白柄两种类型。

保护地栽培常用品种有：玻璃脆、马厂芹菜、津南实芹、意大利冬芹、美国西芹、春丰等。

3. 栽培季节、茬口

日光温室芹菜的栽培茬次主要有冬春茬（越冬茬）、春茬及秋茬和秋冬茬。秋冬茬和冬春茬一般在夏季露地播种育苗，秋季定植，秋冬或冬春季收获，供应新年、春节。春茬是在温室育苗，早春定植，于"五一"前上市，也可多次掰收。

4. 栽培技术

（1）秋茬和秋冬茬栽培技术要点

1）品种选择。选择耐热耐寒性强、抗病、丰产的品种，如马厂芹菜、玻璃脆、西芹、意大利冬芹等。

2）培育壮苗。6月中旬至8月上旬分期播种，栽植于日光温室内，苗龄以50～60天为宜。

①制作育苗畦。做成宽 1 m、长 6 m 的平畦，每畦施优质腐熟农家肥 30～50 kg，然后深翻整平（苗床面积是栽培面积的 1/10）。播种育苗期正值高温季节，在苗床上应搭遮阴棚，防畦内温度过高。

②浸种催芽。用种量为 500 g/667 m²，用 15～20℃ 清水浸种 24 h，出水后再冲洗几遍，边冲洗边用手揉搓，沥干后，拌上种子5倍的细沙，装入清洁的容器中，放在 15～20℃ 的阴凉处催芽（放入地窖或水井中）。另外，芹菜种子发芽需要一定光照，催芽时应每天在光下翻动种子 2～3 次，并注意保持种子湿润，一般 5～7 天便可出齐苗。

③播种方法。育苗畦轻踩搂平后，灌足底水，待水下渗后用细土找平，然后把出芽的种子连同细沙均匀地撒播在畦面上，上盖 1 cm 厚的细沙或细床土。播后要注意控制土温在 20℃ 以下，并经常保持土壤湿润，5～7 天便可齐苗。

为了防止杂草危害，可在播种前 2～3 天内用 25% 除草醚可湿性粉剂 80～100 倍液喷洒地面，一般每平方用药 1 g 左右。

④苗期管理。育苗期正值高温季节，而芹菜又喜冷凉，且幼苗又不耐涝，因此，防高温是育苗期的重要环节。通常，除采取搭荫棚外，主要是通过浇冷凉井水降温。育苗前期以少浇勤浇为宜，并且应在早晚浇水。而在育苗后期，随着温度下降，可适当控水，以防徒长。

育苗期正是杂草丛生的季节，应注意及时中耕除草，同时，当幼苗 1～2 片真叶期应及时间苗，使苗距保持在 2～3 cm。

3）定植。日光温室秋冬芹菜应于9月，当幼苗长至12~15 cm高、4~6片叶时定植。定植前，每667 m²应撒施有机肥5 000~7 500 kg，再加二铵15 kg和尿素15 kg，然后深翻细耙，并做成1 m宽的平畦。

定植前一天育苗畦内浇足水，栽苗时连根挖起，抖去泥土，淘汰病弱苗，并把大小苗分开，随起苗随栽。定植行距10~15 cm，株距8 cm，一般单株定植，定植时不要把土埋上心叶，定植后应立即灌大水，防止根系架空。

4）定植后的管理。定植2~3天后浇一次缓苗水，当心叶变绿缓苗后，适当控水，松土保墒，进行蹲苗。

在霜冻前（10月初）及时扣棚膜。扣膜后，前期注意昼夜大放风，使室温保持在18~20℃。随外温的下降，放风量降低，待外界气温降至10℃以下时，晚间应加强保温。总之，温度控制在白天20~22℃、夜晚13~18℃，土温以15~20℃为宜。

定植后一个月左右，芹菜进入旺盛生长阶段，应开始追肥灌水，一般每667 m²每次追施硝酸铵15~20 kg或硫酸铵25~30 kg，追肥后灌大水。保持土壤经常湿润，但在浇水后应及时放风，若外界气温低不能放风时，应尽量减少浇水次数，以防发生病害。

5）采收。可采取多次掰收，一般定植后60天左右可进行第一次掰收，以后每隔25~30天可掰收一次。每收一次前浇一次水，掰后7~10天芹菜心叶开始生长时，再浇水追肥。

（2）早春茬栽培技术要点

1）品种选择。选用冬性强、抽薹晚、抗病、优质高产品种，如津南实芹、马厂芹菜、春丰等。

2）育苗。于温室11月份育苗。

①种子处理。将浸种后的种子装入容器，盖上湿布，在18~20℃条件下催芽。每天在见光处翻动种子2~3次，保持种子湿润，5~7天可齐苗。

②播种。春芹生长期短，又值早春温度低，易抽薹，不能长出较多的叶片和形成高大的植株。因此要靠群体增产，需要密植。每10 m²苗床播100 g种子，每栽植667 m²需50 m²苗床。

播种前每平方米苗床施用10 kg优质有机肥，并深翻细耙，整平床面浇足底水；将催好芽的种子播于床面，播后覆土0.5 cm，再覆地膜，增温保墒。当大部分幼苗出土后撤去地膜。

③苗期管理。整个苗期是冬季，因此环境管理的重点应以保温为主。日光温室的不透明覆盖物尽量早揭晚盖，棚膜要保持清洁，夜晚采用多层覆盖。保证白天20℃左右，夜晚不低于5℃。白天温度超过25℃可适当放风降温。

冬季育苗温室很少放风，室内湿度较高，土壤和幼苗蒸发量小，很少缺水，因此一般不需浇水。整个苗期一般不用追肥。

3）定植。定植时期在 1 月中、下旬。定植前每 667 m² 施优质有机肥 7 000 kg，翻耕整平，做成宽 1 m 的平畦。

定植密度为每畦栽 6~7 行，穴距 8~10 cm，每穴栽 2~3 株。方法同秋茬。

4）定植后的管理

①温度管理。定植初期温度低，要设法提高地温和气温，白天增加光照时间，夜间多层覆盖。生长中期，天气渐暖，应及时撤去多层覆盖，温度超过 25℃ 时进行放风，控制室内温度白天为 20~22℃、夜晚 10℃ 左右，生长后期适当提高室温，白天 20~25℃，以促进生长，提高产量。

②肥水管理。定植时浇一次水后，一般不浇缓苗水。缓苗后，心叶渐长，进行松土。畦面不干不浇水，以提高地温，促进生根，必须浇水时，只能浇小水，并于中午前及时放风降低湿度。由于早春地温低，要多松土保墒，以促进蹲苗。3 月上、中旬进入生长旺盛期，苗高 15~20 cm，5~6 片真叶，应加强肥水管理，每 7~10 天追肥一次，每 667 m² 每次追尿素 10~15 kg，或硫酸铵 20~25 kg，随水施入，连续浇水三次，追肥二次，收获前一周，再浇一次清水。

5）收获。叶柄长达 40 cm 左右，心叶显薹就要进行收获。

二、生菜（叶用莴苣）

生菜是菊科的一年生或两年生蔬菜，原产于地中海沿岸，性喜冷凉湿润的气候条件。

1. 生物学特性

（1）生菜的植物学特征

1）根。生菜属直根性蔬菜，根系不发达，分布浅，主要根群分布在地表下 20 cm 左右的土层内，主根深 21~24 cm，根系的吸收能力较弱，侧根的生长也较弱，数目也少，但经育苗移栽后，因主根被切断，再生能力增强，可发生很多侧根。

2）茎。生菜的茎为缩短茎，在营养生长时期，随着植株的旺盛生长而缓慢伸长、加粗；茎端花芽分化后，随着生殖生长的加强，也继续伸长、加粗，抽薹后期形成肉质茎。

3）叶。生菜叶片互生，密集于缩短茎上，为莲座叶，叶面平滑或有皱缩，叶全缘或有缺刻，有披针形、椭圆形、倒卵形等，叶色也因不同的品种而呈深绿、浅绿、黄绿、紫红和淡紫等色。外叶开展，心叶松散，结球莴苣在莲座叶形成后，心叶内卷结成叶球。叶球有圆球形、扁圆球形、圆锥形、圆筒形等形状。

4）花。花为头状花序，黄色或白色，一花序上有花 20 朵左右，子房单室，为自花授粉，有少数异花授粉。莴苣花在日出后 1~2 h 开花完毕，几天后种子成熟。

5）果实。为瘦果，呈灰黑、黄褐等色，生产上所用的种子，即为其植物学上的果实。它成熟后顶部生长伞状细毛即冠毛，能借风传播，结球莴苣种子的千粒重为 8 ~ 12 g，而散叶品种种子的千粒重为 0.8 ~ 1.2 g。种子成熟后有一段时间的休眠期，储藏一年后，种子的发芽率可以提高。

（2）生菜的营养生长期特点。生菜的营养生长期包括发芽期、幼苗期、发棵期及产品器官形成期。各期的长短因品种和栽培季节不同而不同。

1）发芽期。从播种至第一片真叶初现为发芽期。其临界形态特征为"破心"，需 8 ~ 10 天。种子发芽的最低温度为 4℃，发芽的适温为 15 ~ 20℃，低于 15℃时发芽整齐度较差，高于 25℃时因种皮吸水受阻种子发芽率明显下降，30℃以上很难发芽。有些生菜品种的种子在光下发芽较快，各种光质的作用不同，红光促进发芽，而近红外光和蓝光则抑制发芽。

2）幼苗期。从"破心"至第一个叶环的叶片全部展开为幼苗期，其临界形态标志为"团棵"，因品种不同，每叶环有 5 ~ 8 枚叶片。该期需 20 ~ 25 天，生长适温为 16 ~ 20℃。

3）发棵期。又称莲座期、开盘期，从"团棵"至第二叶环的叶片全部展开为发棵期。结球莴苣心叶开始卷抱，需 15 ~ 30 天，生长适温为 18 ~ 22℃。散叶莴苣无此期。

4）产品器官形成期。此期内，结球莴苣从卷心到叶球成熟；而散叶莴苣则以齐顶为成熟标志，需 15 ~ 25 天。

（3）生菜对环境条件的要求。生菜是半耐寒性的蔬菜，性喜温和、凉爽的气候，既不耐炎热又怕严寒。几种类型的生菜中，以结球生菜对环境条件的要求最严格。

1）温度。生菜是半耐寒的蔬菜，喜欢冷凉，忌高温。种子在 4℃以上时开始发芽，最适宜的温度为 15 ~ 20℃，温度在 15℃以下，发芽的整齐度较差，而温度高于 25℃时种子发芽率明显下降，30℃以上时发芽受阻。多数品种的种子有休眠期，在高温季节播种时，播前需进行种子低温处理，可在 5 ~ 18℃条件下浸种和催芽，或用赤霉素浸种，都可促进种子发芽。

幼苗生长的适宜温度为 16 ~ 20℃，结球莴苣外叶生长的适宜温度为 18 ~ 23℃，结球期的适温为 17 ~ 18℃，25℃以上时不易形成叶球或因叶球内温度过高而引起心叶坏死腐烂。根系生长的适宜温度为 15 ~ 20℃，低温有利于同化产物向根部运输。

成长植株的抗冻性较差，在 0℃以下容易受冻害。昼夜温差大可以降低呼吸强度，减少物质消耗，增加养分积累，有利于叶簇长大，获得高产。如此期内日平均温度在 24℃以上，夜间 19℃以上，则呼吸强度大，消耗养分多，营养物质积累较少，植株易徒长、抽薹，从而造成减产。

2）光照。生菜较耐弱光，其光饱和点为 20 000 ~ 30 000 lx。但结球莴苣的生长需要中等的光照强度，光照过强或过弱对其生长均不利。光照充足，植株生长健壮，叶片肥厚；长期阴雨，遮阴密闭，影响叶片和茎部的发育。植株的营养生长期在温度适宜的条件下，光照充足有利于生长；反之，在弱光下，叶形变小而细长，生长衰弱，影响结球。而在莲座期如在高温长日照下，易诱发花芽分化，可导致先期抽薹，这是夏季栽培常失败的原因之一，对于采种的结球莴苣则需要长日照。

生菜种子是需光种子，即发芽时有适当的散射光可以促进发芽，在红光下发芽较快。播种后，在适宜的温度、水分和氧气供应条件下，不覆土或浅覆土时均可较覆土厚的种子提前发芽。

3）水分和湿度。因生菜的叶片多，叶面积大，蒸腾量大，不耐旱，所以栽培上必须经常保持土壤湿润；但水分过多且温度又高时，极易引起徒长，所以生菜对水分的要求十分严格。幼苗期土壤不能干燥也不能太湿，以免秧苗老化或徒长；发棵期，为使莲座叶健壮生长，要适当控制水分，进行蹲苗，使根系往纵深生长，莲座叶得以充分发育；产品形成期水分要充足，否则会影响产量和品质。结球生菜结球期若水分不足，则叶球小，味苦，结球后期水分不可过多，以免发生裂球，导致软腐病和菌核病的发生。

4）土壤和营养。生菜的根吸收能力弱，且根系对氧气的要求较高，在有机质丰富、保水保肥力强、通气性能较好的沙质壤土或壤土上栽培，根系生长快，有利于水分、养分的吸收。在缺乏有机质、通气不良的瘠薄土壤上，根系发育不好，使叶面积的扩展受到阻碍，结球生菜的叶球小，不充实，品质差。生菜喜微酸性土壤，适宜的土壤 pH 值为 6.0 左右，pH 值在 5 以下和 7 以上时，生长发育不良。

生菜对土壤营养的要求较高，其中对氮素的要求尤为重要。在任何时期，缺氮都会抑制生菜叶片的分化，使叶数减少，尤其在幼苗期，缺氮对其影响更明显，幼苗期缺氮不仅叶数少而且植株小，低产，叶色暗绿，生长势衰退。生长期缺钾，对叶片的分化没有太大的影响，但可影响叶重，若是在结球期缺钾，则会显著减产。但是在各个生长期对氮、磷、钾的施用要恰当，如在莲座期至结球期若施用过多的氮肥会影响植株对钙的吸收，而使内部叶片边缘产生褐色坏死，形成"缘腐"。生长前期若钾肥过剩时，硼的吸收受到障碍，会出现生长点坏死的心腐现象。因此，结球生菜在开始结球时，植株在充分吸收氮、磷的同时，必须保持适当的氮钾营养的平衡，使生产的同化产物迅速输送到叶球中去，可提高净菜率和产品质量；如氮多钾少，则外叶生长过旺，呈现徒长现象，叶片变狭，叶球也变长。据试验分析，生产 1 500 kg 的生菜，吸收氮、磷、钾的量分别为 3.8 kg、1.8 kg 和 6.7 kg。

2. 类型和品种

叶用莴苣包括 3 个变种，即长叶莴苣、皱叶莴苣和结球莴苣。

（1）长叶莴苣。又称散叶莴苣、直立莴苣。叶片狭长直立，长倒卵圆形，黄绿至深绿色，叶全缘或有锯齿。一般不结球或卷心呈圆筒形，或圆锥形。其品质柔嫩软滑，容易栽培，生长期短，采收规格无严格要求，可分期分批播种，周年生产供应。主要品种有：牛利生菜、冈山沙拉生菜。

（2）皱叶莴苣。又称玻璃生菜。叶面皱缩，叶缘深裂，宽扁圆形。叶片颜色有黄绿、绿色、紫红、紫红与黄绿相间等。不包球或有松散的叶球。侧芽多，易抽薹。主要品种有：东山生菜（软尾生菜）、绿波生菜、红花叶生菜。

（3）结球莴苣。外叶开展，叶片大，扇形或近圆形，绿色或黄绿色，全缘有锯齿或深裂。心叶形成明显的叶球、紧实，叶球球形、扁球形或圆锥形。结球莴苣有两种类型：脆叶结球莴苣和软叶结球莴苣。脆叶结球莴苣为美国型品种，外叶质地脆嫩，绿色，叶球大而紧实，球叶绿色或白绿色，适于露地或保护地栽培。软叶结球莴苣为欧洲型品种，又称奶油生菜，外叶宽阔而薄，微皱缩，质地绵软，叶球小、紧实，适于保护地周年生产。主要品种有凯撒、皇帝、青白口结球生菜、奥林匹亚、大湖 659 等。

3. 栽培季节、茬口

根据生菜对环境条件的要求，在日光温室内可一年四季进行生菜的生产。但是，因为生菜的生育期较短，经济价值相对较低，除了进行立体式的无土栽培外，很少将生菜作为主作栽培的。因此，日光温室生菜的栽培类型多为冬春茬（果菜类定植前）和春茬套作。

4. 栽培技术

（1）品种的选择。深冬、早春在日光温室内种植生菜，选用适宜的品种是成功的关键。此期内气温、地温都较低，因此应选用耐低温、耐冬储、适应性强的品种，如广州软尾生菜、青白口结球生菜、花叶生菜、皱叶结球生菜等都是较好的日光温室内栽培的品种。

（2）育苗。生菜种子小，顶土能力弱，一般均采用育苗移栽。生菜属喜肥作物，但因是浅根系，吸肥力较差，所以日光温室内要施足基肥，使床土肥沃，一般可每 667 m^2 施 2 000 kg 左右的腐熟好的鸡粪作底肥。然后深翻、耙细、整平，做成宽 1.5 m 左右的南北方向的平畦，起出部分畦土过筛备作覆土。过筛后的覆土利于保湿和幼苗出土。如能采用蛭石、珍珠岩、细炉碴等轻质基质进行无土育苗则更好，无土育苗出苗快、整齐，出苗率高。

播种前，将种子用凉水浸泡 4~6 h，搓去黏液，出水晾一下，在 15~20℃ 条件下催芽，经 3 天左右，幼芽突破种皮露白，就可播种。经催芽的种子播种时要特别小心，不要碰断嫩芽。也可用植物激素处理种子，如用细胞激动素 100 mg/kg 溶液浸种 3 min 或用赤霉素 1 000 mg/ kg 溶液浸种 2~4 h，催芽效果良好。

播种方法宜用撒播法，播前棚内要浇透底水，水将近渗完时，用细土找平，然后将种子掺上细沙，均匀撒播，每 667 m^2 需苗床 6 m^2 左右，用种量 30 g 左右。播种后覆土厚度约为 0.5 cm，不可太厚，畦内土壤要保持湿润，但要避免浇水过多。生菜播种时应适当稀播，以免幼苗生长拥挤，胚轴伸长，组织柔嫩，使幼苗发生徒长。

从播种到真叶初现，需 8~10 天，在此期间，温度应控制在 12~20℃。当幼苗长到

3 片真叶时，要进行分苗。将幼苗起出，注意不要损伤根系，及时地分至苗床上，可采用贴苗法，与苗床方向垂直开沟，灌水，趁湿将幼苗贴在一侧土壁上，覆土。株行距保持在 6 cm×6 cm 左右。苗床温度白天控制在 18~20℃，夜晚 12~14℃为宜，苗龄一般为 30~40 天。

（3）定植。定植时要求幼苗不能徒长，以提高成活率。定植前 1 周可逐渐加大苗床通风量，进行低温炼苗，使秧苗生长敦实，提高其定植后的适应性。定植前两天苗畦内浇水，起苗时要带土，以免损伤根系而影响缓苗和以后的生长。幼苗带土起坨后，可一株挨一株地囤在原畦中，使伤根愈合发出新根，然后选晴天定植。定植时直立生菜和皱叶生菜株行距均为 17~20 cm，结球生菜株行距为 25~30 cm。草苫要晚揭早盖，以利于缓苗。棚内温度高时要放风，通风不要操之过急，防止闪苗。晚间棚上要覆盖保温被，防止低温伤害幼苗。

定植时的覆土深度比幼苗在分苗畦入土深度稍深即可。若栽植过深，不利于发根，植株生长不旺。定植后立即浇定植水，促使快缓苗。

（4）定植后的管理。定植后，植株体对养分和水分的吸收由缓慢增长，转到了迅速增长，叶面积增长也加快。但为了使莲座叶发育充实，在加大氮、磷、钾肥供应的同时，控制水分，以防外部叶片的徒长。

生菜在定植后整个生育期要追肥 3 次：第一次在缓苗后 15 天左右进行，每 667 m² 施硫酸铵 15 kg 或尿素 10 kg 左右，促使幼苗发棵，生长敦实；第二次追肥在结球初期或莲座叶迅速生长期进行；第三次在产品形成中期进行，目的是使叶球充实膨大，每 667 m² 可施硫酸铵 15 kg 或尿素 10 kg 左右，并可喷施磷、钾叶面肥料。

浇水是生菜栽培中的关键环节，浇水过多，植株生长速度快，但叶片薄，结球松散，产量较低。因此，掌握好浇水的时间和浇水量是很重要的。同时，也要根据不同生长时期的气温和地温的不同，而灵活掌握。在日光温室内栽培，一般整个生育期内浇 5~6 次水即可。即定植后 3~5 天要浇一次缓苗水，促其快缓苗，生发新根；在第一次追肥后要浇一次足水，可使莲座叶生长旺盛，株棵充分发育；根据具体情况，蹲苗期可适当浇一次水，之后进行中耕，继续蹲苗；第四次水应结合第二次追肥进行，这次水量一定要充足，可使植株生长加快，结球迅速；在结球中期，结合第三次追肥再浇一次水，促使结球大而紧实。结球生菜结球后期不要追肥、浇水，以免引起腐烂或裂球。采收前停止浇水，利于收后储运。

生菜根系分布浅，所以中耕时不宜太深。缓苗水后的中耕，行间宜深，株间及根际宜浅，切勿锄伤新根，动摇苗棵。以后再中耕一次，浅锄地皮即可，可以疏松土壤，利于保墒和根系发育。第一次追肥、浇足水后的中耕可深些，后进行蹲苗，可使根系发育健壮，外叶生长肥厚宽大，提高生菜的产量和质量。

在冬暖式日光温室栽培中，应注意保温防寒和通风，棚内温度控制在 15~20℃。晴天中午温度高时要及时放风，晚间盖保温被保温，使棚内温度不低于5℃，阴雨雾雪天气也要揭开保温被，让植株接受散射光，进行光合作用，并进行短期通风，防止湿度过高，引起病虫害的发生，同时也降低了棚内有害气体的浓度。

（5）采收。生菜采收标准不严格，可根据市场需要随时采收，但早收产量较低。结球生菜成熟期不很一致，应分期采收，一般定植后40～80天可采收。收获时叶球宜松紧适中，用手自顶部轻轻压下时叶球稍能承受即可。如成熟差，叶球则被压下；叶球过紧，则易爆裂和腐烂。结球生菜采收迟则叶球变松，降低品质。采收时，自地面割下，剥除外部老叶，长途运输时要留3～4片外叶保护，准备储藏时可多留几片外叶以减少失重。

三、韭菜

韭菜属百合科葱属，是多年生宿根蔬菜，原产于中国。韭菜营养丰富，含有大量的胡萝卜素、VA、纤维素（垃圾清除剂）和其他矿物质。产品鲜嫩、气味芳香，能增进食欲、开胃消食，具有医疗功效（强壮剂）。韭菜抗寒耐热，适应性强，适宜进行设施栽培。

1. 生物学特性

（1）韭菜的植物学特征

1）根。弦线状须根，着生在茎盘的基部和周围。每株韭菜有根10～20条，较粗的须根中部可发生3～5条细弱的侧根，但无二级侧根，几乎无根毛，大部分根系分布在20～30 cm的土层中。根系除具有吸收功能外兼有储藏功能。韭菜根系的寿命较短，只有1～2年，随着植株新的分蘖不断形成而发生新根，老根随之干枯死亡，生长期间新老根系的更替现象，称为"换根"。由于吸收器官的不断更新，使得韭菜植株的寿命不断延长，一般韭菜播种和定植一次，能连续收割4～6年。

2）茎。韭菜的茎可分为营养茎和花茎。一二年生韭菜营养茎为短缩盘状茎，故称为"茎盘"。茎盘下部生根，上部由功能叶的叶鞘包裹着，呈半圆球形白色部分称"鳞茎"（韭葫芦），是韭菜储藏养分的重要器官。随株龄的增加和逐年分蘖，新生成的营养茎不断上移，遗留在下面的茎盘和早期"鳞茎"形成权状分枝的"根茎"，根茎的寿命为2～3年。花茎也叫韭薹，当韭菜植株进入生殖生长阶段，由顶芽发育成花芽，抽生花薹，花薹高30～40 cm，鲜嫩时采收是高档的商品菜。

3）叶。韭菜叶由叶身和叶鞘两部分组成，单株5～9片叶簇生。叶身扁平、狭长、带状，表面被蜡粉，是主要的同化器官和产品器官。叶片基部呈筒状，称为叶鞘。多层叶鞘层层抱合成圆柱形，称为"假茎"。韭菜叶的分生带在叶鞘基部，收割后可继续生长。

4）花、果实和种子。韭花既是韭菜的繁殖器官，也是产品器官。伞形花序着生在花茎的顶端，未开放以前，由总苞包裹着，每一总苞有小花 20~50 朵。两性花，异花授粉。果实为蒴果，三心室，每室有种子两粒。成熟的种子为黑色，表皮布满细密皱纹，背面凸出，腹面凹陷，千粒重 4 g 左右。韭菜种子寿命短，播种时要用上一年生产的新种子，两年以上的种子，发芽能力大幅度降低。

（2）生长发育特性

1）分蘖。分蘖是韭菜一个很重要的生育特性，也是韭菜更新复壮的主要方式。春播一年生韭菜，当幼苗的顶芽长出 5~8 片叶子后，首先在靠近生长点的上位叶腋处形成蘖芽，分蘖初期，蘖芽和原有植株被包在同一叶鞘中，后来由于分蘖的增粗，胀破叶鞘而发育成新的植株。每次分蘖以 2 株最多，也有一次分 1 株或 3 株的，分蘖达一定密度，株数不再增加，甚至逐渐减少，因密度大，营养不良，逐年死掉。分蘖的多少与品种、株龄、植株的营养状况和管理水平有关。品种分蘖能力强，正处于播后 2~4 年的壮龄期，密度适宜，肥水供应充足，病虫危害少，收获次数适宜，则分蘖多。韭菜的地上部能够不断地形成新的分蘖，地下部能够不断地发生新根。因此，植株的营养器官经常处于幼龄新生阶段，保持旺盛的生活力。

2）跳根。跳根是由于不断分蘖所致。因为分蘖是在靠近生长点的上位叶腋处发生，所以，新形成的分蘖必然位于原来植株的上方。当蘖芽发育成一个新的分蘖时，便从茎盘的边缘长出新的须根，因而新的须根一定出现在原有根系的上方。随着分蘖有层次的上移，生根的位置也不断上升，使新的根系逐渐接近地面，这一现象叫做韭菜的跳根。在新根出现的同时，从第三年开始老根陆续死亡，这种新老根系的更替称为"换根"。韭菜每年的跳根高度，取决于每年分蘖次数和收割茬次的多少，一般根系每年上跳 1.5~2 cm。由于韭菜根系逐年上移，容易使根茎外露，出现散撮和倒伏现象，在生产上应采取培土、铺粪等办法，借以加厚土层，满足根系生长的需要。但多次培土，畦垄加高，不便耕作和浇水，并且容易造成畦土板结、透气性差、营养降低，因此培土若干次以后，需要每 4~5 年更新一次。挖出韭菜，去掉两年以上的鳞茎和根系重新栽植，这一管理工序称为"倒畦"。

3）休眠。露地栽培的韭菜遇到低温和短日照，生长速度缓慢，茎叶中的营养物质运转到鳞茎和根系中储存，地上部的茎叶，逐渐枯萎。鳞茎和根系在土壤保护下安全度过寒冷季节，经过一段时间后，再给予适宜的温度和水分，韭菜就能重新旺盛生长，这种现象称为"休眠"。在保护地气温高于 5℃ 时正常生长，遇到 5℃ 以下的低温，茎叶会逐渐萎缩至干枯，称为"第二次回芽"。在保护地韭菜的生产中，常采取"充分休眠，增强保温"来避免"二次回芽"现象。由于品种原产地不同，韭菜长期经历的气候条件使它们形成了不同的休眠方式。

①深休眠韭菜。它是指韭菜经过长日照并感受到一定低温之后，地上部分的养分逐渐回流到根茎中储藏起来而进入休眠。当气温降至 5~7℃ 时，植株开始进入休眠，茎叶

生长停滞。当气温降至 −5℃以下时，茎叶呈干枯状态。此时休眠期基本度过，大约需要经历 20 天左右时间。以后再给予 1℃以上的温度就可打破休眠，恢复旺盛生长。如果不等其地上茎叶干枯就给予适宜温度强迫其继续生长，虽然也可以萌发，但长势很弱，甚至发生腐烂。属于这种休眠方式的品种有汉中冬韭、北京大弯红、寿光独根红、山西环韭等原产于北方的地方品种。

②浅休眠韭菜。它是指韭菜植株长到一定大小，同样在经历长日照并感受到一定低温之后，当气温降至 10℃左右，韭菜生长出现停滞，开始进入休眠。休眠后的植株有两种表现，一是只有部分叶片的叶尖出现干枯，如杭州雪韭、河南 791 等；另一种是植株继续保持绿色，不出现干尖现象，如犀浦韭菜、嘉选 1 号等。这种休眠一般需 10 天左右的时间。浅休眠韭菜休眠之后，如果不能获得适宜的温度和水分条件，也不能恢复旺盛生长。如果气温降到 −5℃以下时，迫使地上部分全部干枯而呈现一种深休眠的状态。

（3）生育周期。韭菜的分蘖功能，使其成为多年生植物，但用种子繁殖，则为两年生植物。从种子萌动到新一代种子成熟的生育周期内，可分为营养生长和生殖生长两个阶段。营养生长包括发芽期、幼苗期、营养生长盛期（分蘖生长期）；生殖生长包括抽薹期、开花期和种子成熟期。

1）发芽期。从种子萌动到长出第一片真叶为发芽期。韭菜种子的子叶依靠胚乳里储藏的养分呈"弓形"出土，然后伸直，同时胚根伸出种皮，长成第一条新根。整个发芽生长过程历时 10 ~ 20 天，韭芽有发芽缓慢和呈"弓状"的特点，要求在发芽过程中，土壤水分必须充足，播种后覆土要薄，一般 1 ~ 1.5 cm，覆土要保持疏松潮湿状态，防止因地表板结，妨碍出芽，若已造成地表板结，则应勤浇水，保持覆土湿润，以利于韭芽钻出地面。

2）幼苗期。从第一片真叶显露到具有分蘖能力前（或定植）为幼苗期，历时 50 ~ 60 天，此期生长出 5 ~ 7 叶片，10 ~ 20 条根，高 20 cm，直播用幼苗，要特别注意防除杂草和适时浇水。育苗的幼苗期，除防除杂草外，前期要勤施肥水，促其生长，4 ~ 5 片叶后，要控水蹲苗 5 ~ 7 天，然后移栽，移栽时不要浇水取苗，要泼水湿润土壤，随后取苗，以防损坏因浇水次日长出的新根幼芽。

3）营养生长盛期。从定植（或第一个蘖芽分化）到花芽分化为韭菜营养生长盛期（分蘖生长期）。幼苗期过后的韭菜即进入旺盛生长期，根系迅速增多扩展，叶片增多，分蘖加快，直播的韭菜，一般经过夏季、秋季二次分蘖高峰后，冬季进入休眠，翌年春季再经过一次分蘖后，即开始分化花芽，春季早播的韭菜于当年秋天也有少量的能分化花芽，并抽薹、结籽。

4）抽薹期。从花芽分化到花薹长成、花序总苞破裂为抽薹期。有一定生长量做基础的韭菜经过低温和长日照后才能抽薹，抽薹期早晚和群体抽薹期的长短主要取决于品种。弱小植株不能抽薹，健壮植株能抽 2 ~ 3 根薹。抽薹时营养集中于花薹生长，分蘖

单元
2

停止，趁花薹脆嫩，于清晨掐去，以利于养根壮苗。

5）开花期。从花序花苞破裂到整个花序开花结束为开花期。韭菜的花序较小，但花期较长，就单株韭菜来讲，从花序中第一个小花开放，到最后一个小花凋谢，历时20~30天。

6）种子成熟期。从整个花序中第一朵小韭花的雌蕊受精结束到整个花序种子成熟为种子的成熟期，历时30~60天。总花序中的一朵小花，从雌蕊受精结束到种子成熟历时30天左右，种子成熟表明韭菜一个生育周期的结束。种子采收后，植株又转入营养生长，因营养集中于抽薹、开花和种子成熟，导致长势衰弱，必须追肥浇水，迅速恢复长势，为冬春韭菜生产打下良好的基础。

（4）对环境条件的要求

1）温度。韭菜属于耐寒而温度的适应范围较广的蔬菜。种子发芽最低温度为2~3℃，最适温为15~18℃。韭菜生长适温为12~24℃，地上部在气温25~26℃条件下也能生长，但品质变劣，特别是在高温、强光、干旱条件下更严重。温室和大棚内因光照弱，湿度大，即使气温达28℃左右，叶片仍不失其柔嫩。遇到0℃以下低温时，叶部营养物质逐渐向茎盘和根中转移，使根株充实，含糖量增加，提高越冬期的抗寒能力。在-7~-6℃时叶片开始枯萎，地下部开始休眠。地下根株在-40~-30℃下，可以露地自然越冬。

2）光照。韭菜要求中等光照强度，但是具有耐弱光的能力，适宜的光照度为20 000~40 000 lx。光照过强，植株生长缓慢，组织纤维增多，品质变劣；光照度弱，品质柔嫩；在完全无光的条件下也能生长，即为韭黄。但如果温室、大棚内空气湿度过大，通风不良，加上高温弱光，韭菜易徒长，含水多，生长及储藏过程中易腐烂。

3）水分和湿度。韭菜属于弦线状根系，吸水力弱，表现为喜湿的特性，不耐旱、不耐涝，要求土壤相对湿度为80%~90%。韭菜为带状叶，叶表面具有蜡质，表现为耐干燥的特性，要求空气湿度为60%~70%。水分是决定产量和品质的主要条件，所以韭菜进入生长盛期时不能缺水，否则品质差，产量低。

4）营养。韭菜属叶菜，生育期间要求以氮肥为主，配施磷、钾。氮肥供应充足，叶片肥大柔嫩。韭菜耐肥力强，每生产1 000 kg韭菜产品，需吸收氮1.5~1.8 kg，磷0.5~0.6 kg，钾1.7~2.0 kg。为获得优质高产，施肥应以有机肥为主。多年生韭菜田每年施用一次微量元素肥料可促进植株生长健壮，延长采收年限。

5）土壤。韭菜对土壤的适应性较强，无论在沙土、壤土或黏土中均可生长。但以土层深厚、富含有机质、保水保肥力强、透气性好的壤土为最好。韭菜适宜在pH值为5.6~6.5的微酸性土壤中生长，过酸或过碱都会生育不良。但韭菜对盐碱有一定的忍耐能力，成株的忍耐力强于幼苗，在含盐量0.25%的土壤中能正常生长，而幼苗只能在含盐量0.15%的土壤中正常生长。当土壤含盐量达0.2%以上时即影响出苗。

2. 类型和品种

韭菜品种资源丰富，按食用部分可分为根韭、叶韭、花韭和花叶兼用韭四种类型。以花叶兼用韭栽培最普遍，又可分为宽叶韭和窄叶韭两种。适合保护地栽培的韭菜品种应具备如下特点：叶片肥厚、直立性和分蘖性强、休眠期短、萌芽快、生长快、对温度的适应性强、抗病性较强。目前保护地栽培常用的品种有：汉中冬韭、河南791、杭州雪韭（嘉兴白根）、张家口马蔺韭、平韭4号、大金钩马蔺韭、甘肃马蔺韭（大韭）、内蒙马蔺韭、吉林红根韭（小韭菜）、宁夏银川紫根韭、青海小蒲韭（细韭）、新疆线韭（毛毛韭）等。

3. 栽培季节、茬口

保护地韭菜的栽培类型较多，在日光温室中以秋冬茬、冬春茬和春茬为主。

4. 栽培技术

（1）根株培养。在露地进行，可分为直播原地养根和移植养根两种形式。

1）整地、施肥、做畦。春季土壤化冻达一锹深时，每667 m² 施腐熟农家肥5 000 kg 和过磷酸钙50 kg，深翻细耙。然后做成宽1.3~2.0 m、长6~10 m 的平畦。

2）播种。当10 cm 地温达到10~15℃时即可播种。播种方法多为干籽播种，按10~13 cm 的行距，开1.5~2.0 cm 的浅沟，将种子撒于沟内覆土盖种，镇压后灌水。出苗前保持土壤湿润，防止土壤板结。每667 m² 用种量4~6 kg。

3）苗期管理。韭菜苗期是从出苗到4片叶左右，需要40~60天。主要是灌水、追肥、除草和灭虫。

韭菜喜湿润不耐旱，苗期需经常保持湿润状态，应采用轻浇、勤浇的方法灌水。韭菜大部分出苗后应及时撤掉塑料薄膜和其他覆盖物，保持土壤湿润，防止土壤干旱和忽干忽湿。苗高15 cm 以后，进入迅速生长期，适当结合灌水追肥，一般每667 m² 地追施尿素15 kg，或硫酸铵15 kg。之后控制灌水，进行蹲苗壮秧，以防止秧苗过细引起倒伏烂秧。

韭菜苗期叶片纤细，生长缓慢，杂草丛生，易造成草荒，应及时除草。也可用化学除草剂除草，常用的有50%除草剂1号、50%扑草净等，播种后出苗前喷雾处理土壤，20天后再喷一次。气温转暖后有韭蛆为害，可用敌百虫、敌敌畏等灌根。

4）移栽定植。一般夏至后进行。定植前整好畦，施足底肥，并将韭菜苗挖出，按苗大小分级，修剪叶梢和须根端，整理成捆。采用穴栽，行穴距离为20 cm×20 cm，每穴30株，栽植深度以不超过叶鞘为宜，过深分蘖减少，过浅容易散撮，一般栽深3 cm，以后随"跳根"进行覆土。定植后，立即灌水，促进缓苗。直播不移栽的要剔除弱苗。

5）移栽后管理。定植后，韭菜进入"养根"阶段，主要是肥水和中耕管理，待新叶长出可灌缓苗水，促进发根发叶，地表稍干时中耕2~3次，蹲苗保墒。入秋后天气变冷，韭菜进入生长旺盛期，应及时灌水追肥，促进营养生长，加强养分积累，培育肥大根状茎。一般 5~7 天浇一次水，结合浇水每 667 m² 追施尿素 15 kg 和过磷酸钙 40 kg，或二铵 30~35 kg。20 天以后再施一次。土壤冻融交替时及时浇足封冻水。

（2）扣棚。当冻土层达 6~10 cm 时，韭菜进入休眠期，此时是扣棚的适期。若扣棚晚，则冻土层厚，扣棚后土壤化冻慢而延误生长。若扣棚过早，植株经历低温冷冻时间短，营养回根少，韭株细弱，产量低。但嘉兴白根和河南 791 休眠期短或不休眠，可不经营养回根即可扣棚生产。

（3）扣棚后的管理。扣棚后应逐渐升温，室温保持 20~25℃ 为宜。经 5~7 天畦土可化冻。畦土化冻后韭株萌发前，用齿耙松土，扒开苗眼晒土增温，剔除死株、弱株。扣棚半月后，韭菜返青开始生长，此时开始培土 2~3 次，最后培成 10 cm 高的小垄，以增加韭白长度，提高产品品质及产量，以后每次收割后均进行中耕培土。

扣棚初期气温高，湿度大，中午应开顶窗通风降温降湿。保持白天 20~28℃，夜温 8~10℃。如果温度高于 30℃，而且湿度大，易徒长。夜间温度达不到 8℃ 应加盖保温被保温。夜间温度低至 3~4℃ 时，叶片皱缩；低于 0℃ 则叶片易受冻害，叶尖变白。春季气温回升时应加大通风量，保持室温在 25℃ 以下，以后逐渐减少保温被覆盖。

扣棚后，前期气温低，棚室密闭，水分蒸发少，为了避免浇水降低地温，一般浇足封冻水和追过肥的地块，在第一茬收割前不追肥浇水。从第一茬收割后开始，每次收割后马上松土，待长出新叶后灌水，随水追施尿素 10 kg/667 m²。浇水应选晴天，浇水后及时通风排湿，使室内湿度保持在 70%~80%。湿度过大或植株含水量过大，收割后韭菜易萎蔫或腐烂。

（4）收获。扣棚后 50~60 天，当株高 30~35 cm 时，即可收第一刀，以后每隔 20~30 天可收一刀，到第二年拆棚共收 4~5 刀。收割时应在根茎上留茬 3~5 cm，以后每割一茬留茬 1.5~2.0 cm，避免割伤根茎，促进叶萌发。

四、小白菜

小白菜又名不结球白菜、青菜、油菜等，是我国普遍栽培的一种大众化蔬菜。以绿叶为商品，生长周期短、适应性广、产量高，随时都可播种，陆续采收，没有严格的采收标准。

1. 生物学特性

（1）小白菜的植物学特征

1）根。根系分布浅，须根发达，再生力强，适宜育苗移栽。

2）茎。营养生长期为短缩茎，但徒长时会出现茎节伸长。花芽分化后抽生花茎，品质下降，栽培上要注意选择品种与播种期，防止先期抽薹。

3）叶。着生于短缩茎上的莲座状叶，柔嫩多汁，为主要供食部分，而且又是同化器官。叶片的形态，依类型品种和环境条件而异。叶色淡绿至墨绿，叶片倒卵形或椭圆形，全缘有明显钝齿。叶柄肥厚，白色或绿色，长而细和粗大抱茎或匙羹形。

4）花、果实与种子。总状花序，花黄色。果实为长角果，成熟时易开裂，每荚有种子 10～20 粒。种子近圆形，红褐或黄褐色，千粒重 1.5～2.2 g。

（2）对环境条件的要求

1）温度。小白菜属于耐寒性蔬菜，性喜冷凉，适应性较强，比大白菜耐寒耐热。种子在 5～8℃ 条件即可发芽，发芽适温为 20～25℃。生长最适温度为 15～20℃，在 -2℃ 能安全越冬。属于种子春化型，萌动的种子或绿体植株在 15℃ 以下，经过一定天数通过春化阶段。

2）光照。小白菜属于长日照作物，但对时长的要求不严格。因为以幼嫩的叶丛为产品，所以也耐弱光。

3）水分和湿度。小白菜生长快，叶面积较大，因此，生长期间耗水量较多。水分少不但影响产量，而且品质也变劣。

4）土壤和营养。小白菜根系发达，分布较浅，对土壤适应性强，但以富含有机质、保水保肥力强的黏土或冲积土为良，由于以叶为产品，且生长期短而迅速，肥料要求以氮肥为主。

2．类型和品种

小白菜品种繁多，按不同形态特征、成熟期、抽薹期和适宜的栽培季节，可分为秋冬白菜、春白菜及夏白菜三类。生产上也有根据叶柄的颜色分为青帮、白帮和青白帮三类。

（1）秋冬白菜。株形直立或束腰，耐寒力较弱，以秋冬栽培为主。生产上使用的主要品种有：矮脚黄、上海矮箕、箭杆白等。

（2）春白菜。植株多开展，少数直立或微束腰，又称慢菜或迟白菜。冬性强，耐寒性强，高产。主要品种有：四月白、三月慢、四月慢、五月慢、水白菜等。

（3）夏白菜，高温季节栽培，又称"火白菜""伏菜"，抗高温、抗病虫害。主要品种有：马耳白菜、火白菜等。

3．栽培季节、茬口

小白菜适应性强，品种丰富，生长期短，产品规格要求不严，因此，设施内可以利用空茬时间，也可以与主栽作物间作套种，一年四季均可栽培。

4．栽培技术要点

为了提高设施的利用效率，小白菜在设施中多采用育苗栽培。

（1）播种育苗。播种前每平方米苗床撒施腐熟有机肥 10～15 kg，深翻 20 cm，耙细整平，做成 1 m 宽平畦。将苗床浇足底水，水渗下后均匀撒播干种子或浸种催芽的种子，覆土 0.5～1 cm。每平方米苗床用种子 15～20 g，其幼苗可供定植 40～50 m²。

出苗前气温保持在 20～25℃，出苗后要降低温度，防止徒长，白天 15～20℃，夜间在 10℃左右。苗出齐后要陆续间苗，当苗生 1～2 片真叶时间苗，苗距为 2～4 cm，3～4 片真叶时苗距 6～8 cm，这时间下的苗可以用于移栽。设施栽培，苗期尽量少灌水。

（2）定植。定植地每 667 m² 施入腐熟有机肥 5 000 kg、二铵 25 kg，耙细整平，做成 1 m 宽平畦。每畦栽 5 行，株距 8～10 cm。

（3）定植后管理。定植后注意保温，促进缓苗。白天气温 20～25℃，夜间不低于 10℃。缓苗后心叶开始生长时逐渐降温，白天保持在 20℃左右，夜间 10℃左右。小白菜叶片大，种植密，蒸发量多，要求肥水充足，肥料成分以速效氮为主。定植后 8～10 天浇一次水，15～20 天结合灌水追一次肥，每 667 m² 追施尿素 15～20 kg。冬季栽植不能浇水过勤过多，否则易造成霉烂。

（4）收获。小白菜以叶片为产品，大小均可上市。因此，根据栽培季节、种植密度、植株长势和市场情况可陆续分批采收，如果定植的株行距较大，也可于定植后 30～40 天一次性收获。

第五节 甘蓝类蔬菜栽培

单元 2

培训目标

→ 掌握甘蓝、花椰菜和绿菜花对环境条件的要求
→ 掌握甘蓝、花椰菜和绿菜花设施栽培技术要点

一、结球甘蓝

结球甘蓝又叫圆白菜、卷心菜、洋白菜、包菜、莲花白等，是十字花科芸薹属结球甘蓝种的一个变种，叶球供食用。

1. 生物学特性

（1）植物学特征

1）根。结球甘蓝为须根系，根系发生密集。根入土不深，主要根群分布在 60 cm 以内的土层中，以 30 cm 的耕作层中最密集。根系横向伸展半径 80 cm 左右。根的再生能力很强，易发生不定根，适宜育苗移栽。因其根系入土不深，抗旱能力稍差，要求湿润的栽培环境。

2）茎。结球甘蓝茎分为营养生长期的短缩茎和生殖生长期的花茎两种。短缩茎的外叶部分称为外短缩茎，叶球内部分称为内短缩茎（即球内中心柱）。一般中心柱越短，叶球越紧密，品质也越好。

3）叶。结球甘蓝在不同生育期发生出子叶、基生叶、幼苗叶、莲座叶、球叶、茎生叶等，其形态差异很大。子叶呈肾形对生。第一对真叶即基生叶对生，与子叶垂直，无叶翅，叶柄较长。随后发生的为幼苗叶，呈卵形或椭圆形，网状叶脉，具有明显的叶柄，互生在短缩茎上。以后长出的强大同化叶片为莲座叶，也叫外叶。外叶有 12 ~ 30 片不等，因品种而异。进入包球期发生的叶片中肋向内弯曲，包被顶芽，这类叶片生长下去可形成叶球。构成叶球的叶片都是无柄叶，为黄白色。花茎上形成的叶为茎生叶，互生。叶片较小，先端尖，无叶柄或叶柄很短。结球甘蓝叶片多为绿色，叶肉肥厚，叶面光滑无毛，多覆有灰白色蜡粉。

4）花。结球甘蓝的花为完全花。开花时 4 个花瓣呈十字形排列，淡黄色。复总状花序，在中央主花茎上的叶腋间可发生一级分枝，在一级分枝的叶腋间又可发生二级分枝，有时还可以发生三、四级分枝，每个健壮的种株开花数量有 800 ~ 2 000 朵。结球甘蓝为典型的异花授粉作物，靠昆虫作媒介传粉。

5）果实和种子。结球甘蓝的果实为长角果、圆栓形，表面光滑有蜡粉，成熟时细胞壁增厚硬化，种子排列在隔膜两侧，每荚果有种子 20 粒左右。种子圆球形，为红褐色或黑褐色，千粒重 3.3 ~ 4.5 g。种子使用年限为 2 ~ 3 年。

（2）生长发育周期。结球甘蓝为两年生作物，即第一年进行营养生长，形成叶球，经过冬季低温完成春化阶段，翌年春夏在长日照和适温条件下抽薹、开花结籽，完成生殖生长。这里不介绍结球甘蓝的生殖生长，其营养生长期包括发芽期、幼苗期、莲座期、结球期和休眠期。

1）发芽期。由播种到第一片真叶显露，在适温下需 6 ~ 8 天。

2）幼苗期。从第一片真叶显露到第一叶环形成（5 ~ 8 片叶），达到团棵时为幼苗期，一般为 25 ~ 30 天。

3）莲座期。从第二叶环出现到形成第三叶环，至中心叶片开始向内抱合，早熟品种需 20 ~ 25 天，中、晚熟品种需 30 ~ 35 天。

4）结球期。由心叶开始抱合到叶球形成，此间生长量最大。早熟品种需 20 ~ 25 天，中、晚熟品种需 30 ~ 35 天。

5）休眠期。北方地区的种株要经过几个月的越冬储藏，即为休眠期。

（3）对环境条件的要求

1）温度。结球甘蓝喜温和冷凉的气候，但对低温、高温也有一定的忍耐能力。一般在 15 ~ 25℃条件下最适于生长，月平均温度在 7 ~ 25℃下都能正常生长。2 ~ 3℃时种子即可开始发芽，8℃时幼芽才能出土，发芽适温为 18 ~ 25℃。外叶生长温度范围为 7 ~ 25℃，结球期适温为 15 ~ 20℃。

对高温的适应力在不同的生长期有所不同，在幼苗期和莲座期，对 25 ~ 30℃的高温有较强的适应力，结球期遇高温会阻碍包心过程，开花时遇高温，影响开花、授粉。对低温的忍耐力因品种、生长期的不同而不同。刚出土的幼苗抗寒力较弱，随着植株生长其耐寒力逐渐加强。一般6~8片叶的壮苗能忍耐较长时期-2~-1℃及较短期的-5~-3℃的低温。叶球较耐低温，10℃左右叶球仍能缓慢生长，早熟品种可耐短期-5~-3℃的低温，中、晚熟品种的叶球可耐短期-8~-5℃的低温。

2）光照。结球甘蓝属长日照作物，要求中等强度的光照。在未通过春化阶段前，长日照有利于生长；完成春化阶段后，长日照有利于抽薹、开花。结球甘蓝对光照强度的要求不甚严格，在高温季节与高秆作物进行遮阴间作，可取得较好的结果。

3）水分和湿度。结球甘蓝的根系分布较浅，且外叶面积大，蒸腾量较大。因此，要求在湿润的栽培条件下生长。一般在空气相对湿度80%~90%和土壤湿度70%~80%的条件下生长最好，尤其对土壤湿度要求严格。在空气湿度较低的情况下，如能保证土壤水分充足，植株也能生长良好。如果空气干燥，土壤水分又不足，则会引起基部叶片脱落，包心延迟，甚至不能结球。结球甘蓝不耐涝，若土壤水分过大，排水不良，根系受涝会变褐死亡。因此，在栽培过程中要排灌结合，适时进行调控。

4）土壤和矿质营养。结球甘蓝对土壤的适应性较强，从沙壤土到黏壤土都可种植，但以土质肥沃、疏松、保水保肥力强的壤土为宜。结球甘蓝适宜在中性至微酸性的土壤中生长，适宜的pH值为5.5~6.5，但在酸性过度的土壤中生长不良，且易发生根肿病。此外，结球甘蓝能忍耐一定的盐碱，在含盐量为0.75%~1.2%的盐渍土中也能正常结球。

结球甘蓝为喜肥、耐肥作物。在不同的生育阶段对各种营养元素的需求也不同。幼苗期和莲座期需要大量的氮肥；在结球期需要大量的磷，增施磷肥有显著的增产效果。在结球末期对钾的需求量达到最大。结球甘蓝在整个生长期内吸收氮、磷、钾的比例为3:1:4。

2. 类型和品种

结球甘蓝依其叶片特征及颜色可分为普通甘蓝、皱叶甘蓝和紫甘蓝，我国以栽培普通甘蓝为主。普通甘蓝依其叶球形状又可分为尖头型、圆头型和平头型。

（1）尖头型。叶球近圆锥形，适于春季早熟栽培，一般不易发生未熟抽薹，植株较直立，外叶数少。代表品种有：鸡心、牛心、金早生、西安6号等。

（2）圆头型。叶球为圆球形，适于早熟或中熟栽培，球叶脆嫩品质好，但抗病性和抗寒性较差，冬性弱，作春甘蓝栽培时易发生未熟抽薹。代表品种有：中甘11号、中甘12号、庆丰、北京早熟、报春等。

（3）平头型。叶球为扁圆形，中熟或晚熟，中心柱短，不易未熟抽薹，抗病性较强，适应性广，叶球大，较耐储运。主要品种有：大平头、京丰1号、晚丰、秋丰等。

3. 栽培季节、茬口

在北方地区的日光温室和大棚内，甘蓝的栽培茬口较多，但以春早熟和秋冬茬栽培为主。春早熟甘蓝栽培，以提早收获为目的，在新疆于11月中下旬至12月上中旬在日光温室播种育苗，于翌年2月下旬至3月中旬上市，常用冬性强的中甘11号、中甘12

号等品种。

冬季温室可生产甘蓝的时间较长，选用耐低温弱光的早中熟品种。其中以 9 ~ 10 月播种，根据接茬安排和市场需求分期栽种，元旦和春节时收获的甘蓝栽培较多。

4. 栽培技术

（1）结球甘蓝的春早熟栽培技术要点

1）品种选择。春早熟栽培的结球甘蓝，生长前期处在寒冷的冬春季节，而生育后期温度高又日照长，先期抽薹现象很难避免，所以，要选用早熟、抗寒、耐弱光、冬性强、不易先期抽薹的品种，如冬性强的中甘 11 号、中甘 12 号等品种。

2）育苗

①播种期的确定。春早熟结球甘蓝在温室育苗的适宜苗龄为 40 ~ 50 天。针对保护设施内的温度条件及当地的气候条件，首先确定定植期，再推算苗龄，即为适宜的播种期。播种过早，外界气温、地温较低，不能定植，则苗期拖长，幼苗生长过大，易通过春化阶段而发生先期抽薹；播种太晚，则影响早熟，降低经济效益。

②播种。结球甘蓝种子中蛋白质和脂肪的含量较高，很易吸水膨胀，萌发中需要较多的氧气，播种前不宜浸种时间过长，一般在 1 h 以内为宜。如果浸种时间超过 3 h，种子内的营养物质外渗，还会因吸水膨胀过度，影响对氧气的吸收，使种子窒息。如果浸泡过的种子播在刚浇过透水的苗床上，会因缺氧和低温，发生烂种，影响出苗率。为此，在苗床墒度良好的条件下，无须浸种催芽，

苗床应配制肥沃且物理性状良好的营养土，浇透水，可干籽直播，播种量为 3 ~ 4 g/m²。如果苗床干旱，可浇小水，待水渗下后再播种；或在水渗下后撒一层干细土再播种。有的品种如中甘 11 号特别忌浸种或播种在刚浇过透水的苗床上，那样会严重降低发芽率。

播种应选晴暖天气的上午进行。通常用撒播法，每平方米用种 3 ~ 8 g，冷床稍密，温床稍稀。均匀撒种后，上覆细土 1 ~ 1.5 cm。

③苗期管理。播种至出苗前不通风，尽量提高育苗畦温度，保持畦温 20 ~ 25℃，以促进迅速发芽出苗。苗出齐后，开始通风降温，以利于幼苗苗壮成长，防止温度过高、下胚轴过度伸长成徒长苗。一般，白天保持温度 15 ~ 20℃，夜间 5 ~ 8℃。此期外界温度较低，一方面注意防寒保温，勿致冻、冷害；另一方面注意通风，勿使温度过高。在小苗期应注意早揭晚盖保温被，尽量延长见光时间。在晴暖天气的中午进行间苗，苗距 2 ~ 3 cm。间苗后可适当撒盖一层细土，以弥补土壤的洞隙和裂缝，有利于保墒。

小苗期外界气温较低，蒸发量小，幼苗吸水较少，一般小苗不需要浇水和追肥。

④分苗与炼苗。分苗又叫假植，3 ~ 4 片叶时进行分苗，分苗后可扩大幼苗营养面积，防止徒长，是培育壮苗的重要措施。在幼苗 2 ~ 3 叶期即应进行分苗。分苗可直接把小苗按 10 cm × 10 cm 株行距移栽到苗床上，也可把小苗移栽到塑料薄膜或纸制成的育

单元 2

苗钵内。分苗后立即浇水，扣严塑料薄膜，夜间加盖保温被保温。

分苗后 4～5 天为缓苗期。缓苗期内白天不通风。白天保持 15～20℃，夜间不低于 8℃，促进幼苗迅速缓苗。缓苗后适当降低白天的温度，一般保持在 15℃ 左右，避免温度过高发生徒长。此期夜间的温度不宜过低，应在 8～10℃。长期低温会使幼苗通过春化阶段而先期抽薹。此外，应尽量加强光照，延长光照时间，使幼苗生长健壮。注意通风降湿，防止病害发生及幼苗徒长。

在温度管理中，小苗期应给予适当的低温进行锻炼；大苗期应给予适当的高温，防止通过春化阶段。这就是"前蹲后促"措施。

幼苗长到 6～8 片叶即可进行定植。定植前 7～10 天要进行通风炼苗。通过炼苗提高秧苗的适应能力，缩短缓苗期，提高成活率。

⑤壮苗标准。结球甘蓝春早熟栽培定植时的壮苗标准是：8～10 片真叶，叶色浓绿，叶片肥大，节间短，茎粗，不徒长，秧苗大小整齐，根系发达完整。定植后缓苗快，对不良环境和病害抵抗能力强。

3）定植及定植后管理。定植的日光温室，应每 667 m² 施腐熟的有机肥 5 000 kg 以上，定植前耙平做畦。畦的宽度一般为 1.2～1.5 m。

定植起苗时，应尽量小心仔细，带土坨移植，少伤根系，以利于缓苗和提高成活率。定植时，挖穴栽苗，栽苗深度以秧苗土坨表面与畦面相平即可。栽后随即浇水。栽植密度因品种而异，早熟品种株形小，应密植，每 667 m² 栽 5 000～6 000 株，株行距为 35 cm×35 cm；中熟品种稍稀，株行距为 40 cm×40 cm，每 667 m² 栽 3 500～5 000 株。定植密度还应根据土壤肥力决定，肥沃的地块应稀一些，反之则密。

定植后应严密覆盖塑料薄膜，尽量提高保护设施内的温度。定植后缓苗前一般不通风，白天保持 20～25℃，夜间 10℃ 以上。尽量促进迅速缓苗，避免长期低温，抑制营养生长而发生先期抽薹。缓苗后，高温条件下外叶易徒长，延迟结球，甚至只长外叶不结球，或结球松散。但是长期的低温又会导致先期抽薹现象，所以控制适当的温度至关重要。一般白天保持 15～20℃。在温度较低时扣严塑料薄膜，夜间加盖保温被防寒。在晴朗的天气若不注意通风，也易发生高温灼伤现象。为此，应加强管理，及时通风。

定植后，棚内气温不高，蒸发量不大。一般不要急于浇缓苗水。经通风后，可选晴暖天气中耕，以保墒和提高地温，促进根系发育。定植后 1 周左右可浇缓苗水并施少量化肥，每 667 m² 追施尿素 10～15 kg，追肥后立即浇水。第一次追肥后，莲座叶开始旺盛生长，叶面积迅速扩大，此期应深中耕。控制浇水，进行蹲苗，促进植株长得壮而不过旺，由莲座生长转入包心叶球生长。当莲座叶基本封垄，球叶开始抱合时不再中耕。此时应进行大追肥，促进叶球生长。结球期是结球甘蓝生长量最大的时期，需要的肥料最多。此次追肥很重要，一般应每 667 m² 施尿素 20～25 kg。有条件时可适当追施钾肥或草木灰。春早熟栽培中，结球期较短，大追肥后一般不再追肥，但需及时浇水，保持土壤湿润。可每隔 7 ~ 10 天浇水 1 次，每次浇水要选晴天上午进行，浇水后及时通风排湿。保护设施撤去后，应增加浇水次数，保持土壤湿润。

4) 采收。结球甘蓝春早熟栽培上市越早，价格越高。所以，采收应适当提前。当早熟种叶球长到 100 ~ 500 g 时即可收获上市。如果市场价格平稳，可适当晚采收。因为在良好的管理条件下，每个叶球每天能增重 40 ~ 50 g，晚采收有利于增加产量。

（2）秋冬甘蓝栽培。早播利用露地育苗床，晚播的可在日光温室里使之生长发育。

新疆秋冬甘蓝栽培主要是在元旦或春节前后供应上市，一般于 8 月中旬至 9 月上旬播种，9 月下旬至 10 月中旬定植，常用的品种有秋丰、中甘 8 号等。定植具 6 ~ 8 叶带土坨的大苗，1.2 ~ 1.3 m 畦栽 3 行，株距 30 ~ 35 cm。栽后覆盖地膜并及时浇水，随水轻施追肥，中耕 1 ~ 2 次。莲座中期浇透水，再中耕。结球初期浇水追肥，每 667 m² 施尿素 10 ~ 20 kg，结球中后期叶面追肥 0.5% 磷酸二氢钾两次，结球期内半月左右浇 1 次水。缓苗期室温，白天保持 20 ~ 25℃，夜温 15℃ 左右，促进缓苗，以后白天 16 ~ 20℃，夜间 10℃ 左右。

叶球基本包紧后分次收获，收时保留适量外叶，以免叶球损伤或污染。

二、花椰菜

花椰菜，又叫菜花，以短缩的花薹、花枝、花蕾聚合而成的花球作为产品。在食用蔬菜中别具一格，又以其风味鲜美、粗纤维少、营养价值高而深受消费者欢迎。

1. 生物学特性

（1）植物学特征

1) 根。花椰菜的根系比较发达，主根基部粗大，根群分布在 30 ~ 40 cm 耕作层内，能大量吸收土壤中的水分和养分。但由于根系分布较浅，抗旱能力较差，需要湿润的土壤环境条件。

2) 茎。花椰菜营养生长期茎为粗壮的短缩茎，长 20 ~ 25 cm，茎节上着生叶片。在生殖生长期还抽生花茎。

3) 叶。花椰菜的叶片呈长卵圆形或披针形，基部叶片有叶柄，叶色可分为浅绿、绿、灰绿、深绿 4 种。叶片较厚，不很光滑，无毛，表面有蜡粉，可起减少水分蒸发的作用。在现花球时，心叶向中心自然卷曲或扭转，可保护花球免受日光直射而引起变色，并可保护花球不受霜冻危害。

4) 花。花球着生在心叶的中央，短缩茎的顶端。成熟花球横径 20 ~ 30 cm，纵径 10 ~ 20 cm，重 0.5 kg 以上，花球一般由肥嫩的主轴和 50 ~ 60 个花梗组成，正常花球呈半球形，表面呈现颗粒状，质地致密。当栽培管理不当或气候条件异常时，会出现早花、青花、毛花或紫花等现象，严重影响花球的质量和产量。花球成熟后，花枝顶端可继续分化形成正常花蕾，各级花梗伸长，抽薹开花，除一部分花枝顶端花蕾能正常开花

单元

2

外，多数干瘪或腐败。花为复总状花序，完全花，花萼黄绿色，花冠黄色，十字形，四强雄蕊，子房上位。

5）果实和种子。果实为长角果，长 7 ~ 10 cm，表面光滑，有蜡粉，成熟后爆裂，每荚含种子 10 余粒，千粒重 3 ~ 3.5 g。

（2）生长发育周期。花椰菜为一年生或两年生蔬菜，其营养生长期与生殖生长期两个阶段不如其他十字花科蔬菜明显。营养生长期主要是营养器官的形成，可分为 3 个时期：发芽期、幼苗期、莲座期。生殖生长期为开花结实阶段，可分为 4 个时期：花球生长期、抽薹期、开花期、结荚期。这里只介绍至花球生长期。

1）发芽期。从种子萌动、子叶展开至真叶显露的时期。其适温为 20 ~ 25℃，春夏季需 8 ~ 15 天，冬季需 15 ~ 20 天。

2）幼苗期。从第一片真叶显露至第一叶序 5 个叶片完全展开。其生长适温为 15 ~ 25℃，需 20 ~ 30 天。

3）莲座期。从第一叶序展开到莲座叶全部展开，并出现花球。这一时期生长适温为 15 ~ 20℃，早熟品种约需 20 天，中熟品种约需 40 天，晚熟品种需 70 ~ 80 天。

4）花球形成期。花球始现到花球成熟，需时 20 ~ 30 天，生长适温为 14 ~ 18℃，25℃以上花球形成受阻，由叶片营养生长转入花芽分化须有低温刺激。

（3）对环境条件的要求

1）温度。花椰菜生长发育喜冷凉、温和的气候，属半耐寒性蔬菜，既不耐炎热干旱，又不耐霜冻。它的生育适温范围比较窄，是甘蓝类蔬菜中对外界环境条件要求比较严格的一种作物，其耐寒性和抗热能力均比结球甘蓝差。种子发芽的最低温度为 2 ~ 3℃，25℃左右发育最快。营养生长适宜的温度为 18 ~ 24℃。花球生长的适温为 15 ~ 18℃，8℃以下时生长缓慢，0℃以下花球易受冻害。在 -2 ~ 1℃时叶片受冻。气温在 25℃以上时花球小，品质差、产量下降；温度过高则发育受影响，花薹、花枝迅速伸长，花球松散，花粉丧失发芽力，不能获得种子。

花椰菜从种子发芽到幼苗期均可以接受低温通过春化阶段。通过春化阶段的温度较高，在 5 ~ 20℃即可，以 10 ~ 17℃幼苗通过最快。在 2 ~ 5℃的低温条件下或 20 ~ 30℃的高温条件下不易通过春化阶段，因而不能形成花球，或形成小花球并很快解体。通过春化阶段的温度条件因熟期而异。极早熟品种在 21 ~ 23℃；早熟品种在 17 ~ 20℃；中熟品种在 15 ~ 17℃；晚熟品种在 15℃以下。通过春化阶段的日数早熟品种短，而晚熟品种长。

2）水分。花椰菜喜湿润环境，不耐干旱，耐涝能力也较弱，对水分供应要求比较严格。整个生长期都需要有充足的水分供应，特别是蹲苗以后到花球形成时需要大量的水分。如水分供应不足，或气候过于干旱，常常抑制地上部生长，促使加快生殖生长，提早形成叶球，但球小且质量差。水分过多，土壤通透性降低，含氧量下降，也会影响根系生长，严重时可造成植株凋萎。适宜的土壤湿度为最大持水量的 70% ~ 80%，空气相对湿度为 80% ~ 90%。

3）光照。花椰菜属长日照作物。日照长短对生殖生长影响不大，但营养生长期较长的日照时间有利于生长旺盛，提高产量。结球期花球不宜接受强光照射，否则白色花球易变为黄色、紫绿色，而降低品质。

4）土壤和营养。花椰菜对土壤和营养条件要求较严格。只有栽培在土壤疏松、耕作层深厚、富含有机质、保水排水性好、肥沃的土壤中才能获得高产。最适土壤酸碱度的 pH 值为 6 ~ 6.7，轻盐碱地上栽种花椰菜也可获得较好收成。

花椰菜为喜肥耐肥性作物，氮、磷、钾及微量元素硼和钼对提高花椰菜的产量和品质都具有重要作用。如缺少氮会影响生长发育，降低产量；缺钾易发生黑心病；供应充足的磷能促进花球的形成；吸收氮、磷、钾的适宜比例为 3.28 : 1 : 2.8；土壤中缺硼，易造成球内部开裂，出现褐色斑点并带苦味；土壤中缺乏镁素，老叶易变黄，减低或丧失光合作用能力。

2. 类型和品种

栽培上常按花椰菜生育期的长短和花球发育对温度的要求分类，大体上可划分为早熟品种、中熟品种、晚熟品种与四季品种 4 个类型。

（1）早熟品种。从定植到采收需要 40 ~ 70 天。植株较矮小，叶细而狭长，叶色较浅，蜡粉较多，花球细小、扁圆，单株花球重 0.3 ~ 1 kg。植株耐热，冬性弱，幼苗茎粗 8 mm 左右即可接受低温影响，完成春化过程，多作为夏秋栽培和春早熟栽培。春播宜早，迟播易发生早花现象。目前常用的品种有：瑞士雪球、荷兰 48、白峰、早雪球、雪峰、夏雪 40 等。

（2）中熟品种。从定植到收获需要 70 ~ 90 天。植株中等大小，叶簇较大，开张或半开张，叶色深浅不一，大部分幼苗胚轴紫色。外叶较多，为 20 ~ 30 片，花球较大，紧实肥厚，近半圆形，重 1 kg 左右。该种类较耐热，冬性较强，通过春化阶段需要一定低温。幼苗茎粗 1 cm 时可以接受低温影响，完成春化过程。目前我国出口的花椰菜大部分为此类型。经常栽培的品种有：津雪 88、福建 80 天、荷兰雪球、耶尔福、法国菜花、日本雪山等。

（3）晚熟品种。从定植到采收需要 100 ~ 120 天。植株高大，生长势强，叶片宽，叶柄宽，有叶翼。花球大，肥厚，近半圆形，单球重 1 kg 以上。该品种耐寒，冬性强，幼苗茎粗 1.5 cm 以上才能接受低温影响，完成春化过程。目前常用的品种有：福建 120 天、竹仔种、旺心种、云山 2 号、雪山等。

（4）四季品种。该类型基本为中熟品种的一些品种。由于这些品种耐寒性强，花球发育的温度为 15 ~ 17℃，长江流域地区可以春、秋两季栽培，故称为四季种。目前常用的品种为瑞士雪球、耶尔福、法国菜花等。

单元
2

3. 栽培季节、茬口

北方地区设施内以秋冬茬和冬春茬栽培为主要形式。秋冬茬栽培主要是在元旦或春节前后供应上市，一般于秋季在 10 月上中旬至 11 月中下旬播种，11 月底到 1 月上中旬定植，可于翌年 1 月至 2 月份收获。冬春早熟栽培，日光温室播种期一般为 1 月至 2 月，3 月底至 4 月中旬定植，由于植株生育期短，应选择早熟、耐热、采收顶花球的专用品种。

4. 栽培技术

（1）花椰菜冬春早熟栽培技术要点

1）品种选择及播种育苗。冬春早熟栽培的花椰菜必须选用春季生态型品种，即生长期长和冬性较强的中晚熟品种。而早熟品种的冬性弱，春季育苗时容易在幼苗尚未分化出足够的叶数和形成强大的同化器官之前，就形成很小的花球，极大影响产量和品质。春花椰菜常用的品种有：瑞士雪球、耶尔福、日本雪山等。

在新疆地区日光温室种植可于 1 月上旬至 2 月上旬播种育苗，苗龄 60~80 天，早熟品种短些，中晚熟品种长些，栽植 667 m² 需种子 25~50 g。苗床畦内每 667 m² 施腐熟的有机肥 6 000 kg，耙细整平。播种时畦内灌足底水，待水渗下后撒播种子，每平方米用种量为 2~3 g，播后覆土 1~1.5 cm。扣严塑料薄膜，夜间加盖保温被保温。出苗前不通风，出苗后适当通风。保持畦温白天 20℃ 左右，夜间 10℃ 左右。此期正值最严寒季节，要注意保温，使其勿受冻害。

长出第一片真叶时间苗，保持苗距 1.5 cm 左右。2~3 叶时分苗。分苗的株行距为 10 cm×10 cm。分苗后及时浇水，白天保持 20℃，夜间 10~12℃，促进缓苗。缓苗后注意通风，适当降低苗床温度，白天保持 15~18℃，夜间 5~6℃。随着外界气温升高，可逐渐加大通风量。定植前 7~10 天进行低温炼苗，以秧苗不受冻害为原则，尽量降低苗床的温度。提高秧苗的适应能力和抗逆性。

苗期要注意避免长期低温和干旱，以免使幼苗生长受到抑制或通过春化而形成"小老苗"，引起"早期现球"失去商品价值。

2）定植。当幼苗长至 7~8 片真叶时即可定植。花椰菜对土壤的营养条件要求较严格，故栽培地应选择土层深厚、富含有机质、保水保肥、排灌方便的地块。入冬前每 667 m² 施腐熟的有机肥 5 000 kg，深翻。定植前做成平畦。有条件的应增施硼、钼等微量元素肥料。

定植起苗时应小心谨慎，带土坨起苗，少伤根系，以利缓苗。

定植密度，早熟品种株行距一般为 30~35 cm×50~60 cm；晚熟品种的株行距适当大些。栽后立即浇水。

3）定植后的管理

①温度管理。定植初期不通风，夜间加盖保温被，以增温，促进缓苗。保持白天

20～25℃，不超过28℃；夜间不低于3℃。缓苗后注意通风，保持棚温白天20℃左右。花球出现后，加大通风量，白天保持18～20℃，不能高于25℃，夜间8℃以上。在定植早期，一方面要防止冻冷害，一方面也要防止温度过高发生徒长。后期随着外界气温的升高，要逐渐撤除覆盖物。

②肥水管理。缓苗后，开始生长时，结合浇水进行第一次追肥，一般每667 m²施尿素15 kg，此后中耕1～2次。第一次追肥后15～20天进行第二次追肥，施肥量与第一次相同，并浇水1～2次，为莲座叶旺盛生长打下基础。在莲座叶形成时，为避免徒长，应深中耕1～2次，进行蹲苗。花椰菜丰产的关键是要适时长出较大的莲座叶丛。如果叶丛太小或叶丛过分徒长，都会影响花球的产量和品质。对于春花椰菜尤其应注意促进莲座叶丛的生长，并做到促、控结合，促使莲座叶正常生长而又不过旺徒长。蹲苗有抑制营养生长过旺，并转向生殖生长的作用。蹲苗期如过早，浇水提前，易引起植株生长过旺，花球很小，也易散花；反之，蹲苗过度，土壤过于干旱，也会抑制花球的生长，花球过小，也易散花。蹲苗到花球直径2～3 cm、莲座叶色加深、叶片加厚时结束。蹲苗结束后，要及时追肥浇水，除追施氮肥外，还应追施磷、钾肥料，可每667 m²施复合肥20～30 kg，并及时浇水。此后在花球形成期应及时供应水肥。一般每4～5天浇一次水，保持土壤处于湿润状态，土壤干旱易引起散花。此期还应根据情况追施复合肥1～2次，每次20 kg。有条件时，在叶球形成期，可叶面喷0.2%～0.5%硼酸溶液，有利于提高花球的质量和产量。

③折叶遮光。花球在阳光直射下，易由白色变成淡黄色，进而变成紫色，并长出小叶，降低食用品质。盖花球可使其软化、洁白，提高质量。盖花球可采用折叶和束叶两种方法进行。折叶即将植株基部的老叶折下1～2片，盖在花球上，此法简便易行。但是，盖上的老叶会很快晒干，需要更换1～2次；束叶是将莲座叶用稻草束起来，避免阳光直射花球。但是，束叶不可过早、过紧，以免妨碍花球生长。

4）收获。适时采收是保证花椰菜产量高、品质优良的重要措施。采收过早，花球未成熟，产量降低；采收过晚，花球过熟，花球松散，表面凹凸不平，颜色变黄，出现毛花，品质变劣。适时采收的标准是：花球充分长大，质地洁白鲜嫩，表面致密平滑，凹凸较小，边缘花枝尚未散开。如果花球边缘已开始散开，应立即采收，不能再推迟。一般情况下，春花椰菜适宜采收期较短，仅有4～5天。收获时，在总花茎分枝下部保留几片嫩叶，以保护花球，也可在运输和销售过程中避免受损伤和污染。

（2）秋冬茬花椰菜栽培技术要点

1）育苗。秋花椰菜栽培宜选用雪山、白峰、荷兰雪球等早中熟品种。一般于9月上中旬至10月中下旬播种，苗龄30天左右。

2）定植和管理。10月底到12月上中旬定植。垄栽或畦栽，株行距为40 cm×50 cm，选下午或阴天定植。栽苗时定植穴内可施适量基肥，以防早期缺肥。

单元
2

秋冬花椰菜要加强肥水管理，提早追肥，促使叶片充分生长，以利形成大花球。若外叶生长受阻，易引起先期现蕾。对外叶少、现花球早的品种如白峰等，缓苗后蹲苗，直至现蕾前不能缺水，小水勤浇，保持土壤湿润。进入莲座期后浇水追肥，促进外叶生长。花球膨大期4~5天浇水1次。植株封垄后宜减少浇水，以免湿度过大而发生病害或落叶。花球膨大初期和中期各追肥1次，结合叶面喷施0.2%硼酸溶液，防茎轴空心。现花球后折叶盖花球。

3）收获。可于翌年1月至2月份收获。

三、绿菜花

绿菜花别名青花菜、西兰花、木立花椰菜、茎花菜等，属十字花科芸薹属甘蓝种中的以绿色或紫色花球为产品的一个变种，一年或两年生草本植物。

1. 生物学特性

（1）植物学特征

1）根。绿菜花的主根明显，根系分布较浅，须根发达，根系多集中在10~30 cm的耕作层内，故抗旱性较弱。根系的再生能力强，断根后可很快恢复生长。茎节埋在潮湿的土层里容易长出不定根。

2）茎。绿菜花的茎基部细并木质化，从下向上逐渐增粗，节间也逐渐伸长，在茎中上部渐形成粗大的肉质茎。营养生长期茎短缩，约生长20片叶片后抽生花茎。成熟植株茎长20~30 cm，茎粗达2.5~5 cm。茎外皮绿色，有蜡粉，光滑而坚硬。粗大的肉质茎既可炒食，又可腌渍。

3）叶。绿菜花的叶形有卵圆形和椭圆形两种。叶片初期呈蓝绿色，随蜡粉增多逐渐变深蓝绿色，紫色品种茎叶略紫，叶有缺刻，且比花椰菜深一些，叶片比花椰菜薄，比甘蓝厚，叶片较多，早熟品种有21~23片叶，中晚熟品种有24~30片叶。最大叶长可达30~45 cm，叶宽15~28 cm，叶柄较长，基部有翼状裂片少许，有浅槽，背圆形，中肋粗。每个叶腋都能发生侧枝。

4）花球。绿菜花的花球是由肉质花茎、小花梗和青绿色的花蕾群所组成，花球的轴心为肥大肉质的花茎，表层为浓密的花蕾。花蕾有绿色和紫色两种，以绿色最受欢迎。花球形成后，条件适宜时，花茎可迅速伸长，花蕾开花。主花球直径一般为10~25 cm，绿菜花多数品种腋芽萌发力强，当主球采收后，叶腋中便抽生侧枝，侧枝顶端又生小花球，侧枝顶部花球直径一般为2~4 cm，可多次采收。但在生产上一般只采收到次级花球。

5）花。绿菜花的花为复总状花序，萼片绿色或紫色，花冠黄色。收获期过后，花梗伸长，花苞膨大，继而开花结荚。

6）荚果和种子。荚果为长角果，每个荚果可结10~20粒种子，种子黑褐色，较饱满，千粒重 3.4 ~ 5 g，比花椰菜稍大，比花椰菜开花结荚容易。

（2）生长发育周期。绿菜花的生长发育阶段与花椰菜相同，也分发芽期、幼苗期、莲座期、花球形成期和开花结荚期。

1）发芽期。从种子萌动至子叶展开，第 1 片真叶显露，需 7 ~ 10 天，在 30℃ 以内，当温度越高，出芽越快。以温度为 25℃、水分充足时出芽最好，出苗最齐。

2）幼苗期。从第 1 片真叶显露到第 5 ~ 6 片真叶展开，达到"团棵"时为幼苗期。此期的长短与品种熟性、环境温度等条件有关，在冬春季育苗需时较长，一般需 60 ~ 80 天，而夏秋育苗只需 20 ~ 30 天。此期适宜温度为白天 20 ~ 25℃，夜间 15 ~ 18℃。

3）莲座期。从 5 ~ 6 片真叶展开到植株莲座叶全部展开，茎端现 0.5 cm 大小的小花球为莲座期。莲座期长短因品种熟性和栽培季节而异，一般需 30 ~ 70 天。

4）花球形成期。从小花球出现到花球充分生长、开始采收为花球形成期。需 20 ~ 35 天，生长适宜温度为 15 ~ 18℃。较强的光照和充足的肥水有利于花球形成。

5）开花结荚期。从花球松散、花茎伸长抽枝至种子成熟为止，经历花茎伸长、开花、结荚 3 个阶段，需 75 ~ 100 天。

（3）对环境条件的要求

1）温度。绿菜花喜温和、凉爽的气候条件。由于植株长势强，其抗寒、耐热能力均比花椰菜强。种子发芽适温为 20 ~ 25℃，幼苗期生长适温为 15 ~ 22℃，此时植株的耐寒性及抗热性均很强，可忍耐 - 10℃ 的低温和抗 35℃ 的高温；莲座期生长适温为 20 ~ 22℃；花球发育以 15 ~ 18℃ 为宜，温度高于 25℃，则花球发育不良，品质差；低于 5℃，则花球生长缓慢，能耐短期霜冻。在炎夏也能抽生花蕾群，但较瘦小，质量也差。

绿菜花通过春化阶段，需要有相当大小的植株和一定的低温。早熟品种茎直径 3.5 mm，10 ~ 17℃ 的温度条件下，20 天完成春化；中熟品种茎直径 10 mm，5 ~ 10℃ 温度条件下，20 天完成春化；晚熟品种茎直径 15 mm，2 ~ 5℃ 的低温条件下，30 天完成春化。花球品质与产量依赖于营养生长状况，当植株营养生长不足，过早完成春化时，对花球的形成不利，故早熟品种不宜冬季栽培；相反，晚熟品种在高温季节栽培常因温度不够低而不能通过春化以致不能形成花球，故晚熟品种不能在夏季栽培。因此，根据栽培季节，选择适宜品种，安排合适的播种期是非常必要的。

2）光照。绿菜花为长日照植物，喜光照。在充足的光照条件下，植株生长健壮，花球肥大、紧密，颜色鲜绿，产品质量好；在光照不足的条件下，植株徒长，花茎伸长，花球颜色发黄，品质差。但光照过强，花球色泽会变紫，导致质量下降。

3）水分。绿菜花喜湿润环境，但既不耐涝，又不耐旱。其对水分条件的要求为：发芽期和幼苗期需要湿润的土壤，此时抗涝、抗旱能力最弱。进入莲座期，茎叶生长旺盛，叶片蒸腾作用加强，需要水分增多，如此时过分干燥，则会导致叶片狭小、植株生长不良。花球形成期需要更加充足的水分，如果此时干旱，会导致早期出蕾、花球老化、发育不良、产量和品质下降，如果浇水过多或雨水过多，或雾雨天持续时间长，则容易引起黑腐病、黑斑病的发生和花球腐烂，因此，保持土壤湿润为好，土壤相对含水量以 70% ~80% 为宜。

4）土壤及营养。绿菜花对土壤的适应性强，以排灌良好、耕层深厚、土质疏松肥沃的沙壤土种植为最好。土壤酸碱度适宜范围的 pH 值为 5.5 ~8.0，以 pH 值在 6 左右生长最佳。绿菜花对土壤养分要求较严格，在生长过程中，需要充足的肥料，尤其是氮素营养，在整个生长期内都要得到充分的供应。按其生长阶段分，绿菜花幼苗期植株对氮肥需要量较多；植株茎端开始花芽分化后，对磷钾肥需要量相对增加；花球形成期，应增施磷钾肥及硼、镁、钼等微量元素，增施微量元素对于促进植株体内养分运转和花球发育效果明显。

2. 类型和品种

在生产上，根据绿菜花的熟性分为早熟、中熟、晚熟三种类型。

（1）早熟种。定植后 60 天以内成熟。代表品种有：翠光、里绿、上海 1 号、中青 1 号、碧松等。

（2）中熟种。定植后 75 天左右成熟。生产上使用的主要品种有：绿岭、绿秀、绿公爵、詹姆、期力梅因、哈依姿等。

（3）晚熟种。定植后 85 天以上成熟。生产上常用的品种主要有：夏丽都等。

根据绿菜花的品种特性，还可分为主花球型和主侧花球兼收型两类，前一类属于早熟型，后一类型早、中、晚熟均有。

3. 栽培季节、茬口

绿菜花在北方地区设施内的栽培茬口与甘蓝和花椰菜相同，均以秋冬茬和冬春茬栽培为主要形式。秋冬茬栽培主要是在元旦或春节前后供应上市，一般于秋季在 10 月上中旬至 11 月中下旬播种，11 月底到 1 月上中旬定植，可于翌年 1 月至 2 月份收获。冬春季日光温室播种期一般为 1 月至 2 月，3 月底至 4 月中旬定植，由于植株生育期短，应选择早熟、耐热、采收顶花球的专用品种。

4. 栽培技术

（1）绿菜花的冬春早熟栽培技术要点

1）品种选择。早熟栽培应选用早、中熟品种，从育苗到收获生长期为 85 ~100 天，目前生产中常用的品种有：绿岭、里绿、绿秀等。根据绿菜花的生育特性和日光温室的特点，要适时播种，通过温度控制，培育壮苗，夺取早熟高产。

2）播种育苗。早春栽培在日光温室内育苗。每 667 m² 用种量 25 ~30 g。在预先建好的苗床中，每 10 m² 施入腐熟优质圈肥 100 kg、多菌灵 80 g，深翻 1 ~2 次，耙平做成直播苗床，也可以将配好的营养土装入育苗盘中。在做好的苗床畦上或营养盘中浇透底水，水渗下后，将种子均匀地撒在苗床上或营养盘中，接着覆 1 cm 厚的过筛细土，盖上地膜。苗床温度保持20~25℃。当大部分幼苗出土后，撤去地膜，棚内逐渐加大通风，使苗床温度白天保持在20℃左右，夜间10℃左右。幼苗子叶展开后，选晴天午后间去拥挤的幼苗，间苗后覆1层0.5 cm的细土，有助于幼苗扎根，降低苗床湿度，防止苗期病害发生。苗期不可浇水过勤，畦面保持潮湿即可。

当幼苗长出2~3片真叶时选阴天或傍晚进行分苗。分苗后要适当遮阴，使苗床保持湿润。缓苗期间白天保持20~25℃，夜间15℃。5~7天缓苗后，温度逐渐降低，白天15~20℃，夜间10℃，保持苗床表面见干见湿。

3）适时定植。当幼苗长至7~8片真叶时可定植。定植前整地施肥。每667 m²施优质农家肥5 000 kg、磷肥20 kg、尿素20 kg，施肥后深翻平整，耙平做畦。通常畦宽1~1.2 m，每畦定植二行。株型较大的中、晚熟品种，一般行株距为60 cm×50 cm，每667 m²定植2 200~2 300株；株型较小、侧枝分化力弱的早、中熟品种，行株距为50 cm×45~55 cm，每667 m²定植3 000~3 300株。带土坨定植，定植后及时浇水。

4）定植后管理

①温度管理。定植缓苗阶段，为促其缓苗，可4~5天不放风，夜间要盖草帘或纸被等，加强保温，白天温度25℃左右，夜间15~20℃。缓苗后逐渐由小到大放风，白天温度20~25℃，夜间15℃左右。花球形成期，白天温度保持在20~22℃，夜间温度为10~15℃，管理上应逐渐加大放风。同时要防止水珠落到花球上，引起花球腐烂。

②肥水管理。定植成活后适当控制肥水，若土壤不缺水，不必急于浇缓苗水，待缓苗后，进行一次浅中耕，以提高地温，促进根系发育。在定植后15天，第一次追肥，追肥以氮肥为主，并与适量的磷、钾配合。每667 m²挖穴深施复合肥20~25 kg、尿素15 kg，促进莲座叶生长，早封垄。植株现蕾时，结合浇水进行第二次追肥，一般每667 m²追施尿素10 kg、复合肥15~20 kg、钾肥5 kg。在花球形成前可用0.5%尿素水进行叶面补肥1~2次。绿菜花对硼元素需要较多，缺硼会引起花蕾表面黄化变褐，花薹基部发生裂洞，因此在花球生长的中后期，用0.05%~0.1%的硼砂水进行叶面补肥。

5）适时采收。绿菜花采收标准为花球形成，小花蕾充分长大，尚未露冠，表面圆整，边缘尚未散开，花球紧实，色泽浓绿。适期采收可提高绿菜花的产量和品质。收获过早，产量降低；收获过晚，花蕾开放，花球变为黄色，花球松散，食用品质大大下降。一般自花球出现后10~15天即可采收。采收应在凉爽的早晨进行，应将花球下部带花茎10 cm左右处一起割下。顶球采收后，植株的腋芽萌发，并迅速长出侧枝，于侧枝的顶端又形成花球。当侧花球长到直径5 cm左右，花蕾尚未开放时再行采收。

（2）绿菜花的秋冬茬栽培技术要点。秋冬茬栽培主要是在元旦或春节前后供应上市，一般于秋季在8月中旬至9月中下旬播种，10月初到11月上旬定植，可于翌年1月至2月份收获。常用的早熟品种有东京绿、青绿、绿岭等。定植具7~8叶带土坨的大苗，1.0~1.2 m畦栽2行，株距45~50 cm。栽后覆盖地膜并及时浇水，随水轻施追肥，中耕1~2次。在定植后10天和现蕾期各追肥一次，追肥宜选用速效性肥料，并注意氮、磷、钾的搭配，每次每667 m² 追肥氮、钾肥各7.5 kg，或复合肥12 kg。在现蕾期用0.5%尿素溶液和微肥喷施叶片，增产效果明显。在第一次施肥后要中耕松土，适当培土。

莲座中期浇透水，再中耕。结球初期浇水追肥，每667 m² 施尿素10~20 kg，结球中后期叶面追施0.5%磷酸二氢钾两次，结球期内半月左右浇1次水。缓苗期室温保持20~22℃，夜温15℃左右，进入莲座期室温保持在18℃~25℃。进入严冬后要加强保温，夜间要覆盖草帘或棉被等保温物，但中午室温超过25℃时，仍要在中午进行短时间通风，室内最低气温不要低于5℃。

花球到了采收标准时，及时收获，采收时花球外留3~4片小叶以保护花球，但花茎不可留得过长。绿菜花不耐储运，收获后应及时上市，不宜久放。

第六节 豆类蔬菜栽培

单元 2

培训目标

→ 掌握菜豆、豇豆和荷兰豆对环境要求的不同
→ 掌握菜豆、豇豆和荷兰豆设施栽培技术要点

一、菜豆

菜豆属于豆科菜豆属一年生蔬菜作物，原产于中南美洲。菜豆俗称芸豆、四季豆、豆角等，以嫩荚为食用部分。菜豆品质鲜嫩，营养丰富。既可鲜食又可加工成耐储运的罐头及脱水菜。

1. 生物学特性

（1）植物学特征

1）根。菜豆属直根系植物，根系分布深而广，根群主要分布在15~40 cm的土层内，有较强的抗旱和耐瘠薄能力。在苗期，根系发育比地上部快，分布幅度也较地上部广，播种后，子叶刚露出地面时，主根已生出7~8条侧根，株高15~20 cm时，主根已有大量侧根，扩展半径可达80 cm，但多分布在表土层，结荚时主根可深达60 cm以上，侧根仍主要分布在表土15~40 cm范围内。根系的吸收能力较强。但是，菜豆根系木栓化早，再生能力差，所以在保护地栽培时应采用护根育苗措施。菜豆的主根和侧根上都可形成根瘤，开花结荚期是形成根瘤的高峰期，进入收获期根瘤形成逐渐减少，固氮能力也开始下降。植株生长越旺盛，根瘤菌越多，固氮能力越强。但菜豆的根瘤发生较晚，数量较少，因此菜豆栽培苗期需足够的速效氮供应，否则，对菜豆的生长发育和产量形成会带来不利影响。

2）茎。菜豆的茎依生长习性可分为矮生种和蔓生种，矮生菜豆株高50~60 cm，茎直立不用搭架，植株长至5~7节时茎顶端分化出花芽而封顶，侧枝长到3~5节后，顶芽也形成花芽而封顶。蔓生菜豆属于无限生长型，在环境条件适合的情况下，顶端形成叶芽，持续不断生长。一般茎长可达2~3 m。蔓生菜豆茎的基部生长较慢，从第三节或第四节开始进入迅速生长期即伸蔓期，茎蔓左旋（即逆时针方向）缠绕。

3）叶。菜豆的叶分为子叶和真叶两种，子叶一对，多呈肾形，出土不展开，不能进行光合作用，只能为幼苗的前期生长发育提供养分。菜豆是子叶出土植物，播种不宜过深，以免影响出苗。前两片真叶为一对对生的心形单叶，从第三片真叶开始变成三出复叶，即每片真叶由3个小叶组成，小叶心脏形或卵形，全缘，绿色。复叶互生，具长叶柄，基部着生一对托叶。菜豆真叶的正反两面及叶柄都有绒毛，农事操作过程中，叶片易粘到衣物上，叶片之间也易粘连。

4）花。菜豆的花生于叶腋间或茎的顶端，为完全花，总状花序，每个花序有花2~8朵。因品种不同可有白、浅红、黄、紫等颜色。蝶形花冠，自花授粉，天然杂交率只有0.2%~1%。开花的顺序，矮生种自上部花序至下部花序渐次开放，全株花期20~25天。蔓生种则从下部先开，渐次向上，全株花期30~45天。同一花序内基部先开，渐次向顶端开放。

5）果实。菜豆豆荚为条形，直或弯曲，形状有圆筒形、扁圆筒形和扁平形三种。长15~25 cm，嫩荚一般呈绿色、浅绿色，也有黄色、紫红等色。成熟时呈白色或黄褐色，每荚含种子4~15粒。

6）种子。菜豆的种子形状多为肾形，少数扁平或细长，也有近圆球形。种皮有白、红、黄、褐等颜色及多种花斑。种子千粒重300~700 g。其使用年限通常为1~3年，随时间的延长种子发芽率及使用价值逐渐降低。

（2）生长发育周期。菜豆的整个生育期可分为发芽期、幼苗期，抽蔓期和开花结荚期。

1）发芽期。从种子萌动出土到第一对真叶出现为发芽期。在适宜的环境条件下，种子完成吸水后，在1~2天内出现幼根，7~9天后子叶露出地面，10~12天后第一对真叶出现时结束发芽期。发芽期的长短主要因温度而不同。发芽期内各器官主要利用子叶储藏的营养物质进行生长，随着幼株生长和质量的增加，子叶内养分逐渐减少，待养分消耗完后，子叶便枯萎脱落。

2）幼苗期。从第一对真叶出现到长出4~5片真叶为幼苗期，也叫营养生长期，需20~25天。第一对真叶对幼苗的生长影响很大，基生叶受伤的幼苗生长速度减慢，生长势也弱。在幼苗期进行花芽分化。

单元
2

3）抽蔓期。从 4~5 片真叶到开始开花为抽蔓期。蔓生品种开始爬蔓，矮生品种发棵，需 10~15 天。

4）开花结荚期。从开始开花到采收嫩荚结束为开花结荚期。这一时期蔓生品种为 50~70 天，矮生品种 20~30 天。从现蕾至开花经 5~6 天。从傍晚进入开花过程，后半夜起花朵旗瓣基部和花药裂开，清晨开花最盛，当天没有开完的花，次日早晨再开。菜豆的花粉较少，开花前一天花粉就能发芽，开花前 10 h 和开花当时的花粉发芽率最高，开花后 5~6 h 花粉基本丧失发芽机能。雌蕊开花前 3 天就具受精力，开花前一天结实率最高。菜豆常在开花前数小时自行授粉，每朵花的开花期为 2~4 天。高温不利花粉管的伸长，气温超过 25℃时，结荚率降低。开花后 5~10 天豆荚显著伸长，15 天已基本长足，25~30 天内完成种子的发育。

（3）对环境条件的要求

1）温度。菜豆属喜温蔬菜作物。抗寒能力弱，即使是轻微霜冻，也会受害。一般短时间 2~3℃的低温，叶片失绿，较长时间 10℃以下环境植株将生育不良。其生长发育的适温范围为 19~25℃。耐短时 8℃低温和 36℃高温，适于北方地区温室、大棚栽培。苗期适当低温锻炼有利于菜豆幼苗耐寒性增强。矮生菜豆比蔓生的耐低温能力强些。生长期的适温为 10~25℃，以 15~20℃最为合适。种子发芽适温为 20~25℃，35℃以上和 8℃以下不易发芽。幼苗生育适温为 18~20℃，界限地温为 13℃。2~3℃下失绿，0℃发生冻害。花芽分化期的适温为 20~25℃，30℃以上高温干旱或低于 15℃时，花芽分化不良。开花结荚期适温为 18~25℃，低于 10℃和高于 30℃对结荚不利及荚的发育不良。菜豆从播种到开花所需的有效积温为：矮生品种 700~800℃；蔓生品种 860~1 150℃。

2）光照。菜豆属喜中等光强的作物，它的光饱和点为 30 000 lx，光补偿点为 1 500 lx。光照过强，特别是加上高温干旱，或者光照过弱，均会引起落花落荚。大多数品种对日照时间长短的要求不太严格。但少数品种对日照时间有一定的要求，如不能满足就要影响花芽分化。温室、大棚春提前栽培时，光照条件虽比露地差，但一般能满足需要，仅冬春季栽培才感到不足，所以冬春茬菜豆的产量、质量都比较低。在幼苗期，菜豆仍需较长和较强的光照，栽培时应尽量满足苗期光照。

3）水分和湿度。菜豆对环境湿度的要求较为严格，菜豆的适宜土壤湿度为田间最大持水量的 60%~70%，过于干旱，根系发育不良，开花数减少，结荚率降低。但土壤湿度过大或地面积水，又会由于土壤中氧气不足而造成根系发育受阻，吸收能力减弱，从而使植株基部叶片黄化脱落，结荚率降低，严重者可使茎叶和豆荚腐烂，以致全株死亡。菜豆对空气相对湿度的要求以 80%左右为宜，空气相对湿度过低或过高均会造成严重落花。

4）土壤。菜豆对土壤的要求较为严格，在质地疏松、富含有机质、排水良好和土层厚的壤土中有利于根系生长和根瘤菌的活动，而在黏重土或低湿土壤中不利于根系的伸展及吸收养分，植株不发棵。菜豆耐盐碱能力较弱，其适宜的 pH 值为 6.2~7.0。

5）营养。菜豆根系虽与根瘤菌共生形成根瘤，其本身可以固氮，但仍需人为补充氮肥。菜豆对氮、钾吸收较多，对磷吸收较少，但缺少磷肥会使植株和根瘤菌生育不良，从而造成减产。硼和钼可促进菜豆生育和根瘤菌的活动，提高菜豆产量。菜豆忌连作，一般需隔 2~3 年才能在同一地块上种植菜豆。

2. 类型和品种

菜豆的品种很多，可以分成不同的类型。依其茎的生长习性可分为矮生类型和蔓生类型两类。

（1）矮生型。矮生型的植株矮小而直立。一般主枝发生 4~8 节后，茎生长点变为花芽，不再继续生长。在主枝叶腋抽出各侧枝，其生长点也为花芽。这类品种早熟，采收期较集中，但产量较低，品质较差。常用品种有：意大利矮生玉豆、优胜者、供给者、推广者、地豆王 1 号、日本极早生等。

（2）蔓生型。蔓生型的主蔓长 2~3 m。初生茎节的节间短，以后各节的节间伸长，左旋性向上缠绕生长。各个茎节的腋芽可抽出侧枝或花序，它们之间具有互相抑制作用，抽出侧枝之节，花芽多不发育。茎节一般以抽出花序为多。因此，随着茎蔓的生长而增加花序数。主栽品种有：丰收一号、碧丰（绿龙）、春丰 4 号、哈菜豆 1 号、双丰架豆、芸丰、超长四季豆、无筋菜豆等。

3. 栽培季节、茬口

菜豆的保护地栽培的类型很多，大体可归纳为春茬、秋茬、秋冬茬和冬春茬栽培等类型。目前主要以春茬和秋茬栽培居多。春茬在 12 月中下旬到 2 月上旬育苗，翌年 2 月上旬至 3 月中旬定植；秋茬一般在当地初霜前 50~60 天播种。南疆的冬天，气温较高，阴雪天气较少，也可进行秋冬茬和冬春茬的栽培。秋冬茬，一般在 8 月中下旬到 9 月中下旬播种；冬春茬，一般于 10 中下旬至 11 月上旬播种。

4. 栽培技术

（1）春茬栽培的技术要点

1）培育壮苗。菜豆虽属深根性作物，但根系木栓化早，再生能力差，一般不宜育苗移栽。但菜豆根系具有发生侧根的能力，如果采用保护根系的育苗措施，一般较易培育壮苗。

①育苗期的确定。日光温室菜豆春提前栽培的育苗期，根据当地气候条件和计划栽培菜豆日光温室的保温防寒能力，以及所用品种和生长发育速度的不同决定。菜豆需要在棚内最低气温不低于 10℃，地温稳定在 8℃以上时定植。从菜豆生长发育的速度来说，一般矮生型菜豆日历苗龄以 25 天左右为宜，生理苗龄以 3 片复叶左右为宜；蔓生型菜豆日历苗龄以 35~45 天左右为宜，生理苗龄以 6~8 片复叶为宜。根据菜豆苗龄及保护地

单元
2

的安全定植期,可确定菜豆的适宜播种时期。新疆菜豆春提前栽培育苗的适宜时期是:矮生种 3 月上旬播种,蔓生种 2 月下旬播种。

②播前准备及播种。菜豆育苗所用床土基本与瓜类、茄果类相同。菜豆育苗为防止伤根,一般直播在育苗钵内或营养土方上,而不采用先播在育苗盘内后移植的方法。如采用营养土方,厚度以 10 cm 左右为宜,切成 10 cm×10 cm 见方土块。播种前先在土方上扎 1 cm 深小孔,然后每孔播 3~4 粒精选的种子,播后上盖细沙或疏松床土,保证室内温度 20~25℃,床土温度 15℃以上。如果温度较低,床土上可覆盖一层地膜,既可起到保温增温作用,又可起到保湿作用,待幼苗出土时揭掉地膜,以免烧伤幼苗子叶。

③苗期的环境管理。菜豆在育苗期间主要是温度和水分管理,其中温度管理最为重要。菜豆播种后在水分适宜条件下,保证 20~25℃,2~3 天就可齐苗;一周左右子叶便可展开,此时应适当降低温度,白天以 20℃,夜间以 10~15℃为宜;当对生叶充分展开,第一片复叶出现后,为了促进根、茎、叶的生长和花芽分化,此时应适当提高温度,白天以 20~25℃,夜间 15~20℃为宜;定植前一周左右,为进行幼苗锻炼,应降低温度,白天以 15~20℃,夜间以 10~15℃,最后几天夜间 5~10℃为宜。

菜豆秧苗较耐旱,播种后到定植前一般不灌水,以确保根系发达,植株矮壮。健壮秧苗定植时株丛矮而壮,叶色深绿而显皱缩,节粗柄短。秧苗定植前一天灌水,水量不宜过大,以湿透营养钵为准。

2)整地、施基肥和做畦。秧苗定植前 20~25 天扣棚。土壤完全解冻后,进行整地施肥,一般每 667 m² 可撒施腐熟有机肥 5 000 kg,然后进行深翻,翻后做畦或垄,一般蔓生菜豆,间隔 1.0~1.2 m 做垄,每垄栽两行。

3)定植

①定植时期。待保护地内 10 cm 地温稳定超过 10℃,夜间最低气温稳定超过 5℃即可定植。

②定植方法与密度。定植时可采用开沟灌水,待水渗后定植,再覆土。也可采用先定植后灌水的方法,但一般早春不宜灌大水。定植株距以 20~25 cm 为宜。矮生菜豆定植的株行距为 30~33 cm 见方。定植时要注意不要把苗坨碰碎。

4)定植后管理

①温度管理。在定植前期由于外界气温低,因此,保护地应以保温为主。为促进缓苗和缓苗后生长,白天温度以 25~28℃,夜间以 15~20℃为宜;当白天温度超过 32℃时应及时通风降温。当菜豆进入开花期时,应适当降低白天温度,以促进结荚,白天以 22~25℃,夜间仍以 15~20℃为宜。进入结荚盛期,由于外界气温不断升高,应加大放风量,防止棚内出现高温而造成落花。

②肥水管理与中耕。在肥水管理上,应注意定植前期少灌水施肥,结荚盛期多水肥。一般定植后至开花前以控为主,土壤不过干旱不进行灌水;结荚后开始追肥灌水,

蔓生菜豆每隔 10~15 天左右灌一水,每隔 20~30 天左右追一次肥,每次每 667 m² 追施二铵 15~20 kg。

一般定植后 2~3 天开始中耕,以后每隔一周进行一次,直至开花,开花后为避免伤根应停止中耕。中耕除起到灭草和疏松土壤的作用外,还有利于提高地温和进行根系培土,因此可促进菜豆根系生长。

③植株调整。蔓生菜豆在伸蔓时,应及时插架,每畦双行定植的,可插成人字架;单行密植的可插成直立架。在日光温室和大棚种植的可直接吊蔓。菜豆生育后期,应及时打去植株下部病老黄叶,以利于改善通风透光条件。

④防止落花落荚。菜豆花量较多。通常能正常开花的花仅有 20%~30%,而且能结荚的花仅有开放花的 20%~30%,因此菜豆的结荚率相当低,大量的花芽或变为潜伏芽,或在开放时脱落。造成这种现象的原因很多,其中包括菜豆本身的遗传原因和外部环境原因两个方面。就外部环境原因而言,主要归纳为两个方面:其一是由于环境条件不适宜而造成授粉受精不良,如温度过高或过低,湿度过大或过小等都会造成落花;其二是植株内部营养供应不足,从而造成各器官间激烈的营养竞争,弱的花芽就会变为潜伏芽或开花时脱落,如肥水不足、光照较弱、同化物质减少等都会出现这种现象。

防止措施,一是加强温、光及空气湿度的管理,创造有利于菜豆开花结荚的环境条件;二是加强肥、水管理,维持营养生长和生殖生长平衡,并注意植株群体通风透光;三是适时采收,防止结荚过量而坠秧。

5)采收。菜豆以嫩荚为食,采收过早影响产量,采收过晚又会影响品质。因此,应掌握好采收时期。一般落花后 10~15 天为采收适期,盛荚期可 2~3 天采收一次。蔓生菜豆从播种到采收需要 60~70 天,而矮生菜豆可比蔓生菜豆提早 10 天左右。

(2)秋茬菜豆栽培的技术要点

1)整地施肥。前茬作物收获结束后,应及时清理残株烂叶,然后进行深翻,翻后按行距 50~55 cm 开沟施肥灌水。一般每 667 m² 施优质农家肥 3 000~3 500 kg 和过磷酸钙 30~40 kg,施后向沟内灌水,水渗后起垄。

2)播种。秋茬菜豆既可直播,也可育苗,依前茬作物拉秧早晚而定。前茬作物拉秧早,可采用直播;若前茬作物拉秧晚,可采用育苗。直播通常以 25 cm 穴距开穴,然后每穴点播 3~4 粒精选种子,上部覆土 3 cm 左右。育苗与春茬基本相同,只是要注意降温,避免出现 35℃ 高温。另外,苗龄应适当缩短,一般以 20~25 天为宜。

3)播后管理。在播种之后的生育前期,由于气温偏高,应尽量降温和控制灌水,防止植株徒长;在开花结荚后,外界气温逐渐降低,此时应适当缩小放风量,白天不超过 25℃ 不放风;植株生育后期应及时加盖多层保温材料进行保温。

浇水应掌握"苗期少,抽蔓期控,结荚期促"的原则。幼苗出土后,根据土壤墒情浇一次齐苗水,此后直到抽蔓应适当控水,植株抽蔓后随灌水追施一次化肥,每 667 m²

施尿素 15~20 kg，以促进植株生长。然后至开花期应进行适当蹲苗，以促进营养生长和生殖生长平衡。菜豆开花以后，应加强肥水管理，土壤相对湿度保持在 60%~70%，每隔 7~10 天浇一次水，每浇两次水还应追施一次化肥，每次每 667 m² 用二铵 15~20 kg。

播后幼苗生育前期应加强中耕培土，一般每周中耕一次，以促进根系生长，但至植株现蕾后应停止中耕，避免伤根。植株伸蔓后应及时插架或吊蔓，方法与春茬相同。

4）采收。秋茬菜豆栽培的采收期长短主要依保护地设施的保温情况不同而不同。大棚栽培的采收期只有一个半月至两个月；日光温室可达三个月以上。秋茬豆荚采收适期与春茬相同。

二、豇豆

豇豆别名带豆、豆角、长豆角等。原产于亚洲东南部热带地区，我国自古栽培，现普遍栽培于南北各地。豇豆嫩荚质地细嫩、口感鲜美，富含蛋白质、碳水化合物、膳食纤维，以及人体必需的维生素和矿质营养素，营养价值很高，可炒食、凉拌或腌泡、菜干等。老熟豆粒可作粮用或制作糕点、豆沙馅用。豇豆较耐热，是夏季的主要蔬菜之一。

1. 生物学特性

（1）植物学特征

1）根。根系发达，成株主根可深达 80~100 cm，主要根群分布于地表 20 cm 左右，耐旱力较强。主根系明显，侧根和须根比菜豆稀疏。但根系木栓化较早，受伤后再生力弱，育苗移栽应采用保护根系的措施。根系能与根瘤菌共生形成根瘤，具有固氮作用。

2）茎。豇豆的茎有矮性、半蔓性和蔓性 3 种。矮生种茎蔓直立或半开放，花芽顶生，株高 40~70 cm；蔓生种茎的顶端为叶芽，在适宜的条件下主茎不断伸长，可达 3 m以上，侧枝旺盛，并能不断结荚，需支架栽培；半蔓生种，茎蔓生长中等，一般高 1~2 m。无论蔓生种或半蔓生种，均为花序腋生，茎蔓呈左旋性。

3）叶。豇豆发芽时子叶出土，但不展开，不能进行光合作用，只为幼苗的前期生长提供营养。初生真叶两枚，单叶，对生。以后长出的真叶为三出复叶，中间的小叶片较大，卵状菱形，长 5~15 cm，小叶全缘，叶肉较厚，叶面光滑，深绿色，基部有小托叶。叶柄长 15~20 cm，绿色，基部常带紫红色。

4）花。豇豆的花为总状花序，腋生，花梗长 10~16 cm，每花序有 4~8 枚花蕾，通常成对互生于花序近顶部。蝶形花，花萼浅绿色，花冠白色、黄色或紫色。龙骨瓣内弯或弓形，非螺旋状。豇豆是比较严格的自花授粉作物。凡以主蔓结荚的品种，第一花序着生节位，早熟种一般为第 3~5 节，晚熟种为第 7~9 节；以侧蔓结荚为主的品种，分枝性较强，侧蔓第一节位即可抽生花序。各花序第一对花开放坐荚后，5~6 天后第二对花开放。如肥水充足、条件适宜，可陆续坐果 2~4 对。

5）荚果和种子。豇豆的荚果线形，果荚颜色呈深绿色、淡绿色、紫红色或间有花斑彩纹等多种色泽。长荚种荚长 30 ~ 90 cm，短荚种只有 10 ~ 30 cm，每荚含种子 8 ~ 20粒。种子无胚乳、肾形，颜色有紫红色、褐色、白色、黑色或花斑等，千粒重 120 ~ 150 g。

（2）生长发育周期。豇豆的个体发育，就蔓性种来说，自播种至豆荚或种子成熟，可分为 4 个时期：种子发芽期、幼苗期、抽蔓期和开花结荚期。

1）种子发芽期。自种子播种萌动到第一对真叶开展为发芽期。豇豆与菜豆一样，子叶出土，但不展开，不进行光合作用，靠子叶中储藏的养分在发芽时分解使用，到第一对真叶开展，便可进行光合作用，独立生活。第一对真叶为单叶对生，其后真叶为互生的三出复叶。温度在 20 ~ 30℃ 范围内有适当的湿度，6 ~ 7 天发芽；若在 15 ~ 20℃ 则需要 10 ~ 12 天。种子发芽所吸收的水分一般不超过种子重的 50%。水分过多，种子容易霉烂，降低发芽率。在发芽期，在控制水分的同时，要提供疏松、透气的土壤环境条件。

2）幼苗期。自第一对真叶开展至具有 7 ~ 8 片复叶为幼苗期。当幼苗具 2 ~ 3 片真叶时开始花芽分化。幼苗期节间短，茎直立。以后节间伸长，不能直立而缠绕生长，同时基部腋芽开始活动。幼苗期需 15 ~ 20 天。如在 15℃ 以下和土壤湿度大时，幼苗容易坏根，轻者抑制生长，重则死苗。在高温高湿条件下，则容易引起猝倒病。豇豆的根容易木栓化，再生能力弱，如进行育苗移栽，须采用保护根系的措施，或在第一对真叶开展前移植。

3）抽蔓期。从具 7 ~ 8 片真叶到植株现蕾为抽蔓期。这个时期主蔓迅速伸长，基部开始多在第一对真叶及第 2 ~ 3 节的腋芽抽出侧蔓，根瘤也开始形成。抽蔓期温度适宜，光照充足，则茎蔓粗壮，侧蔓发生较快；若温度过高或过低，则茎蔓生长瘦弱。土壤湿度大，不利于根的发育和根瘤的形成，容易引起根腐病或疫病等。抽蔓期为 10 ~ 15 天。

4）开花结荚期。从现蕾至采收结束或种子成熟为开花结荚期。此期长短因品种、栽培季节和栽培条件差别很大，一般为 50 ~ 75 天。就单花来说，开始花芽分化至花器官形成约需 25 天，现蕾至开花需 5 ~ 7 天，开花至豆荚商品成熟需 9 ~ 13 天。开花结荚期间，茎叶继续生长，特别是结荚前期和中期茎叶生长旺盛，现蕾前后茎叶生长过旺则会延迟开花结荚，应适当控制茎叶生长。豇豆主蔓抽出第一花序的节位因品种而不同，早熟种在 3 ~ 4 节，一般品种多在 7 ~ 9 节。侧蔓抽出花序较早，一般在 1 ~ 2 节。主、侧蔓抽出花序后，其后花序多连续发生，早发侧蔓的品种，主蔓和侧蔓往往可以同时采收嫩荚。一般情况下，每花序只发育 1 ~ 2 对花蕾，而多数情况下只有第一对花蕾能正常开花结荚。豇豆的落花落荚也很严重，其原因，除营养生长与生殖生长不相适应外，花期湿度过大或干旱，温度过高或过低，光照太弱及病虫害等也是重要原因。

（3）对环境条件的要求

1）温度。豇豆是耐热性蔬菜，能耐高温，不耐霜冻。种子发芽的适宜温度为25～35℃，而以在35℃时发芽率和发芽势最好。在20℃以下时，发芽缓慢，发芽率降低，在15℃的较低温度下发芽率和发芽势都差。对于豇豆种子播种后的出土成苗则以30～35℃时为最快，抽蔓以后在20～25℃的气温生长良好，35℃左右的高温仍能生长和结荚。15℃左右生长缓慢，在10℃以下时间较长则生长受到抑制，在接近0℃时植株冻死。

2）光照。豇豆属于短日照植物，但对日照长短的要求可分为两类。一类对日照长短要求不严格，在长日照和短日照季节都能正常开花结荚，多数品种属于此类。另一类对日照长短的要求比较严格，适宜在短日照季节栽培，如在长日照条件下则茎蔓徒长，开花结荚迟。日照长短可以影响豇豆的分枝习性和着生花序的节位，短日照可以促进主蔓基部节位抽发侧蔓，降低第一花序着生节位；长日照则使侧蔓的着生节位显著提高，主蔓上第一花序的着生节位也提高。豇豆喜光，在开花结荚期，若光线不足，会引起落花落荚。

3）水分和湿度。豇豆需要适量的水分，但其根系发达，吸水力强，叶面蒸腾量小，所以比较耐旱。种子发芽期和幼苗期不宜过湿，以免降低发芽率或使幼苗徒长，甚至烂根死苗。开花结荚期要求有适宜的空气湿度和土壤湿度。若空气湿度大或遇干燥的冷风，容易落花落荚。土壤水分过多，不利于根系和根瘤菌的活动，甚至烂根发病，引起落花落荚。

4）土壤和营养。豇豆对土壤的适应性广，只要土质疏松均可栽培，但以富含有机质、肥沃的壤土或沙质壤土为好。适宜的土壤pH值为6.2～7，土壤酸性过强，会抑制根瘤菌的生长，影响植株的生长发育。

豇豆结荚时需要大量的营养物质，且其根瘤菌又远不及其他豆科植物发达，因此必须供给一定数量的氮肥。但也不能偏施氮肥，如前期氮肥过多，使茎蔓徒长，会延迟开花结荚，应该与磷、钾肥配合施用。增施磷肥，可以促进根瘤菌活动，根瘤较多，豆荚充实，产量增加。

2. 类型和品种

一般栽培的豇豆有长豇豆和短豇豆两类：长豇豆的荚果长30～90 cm，嫩荚肉质肥厚，脆嫩，作为蔬菜栽培。短豇豆的荚果长30 cm以下，荚皮薄，纤维多而硬，不宜食用，种子主要作粮食用，也有作菜用的。长豇豆依其生长习性可分为蔓性、半蔓性及矮生性三种类型。

蔓性种茎蔓长，花序腋生，随主蔓伸长，各叶腋陆续抽生花序或侧蔓。栽培时需支架，生长期较长，产量较高。依其荚果的颜色可分为青荚、白荚和红荚3种。代表品种有：之豇28－2、之豇特早30、特选之豇28－2、长豇2号（湘豇2号）、镇豇一号、白沙7号豇豆、青豇80、朝研早豇豆、秋紫豇6号、扬豇40等。

矮生性种茎矮小，直立，多分枝而成丛生状，栽培时无须支架，生长期短，成熟较早，产量较低。主栽品种有：美国无架豇豆、白籽无架豇豆、早矮青等。

3. 栽培季节、茬口

豇豆保护地栽培的类型和季节与菜豆大体相同。也可分为春茬、秋茬、秋冬茬和冬春茬栽培等类型，以春提前和秋延后栽培居多。春茬在 1 月上中旬到 2 月下旬育苗，2 月中旬至 3 月下旬定植；秋茬一般在当地初霜前 50 ~ 60 天播种。南疆的冬天，气温较高，阴雪天气较少，也可进行秋冬茬和冬春茬的栽培。秋冬茬，一般在 8 月上中旬到 9 月上中旬播种；冬春茬，一般于 10 中下旬至 11 月上旬播种。

4. 栽培技术

（1）日光温室春早熟栽培技术要点

1）选择优良品种。日光温室栽培应选用早熟、高产、适于密植和品质好、适销对路的品种，还要求叶片小，较耐弱光，可采用特选之豇 28－2、之豇特早 30、之豇 28－2、镇豇一号、白沙 7 号豇豆、青豇 80、朝研早豇豆等。

2）培育壮苗。豇豆一般采用直播，但在温室内进行早春栽培，为了提高温室利用率，延长上茬作物生长期，并且提早上市，宜采用集中育苗。又因豇豆的根系木栓化较早，易采用营养钵育苗的方式。

①育苗床土的配制。选用连续多年没种过豆类蔬菜的肥沃园土，经晒干过筛，加配腐熟的猪、羊、鸡粪等，按土肥比 2：1 的比例配制。每立方米营养土加施优质复合肥 2 kg、90% 敌百虫晶体 60 g、75% 福美双可湿性粉剂 80 g，充分拌匀后堆积备用。床土要松散，以手捏成团，落地即碎为准。

②苗床准备。先将苗床耧平踏实，将配制好的床土装入口径为 10 cm×10 cm 的营养钵内，然后将装好营养土的钵摆放成长 10 ~ 15 m、宽 1.2 m 的平畦或低畦。钵间空隙最好用土填满。

③种子处理。豇豆的种子处理主要包括晒种和药剂浸种。晒种：于播种前选择晴天在温室内晒种 2 ~ 3 天，温度不宜过高，应掌握在 25℃ ~ 35℃，注意摊晒均匀。药剂浸种：用农用链霉素 500 倍液浸种 4 ~ 6 h，防治细菌性疫病，然后用自来冲洗干净，稍凉后即可播种；枯萎病和炭疽病发生较重的地块可用种子质量的 0.5% 的 50% 多菌灵可湿性粉剂拌种防治。

④播种。播种前将营养钵浇透水，待水渗下后，将种子播在营养钵中，每钵播种 3 ~ 4 粒，然后覆盖筛过的营养土 2 cm 左右，土上覆盖地膜，增温保湿，最后在苗床上架小拱，扣上薄膜。

⑤苗期管理。播种后，如果棚温保持在 20 ~ 25℃，则 3 ~ 4 天即可出苗，通常苗床温度达不到这一水平，所以种子播种后大约需要 5 ~ 7 天方能出土。播种后约有 30% 种子顶土出苗时，即可拆去小拱棚，揭开地膜和保温材料。待子叶充分展开后，适当降低温度，白天保持在 20℃ 左右，夜间保持在 10 ~ 15℃，以防徒长。苗期一般不浇水，定植

前 4～5 天适当通风降温炼苗。

3）定植前的准备。豇豆保护地栽培营养生长较为旺盛，早春保护地早熟栽培时基肥的施用量应较露地栽培少一些，一般每 667 m² 基肥用量为优质腐熟有机肥 1 500 kg 加复合肥 20 kg（或过磷酸钙 10～15 kg、硫酸钾 10 kg）。以上肥料 2/3 撒施，1/3 开沟时沟施。定植前 15 天撒施基肥后，深翻土壤 30 cm，然后耙细整平，按大行距 80 cm、小行距 50 cm，开 15 cm 深的沟并施肥，沟上起垄，垄高 15～20 cm，垄面平整呈龟背形，以增加土壤表面积，提高地温，然后在垄面上铺上地膜。前茬作物为豆类蔬菜的旧温室，每 667 m² 可加施 70% 甲基托布津可湿性粉剂或 64% 杀毒矾可湿性粉剂 1 kg，兑细土撒匀或兑水喷洒地面，然后深翻、耙细、整平、开沟、起垄。

4）定植。营养钵育苗的，待苗长至 2～3 片复叶时，即可定植。定植应选择冷尾暖头的晴天进行，定植时，在垄上按 30 cm 左右的株距在覆盖好的地膜上挖 10～12 cm 深的定植穴，在定植穴中点施磷酸二铵，每穴 5 g，幼苗去掉营养钵，带坨放入穴中，覆半穴土固定，然后浇水，水渗下 2～3 h 后封垄，或于第二天中午用暖土封垄。一般每 667 m² 可定植 3 000～4 000 穴。

5）定植后的管理

①温度管理。早春保护地栽培，定植后成活前应保持较高的棚温，白天保持在 25～30℃，夜间保持在 15℃ 以上，密闭不透风，以提高地温，促进缓苗。缓苗以后适当降低温度，棚温白天保持在 22～25℃，夜间不低于 15℃。若棚温高于 30℃，应立刻通风降温。若遇寒流大幅度降温时，要及时采取增温措施，夜间还需要在小拱棚上覆盖草片、遮阳网等保温材料。进入开花期后，白天棚温以 20～25℃ 为宜，夜间不低于 15℃，在确保上述温度的条件下，可昼夜通风，以利于开花结果。

②肥水管理。施肥的原则应把握"花前少施、花后多施、结荚期重施"。一般开花前不施肥料，当第 1 花序坐荚后，每隔 7～10 天施复合肥 10～15 kg/667 m²，共施 3～4 次。施肥可采用穴施法，即搭架前在每 4 个定植穴中间挖 1 个施肥穴，施肥时将肥料施入穴中，后用水淋入，或者将肥料溶解后浇入施肥穴中。另外，结合喷药，用 0.3% 尿素加 0.3% 磷酸二氢钾混合液进行叶面追肥。浇水的总原则是"浇荚不浇花"，缓苗后到开花结荚前严格控制水分，坐荚后（豆荚长 2～3 cm）开始浇水，以后逐渐增加浇水次数和浇水量，时刻保持土壤湿润。浇水最好采用膜下浇水的方法，以避免棚内空气湿度过高，防止落花、落荚及病害的发生。

③植株调整

a. 搭架引蔓或吊蔓。当植株长至 5～6 片叶时，即可搭架，用 2～2.5 m 长的竹竿搭"人"字架，架高 2 m 左右，在每穴插一根，在距植株基部 10～15 cm 处将竹竿斜插入土中 15～20 cm，在离地 1.2 m 左右交叉处横放一竹竿，用绳子扎紧作横梁，这样既利于通风透光又便于采摘。搭架后及时引蔓上架，引蔓宜选择晴天上午进行（避免伤口感染病害），按逆时针方向将主蔓绕在架上，使植株茎蔓沿支架生长，一般引蔓 2 ~ 3 次，以后让其自然生长。目前，日光温室和大棚栽培多采用吊蔓的方式，可以节约成本、减轻劳动强度。

b. 抹芽摘心。早春棚内通风透光差，生长前期要抹去第 1 花序下的侧芽、侧枝，生长中期（主蔓长至架顶时）摘除顶端生长点，及时去除下部老叶、病叶和残叶，以减少养分消耗，改善通风透光，促进开花结果。

6）采收。长豇豆播种后，约经 60 天开始采收嫩荚，而开花后经 7 ~ 12 天，荚充分长成，组织柔嫩，种子刚刚显露时应及时采收，此时品质柔嫩、产量高。豇豆每花序有 2 ~ 5 对花芽，通常只结一对豆荚。但在肥力充足、植株健壮的情况下，每对花芽都能形成一对果实，每个花序座荚多的可达 6 ~ 8 条。在采收时，注意不要损伤其他花芽，更不能连花序一齐摘掉。豇豆及时采收是获得豇豆优质高产的重要环节，采收过早，荚太嫩产量太低，过迟豆荚老化影响品质。在豇豆的采收期 2 ~ 3 天要采收一次。

（2）秋延后栽培技术要点

1）品种选择。生产上宜选用耐高温、抗病、丰产、耐储运、早熟、适应性广的品种，如扬豇 40、秋紫豇 6 号、长豇 2 号等。

2）整地、施肥、播种。多于 7 月上旬至 8 月上旬直播于温室和大棚内，起垄方式及播种密度同露地夏秋豇豆栽培。过早播种，不仅达不到秋延栽培的目的，且开花期温度高，易招致落花、落荚或使植株早衰；播种过迟，生长后期温度低，也易招致落花、落荚和冻害，使产量下降。也可育苗移栽，苗龄 15 ~ 20 天，要防高温，可搭遮阴棚播种。秋延后栽培可适当增加密度。整地施肥同春提前栽培。

3）田间管理。豇豆秋延后栽培，苗期气温较高，土壤蒸发量大，要适当浇水降温保苗，并注意中耕松土保墒，蹲苗促根。第一对真叶展开后要适当浇水追肥，促进植株生长发育，提早开花结荚。开花初期要适当控制浇水，进入结荚期需较多肥水，应及时浇水追肥，保持土壤湿润，以满足植株开花结荚的需要。9 月中下旬前后扣好棚膜，10 月上旬前后，外界气温逐渐降低，植株生长势减弱，应减少浇水次数，以防止棚内湿度过大，同时停止追肥。

豇豆进入开花结荚期后气温开始下降，管理上要注意保温。并逐渐减少通风量，此时应注意病害的防治。

4）植株调整。秋延后栽培的植株调整方式同春提前栽培。要尽量避免遮光太严重。

三、荷兰豆

荷兰豆，又名荷仁豆、菜豌豆、软荚豌豆、食荚豌豆等。属豆科豌豆属软荚豌豆变种，为一年生攀缘性草本植物。原产于欧洲南部、地中海沿岸及亚洲中西部。其嫩荚、嫩梢、鲜豆粒及干豆粒均可食用。

1. 生物学特性

（1）植物学特征

1）根。荷兰豆具有豆科植物典型的直根系和根瘤。主根发达，可入土 1~2 m 深，侧根较稀，但粗壮，根群主要分布在地表 20 cm 的耕层内。主根发育较早，一般在播种后 6 天就可长到 6~8 cm；10 天后，幼苗刚出土时就已长出 10 余条侧根，20 天后主根已长达 16 cm，并在根部着生根瘤菌。荷兰豆根系木质化早，不易移植，应采用护根育苗。由于根系分泌物对翌年的根瘤活动和根的生长有抑制作用，不宜连作。

2）茎。荷兰豆的茎为圆形或近四方形，中空而质脆，表面被覆蜡质或白粉。茎的生长速度较快，一般播种后 26 天，植株高度可达 12 cm。按其生长特性，可分矮生型、半蔓生型和蔓生型 3 种类型。矮生型直立生长，节间短，分枝性较弱，株高 30~50 cm。蔓生型节间长，分枝性强，株高 1.5~2.0 m，分枝性较强，茎生长快，从茎的基部和植株中部均能长出侧枝，茎基部分枝可达 2~5 个，主、侧枝都开花结荚。半蔓生类型介于上述两者之间。豌豆的茎蔓与其他豆类蔬菜不同，茎本身并不具有缠绕特性，但叶端有卷须，卷须可攀缘他物使豌豆向上生长，借助豌豆卷须的缠绕特性，为获得高产和利于田间管理操作，生产上荷兰豆需采用搭架或吊蔓栽培。

3）叶。荷兰豆叶互生，为偶数羽状复叶，有小叶 1~3 对，小叶卵圆形或椭圆形，顶端 1~2 对小叶退化成卷须，能够相互缠绕和攀缘生长。叶面略有蜡质或白粉。叶柄基部有 1 对耳状大托叶，包围着叶柄和茎部的连接处。

4）花。荷兰豆的花着生于叶腋间，单生或对生，为短总状花序，属于自花授粉作物。始花节位，一般早熟品种在第 4~5 节，晚熟品种在第 15~16 节。每花梗着生 1~2 朵花，通常只结 1 个荚。营养条件良好时，能结双荚。花一般有白色、紫色和紫红色 3 种。开花时间在早晨 5 时左右，盛开时间为上午 7~10 时，黄昏时间闭合。每朵花可开放 3~4 天，全株花期为 18~24 天。开花前 1 天完成受精过程，为完全自花授粉作物。

5）夹果及种子。荷兰豆的荚果是指软荚种的果实。软荚豌豆内果皮的厚膜组织发生晚，纤维少，绿色，扁平长形略弯曲，中果皮发达，内果皮无木质化纤维层。荚长 5~10 cm，宽 2~3 cm。每荚有种子 2~5 粒，最多的为 7~10 粒。种子球形，有表面光滑和表面皱缩两种。种子有浅红色、白色、黄色、绿色、紫色、黑色等。小粒种的千粒重为 150~200 g，大粒种的千粒重在 300 g 以上。在正常情况下，种子寿命为 2~3 年。

（2）生长发育周期。荷兰豆的生长时期短，发育速度快，其生长发育可分为营养生长与生殖生长两个阶段，包括以下 4 个生育时期。

1）发芽期。从种子萌动到第一片真叶出现为发芽期，需要 8~10 天。豌豆种子发芽后子叶不出土，播种深度可比菜豆、豇豆等深一些，发芽时水分也不宜过多，否则容易烂种。

2）幼苗期。从真叶出现至抽蔓前为幼苗期，一般为 10~15 天。不同熟性的品种类型，其幼苗期所经历的时间不同。

3）抽蔓期。植株茎蔓不断伸长，并陆续抽生侧枝的时期，称为抽蔓期，约需25天。侧枝多在茎基部发生，上部较少，矮生型或半蔓生型的抽蔓期很短，或无抽蔓期。

4）开花结荚期。从始花至豆荚采收结束为开花结荚期。早熟、中熟、晚熟品种分别在第5~8节、第9~11节、第12~16节处着生花序。主蔓和生长良好的侧蔓结荚多。开花后15天内，以豆荚发育为主，嫩豆荚就在此时采收，15天以后则豆粒迅速发育。

（3）对环境条件的要求。荷兰豆原产于地中海沿岸和中亚地区，由粮用豌豆演变而来，既喜温，又喜湿润，但属半耐寒性蔬菜，不耐炎热，也不耐严寒。在短日照下有利于其生长发育，对土壤条件的适应性较强。

1）温度。荷兰豆属半耐寒作物，较耐寒，不耐热，喜冷凉湿润的气候条件。种子发芽的起始温度低，圆粒种为1~2℃，皱粒种为3~5℃，但在低温下发芽较慢。吸胀后的种子在15~18℃下4~6天即可出苗，出苗率可达90%以上；25℃以上，发芽时间可缩短为3~5天，但出苗率下降到80%左右；温度达30℃时，发芽率降至80%以下，种子易霉烂；种子在4~6℃条件下能缓慢发芽，但出苗率低，出苗时间长。荷兰豆幼苗期对低温的适应性较强，一般以有5个复叶的幼苗耐寒力最强，可耐-6~-5℃的低温，有的品种能耐-8~-7℃的低温，其后耐寒力随着复叶数的增加而减弱。生长期适温为12~20℃，气温为-1℃就会受冻。开花期适温为15~18℃，荚果成熟期适温为18~20℃。温度超过26℃时，高温干旱，大风或多雨天气，均易使花的器官败育，受精率降低，结荚少，落花和畸形荚增多，病害重，荚果品质差，产量低。如果遇到短期0℃的低温，将使开花数减少，但已经开的花基本能结荚。

2）光照。荷兰豆属长日照作物，多数品种在延长日照时间时可提早开花，荚果生长期若遇连续阴天或田间通风透光不好，植株生长纤细，结荚稀疏，嫩荚产量大大降低。因此，在开花结荚期要求较强的光照和较长的日照时间，忌高温。在日照时间较长和较低温度的同时作用下，花芽分化节位低，分枝多。所以，春季栽培时，如果播期晚，开花节位高，产量将降低。但早熟、欧美品种对光照时间长短反应不敏感，即使秋季栽培，也能开花结荚。荷兰豆在长日照和低温条件下，能促进花芽分化，缩短生育期，因此，南方品种引种到北方栽培时，都能提早开花结荚。

3）水分和湿度。荷兰豆根系发达，耐旱性较强，但喜湿润，为提高产量和品质，在整个生育期都要求较多的水分，保持土壤和空气湿润。种子萌发要吸收相当于种子自身质量1~1.5倍的水分。当土壤水分不足时，出苗延迟且不整齐，但过湿又易烂种。苗期能忍耐一定的干旱，这对根系发育十分有利。湿度过大时，容易诱发根腐病和白粉病。开花期最适宜的空气相对湿度为60%~90%。如果空气干燥，开花减少，而且造成落花、落荚。空气相对湿度低于55%、土壤绝对含水量低于9.7%时，易出现落蕾、落花，即使开放的花朵也迅速凋黄，不能受精，或豆荚发育不正常，导致减产和品质劣化。豆荚生长期若遇高温干旱，会使豆荚纤维增多、硬化，过早成熟而降低品质和产量。荷兰豆不耐涝，如果水分过多，播种后易烂籽，苗期易烂根，生长期间易发病。

4）土壤。荷兰豆对土壤的适应能力较强，但以通透性良好和含有机质较高的中性和微酸性（pH值6~7.2）的沙壤土或壤土最为适宜，既有利于出苗，又有利于根系和根瘤菌的生长发育。荷兰豆最忌连作，一般至少需4~5年轮作。

5）营养。荷兰豆虽有根瘤固氮，但苗期根瘤正在形成，根瘤菌固氮能力弱，以及生长发育旺盛的开花结荚期，都需补充一定的氮肥，以促进植株生长发育。荷兰豆还需要较多的磷、钾肥。磷肥不足时，主茎基部节位的分枝减少，伸长不良，甚至导致枯萎死亡。钾肥能提高细胞液浓度而增强耐寒力，并可促进蛋白质的合成和籽粒的肥大。此外，荷兰豆对硼、钼的反应敏感，这两种元素都能促进根瘤菌的形成和生长，并对提高固氮能力起到一定作用。因此，在栽培中要注意合理选择和施用肥料，以利于提高产量和品质。

2. 类型和品种

荷兰豆按其茎的生长习性可分为蔓生、半蔓生和矮生3种类型。

（1）蔓生型。蔓生类型节间长，株高1.5~2.0 m，分枝性较强，茎生长快，从茎的基部和植株中部均能长出侧枝，茎基部分枝可达2~5个，主、侧枝都开花结荚。代表品种有：食用大荚、台中11号、晋软1号、饶平大花、成驹三十日、法国大荚、草原31号、甜脆761豌豆等。

（2）矮生型。矮生型茎直立生长，节间短，分枝性较弱，株高30~50 cm。代表品种有：绿珠、中豌6号、溶糖、甜丰、食荚大菜豌一号、青荷1号等。

（3）半蔓生型。半蔓生类型介于上述两者之间。代表品种有：白花小荚、阿拉斯加、弯形软荚豌豆、台中8号、草原21号、延引软荚、甜脆豌豆等。

3. 栽培季节、茬口

日光温室栽培荷兰豆的类型很多，一年四季均可栽培，但主要有秋冬茬、冬春茬和早春茬。秋冬茬荷兰豆，供应期在深秋和冬季，一般在8月中下旬至9月下旬播种育苗，9月中下旬定植，11月末至12月份采收，春节前采收完。冬春茬荷兰豆，是荷兰豆反季节栽培中难度较大、技术性较强的一茬，多在10月上中旬播种育苗，11月上中旬定植，12月下旬至翌年3月上中旬采收。早春茬荷兰豆，一般在11月中旬至12月上旬育苗，翌年1月上中旬定植，2月上旬至4月下旬收获。

4. 秋冬茬荷兰豆栽培技术要点

（1）培育壮苗。秋冬茬栽培播种，每667 m²用种4~5 kg。按常规育苗的床土要求配制营养土，采用塑料营养钵、塑料筒、纸袋，或切割营养土方护根育苗。播前1天浇透底水。先把种子放入28.6%盐水中选种，然后在20℃温水中浸种2 h，待种皮泡胀后用根瘤菌拌种，在18~21℃条件下催芽，露白后播于营养钵中，每钵2~4粒，播后覆土2 cm厚。温度保持在16~18℃，经4~6天出苗，每穴留2株，苗出齐至定植前7天逐渐降温，定植前降至2~5℃，进行低温锻炼。壮苗的标准是苗龄25~30天，4~6片真叶，茎粗短，无倒伏。苗龄过小不利于适时早收；苗龄过大，植株又易早衰和倒伏，影响产量。播后掌握温度在10~18℃，有利于快出苗和出齐苗。温度低发芽慢，应加强保温。温度过高（25~30℃）发芽虽快，但难保全苗，应适度遮阴。育苗期间一般不间苗，不干旱时不浇水。

（2）施肥、整地、起垄。荷兰豆忌连作，前茬最好是禾谷类作物，日光温室栽培的前茬多为瓜类和茄果类蔬菜。定植前，每667 m²施优质农家肥5 000 kg，混入过磷酸钙50~100 kg、草木灰50~60 kg。普施地面，深翻20~25 cm，与土充分混匀，耧耙平后起垄。单行密植时，垄宽1 m，1垄栽1行。双行密植时，垄宽1.5 m，1垄栽两行。

（3）定植。在垄上开定植穴，深12~14 cm，单行密植的穴距15~18 cm，每667 m²栽3 000~3 600穴。双行密植穴距21~24 cm，每667 m²栽4 500~5 000穴。浇水后覆土。秋冬茬荷兰豆也可直播。幼苗长出第一片基生叶到复叶出现前，要及时间苗、补苗，补苗最好在傍晚进行，以利于幼苗成活。

（4）定植后的管理

1）肥水管理。在施足基肥和灌足底水的前提下，在现蕾之前一般不用浇水追肥，温室栽培需水量不大，定植水一般很少，定植后4~6天浇缓苗水，可多次松土保墒，以提高地温，促进根系发育。现蕾后，第一次追肥，每667 m²用复合肥15~20 kg。开花结荚期是需水临界期，随之灌水，地表见干时，及时松土保墒，控秧促荚，以利于高产。开花结荚盛期要加强肥水管理，一般每隔10~15天追肥、灌水1次，每667 m²用氮磷钾复合肥15~20 kg，防止因肥水不足引起落花、落荚。

2）温度管理。荷兰豆喜冷凉，较耐寒，不耐热。定植后到现蕾开花前，温室白天温度超过25℃时要放风，不宜超过30℃，最好保持15~20℃，夜间不低于10℃。整个开花结荚期，白天保持15~18℃，不超过25℃，夜间12~16℃。成熟期以18~20℃为宜。

3）搭架整枝。荷兰豆温室栽培多采用蔓生种或半蔓生种，当植株出现卷须时要及时立支架，支架多采用竹竿或吊绳立单排支架。主枝上近地面的分枝一般较弱小，应及时抹掉。如长势过旺，应及早摘心。开花盛期，如落花，可用5~10 mg/kg的防落素喷花，同时注意通风调节好温湿度。

4）采收。开花后11天左右，豆荚基本停止生长，种子开始发育，为嫩荚收获适期，应及时采收上市。荷兰豆的豆荚成熟不一致，尤其蔓生种更为明显，故采收必须根据田间长势分次分批采收。

单元
2

单元测试题

一、判断题（下列判断正确的请打"√"，错误的打"×"）

1. 绿体春化型的作物只有植株长到一定大小时才能通过低温阶段，而种子春化型的作物只有在萌动的种子时期通过低温阶段。　　　　　　　　　（　　）

2. 结球甘蓝的茎分为内、外短缩茎和花茎，内短缩茎着生球叶。内短缩茎越短，包心越紧实、食用价值越高。　　　　　　　　　　　　　　　（　　）

3. 番茄对光照的要求比茄子、辣椒要高，但对温度的要求则刚好相反。　（　　）

4. 茄子的短花柱花属正常花，而番茄的长花柱花属正常花。　　　　　（　　）

5. 瓜类都具有发达的根系，但根系的再生力弱，幼苗移栽时，缓苗期长。　（　　）

6. 茄果类的发育，对光周期的反应不敏感，但受土壤肥力及水分的影响较为明显。
　　　　　　　　　　　　　　　　　　　　　　　　　　　　　　　（　　）

7. 茄子属合轴分枝，即茎端分化为花穗后，这穗花芽下的一个侧芽生长出强的侧枝，与茎连续而成合轴（假轴）。　　　　　　　　　　　　　　　（　　）

8. 瓜类的种子大，在播种时为使种皮易于脱落，一般将催过芽的种子平放。
　　　　　　　　　　　　　　　　　　　　　　　　　　　　　　　（　　）

9. 根系吸收力弱的蔬菜，在施肥时，应掌握"淡肥勤施"的原则。　　（　　）

10. 豆类蔬菜的根系都与根瘤菌共生，在栽培中不必施用氮肥。　　　（　　）

二、问答题

1. 影响黄瓜性型分化的因素有哪些，生产上采用哪些措施使黄瓜的花芽向雌花转化？

2. 番茄脐腐病发生的原因是什么，怎样防治？

3. 黄瓜化瓜的原因有哪些？

4. 辣椒落花、落蕾、落果的原因有哪些？

5. 简述番茄畸形果的种类及产生原因。

6. 结球甘蓝未熟抽薹发生的原因有哪些，怎样防治？

7. 早春播种的菜豆为什么会出现不发芽、烂籽的现象？

8. 适宜的甘蓝品种适时栽培，出现不结球的原因是什么？

9. 影响菜豆落花落荚的原因有哪些？怎样防治？

10. 蔬菜嫁接有何优点？

三、技能题

1. 番茄的植株调整包括哪些内容？简述各项内容在实际生产上的实施要点。

2. 简述常规育苗技术规程。

3．茄子、黄瓜嫁接育苗技术。

单元测试题答案

一、判断题

1. × 2. √ 3. √ 4. × 5. √ 6. √ 7. × 8. √ 9. √ 10. ×

二、问答题

答案略

三、技能题

答案略

单元
2

第 **3** 单元

设施蔬菜病虫害防治

第一节 设施蔬菜病虫害防治原理

培训目标

→ 了解设施蔬菜病虫害发生特点

→ 熟悉设施蔬菜病虫害防治原理

→ 掌握科学用药技术

设施蔬菜是采用比较先进、系统的人工设施，改善蔬菜生长环境，进行优质、高效生产的一种方式。它是一种高投入、高产出、知识与技术密集的集约化农业产业。近年来设施蔬菜生产发展迅速，成为许多地方农业经济、农业发展和农民增收的支柱产业。但是设施形成的气候环境为蔬菜病虫害的发生提供了有利条件，能够周年存活，导致蔬菜病虫害种类增多，发生和流行相对频繁，并成为露地蔬菜的外来侵染源，危害加重。病虫危害已成为制约设施蔬菜可持续发展的重要因素。

一、设施蔬菜病虫害的发生特点

单元 3

随着蔬菜设施栽培的普及和推广，蔬菜种植间隔缩短，土地的利用率得以提高，增加了农民收入，提高了蔬菜生产效益。但是，在设施栽培条件下，温度高、湿度大、通气性差的小气候特点有利于病虫害的发生，能使病虫繁殖速度加快，生活周期缩短，世代增多，病虫害发生数量加大，蔓延速度加快。如蚜虫、白粉虱、烟粉虱、斑潜蝇、蓟马、螨类、烟青虫、蛴螬等可在棚室内越冬，早春继续生长繁殖造成危害，而且害虫不受风雨和天敌影响，条件优越，繁殖迅速，易暴发成灾。

冬春季节为了保温，设施大棚需要夜晚密闭，致使棚室内湿度加大，利于病菌繁殖，如霜霉病、菌核病、灰霉病、白粉病等病害发生严重。在通风、干燥的环境条件下，蔬菜霜霉病、灰霉病等少有发生，但是，该病已逐渐成为大棚蔬菜生产上的一种常发性病害，严重危害番茄、莴苣、黄瓜、菜豆等多种蔬菜作物。据调查，黄瓜霜霉病、番茄晚疫病等病害较露地蔬菜提早发病15～20天，而且病害蔓延快，从田间出现病株到全田发病一般为7～10天。

同时，由于设施栽培固定性强，作物种类较单一，只限于茄果类、瓜类、豆类等蔬菜种植，连作不可避免，造成蔬菜根系的分泌物质和病根的残留，使土壤微生物逐渐失去平衡，病原菌数量不断增加，诱使病害发生。棚室土壤比露地土壤光照少，温度和湿度高，病原菌增殖迅速，生产中又缺乏抗病品种，土传病害随连作年限增多而加重。

由于设施温、湿度极有利于病虫害发生，病虫害发生早、蔓延快，并且保护地常和露地田块相连，因而黄瓜霜霉病、番茄灰霉病、疫病、潜叶蝇等成为露地蔬菜病虫害的最大初侵染源。温室白粉虱、瓜类菌核病、黄瓜角斑病、番茄疫病等，以前是蔬菜生产中的次要病害，因设施内温度、湿度、光照等外部环境的变化而上升为主要病害。黄瓜、番茄灰霉病在露地栽培中不发生或发生危害较轻，而在温室栽培中发生危害重，防治技术难度大，严重影响设施蔬菜生产安全。由于温室栽培环境的特殊性，如黄瓜生长点消失症、褐色小斑症、番茄蒂腐病、缺素症等生理性病害的发生较露地明显加重。

二、设施蔬菜病虫害的综合防治

随着设施农业的快速发展，种植设施蔬菜的农户越来越多，设施蔬菜栽培面积逐年增加，栽培方式也呈多样化。设施可人为创造出有利于蔬菜生长的温、光、水、气、肥等条件，各环境条件在一定范围内可人工调控。根据设施蔬菜病虫害发生特点，其防治应贯彻"预防为主、综合防治"的植保方针和"公共植保、绿色植保"的植保理念，通过农业防治、生态调控、生物防治、物理防治、科学用药等关键技术，以达到经济、安全、有效地控制病虫害的目的，生产出产量高、质量好、无农药污染和残毒的蔬菜，获得最佳的经济、社会和生态效益。

1. 加强植物检疫

植物检疫是控制检疫性病虫发生与传播的一项有效措施，要加强蔬菜种子、苗木及蔬菜产品的调运检疫工作，杜绝或防范危险性病虫的扩散、传播和蔓延。

2. 农业防治

（1）选用抗性品种。蔬菜病害多数是由种子带菌传播的，因此，要选择优质、高产、抗逆能力强、适宜设施栽培的蔬菜品种，淘汰连续种植多年、感病的品种。如黄瓜以津优30号等品种为主；番茄以宝冠、千禧等品种为主；辣椒以华美1号、37 – 72尖椒等品种为主；西葫芦以冬珍、冬玉等品种为主；西瓜、甜瓜以台湾黑美人、蜜橙、蜜世界等品种为主。

（2）及时消除病残体。蔬菜病虫多数在田间的残株、落叶、杂草或土壤中越冬、越夏或栖息，因此，在播种和定植前，要结合整地收拾病株残体，铲除田间及四周杂草，消除病虫中间寄主；在蔬菜生长期对已发病的植株残体、烂叶及各种废弃物要清理干净，并带到棚外烧毁或深埋；收获后要清理田园，减少病虫害侵染源。

（3）合理轮作套种。同一种蔬菜在同一块大棚内连续种植就会产生连作障碍，造成蔬菜生长不良、病虫害加重，要进行轮作换茬，换茬时不要种植同科蔬菜。套种时要避免争夺阳光和营养物质，避开害虫连续危害，以免影响蔬菜正常生长和害虫危害加重。以与葱蒜轮作、水旱轮作效果最佳，可减少病虫害发生，减轻土壤中有毒元素的毒害作用。实行合理的轮作套种，既可改变土壤的理化性质、提高肥力，又可减少菌源、虫源积累，减轻危害。轮作年限一般为1~3年，枯萎病发病重的田块需轮作4年以上。

（4）加强管理

1）育苗时采用营养钵或穴盘育苗，营养土配制时要采用无病菌床土。播种前要进行苗床土消毒处理，出苗后加强苗床管理，定植时选用优质适龄壮苗。

2）依据各类蔬菜需肥规律及土壤供肥特点进行合理科学施肥，有效选择追肥、叶面喷肥种类，增强植株生长势和对病害的抵抗能力，减轻病害发生。合理适量施用腐熟有机肥、减少化肥用量，可改善土壤结构，减轻土壤次生盐渍化，有效改善蔬菜根系生长环境。

3）培育生长健壮的适龄大苗移栽到设施内，以免造成僵苗不发。

4）选用质量好的长寿无滴膜作为棚膜，有利于设施内增温；冬春寒流季节及时清除棚面尘土，增强光照，注意保温，防止寒流侵袭，提高植株抗病能力，随气温升高，及时通风换气，降温排湿，调节补充二氧化碳，排除有害气体，防止棚内温湿度过高、过低造成植株生理发育不良。

5）推广垄作地膜覆盖，膜下暗灌、微灌、滴灌，禁止大水漫灌，防止湿度过高。采用全田覆盖栽培可有效降低地表水分蒸发，还可减少灌水次数，降低设施内空气湿度，同时设施外深挖排水沟，雨后及时排水，降低设施内湿度，可明显减轻十字花科蔬菜软腐病、黑腐病以及瓜类和茄类疫病、枯萎病的发生。最好能够实施膜下微灌和水肥一体化技术。

（5）嫁接移栽。瓜类、茄果类是主要蔬菜种类，应用嫁接技术，可有效防治瓜类枯萎病、茄子黄枯病、番茄青枯病等多种病害。嫁接方法可用靠接或插接，嫁接时要注意砧木的抗病性和对接穗的亲和力，黄瓜嫁接可选黑籽南瓜作砧木，不仅可有效控制枯萎病，还可减轻疫病发生。西瓜嫁接一般选用葫芦、瓠瓜、黑籽南瓜作为砧木，都有较好的防病效果和增产作用。

（6）深翻晒土冻垡。深翻可将地下害虫、土壤中病原菌翻至地表，通过阳光照射或冻融交替，达到消灭土壤中病原菌和虫卵的目的，减轻土传病虫害发生。如黄瓜白粉病、斑潜蝇蛹在地表越冬或越夏，通过深翻，将其翻入20 cm土层，使其失活，达到控菌灭虫的效果。

3. 物理防治

（1）种子温汤处理。温汤浸种可有效杀灭种子上的病菌，一般在50~55℃热水中烫种10~15 min，不同的蔬菜种子对高温耐受力不同，浸种的温度要求也有所不同。茄果类、瓜类蔬菜种子用55℃温水浸种10~15 min，豆科或十字花科蔬菜种子可用40~50℃温水浸种10~15 min，或用10%盐水浸种10 min，可将种子里混入的菌核病、线虫卵漂除或杀死，防止菌核病和线虫病发生。

（2）夏季高温闷棚。连续种植多年的大棚土壤病菌多、虫害多，利用夏季高温闲茬时关闭大棚或温室，使设施内温度尽可能提高，也可在土壤表层撒适量石灰氮和碎秸秆，翻耕后灌水达饱和状态，覆膜闷棚，可有效预防病虫害的发生。

高温闷棚主要有以下几种方式：

1）苗前闷棚。可在大棚建成后，选择晴天盖大棚膜，密闭闷棚 7～10 天。棚温提高到 60℃ 以上，可杀死土表的病菌虫卵，减轻蔬菜生长期的病虫害发生几率。

2）带苗闷棚。蔬菜生长期间，在闷棚前几天浇透水 1 次，喷保护药剂 1 次，选择晴天中午，密闭大棚，使苗上部气温升至 42～45℃，连续保持 2 h。处理完毕后，切忌猛然通风降温，应缓慢降温，并加强管理。每次处理相隔至少 7～10 天，要严格控制温度，低于 42℃ 抑制病菌效果不好，高于 45℃，植株易受伤。采用高温闷棚技术，可闷杀部分成虫，也可抑制病害的发生蔓延。

（3）推广应用防虫网、遮阳网。在日光温室上下通风口处设置 20～30 目防虫网，可有效防止菜青虫、小菜蛾、棉铃虫、黄曲条跳甲、蚜虫、美洲斑潜蝇等多种害虫侵入。防虫网隔虫是夏秋季节育苗的最佳选择，也是控制设施蔬菜病毒病的有效方法。夏季高温可根据蔬菜特性选择遮阳网降温，提高蔬菜抗逆性。

（4）设施内淹水杀菌洗盐。大棚、温室连续多年种植蔬菜，会造成土壤盐渍化，夏菜换茬期间，在设施内做畦淹水 20 天左右，可杀灭病原菌和减轻土壤盐渍化，有条件的地方水旱轮作效果更好。

（5）利用害虫趋性杀虫。利用害虫对颜色、气味、光等方面的趋性杀虫，最简单可行的是利用蚜虫、温室白粉虱、斑潜蝇等害虫的趋黄习性，可在棚内挂插 30 cm×40 cm 涂上机油的黄板，每 667m² 放置 50 块左右，可有效降低田间的虫口密度，机油每隔 1 周涂 1 次。田间铺设或悬挂银灰色膜也可驱避蚜虫，蓝色捕虫板可防治棕榈蓟马，杨树枝可诱杀棉铃虫，糖醋液、性信息素等可诱杀小菜蛾、斜纹夜蛾等。此外，用白炽灯、高压汞灯、黑光灯、频振式杀虫灯等也可诱杀具有趋光性的害虫。

4．生物防治

（1）保护和利用天敌。应用于蔬菜害虫防治的寄生性天敌昆虫有丽蚜小蜂（防治温室白粉虱）和赤眼蜂（防治菜青虫、棉铃虫）等。多种捕食性天敌，包括瓢虫、草蛉、蜘蛛、食蚜蝇、猎蝽等，对蚜虫、叶蝉等害虫起着重要的自然控制作用，可以采取助迁或释放的方法增加天敌数量。

（2）应用生物制剂。采用生物制剂进行防治病虫害，如苏云杆菌（BT 制剂）防治蔬菜害虫，阿维菌素（虫螨克）防治小菜蛾、菜青虫、斑潜蝇等，核型多角体病毒、颗粒体病毒防治菜青虫、斜纹夜蛾、棉铃虫等，农用链霉素、新植霉素防治多种蔬菜的软腐病、角斑病等细菌性病害。

（3）应用植物源农药。利用苦参、苦楝、臭椿等植物的浸出液兑水喷雾，可防治多种蔬菜害虫。利用辣椒、大蒜、洋葱、丝瓜叶、番茄叶的浸出液兑水喷雾，可有效防治蚜虫、红蜘蛛等。

（4）使用昆虫生长调节剂。通过使用昆虫生长调节剂干扰害虫生长发育和新陈代谢，使害虫缓慢死亡。此类农药对人畜毒性低，对天敌影响小，对环境无污染。如用灭幼脲、除虫脲、杀铃脲防治鳞翅目幼虫效果较好。

5．药剂防治

（1）农药选择。禁止在蔬菜上使用国家明令禁止使用的剧毒、高毒、高残留农药，推广使用低毒、无残留农药和生物农药。生产无公害蔬菜、出口蔬菜还要遵守相关规定，以保障蔬菜的质量安全。生物农药如武夷菌素对瓜类白粉病、番茄叶霉病等病害，农抗120对黄瓜、西瓜枯萎病、番茄早疫、晚疫病，农用链霉素、新植霉素对黄瓜、辣椒、十字花科等蔬菜的细菌性病害都有较好的防治效果。其他如虫螨克乳油、苏云金杆菌类、阿维菌素、宁南霉素、多杀霉素等均可应用于生产中。

（2）对症下药。正确识别病虫害，选择适宜药剂，多种病虫同时发生可混合用药，如BT制剂与阿维菌素、菊酯类农药混用，既能降低化学农药用量，又能扩大杀虫谱，尤其与击倒力较强的农药混用，既能提高BT制剂前期防效，又能延长持效期。另外要注意药物的混配禁忌，混用时不应让有效成分发生化学变化，影响其有效成分分解。多数杀菌剂和杀虫剂是不能添加叶面肥的，因为叶面肥中的金属元素往往会与农药发生反应，混加后出现浑浊、沉淀、变清、不溶解，轻则农药失效，重则作物受害。铜制剂不能和抗生素类杀菌剂混配，也不能和福美类药剂混配。农户在不知道农药能不能混用时，最好先进行小面积试验，不仅要看配制时有没有反应，还要看使用后会不会产生药害。

（3）适期用药。一般害虫在卵盛期至3龄前，病害在发病前或发病初期用药最好，并注意农药的交替使用，以防产生抗药性。结合设施内面积和小气候特点，掌握农药用量和使用浓度。要灵活选用农药剂型，低温时不增加设施内湿度，可选用百菌清、腐霉利、克菌灵、霜脲锰锌等烟雾剂熏蒸或粉剂喷粉。

（4）新型喷雾技术。倡导使用静电喷雾器，采用低容量或超低容量喷雾技术，使用烟雾剂及粉生剂等高效剂型。

三、设施蔬菜虫害防治常用农药及科学使用

1．农药的种类

农药品种繁多，不同的品种具有不同的功能与用途。大多数农药品种只具备一种功能，如杀虫剂不能用来防除病害和杂草。如果使用不当，不但不能收到应有的效果，增加收益，甚至发生药害，造成重大经济损失。因此，必须熟悉和掌握各种农药的功能和

用途。为此，常把农药从不同的角度加以归类。

（1）根据原料来源分类

1）由矿物原料加工制成的无机农药，如波尔多液、石硫合剂、磷化锌、磷化铝等少数几种。

2）用植物产品制成的植物性农药，如除虫菊、烟草和鱼藤等。

3）用微生物及其代谢产物制造而成的微生物农药，如 BT 粉剂等。

4）人工合成的有机化合物农药，在许多国家已实现了大规模工业化生产，成为当今农药的主体。

（2）根据用途分类

1）杀虫剂。用来防治有害昆虫的化学物质。

2）杀螨剂。用来防治蛛形纲中有害种类的化学物质。

3）杀线虫剂。用来防治植物病原线虫的化学物质。

4）杀鼠剂。用来防治害鼠的化学物质。

5）杀菌剂。用来防治植物病原微生物的化学物质。

6）除草剂。用以防除农田杂草的化学物质。

7）植物生长调节剂。用来促进或抑制农林作物生长发育的化学物质。

（3）根据农药的作用分类

1）触杀剂。药剂接触害虫，通过昆虫的体壁及气门进入害虫体内，使之中毒死亡。如敌百虫、敌敌畏、氰戊菊酯等。

2）胃毒剂。药剂通过昆虫取食而进入其消化系统，使之中毒死亡。多数具胃毒作用的有机合成农药也都兼有触杀作用。如敌百虫，乐果等。

3）内吸剂。药剂通过植物的茎、叶、根和种子进入植物体内，并在植物体内传导扩散，使取食植物的害虫中毒死亡。如乐果、氧化乐果、甲拌磷、久效磷等。这类农药对刺吸式口器的昆虫及地下害虫等有效。

4）熏蒸剂。药剂能够化为有毒气体，通过呼吸系统进入昆虫体内，使之中毒死亡。如氯化苦、敌敌畏、磷化铝等。使用这类药剂要求有密闭的条件，不使有毒气体从仓库、温室、大棚等四壁或门窗的缝隙中逸出。在大田使用，要在无风条件下才能收到较好的效果。

5）拒食剂。药剂被害虫取食后，破坏害虫的正常生理功能，消除食欲，最后死于饥饿。如杀虫脒和拒食胺等。这类药剂对多种具咀嚼式口器的害虫非常有效。

6）引诱剂。药剂以微量的气态分子，将害虫引诱于一处，集而歼之。这类药剂又分食物诱剂、性诱剂和产卵诱剂 3 种，其中研究最多的是性诱剂，如棉铃虫性诱剂等。

7）不育剂。药剂进入害虫体内后，可直接干扰或破坏害虫的生殖系统，使性细胞

单元
3

不能形成，或性细胞不能结合，或受精卵和胚胎不能正常发育。这类药剂又分雄性不育、雌性不育和两性不育 3 种。如绝育磷、六磷胺等。

8）昆虫生长调节剂。药剂阻碍害虫的正常生理功能，阻止正常变态，使幼虫不能变蛹，或蛹不能变为成虫，形成没有生命力或不能繁殖的畸形个体，如灭幼脲等。

9）保护剂。在植物发病前消灭病菌或防止病菌入侵，保护植物免受病菌危害，目的在于预防病菌发生与传播。这类药剂必须在植物发病前施用，一旦病菌侵入植物体内再施用，则效果很差，甚至无效。目前使用的有波尔多液、五氯硝基苯、石硫合剂、克菌丹、百菌清、敌克松、代森锌、代森铵、代森锰锌等。

10）治疗剂。植物发病后施用，这类药剂通过内吸进入植物体内，对植物体内的病菌产生毒性，抑制或消灭病菌，因而具有保护剂达不到的治疗效果。如苯来特、多菌灵、托布津、三环唑和粉锈宁等。

2. 农药的剂型

未经过加工的农药一般称为原药。固体状态的原药称为原粉，液体状态的原药称为原油。除极少数农药原药如敌百虫、氯化苦、硫酸铜等不需加工，可直接使用外，绝大多数原药都要经过加工，加入适当的填充剂和辅助剂，制成含有一定有效成分、一定规格的制剂，才能使用。否则，就无法借助施药工具将少量原药分散在一定面积上，无法使原药的加工品充分发挥药效，如粉剂的粒度、可湿性粉的悬浮率等，也无法使一种原药扩大使用方式和用途，以适应各种不同场合的需要。同时，通过加工，制成颗粒剂、微胶囊剂等，可使农药耐储藏，不变质，并且可使剧毒农药制成低毒制剂，使用安全。

农药制剂的名称一般包含有效成分百分含量、农药品种名称和剂型名称。如 40% 乐果乳油，3% 呋喃丹颗粒剂等。40% 是指 100 mL 该药剂中真正杀虫的成分只有 40 g，乐果是药剂名称，乳油是该药剂的剂型。3% 是有效成分，呋喃丹是药剂名称，颗粒剂是其剂型。

（1）粉剂。粉剂是由原药和惰性粉按一定比例混合，经过机械粉碎、研磨、混匀而成。有时还加入少量的附着剂、物理改良剂和抗分解剂等助剂。在储藏期间有效成分不分解失效，不结块变质，喷撒时有良好的流动性和分散性，有效成分和填充用的惰性粉不致分离。低浓度粉剂可直接用于田间喷撒，高浓度粉剂则需要通过填料稀释后才能施用，但可直接用于种子处理。

粉剂的优点是施药方法简易方便，既可用简单的药械撒布，也可混土用手撒施。施药前不需要进行其他处理。不需用水，因而不受水源困难的限制。用途广泛，可以喷粉防治地面上的病虫害；也可以撒施处理土壤，防治地下害虫；还可用于拌种；也可以制成毒饵。

其缺点是喷粉时易于飘失，污染周围环境；不易附着于植物体表；用量多；防治果树等高大作物的病虫害，一般不能获得良好的效果。

（2）可湿性粉剂。可湿性粉剂是由原药与惰性粉和少量湿润剂按一定比例混合，经过机械粉碎、研磨、混匀而成，是专供加水调制成悬浮液用的。在质量上可湿性粉剂必须具备一定的粉粒细度，要求99.5%的粉粒能通过200号筛目，粉粒直径在25 μm以下，被水润湿的时间要短，在水中的悬浮率要高。

可湿性粉剂的优点是喷洒的雾滴比较细，在植物体表上容易湿润展布，黏附力较强。施药时受风力的影响不大。防治效果比同一种农药的粉剂要高。残效期也较长，而且便于储运。

其缺点是要求湿润剂质量要好，粉粒细度要很小，否则悬浮性差，容易在喷雾器中沉淀，喷洒不匀，可造成局部性药害，还会堵塞喷头。

（3）乳油。乳油是由原药、有机溶剂、助溶剂和乳化剂等按一定比例互溶而成。在质量上，乳油要求pH值为6~8，稳定度在99.5%以上，在正常条件下储藏不分层，不沉淀。

乳油的优点是加工方法比较简单。有效成分含量一般很高，约在50%以上，有的甚至可达80%左右。喷洒时极易在植物体表上湿润展布，而且黏附力强，不易被雨水冲刷。防治效果高，残效期长。使用方便，用途较广，可喷雾、泼浇、涂抹、灌心叶、拌种、浸种和处理土壤。

其缺点是要用有机溶剂和优良的乳化剂配制，成本较高。有机溶剂有促进农药渗入动、植体内的作用，使用不慎，容易发生药害和人、畜中毒事故。

（4）颗粒剂。颗粒剂是用原药、辅助剂和载体制成的粒状制剂。可分为遇水能分散开的解体性颗粒剂和遇水不分散的非解体性颗粒剂两种。在质量上要求有一定的硬度，在储运过程中不易破碎。

其优点是在施用过程中，沉降性好，飘移性小，对环境污染轻，对作物和有益生物无害。可控制农药释放速度，残效期长。施用方便，省工省时。同时，能使高毒农药低毒化，对施药人员安全。因此，近十年来，发展极为迅速。

（5）乳粉。乳粉是将固体原药加热熔化，倒入热的乳化剂中，经机械搅拌、烘干和粉碎而成。

其优点是不用有机溶剂，助剂来源丰富，加工工艺简单，成本低廉，便于使用和储运。

其缺点是容易结块，残效期不及乳油长。

（6）水剂。水剂是利用某些原药能溶解于水中的特性，直接用水配制而成。其优点是加工方便，成本较低，但不易在植物体表湿润展布，黏着性差，含有大量水，长期储藏易分解失效。

（7）胶悬剂。胶悬剂是原药与载体和分散剂混合，在水或油中经多次磨碎而成，微

粒直径 $0.1 \sim 1 \mu m$，微粒四周包围着分散剂，可被水湿润，加水稀释后悬浮性好，可供喷雾用。

农药剂型除上述 7 种外，还有烟剂、糊剂、膏剂、片剂、油剂、熏蒸剂、缓释剂、微胶囊剂等，因不常用，故省略。

3. 农药施用方法

农药施用方法正确与否，对防治效果影响极大，必须根据防治对象的生活习性和发生发展规律以及农药制剂的性质，正确运用施药方法，才能获得满意的防治效果。常用的施药方法有以下几种：

（1）喷雾。喷雾是把乳油、可湿性粉剂、水剂、乳粉、胶悬剂等可供液态使用的农药制剂，加水稀释后，用喷雾器喷洒，使药液形成微小的雾点，覆盖在作物、害虫、病菌、杂草上，形成药膜。喷洒时，要求周到，药液分散均匀，并使药液在植物体表上有足够的沉积。采用这一方法用药少，药液的展布性和均匀性都比较好，药效也比较持久。但是，需要喷雾器、水源和良好的水质。

（2）泼浇。泼浇是把定量的可湿性粉剂或水剂，加大量的水稀释，搅拌均匀，用勺向植物均匀泼浇，或用水唧筒进行喷洒。泼浇的方法主要用于稻田害虫的防治，已广泛用于多种药剂。这一方法比喷雾工效高，劳动强度小，还可以解决农作物封行长高后下田喷雾治虫的困难。但是，用水量比喷雾多 $2 \sim 3$ 倍，不适用于多数病害的防治。

（3）喷粉。喷粉是用喷粉器将粉剂喷到防治对象上，要求喷撒均匀周到，使作物体表能覆盖一层细粉。采用这一方法工效较高，不需要用水。

（4）撒施。撒施主要用于毒土，先按照需要的用药量与细土（或细沙）充分拌和，制成毒土或毒沙，然后均匀撒到田地上或作物上。采用这一方法工效很高，不需要施毒器械，受风的影响小。特别是害虫在植株下面活动，在植被密闭的情况下，喷施药剂不易到达植株下部，这时撒施的效果比喷施为好。但是，不易撒布均匀。撒施毒性较高的农药必须注意安全，对剧毒农药，不能做成毒土撒施。

（5）拌种和浸种。拌种是将粉剂按一定比例与种子混合，放在拌种器内搅拌均匀，使每粒种子表面都覆上一薄层药粉。也可用药剂的稀释液喷洒在摊开的种子上，用木锨拌和均匀，使每粒种子表面覆上一层药膜。种子拌药后，堆闷一定时间，然后播种。浸种是用一定浓度的药液浸泡种子，经过一定时间，使种子吸收和黏附药液，然后捞出，晾干播种。拌种和浸种方法用药量少，操作简便，可节省劳力，是防治种传病害和地下害虫的有效方法之一，也适用于具内吸传导作用的杀虫剂，防治蚜虫和蓟马等刺吸式口器的害虫。

（6）涂抹。涂抹是把一定浓度的药液涂抹在农作物的嫩茎上或划破和刮去树皮的树干上。一般多用这种方法施用内吸杀虫剂来防治害虫，也可施用具有一定渗透力的杀菌剂来防治果树病害。

（7）土壤处理。将粉剂、液剂、毒土或颗粒剂在播种前或播种后喷撒在土壤表面，然后耕耙入土，或开沟施入土内再覆土，也可用药液浇灌植物根部。一般用这一方法防治地下害虫、线虫、土传病害。也用于内吸剂施药，由根部吸收，传导到作物的地上部分，防治地面上的害虫和病菌。

（8）毒饵。毒饵是利用粮食、麦麸、米糠、豆渣、饼肥、绿肥、鲜草等害虫、害鼠喜吃的饵料，与药剂按一定比例拌和制成。所使用的药剂为具有强烈胃毒作用的杀虫剂和杀鼠剂。主要采用这一方法防治地下和地面活动的害虫和害鼠，保护种子和幼苗。常在傍晚将配好的毒饵撒施在植物根部附近，或害虫、害鼠活动的土面，施药的当晚，药效最高。毒饵中水分蒸发后，药效降低，因此，药效持久性不长，一般药效只能维持2~3天。

4. 科学安全使用农药原则

长时期以来人们单纯依靠大量施用农药来防治有害生物，也产生了一系列不容忽视的新问题，有害生物的抗药性种群呈指数增长，使一些农药的防治效果大大降低，有些甚至无效；化学农药在杀灭有害生物的同时，也大量杀伤非防治对象，特别是对有害生物发展起控制作用的天敌，破坏了生态平衡，导致有害生物的再猖獗；农药污染大气、水域和土壤等生态环境和农产品，特别是一部分农药潜在着致癌、致畸、致突变的可能，威胁人们的健康；不加节制地滥用化学农药，还影响到养蜂业、养蚕业、渔业的安全和野生生物资源的存亡。

因此，必须大力提倡科学用药，既要充分发挥化学农药的重大作用，又要把其不利作用尽可能地降低到最小限度。

（1）禁用或限制使用高毒高残留农药。禁止在粮、菜、烟、果、药等作物上以及水域附近使用长效性农药和剧毒农药。剧毒农药如甲拌磷和呋喃丹等，只限于用来处理种子，或以颗粒剂在土壤内施用，而不准用于喷雾，以确保施药人员安全。在了解农药在作物上的动态的基础上，还规定了最后一次施药距离作物收割的天数，以免造成人畜中毒。

（2）严格按照防治指标施药。由于农田生态系中各种因素的综合作用，有害生物的数量变化总是保持在一定范围内，总是在一定的水平线上波动，既不会无限制地增加，也不会无限制地减少下去。如果使有害生物的数量保持在一个低密度的范围，既不造成经济上的损失，又有利于天敌的繁衍，使之成为控制有害生物的一个强有力的因素，对人类则是十分有利的。因此，要严格按照各地制定的防治指标施药，只有当有害生物的数量接近于经济受害水平时，才采取化学防治手段进行控制。要力求做到能挑治的不普治；能兼治的不专治，以减少施药的面积和施药次数。这样，一方面可节省农药，降低成本，减轻农药对环境和农产品的污染，同时，可减少对天敌的杀伤

单元
3

作用。

（3）掌握施药适期。确定施药适期的目的就是要以少量的农药取得防治的最大经济效益。要深入了解防治对象的生物学特征、特性以及发生规律，寻求其最易遭到杀伤的时期。一般害虫在幼龄期抗药力弱，有些害虫在早期有群集性，许多钻蛀性害虫和地下害虫要到一定龄期才开始蛀孔和入土，及早用药，效果比较明显。对于病害一般要掌握在发病初期施药，因为一旦病菌侵入植物体内，药剂较难发挥作用。对于杂草，要掌握在杂草对除草剂最敏感的时期施药，一般在杂草苗期进行最为有利，有时为了避免伤害作物，也常在播种前或发芽前进行。不要在作物最易受害的危险期施药。要根据田间有害生物和有益生物的消长动态，避开天敌对农药的敏感期，选择对天敌无影响或影响小而对有害生物杀伤力大的时期施药。

（4）采用适宜的剂量。在施药剂量上，一定要改变过去追求防治效果高达99%以上从而使用药量偏高的习惯。选择恰当的剂量，一是药液或药粉的适宜的使用浓度，二是单位面积上适宜的使用量。

一般来说，浓度越高，效果越大，但浓度过高，不仅造成浪费，而且还有可能造成药害；低于有效浓度，又达不到防治的目的，有毒物质的微量使用甚至还对有害生物有刺激作用。单位面积上的用药量过多或不足，也会发生上述同样的不利后果。因此，施药前一定要按规定确定浓度和用量。

（5）轮换用药。在同一地区长期连续使用同一种药剂防治某种有害生物，从而引起有害生物对药剂抵抗力提高的现象称为抗药性或获得性抗药性。

对一种有害生物长期反复使用一种农药，杀死具有敏感性基因的个体，保存下来具有抗性基因的个体，一代代的选择，便逐渐形成有显著抗性的个体和种群，这样的种群和个体对农药的感受性处在极低的水平，防治效果大幅度下降。而且还存在"交互抗药性"现象，即一种有害生物对某种药剂产生了抗药性，对另外未使用过的某些药剂也产生抗药性。克服和延缓抗药性的有效力法之一，是轮换交替施用农药。

一般来说，用作用机理不同的两种以上的药剂，交替施用，可以推迟抗药性的发生。不过要注意这种有害生物的交互抗药性问题，要选择没有交互抗药性的药剂交替使用，否则，达不到防止抗药性发生的目的。

对某种药剂有抗药性的有害生物品系，对另外一种药剂反而更加敏感的现象称为负交互抗性。如：对敌百虫抗性高的菜青虫比抗性低的菜青虫对辛硫磷表现更敏感；拟除虫菊酯对敌百虫产生抗性的蚊有负交互抗性。这一现象对选用农药或复配农药是十分有利的。

（6）合理地混用农药。农药在农业生产上起着重要作用，合理混用是发挥农药经济效益、保证农业丰收的重要手段之一。农药混剂在农药的加工和应用方面占有重要地

单元
3

位。现在人们对农药的合理混用及混剂的发展越来越重视。农药混用及混剂发展状况甚至已经成为一个国家农药加工及用药水平高低的标志之一。科学合理地混用农药有利于充分发挥现有农药制剂的作用。

农药混用主要有两种方法，一是把两种或两种以上的农药原药混配加工，制成复配制剂，由农药企业实行商品化生产，投放市场，防治人员不需要再行配制。二是现场混配使用。防治人员根据有害生物防治的实际需要，把两种或两种以上农药制剂混合起来施用。混配农药的类型有杀虫剂加增效剂、杀虫剂加杀虫剂、杀菌剂加杀菌剂、除草剂加除草剂、杀虫剂加杀菌剂、杀虫剂加除草剂、杀菌剂加除草剂等。混用可以克服有害生物对农药产生抗性；可以扩大防治对象的种类，达到一药多治；可以延长老品种农药的使用年限；可以发挥增效作用；还可以降低成本。但是，混配时不能任意组合，要有严肃的科学态度。田间的现配现用应当坚持先试验后混用的原则。一般应当考虑以下几点：两种以上农药混配后应当产生增效作用，而不是减效作用；应当不增加对人畜的毒性，或增毒倍数不大；应当不增加对作物的药害，比较安全；应当不发生酸碱反应，即不遇酸分解或遇碱分解；应当不产生絮结和大量沉淀。

农药混剂通常是根据组成混剂的农药类别来分类的。其主要类别有：杀虫混剂，由两种或多种杀虫剂混配而成，是农药混剂中品种最多的一类；杀菌混剂，由两种或多种杀菌剂混配而成，品种较多；除草混剂，由两种或多种除草剂混配而成，品种较多；杀虫杀菌混剂，由一种或多种杀虫剂与一种或多种杀菌剂混配而成，品种较多；杀虫除草混剂，由杀虫剂和除草剂混配而成，品种很少；农药肥料，由农药和化肥混配而成；植物生长调节混剂，由两种或多种植物生长调节剂混配而成，已经出现定型混剂，近期这方面的研究报道较多，有发展之势。此外，还有杀鼠混剂、植物生长调节剂和其他农药组成的混剂等。

根据组成混剂的农药种数又可将混剂分成二元混剂和多元混剂。由两种农药组成的混剂称为二元混剂。由三种或三种以上农药组成的混剂称为多元混剂。

5. 无公害蔬菜生产中禁用的农药种类

设施蔬菜虫害较多，防治虫害的药剂种类也较多，这其中有大部分农药属于高效低毒、低残留的，但有些农药属于高毒、高残留的，使用这些高毒、高残留的农药会给环境带来破坏，还会危害人们的健康，为让农民朋友记住这些农药名称，生产出符合无公害标准的蔬菜，现将农业部公布的无公害蔬菜上禁止使用和限用的农药种类名单列举如下，以利于对照查阅。

（1）无公害蔬菜茄果类（番茄、茄子、辣椒）禁用农药品种。滴滴涕、涕灭威、对硫磷（1605）、氟乙酰胺、克百威、溃疡净、甲胺磷、甲拌磷（3911）、甲基对硫磷（甲基1605）、久效磷、六六六、磷化铅、磷化锌、磷胺、氯丹、灭多威、内吸磷（1059）、氰化物、三硫磷、三氯杀螨醇、赛力散、杀螟磷、杀虫脒、水胺硫磷、五氯酚钠、西力生、氧化乐果、异丙磷、有机汞制剂、有机砷制剂、治螟磷（苏化203）等。

（2）无公害蔬菜瓜类禁用农药品种。苯线磷、地虫硫磷、涕灭威、对硫磷（1605）、克百威、甲胺磷、甲拌磷（3911）、甲基对硫磷（甲基1605）、甲基硫环磷、甲基异柳磷、久效磷、硫环磷、磷胺、氯唑磷、灭线磷、内吸磷（1059）、特丁硫磷、蝇毒磷、治螟磷（苏化203）等。

（3）无公害蔬菜绿叶菜类禁用农药品种。艾氏剂、苯线磷、除草醚、狄氏剂、滴滴涕、涕灭威、敌枯双、地虫硫磷、毒鼠强、毒鼠硅、毒杀芬、对硫磷、二溴氯丙烷、二溴乙烷、氟乙酸钠、氟乙酰胺、甘氟、汞制剂、克百威、溃疡净、甲拌磷（3911）、特丁硫磷、甲基对硫磷（甲基1605）、甲基硫环磷、甲基异柳磷、甲胺磷、久效磷、磷胺、磷化铝、磷化锌、硫环磷、六六六、氯丹、氯化苦、氯唑磷、灭线磷、内吸磷（1059）、砒霜、铅类、氰化物、五氯酚、三硫磷、赛力散、杀虫脒、杀螟威、401、砷类、西力生、氧化乐果、异丙磷、蝇毒磷、治螟磷（苏化203）等。

（4）无公害蔬菜甘蓝类（结球甘蓝、花椰菜、青花菜）禁用农药品种。滴滴涕、二溴氯丙烷、氟乙酰胺、克百威、溃疡净、甲胺磷、甲拌磷（3911）、甲基对硫磷（甲基1605）、甲基硫环磷、甲基异柳磷、久效磷、治螟磷（苏化203）、对硫磷（1605）、六六六、磷胺、磷化铝、磷化锌、氯丹、氯化苦、内吸磷（1059）、砒霜、氰化物、三硫磷、赛力散、杀虫脒、杀螟威、401、五氯酚、西力生、氧化乐果、异丙磷等。

（5）无公害蔬菜白菜禁用农药品种。滴滴涕、对硫磷（1605）、二溴氯丙烷、氟乙酰胺、溃疡净、克百威、甲拌磷（3911）、甲胺磷、甲基对硫磷（甲基1605）、甲基硫环磷、甲基异柳磷、久效磷、磷胺、磷化铝、磷化锌、六六六、氯丹、氯化苦、内吸磷（1059）、砒霜、氰化物、三硫磷、赛力散、杀虫脒、杀螟威、401、五氯酚、西力生、氧化乐果、异丙磷、治螟磷等。

（6）无公害蔬菜豆类禁用农药品种。苯线磷、涕灭威、地虫硫磷、对硫磷（1605）、克百威、甲胺磷、甲基对硫磷、甲拌磷（3911）、甲基异柳磷、特丁硫磷、甲基硫环磷、久效磷、磷胺、硫环磷、氯唑磷、灭线磷、内吸磷（1059）、蝇毒磷、治螟磷（苏化203）等。

（7）无公害蔬菜萝卜禁用农药品种。艾氏剂、苯线磷、除草醚、狄氏剂、滴滴涕、地虫硫磷、敌枯双、涕灭威、毒杀芬、毒鼠强、毒鼠硅、对硫磷（1605）、二溴氯丙烷、二溴乙烷、氟乙酸钠、氟乙酰胺、甘氟、汞制剂、克百威、甲胺磷、甲基对硫磷、久效磷、甲拌磷（3911）、甲基异柳磷、甲基硫环磷、磷胺、硫环磷、六六六、灭线磷、内吸磷（1059）、铅类、杀虫脒、砷类、特丁硫磷、蝇毒磷、治螟磷等。

单元
3

第二节　茄果类蔬菜病害及其防治

培训目标

→ 了解茄果类蔬菜病害发生特点
→ 熟悉茄果类蔬菜病害防治原理
→ 掌握科学用药技术

一、番茄灰霉病

1. 分布与危害

番茄灰霉病的病原为灰葡萄孢，属半知菌亚门葡萄孢属。该病是北方保护地蔬菜的重要病害之一，能够危害辣椒、茄子、马铃薯、黄瓜、西葫芦、甜瓜、菜豆、蚕豆、洋葱、莴苣、芹菜、草莓等多种蔬菜作物，其中茄科蔬菜以番茄、辣椒和茄子受害最重，冬春茬番茄大量烂果造成损失常达20%以上。我国在20世纪70年代后期灰霉病发展迅速，危害日趋严重，造成早春大量烂果。一般减产20%～30%，甚至高达50%左右。在储藏运输中，也常发生。

2. 症状

该病主要危害花、果实、叶片及茎。果实发病，青果受害重，造成大量烂果。病菌多先从残留的柱头或花瓣侵染，后向果面或果柄扩展，呈灰白色腐烂，病部长出大量灰绿色霉层，果实失水后僵化。叶片发病，多从叶缘呈"V"字形向内扩展，开始呈水浸状，浅褐色，边缘不规则，具深浅相间轮纹，后病部产生灰霉，致叶片枯死。茎部发病，开始也呈水浸状小点，后扩展为长椭圆形或长条形斑，湿度大时病斑上长出灰褐色霉层，严重时引起病部以上枯死。

3. 发病规律

病菌主要以菌核在土壤中或以菌丝块及分生孢子随病残体在土壤中越冬，成为下一个生长季节初侵染的菌源，在保护地条件下可周年发生。病菌分生孢子成熟后脱落，借气流、雨水或露珠及农事操作进行传播。分生孢子萌发长出芽管，从寄主伤口或衰老的器官及枯死的组织上侵入。蘸花是重要的人为传播途径。花期是侵染高峰期，尤其在穗果膨大期浇水后，病果剧增，是烂果高峰期，以后在病部又可产生大量分生孢子，借气流传播进行再侵染。该病菌为弱寄生菌，可在有机质上腐生。低温高湿是影响灰霉病发生的主要因素，病原菌发育温度范围为2～31℃，最适宜温度为18～22℃，相对湿度持续90%以上，病害发生严重。连作重茬、排水不良、种植过密、生长过旺、透光差、氮肥施用过多，均会加快此病的扩展。

4. 防治措施

（1）农业防治

1）加强通风，实施变温管理。晴天上午晚放风，使棚温迅速升高，当棚温升至31～33℃，超过33℃再开始放顶风，31℃以上高温可降低病菌孢子萌发速度，推迟产孢，降低产孢量。当棚温降至25℃以上，中午继续放风，使下午棚温保持在20～25℃；棚温降至20℃关闭通风口以减缓夜间棚温下降，夜间棚温保持在15～17℃。阴天中午也要打开通风口换气。

2）加强栽培管理。定植时施足底肥，促进植株发育，增强抗病能力。实行高垄覆膜栽培，防治积水。严格控制浇水，尤其在花期应控制用水量及次数。浇水宜在上午进行，发病初期适当控制浇水，防止过量，浇水后防止结露，避免阴天浇水。发病后及时摘除病果、病叶和侧枝，集中烧毁和深埋。

（2）药剂防治

1）花期结合蘸花（防落花、落果）时，在配制 2，4 - D 溶液或番茄灵溶液中加入药液质量 0.2% 左右的 50% 速克灵可湿性粉剂，50% 扑海因可湿性粉剂，或 50% 多菌灵可湿性粉剂，进行蘸花或涂抹，使花器官着药。此外，也可单用"保果灵"可湿性粉剂，每克兑热水 0.5 L 充分搅拌冷却后蘸花，每 667m² 用量 13 g。第二次掌握在浇催果水前 1 天用药，以后视天气情况确定，正常年份，可停药，如遇连阴雨天气，气温低，可再用药 1～2 次，间隔 7～10 天。以后在坐果时用浓度为 0.1% 的 50% 腐霉利或异菌脲溶液喷果 2 次，隔 7 天 1 次，可预防病害发生。

2）发病初期，可喷洒 50% 多菌灵可湿性粉剂 500 倍液，或 75% 百菌清可湿性粉剂 600 倍液，或 45% 噻菌灵悬浮剂 3 000 倍液，或 50% 混杀硫 500 倍液，或 50% 乙烯菌核利可湿性粉剂 2 000 倍液，或 60% 多菌灵盐酸盐可湿性粉剂 600 倍液，或 40% 多硫悬浮剂 600 倍液，或 2% 武夷菌素水剂 150 倍液，或 50% 异菌脲可湿性粉剂 1 000～1 500 倍液，或 50% 福美双可湿性粉剂 600 倍液，或 70% 代森锰锌可湿性粉剂 500 倍液，或 65% 抗霉威可湿性粉剂 1 000～1 500 倍液，或 70% 甲基硫菌灵可湿性粉剂 800 倍液，或 50% 腐霉利可湿性粉剂 1 000 倍液，或 65% 硫菌霉威（甲基硫菌灵乙霉威）可湿性粉剂 1 000～1 500 倍液，或 50% 多·霉威（多菌灵、乙霉威）可湿性粉剂 800 倍液，或 40% 嘧霉胺悬浮剂 800 倍液，或 40% 嘧霉胺可湿性粉剂 600 倍液，或 40% 菌核净可湿性粉剂 500 倍液，或 50% 速克灵可湿性粉剂 1 000～2 000 倍液，或 50% 扑海因可湿性粉剂 1 500 倍液，或 65% 甲霉灵可湿性粉剂 800 倍液，或 40% 施佳乐悬浮剂 1 200 倍液，或 50% 农利灵可湿性粉剂 5 000 倍液。每隔 7 天左右喷 1 次，连喷 3～4 次。

3）可用 3% 噻菌灵烟雾剂 250 g/667m² 熏烟，或 45% 百菌清烟雾剂 250 g/667m²，或

10% 腐霉利烟雾剂 250 g/667m²。也可用 5% 百菌清粉尘剂、10% 腐霉利粉尘剂 1 kg/667m² 喷粉，每隔 7~10 天防治 1 次，连续 3~4 次。由于灰霉病易于产生抗药性，应尽量减少用药量和施药次数，最好轮换和交替使用，可提高防效，延缓抗药性。

二、番茄叶霉病

1. 分布与危害

番茄叶霉病俗称"黑毛"，其病原属半知菌亚门褐孢霉属，在我国大部分番茄种植区，如吉林、河北、北京、湖北、湖南、浙江等地均有发生，北方重于南方。该病是保护地番茄上的重要叶部病害，发病后叶片变黄枯萎，影响番茄产量和品质。露地番茄虽有发生，但不及保护地番茄上发生严重。该病除危害番茄外，也危害辣椒、茄子。

2. 症状

该病主要危害叶片，严重时也可危害茎、花和果实（见图3—1）。叶片发病，初期叶片正面出现不规则形或椭圆形淡黄色褪绿斑，边缘不明显，叶背面出现灰紫色至黑褐色茂密的霉层，湿度大时，叶片表面病斑也可长出霉层。随病情扩展，叶片由下向上逐渐卷曲，病株下部叶片先发病，后逐渐向上蔓延，使整株叶片呈黄褐色干枯，发病严重时可引起全株叶片卷曲。嫩茎和果柄上也可产生与上述相似的病斑，并可延及花部，引起花器官发病。果实发病，果蒂附近或果面形成黑色圆形或不规则形斑块，硬化凹陷，不能食用。

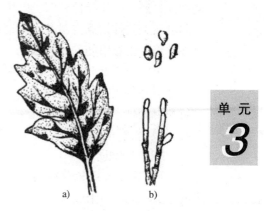

图 3—1　番茄叶霉病
a）症状　b）病原菌（分生孢子及分生孢子梗）

3. 发病规律

病菌以菌丝体或菌丝块在病残体内越冬，也可以分生孢子附着在种子表面或菌丝潜伏于种皮越冬，成为下一个生长季节初侵染的菌源，在保护地条件下可周年发生。翌年条件适宜时，从病残体上越冬的菌丝体产生分生孢子，借气流、昆虫、甚至农事操作传播，另外，播种带菌的种子也可引起初侵染。该病有多次再侵染，病菌萌发后，从寄主叶背面的气孔侵入，或从伤口、衰老及坏死组织侵入引发病害。菌丝在细胞间蔓延，并产生吸器伸入细胞内吸取水分和养分，形成病斑。环境条件适宜时，病斑上又产生大量分生孢子，进行不断再侵染。病菌也可从萼片、花梗的气孔侵入，并能进入子房，潜伏在种皮上。

温、湿度对发病影响较大，病菌发育温度为 9~34℃，最适宜温度为 20~25℃。湿度是影响发病的主要因素，相对湿度高于 90% 时，有利于病菌繁殖，发病重；相对湿度在 80% 以下，不利于孢子形成，也不利于侵染及病斑的扩展；气温低于 10℃ 或高于

单元
3

30℃，病情发展可受到抑制；在高温高湿条件下，从开始发病到普遍发生只需要半个月左右。过于密植，通风不良，湿度过大，发病严重。而光照充足，温室内短期增温至30～36℃，对病害有明显的抑制作用。阴雨天气、光照不足、温室或棚内空气不流通，温度在20～28℃范围内波动，从开始发病到盛期只需12～15天。

4. 防治措施

（1）农业防治

1）选用抗病品种。番茄品种间对叶霉病的抗性具有明显差异。各地选择抗叶霉病的番茄品种，应注意生理小种的消长，及时更换品种。

2）选用无病种子及种子处理。从无病株上采种或进行种子处理，52℃浸种30 min，晾干播种；2%武夷霉素、硫酸铜浸种，或用种子质量0.4%的50%克菌丹拌种。

3）加强栽培管理。采用双垄覆盖地膜及膜下灌水的栽培方式，除可以增强土壤湿度外，还可明显降低棚内空气湿度，抑制番茄叶霉病的发生。对于保护地番茄采用生态防治法，如控制棚内温湿度，适时通风，适当控制浇水，及时排湿，降低温、湿度。露地番茄要注意田间的通风透光，不宜种植过密，并适当增施磷、钾肥，提高植株的抗病能力。雨季要及时排水，以降低田间湿度。及时整枝打杈，摘除病叶老叶，增强通风。滴灌可降低棚室的相对湿度，不要大水漫灌等。发病严重的保护地，在番茄定植前应进行消毒处理。

4）发病重的地区，应实行3年以上轮作。

（2）药剂防治

1）定植前用硫黄粉熏蒸，每百平方米用硫黄150 g，锯末500 g，混合后，分装几处，点燃后密闭大棚，熏24 h。如果先密闭大棚使棚温升至20℃以上处理，效果更好。

2）发病初期，可选用45%百菌清烟剂3～3.75 kg/hm² 熏蒸，或喷撒7%叶霉净粉尘剂，或5%百菌清粉尘剂，或10%敌托粉尘剂，隔8～10天左右1次，连续或交替轮换施用。

也可选用40%氟硅唑乳油6 000～8 000 倍液，或25%醚菌酯悬浮剂1 000 倍液，或1.5%多抗霉素可湿性粉剂400 倍液，或47%春雷氧氯铜可湿性粉剂600～800 倍液，或2%春雷霉素水剂500～600 倍液喷雾防治。

三、番茄早疫病

1. 分布与危害

番茄早疫病又称轮纹病，病原为茄链格孢，属于半知菌亚门链格孢属。该病是番茄生产上的常见病害。全国各地均有发生，除发生在番茄上外，还可侵染茄子、辣椒、马铃薯等作物，发病严重时引起落叶、落果和断枝，严重影响产量。

2．症状

苗期、成株期均可发病。该病主要危害叶片、茎和果实（见图3—2）。叶片发病，初期呈针尖大的小黑点，后扩大为深褐色或黑色圆形至椭圆形的病斑，直径 1～2 cm，具同心轮纹，有时边缘有黄色晕圈。潮湿时病斑上长出黑霉，病斑常从植株下部叶片开始，逐渐向上蔓延，发病严重时植株下部叶片全部枯死。茎部发病，多数在分枝处发生，产生褐色至深褐色椭圆形或不规则形病斑，同心轮纹不明显，表面生灰黑色霉状物，发病严重时可造成断枝。叶柄发病，生椭圆形轮纹斑，深褐色或黑色。青果发病，病斑多发生在蒂部附近和有裂缝的地方，圆形或近圆形，褐色或黑褐色，稍凹陷，有同心轮纹，病部有黑霉，病果易脱落。

3．发病规律

病菌主要以菌丝体和分生孢子在病残体上越冬，还可以分生孢子附着在种子表面越冬，保护地条件下可周年发生。第二年春天条件适宜时，产生的分生孢子通过气流和雨水传播，分生孢子在常温下可存活 17 个月。病菌一般从气孔或伤口侵入，

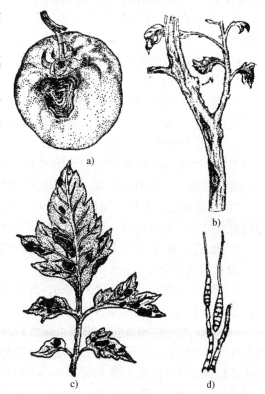

图3—2　番茄早疫病
a)、b)、c) 症状　d) 病原菌（分生孢子及分生孢子梗）

也能从表皮直接侵入。在适宜的环境条件下，病菌侵入寄主组织后一般 2～3 天就可以形成病斑，3～4天后病部产生大量的分生孢子传播并进行多次再侵染。

温、湿度与发病密切相关，温度保持15℃左右，相对湿度在80%以上，病害开始发生。气温保持20～25℃，病情发展最快。露地栽培重茬地，地势低洼，排灌不良，栽植过密，贪青徒长，通风不良发病较重。此外，植株长势与发病有关，早疫病在苗期和成株期均可发病，但大多在结果初期开始发生，结果盛期发病较重；老叶一般先发病，幼嫩叶片衰老后才发病。水肥供应良好，植株生长健壮，发病轻；植株长势衰弱，早疫病发生危害严重。

4．防治措施

（1）农业防治

1）选用抗病品种。

2）重病区实行轮作，与非茄科作物进行 2~3 年以上的轮作。

3）清洁田园，及时摘除病、老、黄叶，摘除病果，拔除重病株带出棚室外深埋或烧毁。

4）高畦覆地膜栽培，合理密植，施足粪肥，增施磷、钾肥，避免偏施氮肥。盛果期后为防止早衰加重病情，要及时追肥或喷叶面肥。

5）灌水采用膜下暗灌、滴灌或渗灌。上午灌水，灌水后适时放风，防止湿度过大。尽量采用滴灌，禁止大水漫灌，更不能用喷灌，防止随水传播。

6）按配方施肥要求充分施足基肥，适时追肥，提高寄主抗病力。施肥以腐熟的有机肥为主，或施用酵菌素调制的堆肥和充分腐熟的有机肥。重施底肥，控制氮肥，适量增施磷、钾肥，不用硝态氮肥，提倡使用专用肥，以达到壮苗的目的。

7）加强管理，调整好棚内温、湿度，尤其是定植初期，闷棚时间不宜过长。防止棚内湿度过大，温度过高，做到水、风有机配合，减缓该病发生蔓延。

8）幼苗定植时，先用 1∶1∶300 倍的波尔多液对幼苗进行喷布后，再进行定植。

（2）药剂防治

1）用 10%磷酸三钠浸种 20 min，将种子洗净药液后再浸种，水温 50~55℃，加热水保持水温 10 min，然后加凉水冷却到 30℃浸种，捞出种子催芽。

2）发病初期喷 50%多·霉威可湿性粉剂 600~800 倍液，或 77%氢氧化铜可湿性粉剂 500~750 倍液，或 50%速克灵可湿性粉剂 1 200 倍液，或 65%代森锌 500 倍液，或 50%扑海因 1 500 倍液，或 40%菌核净 800 倍液，或 40%灭菌丹 400 倍液，或 40%大富丹（敌菌丹）500 倍液和 1∶1∶200 波尔多液等。速克灵与代森锰锌等药剂混合使用可提高防治效果。茎部病斑可刮除后涂抹抗菌剂 401，50%硫菌灵 50 倍液，47%春雷氧氯铜 800~1 000 倍液或 77%可杀得 500~750 倍液，每隔 7 天喷 1 次药，共喷 3 次。可以兼治晚疫病。用 25%嘧菌酯悬浮剂 360~480 mL/hm²，或 10%苯醚甲环唑水分散粒剂 50~70 g/hm²，或 68.75%恶唑锰锌 1.1~1.4 kg/hm²，加水均匀喷雾，每隔 7~10 天喷 1 次，连续 2~3 次。其中嘧菌酯悬浮剂与苯醚甲环唑具有保护和治疗双重效果，以保护作用为主。

3）棚室发病初期，每次喷撒 5%百菌清粉剂 15 kg/hm²，每隔 9 天喷撒 1 次，连续 3~4 次；或用 45%百菌清，或 10%腐霉利等烟雾剂 3~3.75 kg/hm² 在傍晚熏蒸，并注意先开棚排湿 20 min 再进行闷棚熏蒸；或用 20%二氯异氰尿酸钠可溶粉剂 300~400 倍液防治。必要时，番茄茎部发病除喷淋上述杀菌剂外，也可把 50%扑海因可湿性粉剂配成 180~200 倍液，涂抹病部，也可配成油剂，效果更好。

四、番茄晚疫病

1. 分布与危害

番茄晚疫病病原为致病疫霉，属鞭毛菌亚门疫霉属。该病是露地和保护地番茄上的重要病害之一。番茄晚疫病在我国许多省份均有发生，特别是多雨多雾、冷凉或昼夜温差大的地区或季节为害严重。北方保护地夜间高温，此病也常严重发生。此病在宁夏已成为周年发生的病害，严重威胁着番茄生产的发展。除番茄外也侵染马铃薯、茄子、辣椒。该病发病后扩展迅速，流行性强，如遇7—8月多雨季节病害极易发生和流行。

2. 症状

该病主要危害叶片、茎和果实，以叶片和青果受害最重。叶片发病，多从叶尖或叶缘开始，一般都是1～4个，初为暗绿色或灰绿色水浸状不规则病斑，边缘不明显，扩大后病斑变为褐色。湿度大时，叶背病健交界处长白霉。病斑扩展至全叶，使叶片腐烂。空气干燥时，病斑褪绿干枯，呈青白色，脆而易破。病斑会失去应有的圆的形状，变为不规则形，甚至受到叶脉的限制。茎及叶柄发病，初呈水浸状斑点，病斑呈暗褐色或黑褐色腐败状，很快绕茎及叶柄一周呈软腐状缢缩或凹陷。潮湿时表面生有稀疏霉层，引起病部以上枝叶萎蔫。果实发病，主要危害青果，病斑呈不规则形的灰绿色水浸状硬斑块，后变成暗褐色至棕褐色云纹状，边缘明显，病果一般不变软；湿度大时果面容易出现破口，感染病菌，长少量白霉，迅速腐烂。

3. 发病规律

病菌主要以菌丝体在马铃薯块茎中越冬，或在保护地栽培的番茄上为害，也可以薄壁孢子、厚垣孢子和卵孢子在土壤中越冬，为翌年发病的初侵染来源。孢子囊借气流或雨水传播，从气孔或表皮直接侵入，在田间形成中心病株。病菌菌丝在寄主细胞间或细胞内扩展蔓延，3～4天后病部长出菌丝和孢子囊，借风雨传播进行多次再侵染，引起病害流行。

低温高湿是病害发生和流行的主要因素。在相对湿度95%～100%且有水滴或水膜条件下，有利于孢子囊形成、萌发、侵入和菌丝生长，病害易流行。早晚冷凉（10～13℃），白天温暖（24～28℃）最有利于发病。田间地势低洼，排灌不良，过度密植，行间郁闭，导致田间湿度大，易诱发此病。凡与马铃薯连作或邻茬地块易发病。土壤瘠薄，追肥不及时，偏施氮肥造成植株徒长，或肥力不足，植株长势衰弱，会降低寄主抗病力，均利于发病。此外，番茄品种间抗病性存在明显差异。

4. 防治措施

（1）农业防治

1）因地制宜选用抗病品种。

2）采用高畦栽培，合理密植，施用充分腐熟的有机肥，氮、磷、钾配合使用，避免植株徒长，提高寄主抗病性。及时整枝打杈和绑架，适当摘除底部老叶、病叶，改善通风透光条件。雨季及时排水，降低田间湿度。保护地番茄从苗期开始严格控制生态条件，防止棚室高湿条件出现。

3）与非茄科及瓜类蔬菜实行 3 年以上的轮作，尽量避免连作。

4）清洁田园，及时摘除病果病叶，带出棚外深埋或烧掉，注意田间操作不要接触病株后再碰健株。

5）浸种催芽。播种前 4~5 天用 55℃恒温水烫种 10 min，不断搅动，之后反复搓洗干净。进行变温催芽。把浸好的种子平铺在干净湿布上，再盖上湿报纸，在 25℃温度下催芽 14~24 h，再移到 0℃温度下锻炼 10 h，当胚根露嘴即可播种。

（2）药剂防治

1）播种前进行种子消毒，用多菌灵药剂处理。

2）发病初期喷 0.3% 波尔多液，或 58% 甲霜灵·锰锌 600 倍液，或 68% 精甲霜灵·锰锌（金雷）水分散粒剂 1 500 g/hm²，或 10% 氰霜唑悬浮剂 1 000~1200 倍液，或 72.2% 霜霉威水剂 800 倍液，或 72% 霜脲氰·代森锰锌可湿性粉剂 400~600 倍液，或 72% 克露可湿性粉剂 500~600 倍液，或 69% 安克·锰锌可湿性粉剂 900 倍液，或 64% 杀毒矾可湿性粉剂 500 倍液，或 70% 乙膦铝·锰锌可湿性粉剂 500 倍液，或 40% 甲霜铜 700~800 倍液，或 25% 嘧菌酯悬浮剂 800~100 倍液，或 68% 精甲霜灵·锰锌水分散粒剂 800 倍液，或 2% 嘧啶核苷类抗菌素水剂 150 倍液、或 2% 武夷菌素水剂 150~200 倍液。每隔 7 天喷 1 次，连续 3 次。对于使用上述药剂产生抗性的地块，可用 33.5% 喹啉酮悬浮剂每 667m²40 g 兑水喷雾，连喷 3~5 次，间隔 5 天左右，还可使用银法利（68.75% 氟吡菌胺·霜霉威悬浮剂）800~1 000 倍液喷雾。

3）棚室栽培苗期进行保护性喷药，定植后喷 75% 甲霜灵可湿性粉剂 600~800 倍液，或 70% 代森锰锌可湿性粉剂 800 倍液，或 64% 杀毒矾可湿性粉剂 500 倍液，每隔 7 天喷 1 次。

4）出现中心病株后，施用 45% 百菌清烟剂 3~3.75 kg/hm² 熏治或喷撒 50% 百菌清粉剂 15 kg/hm²，每隔 9 天熏治或喷撒 1 次。

五、番茄溃疡病

1. 分布与危害

番茄溃疡病是一种危险性病害，引起植株萎蔫、溃疡和果实斑点。病原为密执安棒杆菌密执安亚种，属厚壁菌门棒杆菌属。1909 年美国首次报道该病发生，目前已广泛分布于世界各地。我国于 1985 年在北京丰台首次发现此病，目前仅在北京、河北、山西、内蒙古等省（市）的冷凉地区发生。此病危害大、损失重、难根除，我国已将其列为进出境植物检疫对象。

2. 症状

幼苗期至成株期均可发病。幼苗发病，最初叶片萎蔫，幼茎或叶柄出现溃疡条斑。成株期受害，发病初期下部叶片萎蔫下垂，似缺水状，有时植株一侧发生叶片萎蔫，而

单元 3

另一侧叶片生长正常。后期在病株茎秆上出现暗褐色溃疡条斑，沿茎向上下扩展，病茎略变粗，常产生大量的气生根。病茎髓部变褐，上部叶片呈粉状干腐或中空。多雨或湿度大时，病茎开裂处溢出污白色菌脓，最后植株失水枯死。果柄受害，多从茎扩展进去，其韧皮部及髓部出现褐色腐烂，一直可延伸到果实。幼果发病后皱缩、滞育、畸形，可引起种子带菌。青果发病，病斑圆形，单个病斑直径 3 mm 左右，外缘白色，中央为褐色、粗糙，似鸟眼状，又称"鸟眼病"。

3. 发病规律

病菌可随病残体在土壤中越冬，存活 2～3 年，或在种子内外越冬。主要从各种伤口侵入，如整枝、打杈、松土等农事操作造成的伤口和自然伤口。也可从植株茎部或花柄处侵入，经维管束进入果实的胚，侵染种子脐部或种皮，致种子内带菌。当病、健果混合采收时，病菌会污染种子，造成种子外部带菌，种子带菌率一般为 1%～5%，严重可达 53.4%。此外，病菌也可从叶片毛状体及幼嫩果实表皮直接侵入。该病远距离传播主要靠种子、秧苗及未加工果实的调运；近距离传播主要靠风雨、灌溉水和昆虫，或通过分苗、移栽、中耕及整枝打杈等农事操作进行传播蔓延。

品种间抗病性存在明显的差异，如佳粉 1 号、8902 等杂交种发病较轻，立春、早粉强丰等品种发病较重。春棚番茄第一穗果开花期病害严重。温暖潮湿的条件适宜发病，露地栽培番茄，在 6—7 月和 8—9 月雨量大，或连续暴雨，容易引起病害的流行。昼夜温差大，叶面结露时间长，有利于发病。冬春茬保护地番茄放风不及时，高温高湿，夜间结露时间长，病害发生严重。

4. 防治措施

（1）加强检疫。严格检疫封锁疫区，禁止从疫区调运种子、果实、幼苗等。

（2）农业防治

1）建立无病留种地，选用无病种子。

2）与非茄科作物实行 3 年以上轮作。

3）选用野生番茄为砧木进行嫁接栽培。

4）及时中耕培土，早搭架。避免带露水操作，避免雨水未干时整枝打杈，雨水后及时排水，及时清除病株并烧毁。整枝打杈时，应在晴天上午无露水时进行，第一次打杈在下部第一个侧枝长到 7～10 cm 时进行，打杈时从侧枝基部留 1 片叶，去除其余部分，即可满足植株营养又利于伤口愈合，防止病菌侵入，以后见杈就打掉，以减少养分消耗。用新苗床或采用营养钵育苗。采取高垄栽培，避免带露水进行农事操作。发现病株及时拔除，病穴用生石灰消毒。

（3）药剂防治

1）播种前用 1.3% 次氯酸钠浸种 30 min，或 5% 盐酸浸种 5～10 h，或用硫酸链霉素 200 mL/kg 浸种 2 h，然后冲净晾干后催芽。干种子也可用 0.6% 醋酸浸种 24 h，处理时温度保持在21℃左右，种子浸透后，立即使种子干燥，避免发生药害。

2）旧苗床用40%福尔马林30 mL加3～4L水消毒，用塑料膜盖5天，揭开后过15天再播种。或者每苗床用40%五氯硝基苯20 g/m²，拌入1 kg细土中，均匀撒在苗床上，耙平，再用塑料膜闷盖5天，然后播种。

3）番茄定植后喷1∶1∶200倍波尔多液。每隔7～10天喷1次，连续3～4次。

4）喷雾防治。发现病株及时拔除，清除病残体，并对全田进行喷雾防治。施药时注意药剂的轮换使用，以防病菌产生抗性而影响防效。可选用20%噻菌铜悬浮剂500倍液，或12%绿乳铜乳油500倍液，14%络氨铜水剂300倍液，或50%琥胶肥酸铜可湿性粉剂500倍液，或47%春雷霉素氧氯化铜可湿性粉剂500倍液，或72%农用链霉素可溶粉剂或硫酸链霉素可溶粉剂3 000～4 000倍液，或21%克菌星乳油500倍液，或新植霉素500倍液。

六、番茄斑枯病

1．分布与危害

番茄斑枯病又称鱼目斑病、白星病，病原为番茄壳针孢，属于半知菌亚门壳针孢属。全国各地均有发生。该病可危害露地和保护地栽培的番茄，发病严重时造成大量叶片枯死，对产量影响很大。除危害番茄外，还可危害茄子、马铃薯等多种茄科作物和杂草。

2．症状

番茄各生育期均可发病，主要危害叶片，也可危害茎和果实（见图3—3）。叶片发病，通常近地面老叶先发病，以后逐渐向上蔓延，初期在叶片背面产生水渍状小圆斑，后在叶片正反两面出现边缘暗褐色，中央灰白色，圆形或近圆形，略凹陷的病斑，直径1.5～4.5 mm，病斑上散生少量小黑点，严重时多个小斑汇合成大的枯斑，使叶片逐渐枯黄，植株早衰，造成早期落叶。茎和果实发病，病斑近圆形或椭圆形，略凹陷，褐色，其上散生小黑点。

3．发病规律

病菌主要以分生孢子器和菌丝体在病残体、多年生茄科作物和杂草，或附着在

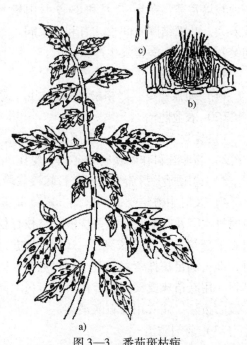

图3—3 番茄斑枯病
a）症状 b）、c）病原菌（分生孢子器及分生孢子）

种子上越冬，成为翌年初侵染源。分生孢子器吸水后，从孔口涌出大量分生孢子，借雨水反溅到番茄近地面老叶上，从气孔侵入引起初侵染。初侵染产生的分生孢子器和分生孢子，再通过风雨传播、农事操作引起多次再侵染。种子是远距离传播的主要途径。

病害的发生发展与温度、湿度、土壤肥力等因素有密切关系。温暖潮湿，光照不足，有利于发病；当温度在15℃以上，遇阴雨天气，肥力不足，植株生长衰弱，病害易于发生；气温20～25℃，病害发展迅速；重茬地、低洼地发病重。

4．防治措施

（1）农业防治

1）从无病地或健株上采种，如种子带菌，可用52℃温汤浸种30 min，然后催芽播种。

2）苗床用新土或两年未种过茄科蔬菜的地块育苗。

3）重病地与非茄科作物实行3～4年轮作。及时整枝打杈，清除病残体，摘除老叶，促进通风透光。

4）增施磷、钾肥，提高抗病性。高畦栽培，适当密植，注意田间排水降湿，保护地注意通风散湿。

（2）药剂防治

发病初期喷洒70%代森锰锌、58%雷多米尔·锰锌、75%百菌清、64%杀毒矾、70%甲基硫菌灵、50%混杀硫悬浮剂等，间隔7～10天，连续2～3次。

单元
3

七、番茄菌核病

1．分布与危害

番茄菌核病多在低温高湿条件下发生，是保护地番茄重要病害之一。

2．症状

叶片染病始于叶缘，初呈水渍状，淡绿色，湿度大时长出少量白霉，病斑呈灰褐色，蔓延速度快，致叶枯死。果实及果柄染病，始于果柄，并向果面蔓延，致未成熟果实似水烫过，菌核外生在果实上，大小1～5 mm；花托上的病斑环状，包围果柄周围。除在茎表面形成菌核外，剥开茎部，可发现大量菌核，严重时植株枯死。

3．发病规律

病原菌主要以菌核随病残体或直接落入表土中及混杂种子中越冬、越夏，成为下一茬初侵染源。落入土中的菌核可存活1～3年，在适宜条件下菌核萌发，形成子囊盘，待开盘4～7天开始释放子囊孢子。子囊孢子借助风雨，飘落在植株衰老的叶片上和花瓣上，产生侵入丝直接侵入寄主。此外，带病的种苗、寄主或病残体等都可以传病。再侵染还可以通过病健植株叶片接触感染。

4. 防治措施

（1）农业防治

1）与禾本科作物实行3～5年轮作。

2）采用高畦覆盖地膜抑制子囊盘出土，减少菌源。深翻土地（20 cm以上），使菌核不能萌发；未发病的温室或大棚忌用病区培育的幼苗。及时清除田间杂草。

3）定植前用40%五氯硝基苯配成药土耙入土中，每667m² 用药1 kg加细土20 kg 拌匀；种子用50℃温水浸种10 min，杀死菌核。

4）棚室上午以闷棚提温为主，下午及时放风排湿，发病后可提高夜温以减少结露，早春日均温控制在29～31℃高温，相对湿度低于65%，以减少发病，防止浇水过量，土壤湿度大时，适当延长浇水间隔期。

（2）药剂防治

1）用10%速克灵烟剂或45%百菌清烟剂，每667m² 每次250 g，熏1夜，隔8～10天1次，连续或与其他方法交替防治3～4次。

2）在发病初期喷40%菌核净可湿性粉剂500倍液，或50%农利灵（乙烯菌核利）可湿性粉剂1 000～1 500倍液，或50%速克灵可湿性粉剂1 500～2 000倍液，或50%扑海因可湿性粉剂1 500倍液，或50%苯菌灵可湿性粉剂1 500倍液，或50%混杀硫悬浮剂500倍液，或80%多菌灵可湿性粉剂600倍液，或20%甲基立枯磷乳油800倍液，或65%甲硫·霉威可湿性粉剂500～800倍液，或50%腐霉利可湿性粉剂1 500～2 000倍液。每667m² 施药液60～70L，隔7～10天1次，连续防治3～4次。

八、番茄白粉病

1. 分布与危害

番茄白粉病已在保护地及露地种植的番茄上普遍发生，温室内全年均可发病，以春季最重。一般发病株率为5%～15%，严重地块达80%～100%。

2. 症状

番茄白粉病主要危害叶片、叶柄和茎，幼果也可受害，叶片发病初期在叶表面出现褪绿的黄色小斑点，扩大后呈不规则粉斑，上生白色粉状物，即病原菌的分生孢子梗及分生孢子。早期病斑稀疏，后期多个病斑连接成片，严重时整个叶片布满白粉状霉，叶缘稍上卷，叶柄向下卷曲，叶片下垂。一般发病先从中下部叶片开始。

3. 发病规律

番茄白粉病发病温度为15～30℃，最适宜温度为25～28℃。在高温干旱与高温高湿交替出现，又有大量菌源的条件下易造成流行。分生孢子在有水滴的情况下方能萌发。

4．防治措施

（1）农业防治

1）选育抗病品种。

2）采取番茄与葱、蒜类等蔬菜轮作，间隔 2～3 年，减少初次侵染源。

3）合理密植，加强管理，增施腐熟农家肥，适量浇水，促使植株生长健壮，提高抗病力。

4）大棚或温室上午应尽量保持较高温度，使棚顶露水雾化，下午适当延长通风时间，加大通风量，夜间适当增温，防止叶面结露。收获后及时清除病残体烧毁，减少越冬菌源。

（2）药剂防治

1）在温室培育的番茄苗，定植前如发生白粉病，要喷药防治，保证不把病苗带入大棚或露地，并及时铲除中心病株，集中处理，以免扩散。

2）发病初期，棚室可选用粉尘法或烟雾法，于傍晚喷撒 10% 多百粉尘剂，每 667 m^2 每次 1 kg，或施用 45% 百菌清烟剂，每 667 m^2 每次 250 g，用暗火点燃熏一夜。

3）棚室可选用 15% 三唑酮可湿性粉剂 500 倍液，或 40% 氟硅唑乳油 8 000～10 000 倍液，或 10% 苯醚甲环唑水溶性颗粒剂 1 500 倍液，或 30% 氟菌唑可湿性粉剂 1 500～2 000 倍液，或 50% 硫黄悬浮剂 200～300 倍液，或 50% 嗪氨灵乳油 500～600 倍液，或 2% 武夷菌素水剂，或 2% 农抗 120 水剂 150 倍液，或 25% 丙环唑乳油 3 000 倍液，或 15% 三唑酮可湿性粉剂 2 000 倍液加 25% 丙环唑乳油 4 000 倍液，或 25% 嘧菌酯 1 500 倍液，或 80% 成标（新型硫黄）干悬浮剂 600 倍液，或 75% 百菌清 800 倍液，或 80% 代森锰锌 600 倍液，或 25% 腈菌唑乳油 5 000～6 000 倍，或 50% 多菌灵可湿性粉剂 600～800 倍液，每隔 7～15 天 1 次，连续防治 2～3 次。

九、番茄枯萎病

1．分布与危害

番茄枯萎病是真菌病害，由番茄尖镰孢菌侵染，是一种土壤传染，从根或根颈部侵入，在维管束寄生的系统性病害。以前在我国发生并不普遍，危害不重。随着棚栽业的迅速发展，大棚番茄种植面积迅速扩大，全国各地普遍发生，土壤菌量的积累逐年增多，此病的发生日趋严重。据山东济宁地区大棚番茄枯萎病调查，一般发病率在 20%～30%，严重地块达 80%～90%，甚至全部毁种。该病也危害辣椒、茄子等茄果类其他蔬菜。

2．症状

病株外观呈萎蔫状，故番茄枯萎病又称萎蔫病，多发生在番茄开花结果期，局部受害，全株显病（见图 3—4）。发病初期，仅植株下部叶片变黄，但多数不脱落，随着病情的发展，病叶自下而上变黄、变褐，除顶端数片完好，其余均坏死或焦枯。有时病株的一侧叶片萎垂，另一侧叶片正常。或在一片叶上一边发黄，另一边正常。病株外观呈萎蔫状，病株从开始出现病状到全株枯萎需半个月至一个月时间。拔出病株可见根部变褐，剖开茎部可见到维管束变成黄褐色。潮湿时茎基部溢出粉红色霉状物，即病菌的分生孢子梗和分生孢子。

3. 发病规律

病菌在土壤当中、随病残体遗留在地面上或附着在果实种子上越冬。番茄移栽时，如根部或茎部受伤，病菌即从伤口侵入，后在维管束内蔓延，产生和扩散有毒物质，导致病株叶片黄枯而死亡。播种带病的种子，可引起幼苗发病。带菌的粪肥、灌溉水等均可传播病害。土壤温度在 27～28℃ 时适于病菌发育，病情重；高于 33℃ 或低于 21℃ 都不利于病害发生。土壤含水量过多或过少均有利于病害发生。土壤疏松、透水性强的田块，发病较轻；土壤板结，透气性差，对根系发育不利，病情重。有根结线虫危害的大棚、温室番茄，发病更重。连作、低洼潮湿、土质黏重、移栽或中耕伤根多、土壤偏酸、氮肥施用过多而磷钾肥不足，施用未经充分腐熟的土杂肥，均易诱发病害。

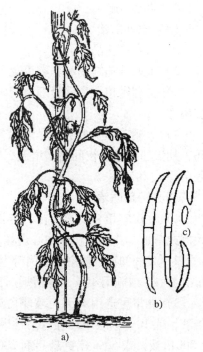

图3—4　番茄枯萎病
a）症状　b）、c）病原菌（大型分生孢子及小型分生孢子）

4. 防治措施

（1）农业防治

1）选用抗（耐）病品种和嫁接防病。

2）培育壮苗。选用无病土育苗，必要时进行苗床、床土、种子消毒，也可用草炭土营养钵育苗。育苗移栽，播种后用药土覆盖，移栽前喷施一次除虫灭菌剂，这是防病的关键。移栽时尽量少伤根，番茄生长前期中耕可深些，以后宜浅中耕，进入旺盛生长期后，要停止中耕，及时防治害虫，防止伤根，减少病菌入侵机会。施用充分腐熟的有机肥，增施磷、钾肥，合理灌溉，不断增强植株的抗病性。同时要加强棚室温度、湿度管理。发病时及时清除病叶、病株，并带出田外烧毁，病穴施药或生石灰。

3）防治根结线虫病。及时防治根结线虫病，减少伤根和病菌侵入的机会。

4）调节土壤酸度。有枯萎病发生的棚室，结合整地，撒施适量的石灰，使土壤呈

单元
3

微碱性，抑制细菌生长，减少发病。一般每667m²250~100 kg。

5）高温闷棚。利用夏季土地休闲期间，施入0.75~1.5 kg/hm²石灰，进行耕翻灌溉，把土壤调整为微碱性，然后将大棚覆盖后密闭，选择晴天闷晒增温，达60~70℃连续高温闷棚5~7天，可有效杀灭土壤中的多种病虫害。

（2）药剂防治

1）移栽时每株施用木霉菌剂2 g，通过重寄生，能在植株根周围土壤中长出较多较长的菌丝去侵染枯萎病菌，从而抑制病害的发生，可有效地抑制枯萎性病原的活动，对许多土传性病害都有明显的防治效果。

2）用0.1%硫酸铜浸种5 min，洗净后催芽播种。

3）床面用50%多菌灵可湿性粉剂8~10 g/m²，加土4~5 kg拌匀，先将1/3药土撒在畦面上，播种后再把其余药土覆在种子上。发病初期喷50%多菌灵可湿性粉剂，或36%甲基硫菌灵悬浮剂500倍液，或10%双效灵（混合氨基酸铜络合物）水剂200倍液，或20%增效多菌灵悬浮剂200倍液，或2.5%适乐时（2.5%咯菌腈可湿性粉剂）1 500倍液灌根，或70%甲基硫菌灵可湿性粉剂1 000倍液，或50%多菌灵可湿性粉剂600倍液。每隔7~10天灌1次，连续灌3~4次。

4）速克灵或多菌灵或托布津可湿性粉剂调成100倍糊状液涂抹。发现病株或病枝（最好剪去病枝），可用毛笔蘸以上药液涂抹病部，病重的过5~7天再涂一次，这种效果较好，如用防落素或2，4-D，同时加上以上药液蘸花效果更好。

单元 3

十、番茄青枯病

1. 分布与危害

番茄青枯病是在维管束寄生的系统性病害，是茄科蔬菜的重要病害之一。我国主要发生在长江流域以南地区。青枯病菌寄主范围非常广泛，多达33科100多种植物。在茄科蔬菜中，一般以番茄受害最为严重，马铃薯、茄子次之，辣椒受害较轻。设施条件下，各地普遍发生。

2. 症状

番茄株高长到30 cm左右，青枯病开始显症，先是顶端叶片萎蔫下垂，以后下部叶片凋萎，最后中部叶片凋萎，也有一侧叶片先萎蔫或整株叶片同时萎蔫的。发病初期，病株白天萎蔫，傍晚复原，病叶呈浅绿色。病茎表皮粗糙，中下部增生不定根或不定芽，湿度大时，病茎上可见初为水浸状后变褐色的1~2 cm的病斑，维管束变为褐色，横切病茎，用手挤压或经保湿，切口上维管束溢出白色菌液。发病进展迅速，病情严重的病株7~8天即死亡（见图3—5）。

青枯病与枯萎病区别：青枯病是细菌病害，由青枯假单胞菌侵染所致。枯萎病萎垂多自下面叶片开始，且先呈黄色；青枯病萎垂多自顶部开始，叶色虽欠光泽但却青绿。

枯萎病病程进展较缓慢，发病到枯死一般需15～30天；青枯病病程短而急。两病根茎维管束均变褐，但枯萎病患部表面潮湿时长出近粉红色霉层；青枯病患部表面无霉层病症，挤压病茎切口或悬浸于清水中稍顷即有乳白色混浊液溢出（菌脓，质黏）。

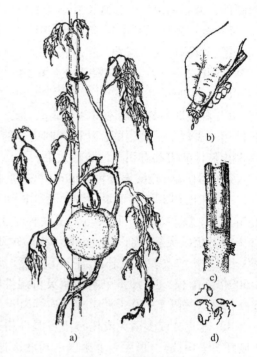

图3—5　番茄青枯病
a）症状　b）菌脓　c）病茎剖面示
导管呈褐色　d）病原菌

3. 发病规律

病原随病株残体在土壤中越冬。病菌可以在病残体上腐生，也可离开病残体在土壤中存活14个月以上。病菌从根部或茎基部伤口侵入，在螺纹导管内繁殖，并沿导管向上蔓延，使导管堵塞，或穿过导管侵入临近的薄壁细胞组织，使之变褐腐烂。病菌通过灌溉水传播，也可通过农具、田间作业传播。病菌生长最适宜温度为30～37℃，最高为41℃，最低为10℃，致死温度为52℃10 min。适宜的酸碱度为pH6.6，高温、高湿条件最适于病害的发生。土壤温度与发病的关系密切，20℃左右时病菌开始活动，25℃时活动旺盛，病株量显著增加，病情加重，土壤温度再增高时植株大量死亡。根部土壤含水量达25%以上时有利于病害发生，根结线虫病重的棚室青枯病发生也重。多施钾肥可以减轻发病。

4. 防治措施

发病初期用72%农用链霉素可湿性粉剂4 000倍液，或14%络氨铜水剂300倍液，或77%可杀得（氢氧化铜）可湿性粉剂400～500倍液，或50%琥胶肥酸铜可湿性粉剂400倍液，或60%琥·乙膦铝可湿性粉剂600倍液，或1:1:100倍波尔多液灌根，每株灌药液0.3～0.4 kg。每隔7～10天灌1次，连灌3～4次。或用以上药剂喷雾，每7～10天喷1次，连喷3次。

其他措施同番茄枯萎病。

十一、番茄病毒病

1. 分布与危害

番茄病毒病是番茄的重要病害，已成为仅次于真菌病害的第二大病害，在我国南北分布都比较普遍。近年的反季节蔬菜栽培面积扩大，加上种子带菌传染和气候条件适宜，以黄瓜花叶病毒为主引起的番茄病毒病上升迅速，发生危害严重，有的因此无收成，每年给蔬菜生产造成很大损失。

2. 症状

番茄病毒病的症状主要有以下几种：

（1）花叶型。叶片上出现黄绿相间或深浅相间的斑驳，叶脉透明，叶略有皱缩的不正常现象，病株较健株略矮。

（2）蕨叶型。植株不同程度矮化，由上部叶片开始全部或部分变成线状，中、下部叶片向上微卷，花冠加长增大，形成巨花。

（3）条斑型。可发生在叶、茎、果上，病斑形状因发生部位不同而不同，在叶片上为茶褐色的斑点或云纹，在茎蔓上为黑褐色斑块，变色部分仅处在表层组织，不深入茎、果内部，这种类型的症状往往是由烟草花叶病毒及黄瓜花叶病毒或多种病毒复合侵染引起，在高温与强光照下易发生。

（4）巨芽型。病株新长出的叶片变小，顶部枝梢呈淡紫色，肥大，直立向上呈圆锥形。花柄肥大，花萼显著膨大，萼片联合成筒状，在叶腋处长出一个淡紫色粗短肥大的腋芽，在腋芽顶上丛生若干个直立的不定芽，病株结果少或仅结出少量坚硬的圆锥形小果实。

（5）黄顶型。病株顶叶叶色褪绿或黄化，叶片变小，叶面皱缩，中部稍凸起，边缘多向下或向上卷起，病株矮化，不定枝丛生。

（6）斑萎型。苗期染病，幼叶变为铜色上卷，后形成许多小黑斑，叶背面沿脉呈紫色，有的生长点死掉，坐果后染病的果实上出现褪绿环斑。

（7）丛矮型。苗期染病5天后初显环状坏死斑，叶片褪绿后迅速落叶，该病在茎组织发展很快，苗期施用氮肥过多，造成茎变软，在靠近地面处出现坏死斑，引起猝倒。系统症状为幼叶卷曲或顶部坏死，由此引致侧芽增生或出现丛生，病株下部叶片褪绿和变紫。果实除产生褪绿斑以外，还在成熟果实上产生环状或平行斑，使番茄矮缩或产生斑驳。

（8）卷叶型。叶脉间黄化，叶片边缘向上方弯卷，小叶呈球形，扭曲成螺旋状畸形，整个植株萎缩，有时丛生，染病早的，多不能开花结果。

（9）曲顶型。植株变黄或生长点直立，植株矮化，叶片变厚变脆且向上卷曲，叶柄下弯，变成暗黄色和叶脉变紫，果实常提早假熟。坐果后染病的病、健果可能出现在同一茎上，未成熟果实形成暗褐色皱缩果实。

（10）丛枝型。染病初期，病株顶部叶片黄化变小，花瓣变绿后迅速变成叶片状，顶部枝梢不肥大，不直立向上，但往往在叶腋处长出大量腋芽，在腋芽上又长出许多纤弱的不定芽，病株呈丛枝状。

3. 发病规律

引致番茄病毒病的毒源有20多种，主要有烟草花叶病毒（TMV）、黄瓜花叶病毒

单元
3

（CMV）、烟草卷叶病毒（TLCV）、苜蓿花叶病毒（AMV）等。烟草花叶病毒在多种植物上越冬，种子也带毒，成为初侵染源，主要通过汁液接触传染，只要寄主有伤口即可侵入，附着在番茄种子上的果屑也能带毒，此外土壤中的病残体、田间越冬寄主残体、烤晒后的烟叶、烟丝均可成为该病的初侵染源。黄瓜花叶病毒主要由蚜虫传染，汁液也可传染，冬季病毒多在宿根杂草上越冬，春季蚜虫迁飞传毒，引致番茄发病。番茄病毒病的发生与环境条件关系密切，一般高温干旱天气利于病害发生，此外，施用过量的氮肥，菜株组织生长柔嫩或土壤瘠薄、板结、黏重以及排水不良都会加重发病。番茄病毒病的毒源种类在一年里往往有周期性的变化，春夏两季烟草花叶病毒比例较大，而秋季以黄瓜花叶病毒为主，因此生产上防治时应针对毒源采取相应的措施，才能收到较满意的效果。曲顶病毒以甜菜叶蝉等刺吸式口器昆虫进行半持久性传毒，巨芽病和丛枝病可通过嫁接传染。

4. 防治措施

（1）农业防治

1）针对当地主要毒源，因地制宜选用抗病品种，如金棚一号、合作908、鑫冠、经典等。近几年引进的国外品种抗病性较强，有条件的可采用国外品种，如卡依罗、好韦斯特、汉克等。

2）实行无病毒种子生产。播种前用清水浸种 3～4 h，再放入10%磷酸三钠溶液中浸 40～50 min，捞出后用清水冲净再催芽播种，或用 0.1%高锰酸钾浸种 30 min。定植用地要进行 2 年以上轮作，结合深翻，促使带毒病残体腐烂。有条件的施用石灰，促使土壤中病残体上的烟草花叶病毒钝化。

3）实行 2 年以上轮作，喷施爱多收（丰产素）6 000 倍液，或植宝素 7 500 倍液，增强寄主抗病力。施用酵素菌泡制的堆肥或充分腐熟的有机肥，采用配方施肥技术，防止偏施、过施氮肥。

4）加强定植后的栽培防病措施。适期播种，培育壮苗，苗龄适当，定植时要求带花蕾，但又不老化；适时早定植，促进早发，利用塑料棚栽培，避开田间发病期；早中耕锄草，及时培土，促进发根，晚打杈，早采收，定植缓苗期喷洒万分之一增产灵，可提高对花叶病毒的抵抗力。第一穗坐果期应及时浇水，坐果后浇水要注意加粪稀和化肥，促果壮秧，尤其高温干旱季节要勤浇水，注意改善田间小气候。发病地区要及时铲除苦苣菜、野大丽花等田间杂草。

5）降低冬闲大棚温度。采用遮阳网覆盖栽培或者在棚膜上甩泥点，都可以降低棚室温度；加强放风，特别是中午，避免长时间 35℃ 的高温。也可以用喷雾器给叶面喷水，降低叶面温度的同时，增大空气湿度，减小病毒病的发病几率。保持土壤湿度，适时灌水，避免缺水。

6）早期防蚜，尤其是高温干旱年份要注意及时喷药治蚜，预防 TMV 侵染。设施栽培采用黄板诱杀蚜虫和白粉虱。

（2）药剂防治

1）发病初期喷洒抗毒丰（0.5%菇类蛋白多糖水剂）300倍液，或1.5%植病灵乳剂1 000倍液，或20%病毒A可湿性粉剂500倍液，或5%菌毒清水剂400倍液。

2）用高锰酸钾1 000倍液喷雾，此外喷施α-萘乙酸20 μL/L、增产灵（4-碘苯氧基乙酸）50~100 μL/L及1%过磷酸钙作根外追肥，均可提高耐病性。

（3）生物防治。防治番茄巨芽病和丛枝病，可把病芽放在四环素溶液内浸2 h，浓度为1 000单位/mL，用清水洗净后采用小芽腹接法嫁接在健康番茄上，也可在田间发病初期喷洒医用四环素或土霉素溶液4 000倍液，隔10天左右喷1次。应用弱病毒疫苗N14和卫星病毒S52处理幼苗，提高植株免疫力，兼防烟草花叶病毒和黄瓜花叶病毒。也可将弱毒疫苗稀释100倍，加少量金刚砂，每平方米用2~3 kg压力喷枪喷雾。在定植前后各喷1次NS-83增抗剂100倍液，能诱导番茄耐病又增产。

十二、辣椒病毒病

1. 分布与危害

辣椒病毒病是影响我国辣（甜）椒生产的主要病害，主要由黄瓜花叶病毒（CMV）、烟草花叶病毒（TMV）等10多种病毒侵染，广泛分布于世界各地，一般减产30%左右，严重的高达60%以上，甚至绝产，成为辣（甜）椒生产的主要限制因素。

2. 症状

辣（甜）椒病毒病从苗期至成株期均可发病，引起花叶、黄化、坏死、矮化、畸形等症状。

（1）花叶型。田间常见的花叶型分为轻型花叶和重型花叶。轻型花叶病叶初期为明脉和轻微褪绿，后呈现浓淡绿色相间的斑驳，病株无明显畸形和矮化；重型花叶除表现褪绿斑驳外，叶面多凹凸不平，叶片皱缩畸形，或形成线状叶，植株生长缓慢，果形变小，严重矮化。

（2）黄化型。病叶明显变黄，出现落叶现象。

（3）坏死型。叶脉呈褐色或黑色坏死，沿叶柄、果柄扩展到侧枝、主茎及生长点，出现系统坏死条斑，维管束变褐，造成落叶、落花、落果，严重时嫩枝、生长点甚至整株枯死，仅剩老叶和枝干，称为"三落一秃"。

（4）畸形。植株受害后，幼叶狭窄或呈线状，植株上部明显矮化，丛枝、丛生。重病果果面有深绿、浅绿相间的花斑和疱状凸起。有时几种症状同时或先后在同一株上出现。由于病毒可以复合侵染，因此症状复杂。一般生长前期症状较单一，后期则多种多样。

3. 发病规律

CMV和TMV的越冬越夏场所、侵染来源、传播媒介和传媒方式，以及发病的环境因素与番茄病毒病基本相似。辣椒各种病毒都能在寄主的活体内越冬，但TMV具有极强的抗逆力，在干燥的烟叶（含烟丝）和尚未腐烂分解的根部组织内仍有传染能力。TMV主要是由昆虫或汁液通过汁液接触传染，其他病毒大多通过昆虫介体传染。接触传染，气温与病毒病的发生关系密切，温度不仅对传毒昆虫有影响，而且直接影响病毒侵入寄主后的显症。如将TMV接种到湖南21号牛角椒上，15℃潜育期2~3天，20~25℃时为2~3天，35℃以上只表现少量局部症状，成为隐症。如遇高温干旱天气，不仅可促进蚜虫传毒，还会降低寄主的抗病性。氮肥施用过多或过少均使病情加重。中耕除草、整枝打杈等农事操作都会增加烟草花叶病毒的接触传染机会。定植晚、连作、低洼及缺肥易引起该病流行。此外，栽植密度过稀，如遇高温，地表干燥，影响植株根系发育降低辣椒的抗病能力。

4. 防治措施

（1）农业防治

1）选用抗病品种。一般早熟有辣味的品种较晚熟无辣味品种抗病，各地区应因地制宜选用抗病品种。

2）选用无毒种子并进行消毒处理。用55℃温水间隔浸种10 min处理，或播种前用10%磷酸三钠浸种20~30 min，然后洗净、催芽播种。分苗定植前，或花前分别喷洒0.1%~0.2%硫酸锌。

3）加强栽培管理。清除辣椒地周围的寄主杂草，辣椒苗床及大田周围不种或少种烟草花叶病毒和黄瓜花叶病毒的寄主植物；选地势高、能灌能排的沙壤土种植辣椒；合理密植和畦面盖草，促进封垄，减轻高温干旱的危害；及早消灭蚜虫，切断传毒媒介；田间农事操作，减少接触传毒，从而减轻病毒病发生。

4）实行轮作。与非茄科植物实行3年以上轮作和邻茬减少病毒来源和传染。

（2）生物防治。利用烟草花叶病毒的弱毒株系N14和黄瓜花叶病毒RNA卫星制剂等进行生物防治已获成功。

（3）药剂防治。定植后现蕾前，用20%病毒灵、20%病毒A等喷施，间隔7~10天喷1次，连续2~3次，均有一定的防治作用。另外，喷施0.1%硫酸锌也可以减轻发病。

十三、辣椒炭疽病

1. 分布与危害

辣椒炭疽病是辣（甜）椒上较常发生的一种病害，病原为围小丛壳，属子囊菌亚门围小丛壳属。辣椒炭疽病世界性分布，可引起辣椒落叶、烂果、幼苗死亡。一般危害不严重，但在多雨年份，发病严重。根据其症状表现可分为黑色炭疽病、黑点炭疽病和红色炭疽病3种。黑色炭疽病在我国东北、华北、华东、华南、西南等地区都有发生，一般病果率5%左右，严重时病果率达20%～30%，对辣椒品质、产量均有一定影响。黑点炭疽病仅发生在浙江、江苏、贵州等地。红色炭疽病发生较少。此病除危害辣椒外，还侵染茄子和番茄。

2. 症状

甜椒、辣椒炭疽病主要为害果实，叶片、果梗也可受害。果实染病，初现水浸状黄褐色椭圆形或不规则病斑，稍凹陷，边缘褐色，中央呈灰褐色，斑面有隆起的同心轮纹，往往由许多小点集成，小点有时为黑色，有时呈橙红色。潮湿时，病斑表面溢出红色黏稠物，被害果内部组织半软腐，易干缩，致病部呈膜状，有的破裂。叶片染病多发生在老熟叶片上，初为褪绿色水浸状斑点，后渐变为褐色，中间淡灰色，近圆形，其上轮生小点。果梗有时被害，生褐色凹陷斑，病斑不规则，干燥时往往开裂（见图3—6）。

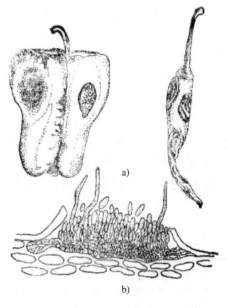

图3—6　辣椒黑色炭疽病
a) 症状　b) 分生孢子盘及分生孢子

3. 发病规律

病菌主要以分生孢子附着在种子表面，或以菌丝体潜伏在种皮内越冬。也能以分生孢子盘和菌丝体随病残体在土壤中越冬，成为翌年病害的初侵染来源。在保护地条件下可周年危害。翌年在适宜条件下，越冬菌源产生分生孢子或越冬的分生孢子借气流、灌溉水、雨水、种子、昆虫、农事操作等传播侵染。发病后病斑上产生新的分生孢子，不断反复侵染传播。分生孢子多从伤口侵入，也可从寄主表皮直接侵入，潜育期一般为3～5天。

此病的发生与温湿度关系密切，发病适宜温度为26～28℃，当相对湿度大于95%，发病快且严重。菜地潮湿，通风差，排水不良，种植密度过大，施肥不足或施氮肥过多，或因落叶而造成的果实日灼等均易加重病害的发生。此外，品种间抗病性也有差异。

4. 防治措施

（1）农业防治

1）各地可根据具体情况选用抗病品种，一般辣味强的品种较抗病。甜椒如长丰、茄椒1号、蒙椒3号、哈椒2号、早丰1号、吉农方椒、九椒1号，皖椒1号等；辣椒如早杂2号，湘研4号、5号、6号、3号，中子粒等较抗病。

2）建立无病留种田或从无病果留种。若种子带菌，播前用55℃温水浸种10 min或用50℃温水浸种30 min消毒处理。取出后冷水冷却，催芽播种。也可冷水浸种10~20 h，再用1%硫酸铜溶液浸5 min，捞出后用少量草木灰或生石灰中和酸性，即可播种。

3）发病严重地块要与瓜类和豆科蔬菜实行2~3年以上轮作。

4）采用营养钵育苗，培育适龄壮苗。

5）采用高垄覆膜栽培，避免大水漫灌，有积水时及时排水；合理通风，避免高温高湿；应在施足有机肥的基础上配施氮、磷、钾肥；避免栽植过密和地势低洼地种植；预防果实日灼；清除田间病残体，减少病菌侵染源。

（2）药剂防治。发病初期或果实着色开始喷药，可选用65%代森锌可湿性粉剂500倍液，或70%代森锰锌可湿性粉剂400倍液，或25%醚菌酯悬浮剂1 200倍液，或40%多·硫悬浮剂400倍液，或75%百菌清可湿性粉剂600倍液，或80%波尔多液可湿性粉剂500倍液，或75%甲基硫菌灵可湿性粉剂400~500倍液喷雾，隔7~10天喷1次，连喷2~3次。

十四、辣椒疫病

1. 分布与危害

辣椒疫病的病原为辣椒疫霉，属鞭毛菌亚门疫霉属。该病是辣椒生产上的一种世界性分布的毁灭性病害。美国1918年首次报道，我国江苏1940报道此病的发生。20世纪80年代以来，辣椒疫病在全国各地普遍发生。北京、上海、青海、云南、陕西、甘肃、广东及长江流域尤为严重。由于疫病流行，常导致植株成片死亡，损失严重。露地和保护地均发生，一般病株率为20%左右，严重的达80%以上。中国已记载的辣椒疫病菌寄主有洋葱、辣椒、木瓜、黄瓜、麝香、石竹、吊钟花、橡胶树、番茄、豇豆、胡椒、茄子、香荚兰、芦荟属和菜豆属等植物。

2. 症状

辣椒从苗期至成株期均可被侵染，茎、叶和果实都能发病。苗期发病，首先在茎基部形成暗绿色水渍状病斑，迅速褐腐缢缩而猝倒。有时茎基部呈黑褐色，幼苗枯萎死亡。成株期叶片感病，病斑圆形或近圆形，直径2~3 cm，边缘黄绿色，中央暗褐色。果实发病，多从蒂部开始，水渍状、暗绿色，边缘不明显，扩大后可遍及整个果实，潮湿时表面产生稀疏的白霉，即病菌的孢子囊和孢子囊梗。果实失水干燥，形成僵果，残留在枝上。茎和枝发病，病部初呈水渍状暗绿色，后出现环绕表皮扩展的褐色或黑色条斑，病部以上枝叶迅速凋萎。成株期发病症状易和枯萎病症状混淆，诊断时应注意。枯萎病发病时，全株凋萎、不落叶、维管束变褐，根系发育不良。而疫病发病时部分叶片凋萎，相继落叶，维管束色泽正常，根系发育良好。

3. 发病规律

病菌主要以卵孢子和厚垣孢子在土壤中或残留在地上的病残体内越冬，是典型的土壤习居菌。卵孢子在土中病残体组织内越冬，一般可存活 3 年。土壤中或病残体中的卵孢子是主要的初侵染源。条件合适时萌发并侵染寄主植物的根系或地下部分，除此之外，当温度24～27℃，相对湿度为95%以上，可产生游动孢子囊，并释放游动孢子，经雨水或灌溉水传播到植物地上茎、叶及果实上引起发病。田间发病表现出明显的发病中心，再侵染主要来自病部产生的孢子囊，借气流和雨水不断扩展，再次侵染频繁发生，病害发展十分迅速。病菌可直接侵入或伤口侵入，有伤口存在则更有利于侵入。肾形双鞭毛的游动孢子在水中游动到侵染点附近，形成休止孢，再长出芽管侵入寄主。因此，水在病害循环中起着重要作用。病害潜育期24℃时一般为2～3 天，因此，在条件具备时，可在2～3 天使全田毁灭。

辣椒疫病为积年流行病害，土壤接种体数量随种植年份的增加而增加，达到一定程度后，环境条件合适，疫病可能出现暴发和流行。但它们还有其各自的受控条件，空气相对湿度达90%以上时发病迅速，温度范围是 10～37℃，适宜温度为 25～30℃，26～28℃最有利于发病。栽培管理中，与茄科或瓜类蔬菜连作发病重；土质黏重、排水不良、通风透光性差、管理粗放的菜地发病也重。不同的品种抗性也有差异，一般甜椒类抗性较差，辣椒类抗病性较强。

4. 防治措施

（1）农业防治

1）选育和引进抗病品种。

2）注意田园卫生，及时清除病残体。

3）避免与茄果类和瓜类蔬菜连作，可与十字花科、豆科、瓜类蔬菜实行 3 年以上的轮作。前茬是葱、蒜、菠菜、玉米、小麦的田块发病轻，辣椒与大蒜套种防病效果显著。

4）采取高垄覆膜栽培，滴管或膜下暗灌，严禁大水漫灌，防止积水；施足腐熟基肥，配方施肥；合理密植，以改善田间通风透光条件，降低田间湿度。选用无病新土育苗，发现中心病株及时拔除。

（2）药剂防治

1）种子处理，用1% 福尔马林液浸种 30 min，药液以浸没种子5～10 cm 为宜，捞出洗净后催芽播种。或1% 硫酸铜浸种 10 min 消毒。

2）发病初期可喷施58% 甲霜灵·锰锌可湿性粉剂600～800 倍液，或72.2% 霜霉威水剂600 倍液，或64% 恶霜·锰锌可湿性粉剂400～500 倍液，或72% 霜脲·锰锌可湿性粉剂600 倍液，间隔7～10 天，交替用药3～4 次。棚室内用45% 百菌清烟剂或疫霉净烟剂，每公顷用2 kg。此外雨季来临前，畦面可喷撒96% 硫酸铜粉，每公顷用45 kg，然后浇水，防效显著。

单元
3

十五、辣椒疮痂病

1. 分布与危害

辣椒疮痂病又称细菌性斑点病，其病原为野油菜黄单胞杆菌疮痂致病变种，属细菌薄壁菌门黄单胞杆菌属，是辣椒上普遍发生的一种病害。近年来，随着辣椒新品种的引进与栽培面积的不断扩大，病害发生日趋严重。一般病田发病率为20%左右，严重的达80%，常引起早期落叶、落花、落果，对产量影响较大。特别是南方6月，北方7—8月高温多雨或暴雨后，发病尤为严重。

2. 症状

该病主要危害叶片、茎蔓、果实，尤以叶片上发生普遍。苗期发病，子叶上产生银白色小斑点，水渍状，后变为暗色凹陷病斑（见图3—7）。如防治不及时，常引起全部落叶，植株死亡。成株期一般在开花盛期开始发病。叶片发病，初期形成水渍状、黄绿色的小斑点，扩大后变成圆形或不规则形，暗褐色，边缘隆起，中央凹陷的病斑，粗糙呈疮痂状。病斑大小为0.5~1.5 mm。多个病斑联合在一起，所以在叶片上有的仅有几个大病斑，直径达6 mm。严重时叶片变黄干枯、破裂，早期脱落。茎部和果梗发病，初期形成水渍状斑点，渐发展成褐色短条斑。病斑木栓化隆起，纵裂呈溃疡状疮痂斑。果实发病，形成圆形或长圆形的黑色疮痂斑。潮湿时病斑上有菌脓溢出。

图3—7 辣椒疮痂病

a)、b) 症状　c) 病原菌

3. 发病规律

病菌主要在种子表面或随病残体在土壤中越冬，为病害初侵染来源。病残组织中的病菌在消毒土壤中可存活 9 个月之久。种子带菌是病害远距离传播的重要途径。条件适宜时，病斑上溢出的菌脓借雨水、昆虫及农事操作传播，并引起多次再侵染。病原细菌从气孔或水孔侵入，在叶片上潜育期 3~6 天，果实上 5~6 天即可发病。病害多发生于 7—8 月高温多雨季节，尤其在暴雨过后，伤口增加，有利于细菌的侵染和传播，病害易发生和流行。在这一时期叶片上病斑不形成疮痂而迅速扩展至叶缘，或在叶片上形成许多小斑点而脱落。品种抗病性也有差异。氮肥过量，磷、钾肥不足加重发病。

4. 防治措施

（1）农业防治

1）选用抗病品种，一般辣椒较甜椒抗病。

2）选留无病种子和种子消毒。从无病株或无病果上选留生产用种。种子带菌可采用 55℃ 温水浸种 10 min 或在 1:10 的农用链霉素中浸种 30 min，消毒效果良好。其他可参照辣椒炭疽病的种子消毒法。

3）实行轮作。发病重的地块，可与非茄科蔬菜实行 2 年以上轮作；并结合深耕，清除病残体，促使病残体分解和病菌死亡。

（2）药剂防治。发病初期喷洒 1:1:200 波尔多液，或 72% 农用链霉素可溶性粉剂 4 000~5 000 倍液，或 2% 春雷霉素水剂 500~600 倍液，或 47% 春雷·王铜可湿性粉剂 600~800 倍液，或 77% 氢氧化铜可湿性粉剂 400~500 倍液，7~10 天喷 1 次，连喷 2~3 次。

十六、辣椒日灼病

1. 分布与危害

辣椒日灼病是辣椒主要病害之一，可使果肉大块腐烂，产量降低。一般果实灼伤 3%~10%，严重的地块果实灼伤达 80%，致使椒角形成大量伤口，角果防卫系统遭到破坏，为病菌侵入创造了条件，辣椒炭疽病、软腐病也随之发生。

2. 症状

果实向阳的一面，初期褪色变硬，呈淡黄色或灰白色，病斑的表皮细胞被太阳强光高温烤死，果皮变薄，容易破裂。天气干旱时，日灼部分似羊皮纸状。天气潮湿时，病斑上长一层黑霉或腐烂，被其他病原菌腐生，一般果实暴露在太阳一面的发生较多，有时避光一面或被遮阴的一面也发生灼伤，尤其田间密度过大或地势低洼通风不良的地块发生较多。症状初期为褐色，后呈黄色或灰白色，果皮腐烂，一般不长黑色霉层。

3．发病规律

辣椒日灼病是由不适宜的自然环境条件持续作用所引起的，不具传染性的非侵染性病害或叫生理性病害。东西向种植较南北向种植日灼病发生重。前者日灼病平均发病率为 21.9%，后者为 8.3%，东西向种植中南侧发病率较北侧重，前者为 24.7%，后者为 13.2%。果实局部受热，在 36.5℃ 高温以下，角果灼伤率较轻，反之则重，或者天气干热过度，雨后暴热。土壤中氮肥过多，营养生长旺盛，果实不能及时补充钙，经测定若含钙量在 0.2% 以下易发病。辣椒既进行枝叶生长，又大量开花结果，耗水量很大。枝叶与角果争水矛盾最为突出。这期间如果自然降雨少，土壤缺水，空气干燥，辣椒日灼病发生则重。植株有三落病（落叶、落花、落果）辣椒易得日灼病。

4．防治措施

（1）农业防治

1）通过培植生物改变环境来防御日灼病发生。辣椒与高秆作物间种或隔行在垄沟种植玉米遮阴，或采用遮阳网遮阴种植。

2）选用株型紧凑、结果集中、枝叶生长茂密的 8212、8819、85－9 辣椒良种。

3）合理灌溉，保证辣椒对水分的需求，在高温来临前及时灌水。若在高温来临前不能及时进行灌溉的条件下，可于中午 10—12 时每 667 m² 均匀喷洒 120～150 kg 水，湿度增加 2%～9% 的时间持续 8 h，防治效果可达 25%～35%。此外，合理密植亩栽 1 万～1.2 万株为宜，南北向栽植.

（2）药剂防治

1）辣椒结果期喷 0.1% 氯化钙水溶液 1 次，日灼病发病率较未喷的减轻，最多只能喷 4 次，否则产生药害。

2）喷 0.2% 四硼酸钠水溶液，日灼病发病率降低 66.0%，喷硼还可加速花器官的发育，促使花粉萌发以及花粉管的生长和授粉能力。

十七、茄子黄萎病

1．分布与危害

茄子黄萎病，又称凋萎病，俗称"半边疯"，是茄子重要病害之一，其病原为大丽轮枝孢，属半知菌亚门轮枝孢属。世界各地普遍发生，国内分布广泛。1954 年前，茄子黄萎病仅在东北地区局部发生。近年随着保护地蔬菜栽培面积的不断扩大，茄子黄萎病有发生越来越早的趋势，损失也相应加重。目前，东北、华北、西北、华东等地区都有发生，一般病田发病率为 30%～40%，减产 20%～30%，重病田发病率达 70% 以上，减产近 40%，严重时甚至毁棚绝产。此病除危害茄子外，还可侵染番茄、辣椒、马铃薯、瓜类及棉花、烟草等 38 科 100 多种植物。

2. 症状

茄子黄萎病在苗期即可染病，多在开花、结果期后开始显症。多自下而上或从一边向全株发展。发病初期，先从叶脉间或叶缘出现失绿成黄色的不规则形斑块，病斑逐渐扩展呈大块黄斑，可布满两支脉之间或半张叶片，甚至整张叶片。发病早期，病叶晴天中午呈现凋萎，早晚尚能恢复。随着病情的发展，不再恢复。病叶由黄渐变成黄褐色向上卷曲，凋萎下垂以致脱落。重病株最终可形成光杆或仅剩几张心叶。植株可全株发病，或从一边发病，半边正常，故称"半边疯"。病株的果实小而少，质地坚硬且无光泽，果皮皱缩干瘪。剖检病株根、茎、分枝及叶柄等部，可见维管束变褐。纵切重病株上的成熟果实，维管束也呈淡褐色。但挤压各剖切部位，未见混浊乳液渗出，与茄子青枯病不同。黄萎病菌在茄子上引起的黄萎病症状有3种：

（1）枯死型。植株矮化不严重，叶片皱缩，凋萎，枯死脱落，病情扩展快，常致整株死亡。

（2）黄斑型。植株稍矮化，叶片由下向上形成带状黄斑，仅下部叶片枯死，一般植株不死亡。

（3）黄色斑驳型。植株矮化不明显，仅少数叶片有黄色斑驳或叶尖、尖缘有枯斑，一般叶片不枯死。

3. 发病规律

病菌以菌丝、厚垣孢子和微菌核随病残体在土壤中越冬，一般可存活6~8年，微菌核可存活14年，成为翌年病害初侵染来源。土壤带菌是此病的主要侵染源，病菌也能以菌丝体和分生孢子在种子内越冬，是病害远距离传播的主要途径。带菌土壤、肥料随气流、雨水、人畜和农具等传播。病菌从根部伤口或从幼根表皮直接侵入引起发病。侵入寄主后，以菌丝体先在皮层薄壁细胞间扩展，病原菌产生果胶酶分解寄主细胞间的中胶层，从而进入导管并在其内大量繁殖。随着液流，病原菌迅速向地上部扩展，直至枝叶、果实内，使维管束变淡褐色致植株萎蔫死亡，而构成系统侵染。病株表面不产生分生孢子，故无再侵染。病原菌在茄子发病植株内的分布为，发病初期茎内均存在病原菌，其侵入叶柄、果柄较慢，几乎不向果实转移。发病后病情发展迅速，短期内即表现全株病状，叶片大量脱落。其他微生物在叶上占优势时其产生受到抑制。

茄子黄萎病发病适温为19~24℃，一般气温为20~25℃，土温22~26℃和湿度较高的条件下发病重，久旱、高温发病轻。气温高于28℃或低于16℃时症状受到抑制。一般气温低，定植时根部伤口愈合慢，利于病菌从伤口入侵，从茄子定植到花期，日均温低于15℃，持续时间长，发病早而重。重茬病重，且重茬年限越长病越重，合理轮作可减轻病害。地势低洼，土壤黏重或多雨年份，或久旱后直接浇灌井水发病重。肥力不足，施用未腐熟的有机肥发病重。灌水不当会促进发病，应选择晴天

单元
3

灌水，进入采收期后小水勤灌。定植过早、栽苗过深、起苗带土少、伤根多、过于稀植等都会加重发病。初夏的连阴雨或暴雨会导致土温下降而土壤湿度过高，病害明显加重。

4. 防治措施

（1）农业防治

1）选用抗病品种。

2）无病地或健株采种及种子处理。在无病地应抓好无病田耕种工作，做到自留自用，严禁从病区引种，引入种子应做好种子处理。播种前用50%多菌灵浸种2 h或55℃温水浸种15 min，冷水冷却后催芽、播种。

3）轮作和栽培管理。旱地轮作以4~5年为宜，避开其他茄科植物与瓜类作物茬口，若水旱轮作1年即可有效控制此病发生。选用净土、净肥或无病营养土育苗，或每平方米苗床用50%多菌灵8~10 g加5~6 kg半干细土拌匀，均匀撒于苗床上，后耙入土中，浇水后覆盖地膜，隔10天后播种。10 cm深处地温低于15℃不定植，起苗带土要多。合理密植，适时追肥，避免用过冷的井水浇灌，最好覆盖黑色地膜，雨后或灌水后及时中耕。创造适宜茄子生长发育的良好条件，增强抗病性。

4）嫁接防病。

（2）药剂防治

1）定植穴内施1:50的50%多菌灵药土，每公顷用多菌灵7.5~11.25 kg。

2）发病初期，喷洒50%多菌灵可湿性粉剂500倍液，或70%甲基硫菌灵可湿性粉剂600倍液，或10%苯醚甲环唑水分散粒剂1 000倍液灌根，每株灌250 mL，隔7天1次，连续灌2~3次，能收到较好的防病增产效果。

十八、茄子绵疫病

1. 分布与危害

茄子绵疫病又称疫病，病原为茄疫霉，属半知菌亚门疫霉属。全国各地普遍发生，常造成茄子果实大量腐烂而减产严重，一般年份病果率达20%~30%。此病除危害茄子外，还可侵染番茄、辣椒、马铃薯、黄瓜等多种蔬菜。在东北尤以番茄发病普遍，是番茄烂果的主要原因。

2. 症状

该病主要危害果实，也能侵染幼苗叶、花器官、嫩枝、茎等部位（见图3—8）。幼苗发病，幼茎呈水渍状，幼苗腐烂猝倒死亡。果实发病，多从近地面的果实先发病，初期果实腰部或脐部出现水渍状圆形病斑，后扩大呈黄褐色至暗褐色，稍凹陷半软腐状。田间湿度大时，病部表面生一层白色棉絮状霉状物。当病部扩展到果实表面一半左右时，病果易脱落。幼果发病，病果呈半软腐状，果面遍布白色霉层，后干缩成僵果挂在枝上不脱落。叶片发病，多从叶缘或叶尖开始，初期病斑呈水渍状、褐色、不规则形，常有明显的轮纹。潮湿条件下病斑扩展迅速，形成无明显边缘的大片枯死斑，病部生有白色霉层。干燥时病斑边缘明显，叶片干枯破裂。嫩枝感病，多从分枝处或由花梗及果梗处发生，病斑初呈水渍状，若环绕一周，变褐色以致折断，上部枝叶萎蔫枯死。

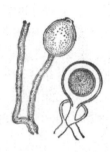

图3—8　茄子绵疫病病果及病原菌的孢子囊、卵孢子

3. 发病规律

病菌主要以卵孢子随病残组织在土壤中越冬，为第二年主要初侵染源，病菌在土中可存活3~4年。条件适宜时，越冬病菌可以直接侵染幼苗的茎部使幼苗发病。田间主要借雨水反溅到靠近地面的果实上，卵孢子萌发，从寄主表皮直接侵入，引起初侵染。发病后的组织上产生大量孢子囊，孢子囊萌发释放出游动孢子，经风、雨和流水传播，进行再次侵染。茄子生长期间，如气候条件适宜田间可发生多次再侵染，使病害扩展蔓延。生长后期病菌在寄主体内形成卵孢子，随病残体在土壤中越冬。

茄子绵疫病的发生、流行与温度、湿度、土壤及栽培管理措施密切相关。高温、高湿条件利于病害发生。如气温25~32℃和相对湿度达80%以上时，病害极易发生和流行。茄子盛果期7—8月，降雨早，次数多，雨量大，且连续阴雨，则发病早而重。若雨量少或持续干旱，则发病晚而轻。凡地势低洼，土壤黏重，排水不良地块发病重。栽植密度大，植株间通风透光差，或偏施氮肥等发病均较重。连作地发病早而重。茄子品种间抗病性也有差异，一般长茄比圆茄易感病，含水分高的比含水分低的品种发病重。

4. 防治措施

（1）农业防治

1）选用抗病品种。一般圆茄系品种表现抗病，如北京九叶茄、天津红灯笼、兴城紫圆茄和四川墨茄等。

2）实行轮作。避免与番茄、辣椒等茄科、葫芦科蔬菜连作，与其他作物实行2年以上轮作。

3）加强栽培管理。选地势高燥地块，推广深沟高畦栽培。施用腐熟农家肥，增施磷、钾肥，增强植株抗病性。合理密植，摘除下部老叶，改善株行间通风透光条件。实行株行间盖草或盖膜，7—8月气温高，蒸发大，既可降低地温，又可防止或减少病菌孢子经雨水反溅传播。植株封行后，应及时摘除老叶、黄叶、病虫叶、果，增强通风透光。

（2）药剂防治。防治时间要早，重点保护植株下部茄果。

发病初期，可选用25%醚菌酯悬浮剂1 500倍液，或58%甲霜·锰锌可湿性粉剂500～600倍液，或64%恶霜·锰锌可湿性粉剂450～500倍液，或40%三乙膦酸铝可湿性粉剂300倍液，或72.2%霜霉威水剂700～800倍液，或72%霜脲·锰锌可湿性粉剂600～700倍液喷雾，隔7～10天1次，连续2～3次。还可用45%百菌清烟剂或疫霉净烟剂，每公顷用药1.5 kg；还可喷施5%百菌清粉尘剂，每公顷用药750 g。

十九、茄子褐纹病

1. 分布与危害

茄子褐纹病又称褐腐病、干腐病，是茄子重要病害之一。其病原为茄褐纹间座壳，属子囊菌亚门间座壳属。在北方与茄子绵疫病、黄萎病一起被称为茄子三大病害。褐纹病在我国各地普遍发生，其发病程度因气候条件或地区而异，如遇高温多雨年份发病较重。常引起幼苗猝倒、叶斑、枝枯和果腐等，以果腐损失最大。留种田茄果发病最重，据吉林省长春、四平等地调查，采种株病果率一般为40%～50%，个别地块高达80%以上，导致留种田采收不到种子。此病仅危害茄子。

2. 症状

该病主要危害茄果，也侵染叶片和茎秆（见图3—9）。果实发病，初期果面上产生浅褐色、圆形或椭圆形、稍凹陷病斑，扩大后变为暗褐色，半软腐状不规则形病斑，病部出现同心轮纹，其上产生许多小黑点。湿度大时，病果常落地腐烂或挂在枝上干缩成僵果。叶片受害，一般从下部叶片开始，初为水渍状、褐色、圆形或近圆形小斑点；后期病斑扩大至直径1～2 cm，不规则形，边缘暗褐色，中央灰白色至深褐色，病斑上轮生许多小黑点。病斑组织脆薄，易破裂成穿孔状。茎秆发病，多以茎秆基部发病较重，病斑褐色，梭形，稍凹陷，呈干腐状溃疡斑，病斑上散生许多小黑点。病部表皮常干腐而纵裂，皮层脱落而露出木质部，遇大风易折断。苗期发病，多在幼茎基部形成水渍状、近梭形或椭圆形病斑，暗褐色，稍凹陷并缢缩，导致幼苗猝倒死亡。幼苗稍大时，则造成立枯症状，病部产生稀疏的小黑点即病菌分生孢子器。

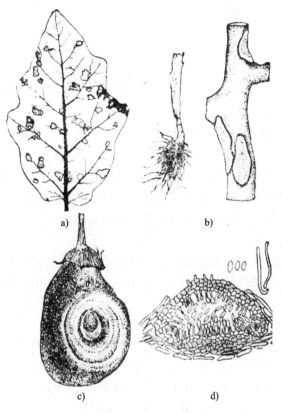

a)   b)

c)   d)

图 3—9　茄子褐纹病

a)、b)、c)、症状　d)、分生孢子器及分生孢子

3. 发病规律

病菌主要以菌丝体潜伏在病残体及种子内越冬，或以分生孢子器随病残体在土壤表层越冬，或附着在种子表面越冬，作为第二年初侵染源。据报道，病菌在种子内可存活两年，土壤中病残体两年以上。种子带菌常引起幼苗猝倒和立枯，病残体带菌常引起茎部溃疡。病部产生的分生孢子可引起再侵染，分生孢子借风雨、昆虫及田间农事操作等途径传播，种子带菌是远距离传播的主要途径。病菌可直接从表皮侵入，也可通过伤口侵入。侵入后在幼苗上经 3～5 天，成株期经 7～10 天，发病部位即可形成分生孢子器。

病害的发生、流行与温度、湿度关系密切。幼苗期发病主要在 20℃ 以下低温、高湿的条件下。生长期适宜发病温度为 28～30℃ 高温和 80% 以上的相对湿度。因此，高温、高湿容易引起病害流行。苗床播种过密、田间地势低洼、土壤黏重、排水不良、栽植过密、植株郁闭、通风透光差容易引起病害流行。此外，品种间抗性差异明显，一般长茄较圆茄抗病，白皮茄比紫皮茄抗病。

4. 防治措施

（1）农业防治

1）选用抗病品种。一般长茄较圆茄抗病，白皮茄、绿皮茄比紫皮茄抗病。

2）选用无病种子和种子处理。从无病田或无病株上采种，如种子带菌应进行消毒处理。可用55℃温水浸种15 min 或50℃温水浸种30 min，取出后立即用冷水冷却、催芽、播种。种子消毒也可用药剂处理。

3）实行轮作。应避免与茄科作物连作，南方地区实行3年以上轮作，北方地区实行4~5年轮作。

4）加强栽培管理。新床选用无病净土、不重茬。施足底肥，宽行密植，提早定植。地膜覆盖栽培或行间盖草。结果后立即追肥，并结合中耕培土。茄子生育后期，采取小水勤灌，以满足茄子结果对水分的大量需要，雨后及时排水。

（2）药剂防治

1）苗床消毒。苗床需每年更换新土；播种时，每平方米用50%多菌灵可湿性粉剂10 g，或50%福美双可湿性粉剂8~10 g 拌细土20 kg 制成药土，取1/3 撒在畦面上，然后播种，播种后将其余药土覆盖在种子上面，即上覆下垫，使种子夹在药土中间。

2）幼苗期或发病初期，喷施65%代森锌可湿性粉剂500 倍液。定植后在基部周围地面上，撒施草木灰或熟石灰粉，以减轻茎基部侵染。成株期、结果期应根据病势发展情况，每隔7~10 天喷1 次，连喷3~4 次。可选用75%百菌清可湿性粉剂600 倍液，或65%代森锌可湿性粉剂500 倍液，或40%多·硫悬浮剂500 倍液，或70%甲基硫菌灵可湿性粉剂800 倍液，或50%苯菌灵可湿性粉剂1 000 倍液喷雾。

二十、茄子青枯病

1. 分布与危害

茄子青枯病在我国各地普遍发生，其发病程度因气候条件或地区而异。

2. 症状

茄子青枯病发病初期仅个别枝上一张或几张叶色变淡，呈现局部萎垂，后扩展到整株，后期病叶变褐枯焦，病茎外部变化不明显，如剖开病茎基部，可见木质部变褐色。本病始于茎基部，后延伸到枝条，枝条的髓部大多溃烂或中空，病茎横切面用手挤压，湿度大时有少量乳白色黏液溢出，这是本病的重要特征。

3. 发病规律

病原细菌主要在病株残体遗留在土中越冬，翌年随雨水、灌溉水及土壤传播，从寄主根部或茎基部伤口侵入，在导管里繁殖蔓延。通过雨水、灌溉水、农具、家畜等传播。高温和高湿的环境有利于青枯病的发生。病菌生长适温为30~37℃，最高41℃，最低10℃，52℃经10 min 致死。病菌在种子或寄主体内可存活200 天左右，一旦脱离寄主只能存活 2 天，但在土壤中则可存活 14 个月至 6 年之久。病田土温 20℃时，病菌开始活动，零星病株出现，土温 25℃，田间出现发病高峰，气温急剧上升时会造成病害的严重发生。连作、微酸性土壤发病重。

4. 防治措施

（1）农业防治

1）因地制宜选用湘茄 4 号（湘杂 6 号）、湘杂 7 号等抗青枯病品种。实行与十字花科或禾本科作物 4 年以上轮作，最好进行水旱轮作。

2）结合整地，选无病土育苗，定植地块亩施消石灰 100～150 kg，与土壤充分混匀，使土壤酸碱度偏碱性，高畦栽培，做好田间排水，避免大水漫灌。施足基肥，生长期追施氮、钾肥，生长中后期停止中耕以防止伤根。

3）及时拔除病株，防止病害蔓延，在病穴上撒少许石灰防止病菌扩散。

4）选用无病种子，适期播种，避过高温季节，可减轻发病。

5）青枯病严重地区提倡采用赤茄、小西瓜（刺茄）、托鲁巴姆等砧木，利用当地优良品种作接穗进行嫁接，防治青枯病效果好。

（2）药剂防治。发病初期，病穴用 2% 甲醛液灌根，或 20% 石灰水消毒。或 72% 农用链霉素可溶性粉剂 4 000 倍液，或 77% 氢氧化铜可湿性粉剂 500 倍液，或 50% 琥胶肥酸铜可湿性粉剂 400 倍液灌根，每株灌 0.3 L，每 10 天 1 次，连灌 2～3 次。

单元
3

二十二、茄子枯萎病

1. 分布与危害

茄子枯萎病病原物为尖镰孢菌茄专化型，属半知菌亚门真菌，是茄子较为普遍发生的病害，危害也严重。

2. 症状

茄子枯萎病病株叶片自下向上逐渐变黄枯萎，病症多表现在一二层分枝上，有时同一叶片仅半边变黄，另一半健全如常。横剖病茎，病部维管束呈褐色。此病易与黄萎病混淆，需检测病原区分。

3. 发病规律

以菌丝体或厚垣孢子随病残体在土壤中或附着在种子上越冬，可营腐生生活。一般从幼根或伤口侵入寄主，进入维管束，堵塞导管，并产出有毒物质镰刀菌素，扩散开来导致病株叶片黄枯而死。病菌通过水流或灌溉水传播蔓延，土温 28℃、土壤潮湿、连作地、移栽或中耕时伤根多、植株生长势弱的发病重。此外，酸性土壤及线虫取食造成伤口也易导致本病发生。21℃以下或 33℃以上病情扩展缓慢。

多年连作、排水不良、雨后积水、酸性土壤、地下害虫危害重及栽培上偏施氮肥等的田块发病较重。年度间春、夏多雨的年份发病重；秋季多雨的年份秋季栽培的茄子发病重。

4. 防治措施

（1）农业防治

1）实行 3 年以上轮作，施用充分腐熟的有机肥，采用配方施肥技术，适当增施钾肥，提高植株抗病力。

2）选用耐病品种。

3）新土育苗或床土消毒。用 50% 多菌灵可湿性粉剂 8～10 g，加土拌匀，先将 1/3 药土撒在畦面上，然后播种，再把其余药土覆在种子上。

（2）药剂防治

1）种子消毒。用 0.1% 硫酸铜浸种 5 min，洗净后催芽，播种。

2）发病初期。喷洒 50% 多菌灵可湿性粉剂 500 倍液，或 36% 甲基硫菌灵悬浮剂 500 倍液；10% 双效灵水剂 200 倍液，或 12.5% 增效多菌灵可溶剂 200 倍液灌根，每株灌兑好的药液 100 mL，隔 7～10 天 1 次，连续灌 3～4 次。

第三节　瓜类蔬菜病害及其防治

单元 3

培训目标

→ 了解瓜类蔬菜病害发生特点

→ 熟悉瓜类蔬菜病害防治原理

→ 掌握科学用药技术

一、瓜类枯萎病

1. 分布与危害

瓜类枯萎病又称蔓割病、萎蔫病，是瓜类作物上的一种重要土传病害，积年流行的维管束病害，由半知菌亚门镰刀菌属真菌侵染所致，有尖孢镰刀菌与瓜萎镰刀菌两种，其中前者根据对不同瓜类的侵染力差异分为 4 个专化型：黄瓜专化型、西瓜专化型、甜瓜专化型、丝瓜专化型。

瓜类枯萎病全国各地都有发生。黄瓜、西瓜、冬瓜发病最重，甜瓜次之，南瓜很少发病。黄瓜发病率一般为 10%～30%，严重时可达 80%～90%，对生产造成的损失因病情轻重和发病期早晚不同而不同。

2. 症状

幼苗发病，子叶变黄萎蔫，重病株枯萎，茎基部变褐缢缩，多呈猝倒状。成株期发病一般在开花结果后表现症状，初期病株叶片从下向上逐渐萎蔫，似缺水状，中午更为明显，早晚尚能恢复，经数日后整株叶片枯萎下垂，不再恢复常态。茎蔓基部稍缢缩，常纵裂，溢出琥珀色胶体物。在潮湿环境下，茎基部表面常产生白色或粉红色霉层。将病茎纵切剖视，维管束呈褐色。

3. 发病规律

病菌主要以菌丝和厚垣孢子在土壤、病残体、种子及未腐熟的带菌粪肥中越冬，成为翌年的初侵染来源。病菌的生活力极强，在土壤中可存活 5~6 年，厚垣孢子通过牲畜的消化道后仍能存活。种子带菌作为老病区的初侵染来源是次要的，但通过调运种子远距离传病的危害不可忽视。

病菌通过根部伤口或直接从侧根分枝处的裂缝及幼苗茎基部裂口侵入，先在寄主薄壁细胞间和细胞内生长蔓延，然后进入维管束，以菌丝或寄主产生的侵填体等堵塞导管，另外病菌还能分泌毒素干扰寄主代谢系统，积累许多醌类化合物，使植株细胞中毒死亡，并使导管变褐色。有时幼苗受侵，成株期才显症。枯萎病在田间的传播主要靠灌溉水、土壤耕作及地下害虫和土壤线虫。地下害虫和土壤线虫既可以传病，又可制造伤口和降低植株抗病性，有利于病菌传染和病害发生。

瓜类枯萎病是一种土传病害，其发生与土壤性质、耕作栽培、灌水施肥等密切相关。连作地病重，轮作地病轻；酸性土壤、土质黏重、地势低洼、排水不良、土壤冷湿、土层瘠薄、耕作粗放、整地不平、平畦栽培、浇水过多等均有利于发病。不同品种的抗病性有一定差异。

4. 防治措施

（1）农业防治

1）选用抗病品种。因地制宜筛选一些较抗病的良种。高抗枯萎病的黄瓜品种主要有津研 5 号、津研 6 号、津研 7 号、津杂 1 号、津杂 2 号、津杂 3 号、津杂 4 号、津春 1 号、津春 2 号、津春 3 号、津春 4 号、津春 5 号、津优 1 号、津优 2 号、津优 3 号、中农 5 号、中农 7 号、中农 8 号、中农 13 号、长春密刺、鲁黄瓜 1 号、鲁黄瓜 4 号、鲁黄瓜 10 号等。

2）与非瓜类作物轮作 6~7 年，一般应达到 3 年以上。

3）加强栽培管理。地块深耕整平，增施腐熟的有机肥。选用无病壮苗，定植后，前期适当控制浇水，并适时中耕，提高地温，促进根系发育。结瓜后适当增加浇水次数，并及时追肥。保持土壤半干湿状态，切忌大水漫灌。发现病株及时拔除。

4）培育壮苗。选用优质种子，52℃温水浸种 10 min，催芽播种。用无病新土育苗，营养钵分苗，培育子叶肥大，叶色浓绿，茎粗节短，根系集中的无病壮苗。

5）嫁接防病。瓜类枯萎病菌具有明显的专化型，据此特点，选用一些不能被本专化型病菌侵染的瓜苗作砧木，与生产栽培的瓜苗嫁接起到防病的作用。目前，采用黑籽南瓜作砧木进行嫁接防病，多采用靠接或插接法进行；西瓜除用黑籽南瓜作砧木外，还

单元

3

可采用葫芦进行嫁接。

（2）药剂防治

1）种子消毒。用50%防霉宝（多菌灵盐酸盐）超微粉加"平平加"渗透剂1 000倍液浸种1～2 h，或用50%多菌灵可湿性粉剂500倍液浸种1 h，捞出冲洗后再浸到冷水中3 h后，催芽播种。

2）床土消毒。播前重病地或苗床地要进行药剂处理，每平方米苗床用50%多菌灵8 g处理畦面；用多菌灵或苯来特或重茬剂与水按1∶100的比例配成药土施于定植穴内。

3）在发病前或发病初，用50%多菌灵可湿性粉剂500倍液，或甲基托布津可湿性粉剂400倍液，或25%抗枯宁可湿性粉剂500倍液，或浓度为100 mg/L的农抗120溶液，或0.3%硫酸铜溶液，或50%福美双可湿性粉剂500倍液加96%硫酸铜1 000倍液，5%菌毒清可湿性粉剂400倍液，或双效灵水剂200～300倍液，或高锰酸钾800～1 500倍液，或60%琥·乙膦铝可湿性粉剂350倍液，或20%甲基立枯磷乳油1 000倍液等药剂灌根，每株0.25 kg，5～7天1次，连灌2～3次，灌根时加0.2%磷酸二氢钾效果更好。

4）用"瑞代合剂"（1份瑞毒霉，2份代森锰锌拌匀）140倍液，于傍晚喷雾，有预防和治疗作用；用70%敌克松可湿性粉剂10 g，加面粉20 g，兑水调成糊状，涂抹病茎，可以防止病茎开裂。

二、瓜类白粉病

1. 分布与危害

瓜类白粉病病原有葫芦科白粉菌和瓜类单囊壳两种，在我国各地的保护地和露地各种瓜类上普遍发生。黄瓜、西葫芦、南瓜、甜瓜受害较重，冬瓜和西瓜次之，丝瓜抗病性较强。此病一旦发生，扩展蔓延很快，给生产造成巨大损失。

2. 症状

该病在黄瓜的整个生育期都能发生，但在中、后期危害较重（见图3—10）。主要危害叶片，茎和叶柄也可受害，果实一般不受害。叶片发病，初期叶正面或背面产生白色近圆形的小粉斑，后逐渐扩大成边缘不明显的连片白粉斑，形似撒上一层白粉状物，此即病原菌的菌丝体、分生孢子梗和分生孢子。严重时，白粉布满整个叶片，随后白色粉状物也渐变为灰白色或灰褐色。秋季或生长后期，有些地区的病斑上可散生许多黑色小颗粒（闭囊壳）。叶柄和嫩茎受害，症状与叶片相似，只是霉斑较小，白粉较少。

3. 发病规律

北方低温干燥地区，病菌常以闭囊壳随病残体在田间越冬；在冬季有保护地栽培的地区，病菌也可以分生孢子和菌丝在被害寄主植物上越冬，并不断进行再侵染。第二年春天，当气温在20～25℃时，越冬后的闭囊壳释放子囊孢子或菌丝上产生的分生孢子，

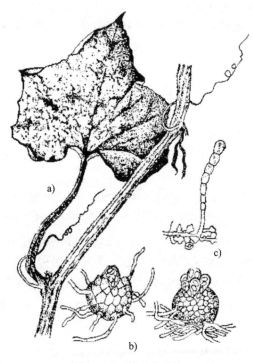

图3—10　黄瓜白粉病

a）症状　b）闭囊壳、子囊及子囊孢子　c）分生孢子梗及分生孢子

单元
3

在温、湿度适宜时萌发产生菌丝在寄主表皮扩展蔓延，以吸器伸入寄主表皮细胞内吸取营养和水分。条件适宜，病部又产生分生孢子，借气流和雨水飞溅传播，进行多次再侵染。至晚秋或生长后期，在受害部位再次形成闭囊壳越冬。

　　空气相对湿度大，温度在20～24℃时，最利于白粉病的发生和流行。保护地瓜类白粉病发生较露地重；施肥不足、管理不当、土壤缺水、灌溉不及时、光照不足、浇水过多、氮肥过量、植株徒长、通风不良、排水不畅等均有利于白粉病的发生。

　　4. 防治措施

　　（1）农业防治

　　1）选用抗病品种与加强栽培管理。一般抗霜霉病的品种也抗白粉病，防治霜霉病的栽培管理措施也适用于防治白粉病。主要是：注意田间通风透光，降低湿度，加强肥水管理，避免过量施用氮肥，增施磷钾肥，防止植株徒长和脱肥早衰等。具体品种和管理方法参照黄瓜霜霉病。

　　2）实行3年以上轮作，加强管理，清除病残组织。

　　（2）药剂防治

　　1）发病初期。可喷施25%嘧菌酯悬浮剂1 000～2 000倍液，或30%醚菌酯悬浮剂

2 000～3 000 倍液，或 50% 克菌丹可湿性粉剂 400～500 倍液，或 70% 丙森锌可湿性粉剂 800 倍液，或 33.5% 喹啉酮悬浮剂 800～1 000 倍液，或 10% 苯醚甲环唑水分散性粒剂 1 500～2 000 倍液 +70% 代森联干悬浮剂 800 倍液，或 5% 亚胺唑可湿性粉剂 1 500～2 000倍液 +75% 百菌清可湿性粉剂 800 倍液，或 12.5% 烯唑醇可湿性粉剂 2 000～4 000 倍液 +70% 代森锰锌可湿性粉剂 800 倍液，或 70% 甲基硫菌灵可湿性粉剂 700 倍液 +75% 百菌清可湿性粉剂 800 倍液，或 4% 嘧啶核苷类抗菌素水剂 500～800 倍液 +70% 代森锰锌可湿性粉剂 800 倍液，或 1% 武夷菌素水剂 150～300 倍液 +70% 代森联干悬浮剂 800 倍液，或 2% 宁南霉素水剂 300～500 倍液 +75% 百菌清可湿性粉剂 800 倍液，隔 6～7 天喷 1 次。

2）发病普遍时。喷施 24% 腈苯唑悬浮剂 2 500～3 200 倍液，或 25% 氟喹唑可湿性粉剂 5 000 倍液，或 40% 氟硅唑乳油 8 000～10 000 倍液，或 25% 乙嘧酚悬浮剂 1 000～1 500倍液 +70% 丙森锌可湿性粉剂 800 倍液，或 30% 氟菌唑可湿性粉剂 2 000～3 000 倍液，或 25% 啶菌恶唑乳油 1 500～2 500 倍液，或 50% 嘧菌环胺水分散性粒剂 1 500～3 000 倍液，或 62.25% 腈菌唑·代森锰锌可湿性粉剂 800～1 000 倍液，或 60% 吡唑醚菌酯·代森联水分散性粒剂 1 500～2 500 倍液，或 6% 氯苯嘧啶醇可湿性粉剂 1 000～1500 倍液 +50% 克菌丹可湿性粉剂 400～600 倍液，或 40% 腈菌唑水分散性粒剂 4 000～5 000 倍液 +75% 百菌清可湿性粉剂 600 倍液，或 25% 烯肟菌酯乳油 800～1 200 倍液 +70% 代森锰锌可湿性粉剂 800 倍液，或 40% 双胍辛烷苯基磺酸盐可湿性粉剂 700～1 000 倍液 +70% 代森联干悬浮剂 700 倍液，隔 5～7 天喷 1 次。为了避免病菌产生抗药性，药剂宜交替使用。

三、瓜类灰霉病

1. 分布与危害

目前，黄瓜和西葫芦灰霉病都是保护地生产中的重要病害，发生极其普遍，其中黄瓜灰霉病危害更为严重。尤其是近年来，随着日光温室、塑料大棚、地膜覆盖等保护措施的改进，黄瓜种植面积不断扩大，加之茬次增多，为黄瓜灰霉病的滋生蔓延创造了条件，一般损失在 30% 以上。

2. 症状

黄瓜灰霉病主要危害幼瓜，也侵染叶、茎。幼瓜发病，病菌多从开败的雌花侵入，致使花瓣腐烂，进而向幼瓜扩展，致脐部呈水渍状，幼花迅速变软、萎缩、腐烂，表面密生灰色霉层，并扩展至整个瓜条。病瓜停止生长继而腐烂或脱落。叶片一般由脱落的烂花或病卷须附着在叶面引起发病，形成直径 20～50 mm 的大型病斑，近圆形或不规则形，边缘明显，后干枯表面生灰霉。烂瓜或烂花附着在茎上时，能引起茎部腐烂，严重时下部的节腐烂致蔓折断，植株枯死。

西葫芦灰霉病主要危害西葫芦的花、幼果、叶、茎和较大的果实。花和果实的蒂部初为水浸状，逐渐变软，表面密生灰色霉层。致使果实萎缩腐烂，有时长出黑色菌核。

3. 发病规律

病菌以菌丝、分生孢子或菌核附着在病残体上，或遗留在土壤中越冬。分生孢子较耐干燥，能在病残体上存活 4～5 个月。由于病菌寄主多，其他蔬菜上产生的分生孢子也可成为菌源。病菌主要以病组织接触传染，分生孢子和从其他菜田汇集来的病菌分生孢子随气流、雨水及农事操作传播蔓延。黄瓜开花结瓜期是该病侵染和烂瓜的高峰期。灰霉病菌较喜低温、高湿、弱光条件。病菌在 2～31℃ 均可发育，发育适温为 18～23℃；相对湿度 75% 时开始发病，90% 以上时发病极盛。春季连阴天多，气温不高，棚内湿度大，结露持续时间长，放风不及时，发病重。棚温高于 31℃，孢子萌发速度趋缓，产孢量下降，病情不扩展。灰霉菌为弱寄生菌，植株生长弱，病势明显加重。一般过于密植，氮肥施用过多或缺乏，灌水过多，通风透光不好，均易使病害流行。

4. 防治措施

（1）农业防治

1）选用抗病品种。

2）新床土育苗时必须进行床土消毒，可采用 50% 多菌灵与 15 kg 干细土配成药土撒施。

3）实行 2 年以上轮作。

4）推广高畦覆地膜或滴灌栽培法，减少叶片表面结露和叶缘吐水时间，可以减少病菌的侵染机会。

5）生长前期及发病后，适当控制浇水。采用变温管理，抑制病菌滋生。提高棚温至 33℃，但夜间温度要保持在 14℃ 以上，防止因夜间较长时间放风而产生冻害。及时放风，相对湿度控制在 75% 以下，减少棚顶及叶面结露和叶缘吐水，最好使用透光率高的无滴膜或紫外线阻断膜。及时整枝绑架，摘除植株下部老叶，增加通风透光。苗期果实膨大前一周及时摘除病叶、病花、病果，保持棚室干净。防止蘸花传病，可在配好的蘸花药液中按有效量 0.1% 加入多菌灵或速克灵，一并蘸花和防病处理。

6）收获后彻底清除病残，随之进行 15cm 以上深翻。重病田可在盛夏休闲时深翻灌水，并将水面漂浮物捞出深埋或烧毁。避免大水漫灌，阴天不浇水，防止湿度过高。

（2）药剂防治

1）叶面喷施 0.3% 的磷酸二氢钾可以诱导植株的抗病能力。

2）棚室发病初期可采用烟雾法或粉尘法防治。烟雾法用 10% 速克灵或疫霉净或 45% 百菌清烟剂，每公顷用药 333～375 g，熏 3～4 h；粉尘法于傍晚喷撒 10% 灭克粉或 5% 百菌清粉或 10% 杀霉灵粉尘剂，每公顷用制剂 1 kg，隔 9～11 天喷 1 次，连续或与其他防治方法交替使用 2～3 次。

单元
3

3）棚室或露地发病初期可喷洒50%福美双可湿性粉剂600倍液，或50%扑海因（异菌脲）1 000~1 500倍液，或50%多菌灵可湿性粉剂500倍液，或70%代森锰锌可湿性粉剂500倍液，或65%抗霉威可湿性粉剂1 000~1 500倍液，或70%甲基硫菌灵可湿性粉剂800倍液，或75%百菌清可湿性粉剂600倍液，或50%速克灵可湿性粉剂1 000倍液，或50%农利灵（乙烯菌核利）可湿性粉剂1 000倍液，或65%甲霜灵1 000倍液等药剂喷雾，每7~10天喷洒1次，连续喷2~3次。为防止产生抗药性提倡轮换交替或复配使用。

四、黄瓜霜霉病

1. 分布与危害

黄瓜霜霉病是一种世界性病害，病原为古巴假霜霉菌。属鞭毛菌亚门假霜霉菌属。我国各地都有发生，露地和保护地栽培的黄瓜，常因此病危害而遭受很大损失。在适宜发病条件下，流行速度快，一两周内即可使除顶端嫩叶外的其他所有叶片枯死，减产高达30%~50%，有的地块因此病危害只采1~2次瓜后就提早拉秧，菜农称之为"跑马干"。

2. 症状

该病主要危害叶片（见图3—11）。子叶受害，正面呈现不规则褪绿黄斑，潮湿条件病斑背面产生灰黑色霉层；随病情发展，子叶变黄干枯。成株期发病，多在植株开花结瓜以后，通常从下部叶片开始发生。发病初期，叶背出现水浸状病斑，早晨或潮湿时更为明显，后病斑扩大呈黄绿色，渐变为黄色至褐色，受叶脉限制病斑呈多角形，不穿孔；湿度大时病斑背面产生灰黑色至紫黑色霉层（孢囊梗和孢子囊）；病重时常多个病斑连片使叶片变黄枯干。在抗病品种的叶片上病斑小，圆形，发病慢，霉层稀少。

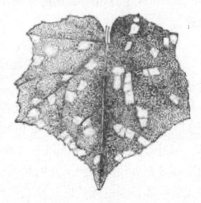

图3—11 黄瓜霜霉病

3. 发病规律

黄瓜霜霉病菌越冬因地区和黄瓜栽培情况不同而不尽相同。在南方地区，全年均有黄瓜栽培，病菌以孢子囊在各茬黄瓜上不断侵染危害，周年循环。华北、东北、西北等黄瓜区，冬季，病菌在保护地黄瓜上侵染危害，并产生大量孢子囊，第二年逐渐传播到露地黄瓜上；秋季，黄瓜上的病菌再传到冬季保护地黄瓜上危害并越冬，以此方式完成周年循环。北方高寒地区，全年有1~4个月不种植黄瓜，推测这一地区的初侵染可能是由发病较早的地区随季风吹来的孢子囊侵染所致。

产生的孢子囊主要是通过气流和雨水传播。孢子囊萌发后，从寄主的气孔或直接穿透寄主表皮侵入。环境适宜时潜育期仅为 4 ~ 5 天，环境不适宜潜育期可延长至 8 ~ 10 天。随后，病斑上又产生孢子囊进行多次再次侵染，不断扩大蔓延危害。

多雨、多露、多雾、昼夜温差大、阴晴交替等气候条件有利于该病的发生和流行。保护地霜霉病的发生受棚室内小气候条件的影响。大棚结构不利于通风排湿，或通风不当，昼夜温差大，夜间易结露，该病会严重发生。相反，棚室结构合理，管理得当，则发病轻或很少发病。

一般气温在 10℃ 以上，湿度合适，即开始发病。20 ~ 24℃ 最利于发病，潜育期最短。当平均气温达 30℃ 以上时，即使湿度适宜，病害发展也很缓慢。所以，各地的病害发生始期和流行盛期取决于当地的气候条件。

栽培管理措施是决定霜霉病发生程度的一个重要因素，靠近温室、大棚及苗床附近的黄瓜发病早且病重；地势低洼、栽培过密、通风透光不良、肥料不足、浇水过多、植株徒长、地表潮湿等都发病重。保护地管理操作不当，放风排湿时间不够，晚上闭棚过早，叶面水膜形成多，霜霉病发生就重。

4. 防治措施

（1）农业防治

1）选用抗病品种。黄瓜品种对霜霉病的抗性差异大，要选较抗病的品种，如津杂 1 号、津杂 2 号、津杂 3 号、津研 4 号、津研 6 号、津研 7 号、夏丰 1 号、早丰 1 号、中农 5 号、碧春等。密刺类型黄瓜不抗病，但早熟、丰产。

2）加强栽培管理。选择地势较高、排水良好、离温室或塑料大棚较远的地块栽种露地黄瓜。地块要深耕整平，根据土壤肥力采用配方施肥技术。培育和选用壮苗，定植后在生长前期适当控制浇水，适时中耕，以促进根系发育。有条件的地方采用滴灌和膜下暗灌技术，避免大水漫灌。生长后期叶面喷 0.1% 尿素加 0.3% 磷酸二氢钾，或喷施宝每毫升兑水 11 ~ 12 kg，可提高抗病性。另外，喷施 1% 红糖或蔗糖溶液，也可减轻病害发生。施足基肥，生长期不要过多地追施氮肥，以提高植株的抗病性。植株发病常与其体内"碳氮比"失调有关。加强叶片营养，可提高抗病力。按尿素:葡萄糖（或白糖）:水 = 0.5 ~ 1:1:100 的比例配制溶液，3 ~ 5 天喷 1 次，连喷 4 次，防效达 90% 左右。

3）生态防治。利用黄瓜与霜霉病菌生长发育对环境条件要求不同，创造利于黄瓜生长发育、抑制病原菌的环境条件以达到防病的目的。上午日出后使棚温迅速升至 25 ~ 30℃，湿度降到 75% 左右，有条件的早晨可排湿 30 min，实现温度、湿度双控制，既抑制了发病，同时又满足了黄瓜光合作用的条件，增强了抗病性。下午温度上升时即放风，使温度下降到 20 ~ 25℃，湿度降到 70% 左右，实现温度单控制。傍晚放风 2 ~ 3 h，使上半夜温度降至 15 ~ 20℃，湿度保持在 70% 左右，既控制了湿度，不利于发病，又创造了利于光合产物输送和转化的温度条件。下半夜由于不通风，湿度上升至 85% 以上，但温度降至 12～13℃，低温对霜霉病的发生不利，对黄瓜生理活动也无影响，当夜间温度高于12℃时，即可整夜通风，实现温度、湿度双控制。此外，秋冬茬温室栽培时，要铺好温室下部的薄膜，关闭下面的放风口，防止病菌进入。

（2）药剂防治

1）发病后喷洒 0.5% 氨基寡糖素水剂 800 倍液，或 70% 乙膦铝·锰锌 500 倍液，或 72.2% 霜霉威水剂 800 倍液，或 50% 福美双可湿性粉剂 500 倍液，或 75% 百菌清可湿性粉剂 700 倍液，或 25% 甲霜灵可湿性粉剂 600 倍液，或 20% 苯霜灵乳油 300 倍液，或 25% 甲霜灵·锰锌可湿性粉剂 600 倍液，或 50% 甲霜铜可湿性粉剂 600～700 倍液，或 40% 三乙膦酸铝可湿性粉剂 200～250 倍液，或 64% 杀毒矾（又叫恶霜锰锌，含恶霜灵 8%，代森锰锌 56%，为保护性内吸杀菌剂）400 倍液，或 70% 甲霜铝铜可湿性粉剂 800 倍液，或 50% 敌菌灵可湿性粉剂 500 倍液，或 72% 霜脲·锰锌可湿性粉剂 600～800 倍液，或 50% 退菌特可湿性粉剂 500～1 000 倍液。每 7～10 天 1 次，连续 3 次。

2）霜霉病、细菌性角斑病、细菌性缘枯病、细菌性叶斑病混合发生时，为了兼治四种病，可喷撒脂酮粉尘剂，每 667 m² 用 1 kg，或 60% 琥·乙膦铝可湿性粉剂 500 倍液，或 50% 琥胶肥酸铜可湿性粉剂 500 倍液加 25% 甲霜灵可湿性粉剂 800 倍液，或用 100 万单位硫酸链霉素配成 150mg/L 的溶液加 40% 三乙膦酸铝 250 倍液防治。

3）熏烟也是目前防治霜霉病的有效方法，保护地内黄瓜上架后，植株比较高大，喷药较费工，特别是遇阴雨天，霜霉病已经发生，喷雾防治会提高保护地内的空气湿度，防效较差。每立方米温室容积可用45%百菌清烟雾剂 1.5～1.65 g，或 10% 百菌清烟剂 900 g，或 75% 百菌清粉剂加酒精 130～200 g，傍晚闭棚后熏烟。其方法是：将药分成若干份，均匀分布在设施内；烟雾剂用暗火点，烟柱引信用明火点或暗火点，百菌清粉加酒精用明火点燃，次日早晨通风；一般 7～14 天熏 1 次，共 3～6 次。百菌清烟剂对霜霉病、白粉病、灰霉病均有效。

五、黄瓜疫病

1. 分布与危害

黄瓜疫病病原为瓜疫霉，属鞭毛菌亚门疫霉属，常造成黄瓜大面积死亡，对黄瓜生产的威胁很大。全国黄瓜产区都有发生，北方以秋黄瓜发病较重。此病除危害黄瓜外，还能侵染西葫芦、冬瓜、西瓜、南瓜等。

2. 症状

该病主要侵染茎、叶和果实，以茎基部及嫩茎节部发病较多（见图3—12）。茎基部发病，初呈暗绿色水渍状，渐缢缩，病部以上叶片出现青枯，最后全株枯死。节部发病，呈水渍状腐烂，缢缩并扭折，后使病部以上枝叶青枯。叶片被害，初呈暗绿色水渍状斑点，扩大后呈近圆形斑，湿度大时病斑扩展快，全叶腐烂，湿度小时扩展慢，边缘

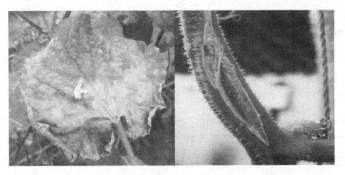

图 3—12　黄瓜疫病叶、茎症状

暗绿色中部淡褐色，干枯脆裂。果实受害，形成暗绿色圆形凹陷的水渍状病斑，后扩展使全果皱缩软腐，表生稀疏的灰白色霉状物。

3．发病规律

病菌以菌丝、卵孢子或厚垣孢子随病残组织在土壤中越冬，成为下年的初侵染来源。病瓜采收的种子也可能带菌，但带菌率很低。越冬菌丝或卵孢子和厚垣孢子萌发产生的芽管与感病寄主接触后，可直接穿过表皮侵入寄主。植株发病后，在潮湿的条件下病部产生孢子囊，进行再侵染。卵孢子和厚垣孢子在田间主要借灌溉水和土壤耕作传播，孢子囊借气流和雨水传播。

该病流行性很强。发病早晚和流行程度主要取决于当时的雨量和湿度。雨量大，降雨次数多，空气湿度大，发病重，雨季早则发病早。该病在最适温湿度下潜育期只有2～3 天。早春保护地黄瓜，如遇阴凉潮湿的环境，易造成苗期疫病的严重发生。地势低洼、排水不良、平畦栽培、连作地块、施肥不足、植株抗病性差等都发病重。此外，不同品种对疫病的抗性存在差异，目前还没有免疫品种，高抗品种也较少，只有一些耐病品种。

4．防治措施

（1）农业防治

1）选用抗（耐）病良种。

2）实行 3 年以上的轮作。

3）利用嫁接方法防病，黄瓜的最佳嫁接砧木瓜类是圆弧瓜和黑籽南瓜。

4）施入的有机肥要腐熟，增施磷肥和钾肥。采取高畦栽培，清沟沥水。苗期控制浇水，结瓜后做到见湿见干。但进入结瓜盛期要及时供给所需水量，严禁雨前浇水。发现中心病株，及时拔除并深埋。可采取覆膜栽培，减少病菌的反溅和传播。

（2）药剂防治

1）每平方米苗床用 25% 甲霜灵可湿性粉剂 8 g，与适量土拌匀后，撒在苗床上。

2）定植前用 25% 甲霜灵可湿性粉剂 750 倍液喷淋地面。

3）发病前喷药，尤其雨季到来之前先喷 1 次药预防发病。药剂选用 72% 霜脲·锰锌可湿性粉剂 700 倍液，或 69% 烯酰吗啉可湿性粉剂 1 000 倍液，或 64% 杀毒矾可湿性粉剂 500 倍液，或 96% 恶霉灵粉剂 3 000 倍液，或 80% 代森锰锌可湿性粉剂 600 倍液，或 70% 代森联干悬浮剂 800 倍液，或 70% 丙森锌可湿性粉剂 800 倍液等；雨后发现中心病株以后及时拔除，立即喷洒或浇灌 50% 烯酰吗啉可湿性粉剂 30 g/667m^2，或 60% 吡唑醚菌酯·代森联可分散粒剂 1 500 倍液，或 25% 吡唑醚菌酯乳油 3 000 倍液，或 66.8% 霉多克可湿性粉剂 800 倍液，或 72.2% 霜霉威盐酸盐水剂 800 倍液，或 40% 乙膦铝可湿性粉剂 400 倍液，或 72% 霜脲·锰锌可湿性粉剂 800 倍液，或 25% 嘧菌酯胶悬剂 1 500 倍液，或 68% 精甲霜灵·代森锰锌水分散粒剂 500 倍液，或 64% 杀毒矾可湿性粉剂 500 倍液等，隔 7~10 天用药一次，病情严重时可以 5 天用药一次，连续防治 3~4 次。叶片正面或反面湿透为止，注意不要在黄瓜幼苗期喷用。用 1:0.8:200 倍的波尔多液喷雾保护，防治效果很好。

也可用 25% 甲霜灵可湿性粉剂 800 倍液，或 64% 杀毒矾可湿性粉剂 800 倍液，或 58% 甲霜灵·锰锌可湿性粉剂 800 倍液，或 40% 增效瑞毒霉可湿性粉剂 500 倍液，或 55% 多效瑞毒霉可湿性粉剂 500 倍液灌根，每 5~7 天 1 次，连灌 3 次，每株灌根用药液 250~500 g。

六、黄瓜菌核病

1. 分布与危害

黄瓜菌核病是土传真菌病害，寄主范围十分广泛，可侵染 64 科 383 种植物，仅蔬菜就包括油菜、番茄、甘蓝、茄子、甜椒、辣椒、菜豆、莴笋、芹菜、白菜、冬瓜、西瓜、南瓜和马铃薯等，是保护地瓜果类蔬菜生产中的重要病害之一，一般受害地块损失 10%~30%，重者达 90% 以上。

2. 症状

保护地或露地黄瓜均可发病，但以保护地黄瓜受害重，从苗期至成株期均可被侵染。此病的典型症状是病部组织迅速软腐，并密生白色菌丝，有时还伴生有黑色鼠粪状菌核。主要危害果实和茎蔓。果实发病，多发生在残花部，先呈水浸状腐烂，并长出白色菌丝，后菌丝纠结成黑色菌核。茎基部发病，多在近地面或主侧枝分杈处，初为水渍状小斑，后病茎变淡褐色软腐，并长出白色霉状物，病茎开裂干枯，但木质部不腐败，枯植株不萎蔫，病部以上蔓叶萎蔫枯死，茎内生黑色菌核。高湿条件下，病茎软腐，生白色棉毛状菌丝。病茎髓部遭破坏腐烂中空或纵裂干枯。瓜条受害，多从顶部发病，病斑初水浸状，后湿腐状，病部密生棉絮状菌丝体，并出现黑色菌核。叶柄、叶发病，初水浸状后迅速软腐，后长出大量白色菌丝，菌丝密集形成黑色鼠粪状菌核。

3. 发病规律

菌核遗留在土中或混杂在种子中越冬或越夏。混在种子中的菌核随播种进入田间，或遗留在土中的菌核遇适宜湿度即萌发产生出子囊盘，子囊孢子随气流传播蔓延，侵染衰老花瓣或叶片，长出白色菌丝，开始危害柱头或幼瓜。在田间带菌雄花落在健叶或茎上经菌丝接触，易引起发病，并以这种方式进行重复侵染，直到条件恶化，又形成菌核落入土中或随种株混入种子间越冬或越夏。本菌对水分要求较高，相对湿度高于85%，温度在15~20℃时有利于菌核萌发和菌丝生长、侵入及子囊盘产生。只要土壤湿润，就能萌发产生子囊盘和子囊孢子，子囊盘开放后，子囊孢子成熟即喷出，犹如烟雾，肉眼可见，是病害初侵染来源。低温、湿度大或多雨的早春或晚秋有利于该病的发生和流行。菌核形成时间短，数量多，发病重。雪天多或连阴天、连作、排水不良的低洼地、偏施氮肥、冻害、不清洁田园等均发病较重。

4. 防治措施

（1）农业防治

1）实行与非瓜类作物轮作2~3年，或夏季把病田灌水浸泡15天，或收获后及时深翻，深度要求达到30 cm，将菌核埋入深层，抑制子囊盘出土。在保护地春茬作物收后抢种一茬小白菜，密植多灌水可促使土中菌核大量萌发，小白菜可发病但不形成新的菌核。

2）高畦栽培，地膜覆盖，合理密植，施足腐熟基肥，适时追肥，增施磷、钾肥、适当控制氮肥，可增强寄主抗病能力。

3）清除田间杂草，及时拔出病株或摘除病叶、病果，减少田间菌源。

4）合理灌水，避免土壤湿度过大，有条件的地方采用滴灌，或选晴天早上进行灌水，浇完后立即闭棚，温度提到40℃左右，闷1 h放风排湿，晚上也要放风降湿。发病后可适当提高夜温以减少结露，早春日均温控制在29℃或31℃，相对湿度低于65%可减少发病，防止浇水过量，土壤湿度大时，适当延长浇水间隔期。

（2）物理防治。用电热温床育苗，播前将床温调到55℃处理2 h，可杀死床土中的菌核。种子间如混有菌核，可用10%盐水漂种2~3次除菌。种子用50℃温水浸种10 min，也可杀死菌核。塑料棚采用紫外线塑料膜以抑制子囊盘及子囊孢子形成。

（3）药剂防治

1）苗床播前2周用福尔马林150倍液浇透床土，并用塑料薄膜盖4~5天，然后翻晾床土7~10天后播种，或用40%五氯硝基苯配成药土耙入土中，每公顷用药15 kg兑细土300 kg拌匀。

2）棚室或露地出现子囊盘时，采用烟雾或喷雾法防治。用10%速克灵或45%百菌清或疫霉净烟剂，每公顷用药1 700 g，熏1夜，隔8~10天再次施药，连续或与其他方法交替防治3~4次。

3）喷撒5%百菌清粉尘剂每公顷750 g，可选用50%腐霉利可湿性粉剂1 500倍液，或60%吡唑醚菌酯·代森联可分散粒剂1 000倍液，或50%腐霉利可湿性粉剂1 500倍

单元
3

液，或50%异菌脲可湿性粉剂1 500倍液，或43%戊唑醇悬浮剂3 000倍液，或50%烟酰胺水分散粒剂1 000倍液，或50%乙烯菌核利水分散粒剂1 000倍液，或40%菌核净可湿性粉剂800倍液，或50%异菌脲可湿性粉剂1 500倍液加70%甲基硫菌灵（甲基托布津）可湿性粉剂1 000倍液于盛花期喷雾，每公顷喷兑好的药液900 L，隔8～9天喷1次，连续防治3～4次。注意喷洒植株基部和地面。在地面初见子囊盘时，可用5%氯硝胺粉剂每公顷30～37.5 kg，加15 kg干细土拌匀制成药土撒地。病情严重时，除正常喷雾外，还可把50%速克灵50～100倍液，涂抹在瓜蔓病部，不仅控制扩展，还有治疗作用。

七、黄瓜细菌性角斑病

1. 分布与危害

黄瓜细菌性角斑病病原为丁香假单胞杆菌黄瓜角斑病致病变种，属薄壁菌门假单胞菌属。在我国东北、内蒙古、华北及华东普遍发生，尤其是东北、内蒙古等保护地黄瓜和华北春大棚发病严重。病叶率有时高达70%左右，是保护地黄瓜重要病害之一。黄瓜受害，不仅影响产量，而且降低商品价值。

2. 症状

幼苗和成株期均可受害，但以成株期叶片受害为主（见图3—13）。主要危害叶片、叶柄、卷须和果实，有时也侵染茎。子叶发病，初呈水浸状近圆形凹陷斑，后微带黄褐色干枯；成株期叶片发病，初为鲜绿色水浸状斑，渐变淡褐色，病斑受叶脉限制呈多角形，灰褐或黄褐色，湿度大时叶背溢出乳白色浑浊水珠状菌脓，干后具白痕，后期干燥时病斑中央干枯脱落成孔，潮湿时产生乳白色菌脓，蒸发后形成一层白色粉末状物质，或留下一层白膜。茎、叶柄、卷须发病，侵染点水渍状，沿茎沟纵向扩展，呈短条状，

单元 3

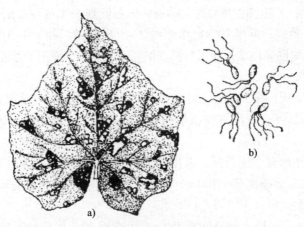

图3—13　黄瓜细菌性角斑病
a）症状　b）病原菌

湿度大时也见菌脓，严重的纵向开裂呈水浸状腐烂，变褐干枯，表层残留白痕。瓜条发病，出现水渍状小斑点，扩展后不规则或连片，病部溢出大量污白色菌脓。条件适宜病斑向表皮下扩展，并沿维管束逐渐变色，并深至种子，使种子带菌。幼瓜条感病后腐烂脱落，大瓜条感病后腐烂发臭。瓜条受害常伴有软腐病菌侵染，呈黄褐色水渍腐烂。角斑病易与霜霉病混淆而用错药，使病害屡治不愈。一般霜霉病叶片病斑背面有黑色或紫色霉层，病斑后期不穿孔，瓜条不受害；角斑病叶背病斑溢出菌脓，穿孔，瓜条受害有臭味。

3. 发病规律

病菌附在种子内部和随病残体落入土中越冬，成为翌年初侵染源。种子带菌率2%~3%，病菌由叶片或瓜条伤口、气孔、水孔侵入，进入胚乳组织或胚根的外皮层，造成种子内部带菌。初侵染大都从近地面的叶片和瓜条开始，然后逐渐扩大蔓延。此外，采种时病瓜接触污染的种子可致种子表面带菌。病菌在种子内可存活1年，在土壤中的病残体上可存活3~4个月。播种带菌种子，出苗后子叶发病，病菌在细胞间繁殖，保护地黄瓜病部溢出的菌脓，借棚顶大量水珠下落，或结露及叶缘吐水滴落、飞溅传播蔓延，进行多次重复侵染。露地黄瓜蹲苗结束后，随雨季到来和田间浇水开始发病，病菌靠气流或雨水逐渐扩展，一直延续到结瓜盛期。之后随气温下降，病情缓和。除病菌数量以外，温度和湿度是角斑病发生的重要条件。温暖、多雨或潮湿条件发病较重。发病温度为10~30℃，适温为18~26℃，适宜的相对湿度在75%以上，棚室低温高湿利于发病。病斑大小与湿度有关，夜间饱和湿度持续时间大于6 h，叶片病斑大；湿度低于85%，或饱和湿度持续时间不足3 h，病斑小；昼夜温差大，叶面结露重且持续时间长，发病重。在田间浇水次日，叶背出现大量水浸状病斑或菌脓。有时，只要有少量菌源即可引起该病发生和流行。露地黄瓜在低温多雨年份，病害普遍流行。黄河以北地区露地黄瓜，每年7月中下旬为角斑病发生的高峰期，棚室黄瓜4—5月为发病盛期。保护地浇水后放风不及时，露地地势低洼积水，栽培密度过大，管理不严，多年连茬，偏施氮肥，磷肥不足等均可诱发角斑病。

4. 防治措施

（1）农业防治

1）选用抗、耐病品种。

2）选用无病种子。从无病植株或瓜条上留种，瓜种用70℃恒温干热灭菌72 h，或50~52℃温水浸种20 min，捞出晾干后催芽播种，或转入冷水泡4 h，再催芽播种。

3）加强田间管理。培育无病种苗，用无病土苗床育苗；与非瓜类作物实行2年以上轮作，生长期及收获后清除病叶，及时深埋。保护地适时放风，降低棚、室湿度，发病后控制灌水，促进根系发育增强抗病能力；露地实施高垄覆膜栽培，平整土地，完善排灌设施，收获后清除病株残体，翻晒土壤等。在基肥和追肥中注意加施偏碱性肥料。

（2）药剂防治

1）用代森铵水剂 500 倍液浸种取出，用清水冲洗干净催芽播种；用次氯酸钙 300 倍液浸种 30~60 min，或 40% 福尔马林 150 倍液浸 1.5 h，或 100 万单位硫酸链霉素 500 倍液浸种 2 h，冲洗干净后催芽播种；也可用新植霉素 200 ug/g 浸种 1 h，用清水浸 3 h 催芽播种。

2）在发病初期用 72% 霜脲氰·代森锰锌可湿性粉剂 600~750 倍液，或农用链霉素 250 mg/kg 液，或新植霉素 200 mg/kg 液，或 14% 络氨铜水剂 300 倍液，或 50% 甲霜铜可湿性粉剂 600 倍液，或 200 单位农用链霉素（100 单位的农用链霉素 1 支加水 5 kg），或 70% 甲霜铝铜 250 倍液，或瑞毒铜 600 倍液。此外还有铜皂液 600~800 倍液，或 50% 代森锌 1 000 倍液，或 1∶2∶300~400 倍的波尔多液，进行叶片喷雾。每 7 天喷 1 次，连喷 3~4 次。

八、瓜类炭疽病

1. 分布与危害

瓜类炭疽病是瓜类作物生产中的重要病害之一，全国各地均有分布。发病时常造成幼苗猝倒，成株茎、叶枯死，瓜果腐烂，危害严重。西瓜和甜瓜易感病，黄瓜、冬瓜、瓠瓜、苦瓜次之，南瓜、西葫芦、丝瓜较抗病。

2. 症状

通常在植株生长中、后期受害较重，危害叶片、茎蔓和瓜果（见图 3—14）。幼苗子叶发病，边缘呈现圆形或半圆形褐色病斑；茎基部受害，缢缩，变褐色，幼苗猝倒。不同瓜类其症状稍有差异。

（1）西瓜。叶片受害，初呈水渍状圆形或纺锤形斑点，渐变为黑色圆形斑，有时有紫色晕圈和同心轮纹，干燥时易破碎穿孔，潮湿时病斑正面生粉红色黏稠物或黑色小点（分生孢子盘和分生孢子）。茎蔓和叶柄受害，初为黄褐色水渍状，后变黑色长圆形病斑，微凹陷，病斑绕茎或叶柄一周，则病斑以上部分萎蔫枯死。果实受害，初为暗绿色水渍状斑点，后扩大呈褐色圆形凹陷斑，凹陷处常龟裂，潮湿时生粉红色黏稠物。幼瓜受害，畸形或腐烂。

（2）黄瓜。受害症状与西瓜相似，但叶上病斑呈红褐色，有黄色晕圈；成熟瓜条易受害，病瓜弯曲变形，病斑圆形，黄褐色，稍凹陷。

（3）甜瓜。果实受害，病斑较大，显著凹陷，开裂处常生粉红色黏稠物。

3. 发病规律

病菌主要以菌丝体和拟菌核随病残体在田间越冬，种子表面附带的菌丝体也可越冬。病菌还能在温室或大棚内旧木料上腐生。越冬后的病菌在条件适宜时产生大量分生孢子，分生孢子萌发产生侵入丝侵入寄主，引起发病。由病斑上形成的分生孢子盘再产

单元 3

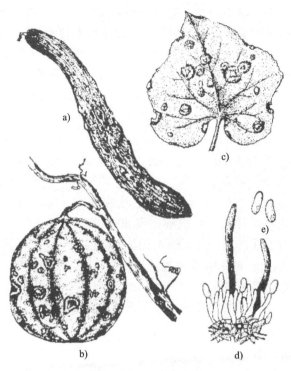

图3—14　瓜类炭疽病

a)、b)、c) 症状　d) 分生孢子盘（分生孢子梗、分生孢子）　e) 分生孢子

生分生孢子，经流水、雨水、昆虫或人为活动传播进行再侵染，使病害扩展蔓延。种子表面附带的菌丝体可直接侵入子叶引起幼苗发病。摘瓜时瓜果表面携带的分生孢子，在储运中也能萌发侵染造成瓜果发病。

湿度是影响发病的主要因素。适温下相对湿度为87%～95%时，潜育期只有3天；湿度低于54%不发病。温度高于28℃时发病也很轻。另外，管理不当、氮肥过量、排水不畅、通风不好、植株衰弱、连作地等发病都较重。品种不同抗病性也有差异。

4. 防治措施

（1）农业防治

1）因地制宜选用抗病品种，选用无病种子和种子消毒。从无病田或健株上采种；种子消毒采用50～51℃温水浸种20 min，或100倍液的冰醋酸浸种30 min，或100倍福尔马林液浸种30 min后洗净，或50%多菌灵可湿性粉剂500倍液浸种60 min，或50%代森铵500倍液浸种60 min。浸种处理后，种子应用清水冲洗干净后直播或催芽播种，然后用清水冲洗干净，再进行催芽。

2）实行3年以上轮作。

3）加强管理。采取地膜覆盖栽培，可减少病原传播和侵染的机会。增施磷、钾肥，可以增强植株的抗病能力。棚室栽培，要进行通风排湿，使棚内湿度保持在70%以下，减少叶面结露和吐水。采收要在露水干后进行，以减少人为传播病原，引起病情蔓延。

（2）药剂防治。发病前的预防或发病时的防治，还可选用50%甲基托布津可湿性粉剂700倍液加75%百菌清可湿性粉剂700倍液，或50%苯菌灵可湿性粉剂1 500倍液，或80%多菌灵可湿性粉剂600倍液，或80%炭疽福美可湿性粉剂800倍液，或代森锌可湿性粉剂500～600倍液，或70%代森锰锌可湿性粉剂400倍液，7～10天喷施一次，连续2～3次。也可选择施用2%农抗120水剂200倍液，或2%武夷菌素水剂200倍液，或10%苯醚甲环唑水分散粒剂50～75 g/亩，或80%波尔多液可湿性液剂300～500倍液，或50%福·甲硫可湿性液剂60～80 g/亩，或50%咪鲜胺可湿性粉剂35～75 g/亩，或25%溴菌腈可湿性粉剂2 000～2 500倍液，或40%多·福·溴菌可湿性粉剂400～600倍液，或50%混杀硫悬浮剂500倍液，或80%炭疽福美可湿性粉剂800倍液，或25%溴菌腈可湿性粉剂500倍液，或50%异菌脲可湿性粉剂1 000倍液，或50%腐霉利可湿性粉剂1 000倍液，或40%嘧霉胺悬浮剂1 200倍液，或65%甲霉灵可湿性粉剂1 000～1 500倍液。每隔7天喷1次。

棚室栽培，还可用45%百菌清烟剂250 g熏烟；或在傍晚，每667 m² 喷撒6.5%甲霉灵超细粉尘剂1 kg，每隔9～11天熏喷1次。

九、黄瓜蔓枯病

1. 分布与危害

此病由真菌子囊菌亚门甜瓜球腔侵染引起。除危害黄瓜外，此病菌还危害西瓜、甜瓜、香瓜、丝瓜等多种瓜类。

2. 症状

黄瓜叶、茎都可感病（见图3—15）。叶片受害后，产生近圆形或不规则的大型病斑，有的病斑自叶缘向内发展呈"V"字形或半圆形，淡褐色至黄褐色，后期病斑易破碎，病斑上密生黑色小粒点。叶片上的病斑直径为10～35 mm，少数病斑更大。病叶自上而下枯黄，但不脱落。病害严重时，只剩下上部1～2片叶没有症状。叶柄、瓜蔓、

图3—15　黄瓜蔓枯病

茎基部被害时，病斑呈油浸状，圆形至菱形，黄褐色，有时溢出琥珀色树脂状物。茎节变黑腐烂、折断，病部常龟裂。干后呈黄褐色至红褐色。表面散生黑色小粒点。蔓枯病多从茎表面向内部发展，维管束不变褐色，这是与黄瓜枯萎病的重要区别。

3. 发病规律

黄瓜蔓枯病属于真菌性病害，主要以分生孢子器或子囊随病株残体留在土壤中、种子、温室大棚棚架上越冬，通过风、雨及灌溉水传播。病菌从植株的气孔、水孔或伤口侵入。蔓枯病的发病适宜温度在 18～25℃，湿度在 85% 以上。连阴天、夜间露水大、大水漫灌、土壤水分高时利于该病的发生。另外连作地、平畦栽培或排水不良、密度过大、肥料不足、植株长势弱的地块均易发病。

4. 防治措施

（1）农业防治

1）选用无病种子和种子消毒。选用无病田和无病株作留种株。可用 55℃ 温水浸种 15 min，或 40% 福尔马林 100 倍液浸种 30 min，然后用清水洗净播种。

2）实行 2～3 年轮作。

3）加强管理。采用配方施肥技术，加强肥水管理。施足底肥，增施磷、钾肥。合理施用生物肥料、活性有机肥料及无机复混肥料。在黄瓜的生育期要多次追肥，防止早衰，增强抗病力。浇水时要避免大水漫灌，浇后及时中耕，发病后适当控制浇水，并及时通风降湿。发现病株时及时拔除。

4）棚室消毒。在黄瓜定植前对棚室进行消毒，用 300 mL 福尔马林兑等量水，加热可熏蒸 37 m³ 的棚室，每次熏蒸 6 h。

（2）药剂防治。在发病初期，进行全棚室喷药，可选用 75% 百菌清可湿性粉剂 600 倍液，或 50% 多菌灵可湿性粉剂 500 倍液，5～7 天喷 1 次，或 50% 多菌灵可湿性粉剂 500 倍液灌根 1～2 次，喷洒 20% 苯醚甲环唑微乳剂 2 000～4 000 倍液，或阿米妙收（20% 嘧菌酯 +12.5% 苯醚甲环唑）1 500～2 000 倍液，万兴（10% 恶唑菌酮 +10.67% 氟硅唑）1 500～2 000 倍液，或 25% 嘧菌酯可湿性粉剂 1 500～2 000 倍液，10% 苯醚甲环唑水分散粒剂 1 500 倍液，7～10 天喷 1 次，连续 2～3 次。另外，对于发病初期在茎蔓基部或嫁接口出现的病斑，可用"920"稀释液（稀释倍数视含有效成分而定）涂抹，防效很好。

十、黄瓜白粉病

1. 分布与危害

引发白粉病的病原菌是子囊菌亚门白粉菌属二孢白粉菌和单丝壳菌属单丝壳白粉菌。温室黄瓜白粉病是近年来发生率较高的病害。在黄瓜一个生长季节内，白粉病的发病率经常达到 100%，病害发生后发展迅速，严重时可造成叶片干枯甚至提早拉秧，对

单元
3

产量影响很大。该病除危害黄瓜外，还能危害西葫芦、甜瓜、南瓜、西瓜、冬瓜、丝瓜等。

2. 症状

白粉病在黄瓜幼苗期和成株期均可发生，一般发病越早损失越大（见图3—16）。植株发病一般先从下部叶片开始，逐渐向上发展，后期虽可致叶片枯萎，但一般不脱落。发病主要部位是叶片，严重时在叶柄、茎蔓和卷须上发生，果实上较少发生。发病初期，被侵染叶片正面或背面出现近圆形的小粉斑，边缘不清晰，仔细观察可见向四周伸展的蛛丝状菌丝体。环境条件适宜时，病斑逐渐扩大，连接成片布满叶面，严重时全叶被白色粉状物覆盖，轻轻擦去白粉，可发现叶面有褪绿斑。发病后期，白粉逐渐变为灰白色，叶片干枯。白粉病侵染叶柄和幼茎后，产生的病斑与叶片相似，只是白粉量少。发病后期，在不良的环境条件下，衰老叶片的白粉层里或表面产生成堆的黄褐色至黑色小粒点。

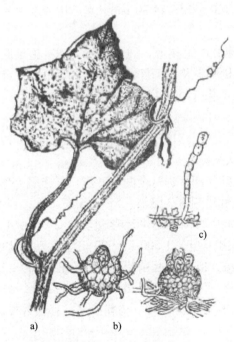

图3—16 黄瓜白粉病

a）症状　b）闭囊壳、子囊及子囊孢子　c）分生孢子梗及分生孢子

3. 发病规律

影响白粉病发生的主要因素是温度和湿度。白粉病的温度适应范围较广，一般栽培条件下均可发生。温度适宜时病害流行取决于湿度条件。闭囊壳在气温20～25℃时释放出子囊孢子，进行初侵染，再侵染后产生的分生孢子发芽和侵入的适宜相对湿度为

90%～95%，无水或低湿度下也能萌发侵入，但相对湿度达到饱和时反而使孢子吸水膨胀而破裂，丧失生命力。因此，温室、大棚由于湿度大、空气不流通，或偏施氮肥致植株徒长，都容易引起白粉病的发生。尤其是高温干旱与高温高湿交替出现时，更有利于白粉菌的生长发育。

4. 防治措施

（1）农业防治

1）选用抗病品种，种子消毒。一般田间表现抗霜霉病的品种也抗白粉病。大棚栽培可选用津春1号、津春2号、津优1号等，温室栽培可选用津春3号、津优2号、津优3号、翠绿等。在播种前，用1%抗枯宁悬浊液20 mL，加水10 kg，浸种1 h。

2）清除棚室中的杂草、残株。

3）育苗时，床土用50%多菌灵进行消毒，控制湿度在60%以下，并保证有足够的光照和温差，白天温度控制在20～25℃，夜间保持在16～18℃。

4）挑选健壮的幼苗定植，定植前2～3天，每667 m² 棚室用硫黄粉1.5 kg与锯末3 kg混匀，分别装入小塑料袋或盛在小花盆里，分几处放置，于傍晚密闭棚室，用暗火点燃熏一夜。熏蒸时，棚室内的温度最好能保持在20℃左右。黄瓜生长期慎用硫黄熏蒸，以防发生药害。还可使用45%百菌清烟剂，每667 m² 用250 g，分别放在棚室内4～5处，于傍晚点燃熏蒸，效果良好。

5）切忌大水漫灌，可以采用膜下软管滴灌、管道暗浇、渗灌等灌溉技术。定植后，要尽量少浇水，以防止幼苗徒长。栽培时保证合适的株行距，增加通风透光条件，降低湿度，保持适宜的温度，增施磷、钾肥，及时追肥。生长过程中应避免偏施氮肥，防止植株徒长和脱肥早衰。结瓜期，可加大肥水的用量，适时喷施叶面微肥，以防植株早衰。遇有少量病株或病叶时，要及时摘除。

6）连作会加重黄瓜白粉病的发生，因此最好与非瓜类作物实行2～3年的轮作，并在前茬作物收获后及时清洁田园，将植株病残体及时清除。定植前应深翻土壤进行晾晒，杀灭留在土壤中的闭囊壳。施用的有机肥应充分腐熟。

（2）生物防治。发病初期，可用2%农抗120水剂200倍液或发病前喷27%高脂膜100倍液保护叶片，在叶面上形成1层薄膜，阻止病菌侵入，造成缺氧条件使白粉菌死亡。

（3）药剂防治。发病初期及时喷药，可用30%氟菌唑可湿性粉剂3 500～5 000倍液，或2%农抗120水剂200倍液，或2%武夷菌素水剂200倍液，或27%高脂膜乳剂80～100倍液，或15%粉锈宁可湿性粉剂1 500倍液，或40%氟硅唑乳油8 000倍液，或40%多·硫悬浮剂500～600倍液，或50%硫黄悬浮剂250～300倍液，或3%戊唑醇悬浮剂3 000倍液，或50%甲基托布津可湿性粉剂800倍液和75%百菌清可湿性粉剂600倍液。每隔6～7天喷1次，连续3～4次。或使用2%小苏打500倍液在发病初期喷洒，每3天1次，连喷5~6次，也可获得良好的防治效果。

十一、黄瓜星黑病

1. 分布与危害

黄瓜黑星病病原为瓜枝孢，属半知菌亚门枝孢属，是一种世界性病害，20世纪70年代前我国仅在东北地区温室中零星发生，80年代以来，随着保护地黄瓜的发展，这种病害迅速蔓延和加重，目前已扩展到了黑龙江、吉林、辽宁、河北、北京、天津、山西、山东、内蒙古、上海、四川和海南等12省市区。此病已成为我国北方保护地及露地栽培黄瓜的常发性病害，一般损失可达10%~20%，严重可达50%以上，甚至绝收。该病除危害黄瓜外，还侵染南瓜、西葫芦、甜瓜、冬瓜等葫芦科蔬菜，是生产上亟待解决的问题。

2. 症状

整个生育期均可发生，其中嫩叶、嫩茎及幼瓜易感病，真叶较子叶敏感。子叶受害，产生黄白色近圆形斑，发展后引致全叶干枯；嫩茎发病，初呈现水渍状暗绿色梭形斑，后变暗色，凹陷龟裂，湿度大时病斑上长出灰黑色霉层（分生孢子梗和分生孢子）；生长点附近嫩茎被害，上部干枯，下部往往丛生腋芽。成株期叶片被害，开始出现褪绿的近圆形小斑点，干枯后呈黄白色，容易穿孔，孔的边缘不整齐略皱，且具黄晕，穿孔后的病斑边缘一般呈星纹状；叶柄、瓜蔓被害，病部中间凹陷，形成疮痂状病斑，表面生灰黑色霉层；卷须受害，多变褐色而腐烂；生长点发病，经两三天烂掉形成秃桩。病瓜向病斑内侧弯曲，病斑初流半透明胶状物，以后变成琥珀色，渐扩大为暗绿色凹陷斑，表面长出灰黑色霉层，病部呈疮痂状，并停止生长，形成畸形瓜。

3. 发病规律

病菌以菌丝体在田间的病残体内或土壤中越冬，也可以菌丝潜伏在种子内越冬，成为翌年初侵染源。黄瓜种子的带菌率随品种、地点而不同，最高可达37%，种子各部位带菌率以种皮为多；由病苗带到定植的温室也是重要的初侵染源之一。对于一些距离较远的地区，带菌种子是唯一侵染源。

北方保护地黄瓜，定植后的3月中旬至下旬为叶部黑星病的始发期，该时期叶部黑星病平稳上升。3月下旬以后，随着幼瓜的出现，瓜条上开始感染黑星病，至4月中旬为叶部及瓜部黑星病的上升期，此时病害上升速度加快。4月中旬至5月中旬为病害发生的高峰期。5月中旬以后，随着温度的升高及温室开始大放风，病害开始下降，为病害发生的衰退期。一般幼嫩叶、茎和果被害严重，而老叶和老瓜发病轻。幼苗带病率高则后期发病重。潜育期随温度而不同，一般棚室为3~6天，露地9~10天。该菌在相对湿度93%以上，平均温度在15~30℃较易产生分生孢子；相对湿度100%产孢最多；分生孢子在5~30℃均可萌发，最适温度为15~25℃，并要求有水滴和营养。

该病属于低温、耐弱光、高湿病害。当棚内最低温度超过10℃，相对湿度从下午4

单元
3

时到次日 10 时均高于 90%，棚顶及植株叶面结露，是该病发生和流行的重要条件。

4. 防治措施

（1）加强检疫，选用无病种子。严禁在病区繁种或从病区调种。做到从无病地留种，采用冰冻滤纸法检验种子是否带菌。带病种子进行消毒，可采用温汤浸种法，即 50℃ 温水浸种 30 min 或 55 ~ 60℃ 恒温浸种 15 min，取出冷却后催芽播种，或用种子质量 0.3% 的 50% 多菌灵可湿性粉剂拌种。

（2）农业防治

1）选用抗病品种。

2）覆盖地膜，采用滴灌等节水技术，轮作倒茬，重病棚应与非瓜类作物进行 2 年以上轮作。

3）施足充分腐熟肥作基肥，适时追肥，避免偏施氮肥，增施磷、钾肥；合理灌水，尤其定植后至结瓜期控制浇水十分重要。注意湿度管理，采用放风排湿，控制灌水等措施降低棚内湿度，减少叶面结露。冬季气温低应加强防寒、保暖措施，使秧苗免受冻害。白天控温 28 ~ 30℃，夜间 15℃，相对湿度低于 90%。增强光照，促进黄瓜健壮生长，提高抗病能力。

（3）药剂防治

1）温室、塑料棚定植前 10 天，每立方米空间用硫黄粉 2.4g、锯末 4.5g 混合后分放数处，点燃后密闭大棚，熏 1 夜。

2）发病初期，每 667 m² 喷撒 10% 多百粉尘剂或 5% 防黑星粉尘剂 1 kg，或点燃 45% 百菌清烟剂 200 g，连续 3 ~ 4 次。发病初期还可喷 10% 苯醚甲环唑可分散粒剂 2 000 倍液，或 60% 吡唑醚菌酯·代森联可分散粒剂 1 500 倍液，或 43% 戊唑醇悬浮剂 3 000 倍液，或 30% 氟菌唑可湿性粉剂 1 500 倍液，或 52.5% 抑快净（22.5% 恶唑菌酮 +30% 霜脲氰）可分散粒剂 2 000 倍液，或 50% 醚菌酯悬浮剂 3 000 倍液，或 50% 多菌灵可湿性粉剂 600 倍液，或 25% 吡唑醚菌酯乳油 3 000 倍液，或 80% 代森锰锌可湿性粉剂 600 倍液，或 70% 代森锰锌可湿性粉剂 500 倍液，或 40% 氟硅唑乳油 8 000 ~ 10 000 倍液，或 80% 敌菌丹可湿性粉剂 500 倍液，或 80% 多菌灵可湿性粉剂 600 倍液，或 80% 代森锰锌可湿性粉剂 500 ~ 600 倍液，10% 苯醚甲环唑水分散粒剂 1 000 ~ 1 500 倍液，或 40% 氟硅唑乳油 4 000 ~ 6 000 倍液，或 40% 百菌清悬浮剂 600 ~ 700 倍液，或 50% 异菌脲可湿性粉剂 1 000 倍液。每隔 7 ~ 10 天喷 1 次，连续 2 ~ 3 次。

十二、黄瓜细菌性缘枯病

1. 分布与危害

缘枯病是近年在大棚黄瓜上发生的一种细菌性病害，此病除侵害黄瓜外，还能侵害南瓜。

单元 3

2. 症状

缘枯病可危害植株的叶、叶柄、茎、卷须和果实（见图3—17）。叶片上受害初在水孔附近产生水浸状小斑点，以后扩大为淡褐色不规则形病斑，周围有褪绿黄色晕圈，严重时产生大型水浸状病斑，由叶缘向叶中间扩展，呈楔形。先在果柄上形成水浸状病斑，后变褐色，果实黄化凋萎，脱水后干枯。湿度大时病部溢出菌脓。叶柄、茎、卷须病斑也呈水浸状，褐色。

图3—17　黄瓜细菌性缘枯病病叶

3. 发病规律

病原菌在种子上或随病残体留在土壤中越冬，成为翌年初侵染源。病菌从叶缘水孔、皮孔等自由孔口侵入，靠风雨、田间操作传播蔓延和重复侵染。大棚由于昼夜温差较大，且不能及时放风，容易使棚室内湿度偏大，每到夜里随气温下降，湿度不断上升至70%以上或饱和，且长达7~8 h，这时笼罩在棚里的水蒸气，遇露点温度，就会凝降到黄瓜叶片或茎上，致使叶面结露，这种饱和状态持续时间越长，细菌性缘枯病的水浸状病斑出现越多，有的在病部可见菌脓，经扩大蔓延，而引起病害流行。与此同时黄瓜叶缘吐水为该菌活动及侵入和蔓延提供了有利条件。

4. 防治措施

（1）农业防治

1）选无病瓜留种。

2）用无菌土育苗，并与非瓜类作物实行2年以上轮作。

3）加强田间管理，生长期及收获后清除病残组织。定植后适当控制浇水，做到保温、通风，以降低棚内湿度。不能大水漫灌，要小水勤灌。

（2）药剂防治

1）播种前将种子用55℃温水浸10 min，然后用冷水冲洗再催芽播种。或用100万单位硫酸链霉素500倍液浸种120 min，冲洗干净后催芽播种。

2）棚室栽培喷撒10%乙滴粉剂，或5%百菌清粉剂15 kg/hm²。

3）发病初期喷72%霜脲氰·代森锰锌可湿性粉剂600～750倍液，或3%克菌康可湿性粉剂800～1 000倍液、72%农用硫酸链霉素可溶性粉剂4 000倍液，或60%天TM可湿性粉剂500倍液，或77%氢氧化铜可湿性微粒粉剂400倍液，或50%甲霜铜可湿性粉剂600倍液，或25%络氨铜水剂500倍液，或60%百菌通可湿性粉剂500倍液，叶面喷雾，每隔7天喷1次，连续4～6次。此外也可选用硫酸链霉素，或72%农用链霉素可溶性粉剂4 000倍液，或1∶4∶600铜皂液，或1∶2∶300～400波尔多液，40万单位青霉素钾盐兑水稀释5 000倍液也有效。

十三、黄瓜根结线虫病

1. 分布与危害

随着大棚、温室蔬菜栽培面积的扩大及外地引种频繁，黄瓜根结线虫病的发生逐年加重，该病是黄瓜的毁灭性病害，在老菜地、重茬地发病严重。轻者减产10%左右，重者减产达60%～70%，甚至造成全大棚、温室毁种。黄瓜根结线虫寄主范围广，在新疆哈密地区除危害黄瓜外，还可危害番茄、茄子等多种蔬菜。

2. 症状

地上部分的症状：植株矮小，发育不良。在土壤干旱和水分供应不足时，中午前后可出现萎蔫症状。发病轻微时，仅表现叶片有些发黄，地上部表现症状因其发病的轻重程度而不同，轻者症状不明显，重者植株生育不良，影响结实，发病严重时，全田枯死（见图3—18）。

地下部分的症状：一般主根腐朽而侧根和须根增多，并在侧根和须根上形成许多大大小小的瘤状根节，俗称瘤子。形状不正，质地柔软，开始乳白色，到后期变成淡褐色，表面有时龟裂。剖开根节，内有极小鸭梨形白色的雌虫体。根结之上一般可长出细弱的新根，使寄主再度染病，形成根瘤。

3. 发病规律

根结线虫在土壤中多分布在20 cm深土层内，以3～10 cm土层内最多，常以卵或二龄幼虫随病体在土壤中越冬。该虫一般可存活1～3年，翌春条件适宜时，由埋藏在寄主体内的雌虫产卵，从根冠侵入。

病土、病菌及灌溉水是主要的传播途径，在哈密使用未腐熟的有机肥及种子调运也是其传播途径之一。也可靠线虫蠕动在土粒间移行30～50 cm。由于温室连年种植黄瓜、西红柿，导致寄主植物抗性衰退，环境条件又适宜，

单元
3

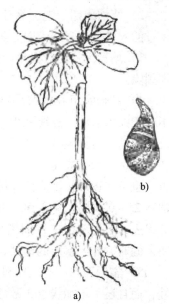

b)

a)

图3—18　黄瓜根结线虫病
a）症状　b）病原线虫（雌成虫）

因此，危害逐年加重。

在温度25~30℃，土壤湿度40%~70%条件下，线虫繁殖很快。高于40℃低于5℃都很少活动，致死温度为55℃持续10 min。凡地势高燥、土质疏松、湿度适当、盐分低的中性沙土，适宜根结线虫的活动，发病重。土壤潮湿、黏重、板结的田块，不利于根结线虫的活动，发病轻，连作地发病较重，连作期限越长，发病越重。由埋藏在寄主根内的雌虫产卵，卵经数小时后形成1龄幼虫，在卵壳内，蜕皮后钻出卵壳即为2龄幼虫，2龄幼虫在土中移动，寻找根尖，从根冠上方侵入，定居在生长锥内，并分泌刺激物，形成巨形细胞和根结（虫瘿）。在生长季节中，线虫可以对数值进行增殖。在哈密近郊大棚、温室中由于种植作物单一，又连年种植，导致寄主植物抗性衰退，环境条件又较适宜线虫生长发育和危害，因此线虫危害逐年加重。一般来说适合于蔬菜生长的土壤湿度条件，也适合于线虫的孵化和侵染。线虫对土壤pH值的适应范围较宽，pH为4~8均能适应。病原线虫以2龄幼虫和卵囊中的卵随病残体在土壤中越冬。黄瓜、芹菜、番茄易染根结线虫，而葱蒜类、辣椒等蔬菜较抗根结线虫。哈密气候干燥，温室温度、土壤湿度非常有利于线虫的繁殖。

4. 防治措施

（1）农业防治

1）轮作防病。瓜类、芹菜、番茄易感病，受害重，韭菜、大葱、青椒等感病轻，受害轻。因此，温室、大棚黄瓜可与韭菜、青椒轮作。

2）清洁田园。把上茬有病植株的残体和残根彻底清除干净，集中深埋或烧毁。对用过的农具也要清洗干净，防止扩大传染。

3）培育无病苗。温室、大棚要用无病土育苗，移栽时要认真检查，发现病株，立即剔除。

4）翻晒病田和土壤熏蒸。收获后进行土壤深翻，使表层土疏松，日晒后易干燥，不利于线虫活动，虫源减少。哈密地区可在根结线虫病害发生的地块，在6月下旬至7月下旬灌水后深翻并浇灌辛硫磷等土壤杀虫剂，然后上面覆盖地膜，暴晒20天左右，使土表达到55℃的高温，利用高温、窒息作用，即可杀死土壤上层的绝大多数根结线虫。也可在黄瓜拉秧后要深翻、灌水，施入敌敌畏熏蒸剂（每667 m² 用80%敌敌畏乳油0.25~0.5 kg，兑水50~100 kg），然后铺地膜，闷棚15天左右，可杀死耕作层大部分线虫。不加药剂进行闷棚也有一定效果。或冬季在三九天深翻并浇灌病害发生的地块，同时掀开温室上的塑料，利用低温杀死土壤上层的绝大多数根结线虫。

5）施用腐熟的有机肥料。重施腐熟有机肥，增施磷、钾肥，不仅能够增强植株抗性，而且还可增加线虫天敌微生物数量，抑制根结线虫的生长发育。

（2）药剂防治

1）在定植前10~15天沟施或穴施5%土线散颗粒剂3~5 kg/亩或10%克线磷颗粒

剂 1～1.5 kg。

2）在播种和定植时穴施 10% 克线磷颗粒剂，每 667 m²2.5 kg。

3）发病时，可对病部用 50% 辛硫磷乳油 1 500 倍液，或 80% 敌敌畏乳油 100 倍液灌根，或 90% 晶体敌百虫 800 倍液，每株 0.25～0.5 kg。

定植后也可用 1.8% 的阿维菌素乳油，每平方米 1 mL，稀释 1 000 倍液灌根 1～2 次，间隔 10～15 天，防效良好。其他的还有线虫净、线虫灵等皆有防治效果。

十四、西葫芦病毒病

1. 分布与危害

西葫芦病毒病是在西葫芦上发生最普遍，也是最严重的病害之一，是比较难防、难治的一种病害。发病田块一般减产 20%～40%，严重者可减产 60% 以上，甚至绝产。病毒病能使西葫芦品质下降，风味降低，影响外观，是西葫芦生产中的一大障碍。

2. 症状

（1）花叶症状。叶片上出现黄绿相间或深浅相间的斑驳，明脉叶片略有皱缩，病株较健株稍矮。露地种植西葫芦病毒病多在 5 月中旬至 6 月中旬发生，大棚西葫芦多在 10—11 月发生。

（2）条斑症状。在高温干旱、日照强或缺水缺肥情况下，产生的病毒易形成条斑症状。

（3）蕨叶症状。由黄瓜花叶病毒侵染引起，主要表现为植株矮化，上部叶片全部或部分变成线状，大量落叶、落果、果小，表面呈花纹状。

3. 发病规律

由黄瓜花叶病毒和甜瓜花叶病毒等多种病毒单独或复合侵染所引起的。另外，南瓜花叶病毒、西瓜花叶病毒、烟草环斑病毒等也可侵染西葫芦。

在生产过程中，病果未经发酵而采收的种子，种子带毒，成为初侵染源。经过多年种植的田块，土壤中的病残体，田间越冬寄主残体，也可成为该病的初侵染源。另外，土壤中缺少 P、K 肥，N 肥施用量过大，植株生长衰弱或徒长，均有利于此病的发生。

西葫芦生长的适宜温度是 25～30℃，尤其是高温、干旱季节来临，气温达到 30℃ 以上时，空气干燥，土壤湿度过小，易发生病毒病，如花叶症状的病毒病随日平均温度的升高或相对湿度的降低，病情指数呈上升的趋势。田间作业和分苗、定植、绑蔓、整枝打杈、蘸花等均可传播病毒。黄瓜花叶病毒靠蚜虫传播，在干旱、少雨季节，蚜虫发生量大，病毒病严重。在严重年份，病毒病占 50% 以上，严重者甚至不能结瓜，直到绝产。

4. 防治措施

（1）农业防治

1）选用抗病品种。花叶病毒病的防治应选用抗（耐）病品种。

单元 3

2) 种子消毒处理。药剂处理：在播前用清水浸种 3～4 h，再放入 10% 磷酸三钠溶液中浸 30 min，捞出后边搓边用清水冲洗种皮上的黏液，冲净以后捞出晾干，用湿布包好催芽。

3) 调整播期，尽量使西葫芦发病阶段避开高温高湿季节，避开蚜虫、灰飞虱成虫活动时期。

4) 起垄栽培，行间铺 30 cm 宽的银灰色地膜，地膜反光，对传毒蚜虫和灰飞虱等有驱避作用。

5) 在田间作业时，使用的工具应消毒，发现病株应及时拔除，以免扩大传染。

6) 减少接触传毒。病毒病可通过植物伤口传毒，因此在栽培上应当加大行距，实行吊秧栽培，尽可能减少农事操作造成的伤口。农事操作应遵循先健株后病株的原则。对早熟西葫芦不需打杈，避免造成伤口传毒。

7) 加强肥水管理。避免早衰，西葫芦秧苗早衰极易感染病毒病，在栽培中必须加强肥水管理，避免缺水脱肥。在高温季节可适当多浇水，降低地温，有条件的地方可采取遮阴降温防止秧苗早衰，抗病能力减弱。定植偏迟，植株长势弱，高温强光季节来临时不能封垄的田块发病重，反之则轻。进入开花结果期后，要适当提高温度，白天 25～30℃，夜间保持 15～18℃，地温应高于 15℃，适当延长光照时间，及时清扫棚膜灰尘；掌握土壤见湿见干，不要大水漫灌，浇水后及时中耕划锄，结合浇水，适当补充肥料，小沟暗灌随水追入，施肥量及 N、P、K 配比应根据植株长势及座瓜量而定，微肥的使用量也因时因地而异。

(2) 药剂防治

1) 发病初期用 1.5% 植病灵乳油 800～1 000 倍液，或 20% 病毒 A 可湿性粉剂 500 倍液，或 NS-83 增抗剂 100 倍液，或 0.5% 抗毒剂 1 号 250～300 倍液，或高锰酸钾溶液 1 000 倍液，或 20×10^{-6} 的萘乙酸，每隔 7～10 天用药 1 次，连续防治 3～4 次。

2) 用 0.15% 天然芸薹素 7 000 倍液在发病初期每隔 7 天喷 1 次，连续喷 2 次，可增强植株活力，抑制病毒病，减少病毒病的发生。

3) 实行 2 年以上轮作，采用配方施肥技术，增强寄主抗病力。

4) 防治蚜虫、线虫。蚜虫是传染病毒病的重要媒介，病毒病的发生及其严重程度与蚜虫的发生量有密切关系，及早防治蚜虫是防治病毒病的关键措施之一。可挂银灰膜驱避蚜虫，还可用 2.5% 的溴氰菊酯或速灭杀丁乳油 2 000～3 000 倍液，或 50% 抗蚜威可湿性粉剂 800～1 000 倍液，或 10% 氯氰菊酯乳油 2 500 倍液交替喷雾防治，连喷 3～4 次，间隔 7～10 天，有条件的地方还可用防虫网进行栽培。

十五、西葫芦灰霉病

1. 分布与危害

西葫芦灰霉病由灰葡萄孢菌侵染所致，还可危害茄子、番茄、辣椒、草莓等多种蔬

单元
3

菜水果作物。

2．症状

西葫芦灰霉病可危害花、果实、茎、叶等器官。病菌先从凋萎的雌花侵入，侵染初期花瓣呈水浸状或水渍状，后变软腐烂并生长出灰褐色霉层，造成花瓣腐烂、萎蔫、脱落。病菌逐渐向幼果发展，受害部位变软腐烂，后着生大量灰色霉层。发病组织如果落在叶片或茎秆上，也可导致茎、叶发病，叶片上形成不规则大斑，中央有褐色轮纹，湿度大时可见灰色霉层。茎秆染病出现灰白色病斑，绕茎一周后可造成茎秆折断。

3．发病规律

病菌主要以菌核或菌丝体在土壤中越冬，分生孢子在病残体上可存活 4～5 个月，成为初侵染源。越冬的分生孢子和从其他菜田汇集来的灰霉菌分生孢子随气流、雨水及农事操作进行传播蔓延，西葫芦结瓜期是该病侵染和烂瓜的高峰期。此病在低温高湿（湿度高于 90%）、寄主衰弱情况下易发生。春季遇连阴雨天，光照不足，气温低，棚内湿度大、结露持续时间长、放风不及时，发病较重。棚温高于 31℃，孢子萌发速度趋缓，产孢量下降，病情不易扩展。

4．防治措施

（1）农业防治

1）选用抗病性强的品种，培育壮苗，合理密植。

2）合理轮作，土壤要深耕细耙，增施腐熟的有机肥。提高土壤的通气性，避免肥料带菌。进行配方施肥，促进西葫芦根系生长，提高其抗病性。

3）加强栽培管理。晴天应及时通风降湿，早揭晚盖草帘，延长光照时间，控制浇水量，降低棚内湿度。发病初期及时摘除病花、病果、病叶，带出棚外深埋或烧毁。保持棚内干净、通风透光。在用 2，4 - D 蘸花时，因其易造成伤口而利于病菌侵入，可在蘸花的同时在 2，4 - D 中加入多菌灵等杀菌剂，以控制病菌侵入。在农事操作过程中，尽量避免造成伤口，减少病害的人为传播。

（2）药剂防治

1）棚室中可采用烟雾法和粉尘法。

①烟雾法。每 667 m² 可用 10% 速克灵烟剂 200～250 g，或 45% 百菌清烟剂 250 g 熏蒸 3～4 h。

②粉尘法。每 667 m² 可用 6.5% 万霉灵粉尘剂 1 kg 于傍晚喷施，每 7 天喷 1 次。

2）发病初期。喷 65% 甲霉灵可湿性粉剂 1 000 倍液，或 50% 腐霉利可湿性粉剂 2 000 倍液，或 50% 异菌脲可湿性粉剂 1 000～1 500 倍液，或 50% 多霉灵威可湿性粉剂 800 倍液，或 50% 多霉灵威可湿性粉剂 800 倍液，或 25% 咪鲜胺乳油 1 000～1 500 倍液，或 40% 嘧霉胺悬浮剂 1 000～1 500 倍液（大棚用药后应通风，否则叶片可能有褐色斑点），或 72.2% 霜霉威水剂 600～1000 倍液，或 17% 菌虫清可湿性粉剂 800～1 000 倍液，或 10% 苯醚甲环唑水分散颗粒剂 800 ~ 1 200 倍液，或 25% 嘧菌酯悬浮剂 1 000 ~ 1 200 倍液，或 2% 农抗 120 水剂 1 500 倍液，或 47% 加瑞农可湿性剂 800 ~ 1 000 倍液，或新植霉素可湿性粉剂 4 000 倍液，或 70% 恶霉灵可湿性粉剂 500 ~ 1 000 倍液，或 25% 粉锈灵可湿性粉剂 1 500 倍液，或 50% 异菌脲可湿性粉剂 1 000 ~ 1 500 倍液，或 20% 叶枯唑可湿性粉剂 750 ~ 1 000 倍液，或 70% 甲基托布津可湿性粉剂 1 000 倍液，或 5% 甲霜灵颗粒剂 1 000 倍液，或 25% 甲霜灵可湿性粉剂 1 000 倍液，或 80% 代森锌可湿性粉剂 600 ~ 800 倍液，或 50% 代森铵水剂 1 000 倍液（广谱），或 40% 福星（氟硅唑）乳油 8 000 ~ 10 000 倍液，或 12.5% 烯唑醇可湿性粉剂 2 000 ~ 2 500 倍液，或 25% 烯唑醇乳油 2 000 ~ 2 500 倍液，或 64% 杀毒矾可湿性粉剂 400 ~ 500 倍液，或 30% 氟菌唑可湿性粉剂 3 500 ~ 5 000 倍液，或 50% 退菌特可湿性粉剂 1 500 ~ 2 000 倍液，或 50% 醚菌酯干悬浮剂 3 000 倍液，或 75% 百菌清可湿性粉剂 600 ~ 800 倍液。每隔 9 ~ 11 天喷 1 次，连续 2 ~ 3 次。发病后用药，应适当加大用药量。为防止产生抗药性提高防效，应轮换交替或复配使用。保护地栽培时，还可用 10% 速克灵烟剂，或 45% 百菌清烟剂，按每 667 m^2 200 ~ 250 g 的剂量熏烟；也用 5% 百菌清粉尘剂，或 10% 灭克粉尘剂，或 10% 杀霉灵粉尘剂，按每 667 m^2 1 kg 的剂量喷粉防治。烟剂或粉尘剂应于傍晚关闭棚室前施用，第二天通风。喷洒药液，或施用烟剂，或喷施粉尘剂交替使用效果较好。

单元 3

第四节　绿叶菜类蔬菜病害及其防治

培训目标

→ 了解绿叶菜类蔬菜病害发生特点
→ 熟悉绿叶菜类蔬菜病害防治原理
→ 掌握科学用药技术

一、芹菜斑枯病

1. 分布与危害

芹菜斑枯病又称晚疫病、叶枯病，俗称"火龙"，病原为芹菜生壳针孢，属半知菌亚门壳针孢属，各地都有分布，保护地芹菜发病重于露地，是冬春保护地芹菜的重要病害，不仅在生长期间危害，在收获后的储运、销售期仍可继续为害，对产量和质量影响很大。

2. 症状

该病主要危害叶片，也危害茎和叶柄（见图 3—19）。症状分大斑和小斑两种类型，大斑型多发生于南方地区，小斑型多发生于北方地区。叶片受害，早期两种类型症状相

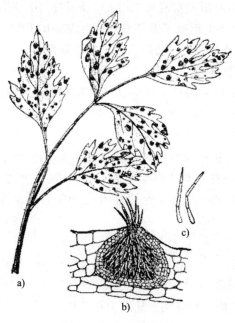

图3—19 芹菜斑枯病

a）症状 b）、c）病原菌（分生孢子器及分生孢子）

似。病斑初为淡褐色油浸状小斑点，逐渐扩大后中心坏死。后期症状两型有差异，大斑型病斑可扩大到3～10 mm，边缘清晰呈深红褐色，中间褐色并散生少量小黑点；小斑型病斑多不超过3 mm，一般为0.5～2 mm，常数斑联合，中间黄白色，边缘清晰呈黄褐色，病斑外周常有黄色晕圈，病斑中央密生小黑点（分生孢子器）。在叶柄和茎上两型病斑相似均为长圆形，稍凹陷，色稍深，散生黑色小点。

3. 发病规律

病菌主要以菌丝体在种皮内或随病残体越冬，芹菜斑枯病菌在其上可存活1～2年。借风、雨传播，农具和农事活动也可以传播。远距离传播靠带菌种子。分生孢子遇水滴萌发产生芽管从气孔或直接穿透寄主表皮侵入体内，条件适宜时潜育期8天左右，在病株上产生分生孢子器及分生孢子进行再侵染。

冷凉多雨的天气利于病害的发生和流行，分生孢子从分生孢子器中向外分散和萌发需要潮湿、多雨的环境条件，故温度在20～25℃和高湿情况下发病严重。保护地中放风排湿不及时，昼夜温差大，结露过多，均能诱发斑枯病的发生。

4. 防治措施

（1）农业防治

1）选用抗病品种。

2）从无病株上采种或使用2年以上的陈种子，均有一定的防病作用。当年种子要消毒。消毒时可用48~49℃恒温水浸种30 min，均匀搅拌，然后立即移入冷水中降温，再晾干播种。此法灭菌彻底，但种子发芽率降低，需增加10%的播种量。

3）加强肥水管理，施足底肥，及时追肥，防止缺肥，不能大水漫灌，防止积水。

4）注意通风排湿，既要满足芹菜喜凉怕酷热、喜湿润怕干燥的生长要求，又能控制病菌。白天温度控制在15~20℃，高于20℃要及时放风，夜间温度控制在10~15℃，缩小昼夜温差，减少结露。发病初期应及时摘除病叶和底部茎叶，收获后清除病残体，进行深翻。重病地实行2~3年轮作。

（2）药剂防治。发病初期及时喷药，可选用12%腈菌唑可湿性粉剂1 000~1 500倍液，或40%嘧霉胺可湿性粉剂1 000倍液，或75%百菌清可湿性粉剂1 200倍液，或1:0.5:200的波尔多液800倍液。保护地可用45%百菌清烟剂（3 kg/hm^2）熏蒸或5%百菌清粉尘剂喷粉。

二、芹菜早疫病

1. 分布与危害

芹菜早疫病又称斑点病、叶斑病，病原为芹菜尾孢菌，属半知菌亚门尾孢属。发生普遍，保护地、露地均有发生。一般病株率20%~30%，严重时发病率高达60%~100%，病株多数叶片因病坏死甚至全株枯死，严重影响产量与品质。

2. 症状

该病主要危害叶片，其次是茎和叶柄。叶片初生水渍状黄绿色斑点，以后发展成圆形或不规则形病斑，大小4~10 mm，黄褐色，边缘黄色或深褐色。病斑不受叶脉限制，可扩展连片，最后叶片干枯。叶柄和茎上病斑产生水浸状条斑或圆斑，后变褐色，稍凹陷，大小3~7 mm。田间湿度大时，病斑上生有稀疏灰白色霉状物（分生孢子梗和分生孢子）。

3. 发病规律

病菌以菌丝块随病残体在土表越冬，种子也可带菌越冬。通过风、雨水及农事操作传播。由气孔或直接从表皮侵入。高温高湿有利于病害的发生。发病的适宜温度为25~30℃，相对湿度在85%以上。夏、秋季育苗不防雨、不遮阴，则发病早而重。生长期间，遇高湿多雨，田间缺水、缺肥，生长势弱均易发病。保护地中湿度大，或昼夜温差大，易结露则病情较重。芹菜品种抗病性有差异。

4. 防治措施

（1）农业防治

1）无病地采种或进行种子消毒，种子用48℃温水浸种30 min，再移入冷水中浸5~10 min，晾干后播种。

2）与非伞形花科蔬菜轮作2年以上。

3）夏播育苗时要遮阴、防雨、防露。深耕并施磷、钾肥。要及时通风降湿，防止棚内滴水和叶面结露。收获后及时清洁田园病残体。

（2）药剂防治。发病初期及时摘除病残体并立即喷药。用70%丙森锌可湿性粉剂600~800倍液，或77%氢氧化铜可湿性粉剂800~1 000倍液，或86.2%氧化亚铜可湿性粉剂2 000~2 500倍液，或25%嘧菌酯悬浮剂1 500~2 000倍液，或50%敌菌灵可湿性粉剂500~800倍液+70%代森联干悬浮剂800倍液，或2%嘧啶核苷类抗菌素水剂200~300倍液+70%代森锰锌可湿性粉剂800倍液兑水喷雾，隔7~10天左右1次。也可选用5%百菌清粉尘剂1 kg/亩喷粉，或用45%百菌清烟剂熏烟每次250 g/亩，或用5%异菌脲粉尘剂1 kg/亩喷粉。

三、西芹烂心病

1. 分布与危害

在西芹全生育期均可发病，以苗期发病严重，个别地块或棚室可因此病毁种。

2. 症状

早期发病，可造成烂种，至出苗不齐。幼苗出土后染病，多表现为生长点或心叶变褐坏死、干腐，由心叶向外叶发展，同时通过根茎向根系扩展，剖开根茎可见根茎向下内部组织变褐坏死。根系生长不正常，病苗停止生长，形成无心苗或丛生新芽，严重时致病苗坏死。发病轻者随幼苗生长在幼株期和成株期继续发展，使部分幼嫩叶柄由下向上坏死变褐，最后腐烂。

3. 发病规律

西芹烂心病是由于缺钙或缺硼而引起的。高温干旱、施肥不当或保护地栽培种植温度过高，严重缺水，影响根系对土壤中钙素的有效吸收。土壤中氮、钾、镁过多，拮抗作用而阻碍植株对土壤中钙的吸收和运转，以致部分心叶腐烂。土壤盐分浓度过高，影响钙的吸收。土壤硼含量低，或由于拮抗作用而影响植株对硼的吸收。土壤中钙含量过高或不足时，西芹对硼的吸收减少，引起幼叶变褐，心叶坏死。

4. 防治措施

（1）农业防治

1）选用优良品种。

2）加强栽培管理，合理浇水追肥，要注意调节室内温湿度，防止田间干旱。

（2）药剂防治。发病初期叶面喷施0.5%的氯化钙或硝酸钙，或者是英国钙等钙肥，连续2~3次，缺硼时叶面喷洒0.2%~0.3%的硼砂。

四、生菜霜霉病

1. 分布与危害

霜霉病病原是鞭毛菌亚门盘梗霉属的莴苣盘梗霉菌。该病是保护地生菜的主要病害，多在春季和秋季发生，以春末和秋季发生最普遍，南方露地种植也普遍发生，常形成一定程度的危害损失，病害严重时损失可达20%～40%。此病除危害生菜外，还危害莴笋、菊苣等。

2. 症状

生菜整个生育期均可发病，而以成株发病最重。主要危害叶片，发病初期植株下部老叶片上产生淡黄色病斑，或受叶脉限制而形成多角形。多雨潮湿时在叶背病斑处长出白色霜霉，有时还蔓延到叶片正面，后期病斑变黄褐色连成一片，叶片逐渐变黄枯死。

3. 发病规律

病菌以菌丝体或卵孢子随病残体在土壤里越冬，次年产生孢子囊，借风雨和昆虫传播，由植株的气孔和表皮侵入。孢子囊萌发适宜温度为6～10℃，侵染适宜温度为15～17℃。在春末和秋初时发病重，特别是阴雨连绵的天气发病最重。在栽培方面，如定植过密、定植后灌大水，或土质黏重、地势低洼、排水不良均易引起病害发生。

4. 防治措施

（1）农业防治

1）选择抗病品种，一般紫红色、深绿色的品种比较抗病。

2）加强栽培管理。生产中要适时定植，定植时要淘汰病弱苗。定植密度要合理，既能保证产量，又能保证菜田通风透光。定植后防止大水漫灌，通过中耕松土来降低湿度、增加土壤含氧量，促进根系发育和缓苗。雨后注意排水，避免菜田积水。收获后及时清除病残体。

3）实行2～3年轮作。

（2）药剂防治。发病初期进行药剂防治，可选用50%烯酰吗啉可湿性粉剂1 500倍液，或72% g露（64%代森锰锌+8%霜脲氰）可湿性粉剂600～800倍液，或72.2%霜霉威盐酸盐液剂600倍液，或80%塞得福可湿性粉剂500倍液喷雾，每周用药一次，连续喷2～3次。施药时应尽量把药液喷到基部叶背，保护地内应优先选用粉尘剂或烟雾剂防治。发病初期或前期可选用5%百菌清粉尘剂15 kg/hm^{2}喷粉，或选用45%安全型百菌清烟雾剂7.5 kg/hm^{2}熏烟防治效果更理想。

五、生菜菌核病

1. 分布与危害

生菜菌核病病原菌属子囊菌亚门核盘菌属真菌，发病率普遍在15%～40%，产量损失在10%～30%，严重的地块甚至枯死绝收。现已知，生菜菌核病菌属核盘菌，核盘菌寄主范围很广，可侵染的寄主植物有菜豆、南瓜、葫芦、黄瓜、辣椒、茄子、油菜、萝卜、豌豆、紫云英、向日葵、胡萝卜、芹菜、十字花科蔬菜等多种作物，但未有侵染玉米、小麦、水稻、高粱、大麦、棉花的报道，故可以和以上作物实行轮作。

2．症状

生菜菌核病主要发生于生菜的茎基部，初期叶片萎蔫，常自下而上逐渐枯死，染病部位多呈褐色水渍状腐烂，湿度大时，病部表面密生棉絮状白色菌丝体，后逐渐形成菌核，菌核初为白色，后变为形状不规则的鼠粪状黑色颗粒状物，即菌核，感病株叶片凋萎至全株枯死，不能正常开花或种子减少，不能成熟，造成严重减产。

3．发病规律

病菌以菌核在土壤中或混杂在生菜种子中越冬，菌核在干燥土中寿命可长达 3 年以上，潮湿土中可活 1 年，若被水浸则很快失去活力。春季遇温湿度条件适宜时，菌核即萌发放射子囊孢子，随气流或风雨传播，萌发后从植株衰老组织或伤口侵入，病菌可侵染叶和茎，莲座期至抽薹期是侵染高峰期。菌丝在组织内寄生并分泌水解酶使寄主细胞崩解而组织软腐。病部长出的菌丝也能通过接触侵染邻近植株。平均温度20℃左右，相对湿度大于 85% 利于发病。连作地、菜田地势低、种植过密、偏施重施氮肥等发病都较重。覆膜不严或因地膜质量差早期破损可增加土壤中菌核萌发产生的子囊孢子的侵染；定植过晚、苗弱、栽培密度大、钾肥施用量少等均可加重该病的发生。

4．防治措施

（1）农业防治

1）选用抗性品种。叶色呈红色的品种发病率较低，而叶色呈绿色的品种发病率表现较高，说明品种之间抗病性有差异。

2）彻底清除病残体。从定植后开始定期检查，发现病株应立即拔除并带出田外深埋，检查是否有菌核产生或拔除时是否有菌核遗落田间，有则应收集菌核并带出田外深埋或烧毁，及时清除病、残、老叶以利通风降湿，发现病株立即拔除撒少量石灰。

3）深耕、地膜覆盖栽培。秋季通过深耕尽量将遗落土中的菌核翻耕入 20 cm 以下，使之不能产生子囊盘；黑色和白色膜全覆盖栽培对制种生菜菌核病有极显著的防治效果，膜的覆盖阻止了地表面萌发的菌核生产的子囊孢子的传播，从而减少了初侵染机会，结合膜下滴灌暗灌技术，在节省灌溉用水的同时达到控制病害的目的。要求做到铺膜要严，紧贴地面，同时防止过早使膜破烂。

4）合理密植。合理施用钾肥对制种生菜菌核病有极显著的防治效果。定植后在施足底肥的基础上，要追施磷、钾肥，同时少量配施氮肥，追肥可分 3 次进行。定植后5 ~ 6 天追第一次肥，追施少量速效氮肥促进叶片生长，15 ~ 20 天追第二次肥，以磷、钾肥为好，每 667 m² 追施硫酸钾 15 ~ 20 kg，定植 25 ~ 30 天时，再追施一次，每 667 m²施硫酸钾 15 ~ 20 kg。

5）合理灌水。在整地前对田间灌水，可使菌核死亡。

6）2 年以上轮作。

（2）药剂防治

1）苗床土壤处理。播前3周按每平方米用25～30 mL甲醛溶液加水2～4 L掺拌土壤，盖塑料膜闷4～5天，掀开放气两周，做床播种。

2）定植穴药土封穴法。定植前每667 m² 使用20%重茬灵可湿性粉剂3.5 kg，每袋药剂掺细土25 kg，搅拌均匀后用于填封定植穴。

3）喷雾法。在生菜的莲座期至抽薹期可选用70%菌核净可湿性粉剂800～1 000倍液，或50%多菌灵可湿性粉剂600～800倍液，或50%乙烯菌核利可湿性粉剂1 200倍液，或50%异菌脲可湿性粉剂1 200倍液，或70%甲基硫菌灵可湿性粉剂1 000倍液进行喷雾。每隔7～10天1次，连续3次。

4）涂抹法。对病情已达2级的植株在抽薹期可用以上杀菌剂的50倍液涂抹摘去叶片的茎部，具有很好的治疗作用。

（3）生物防治法。国外报道的用细顶棍孢霉、盾壳霉、木霉菌及枯草芽孢杆菌能有效地抑制菌核病。

六、生菜灰霉病

1. 分布与危害

灰霉病是保护地生菜的主要病害，棚室内密闭不通风且高温高湿的条件极易诱发灰霉病。灰霉病发生后一般减产幅度在30%左右，特别是越冬茬生菜在翌年2—3月份发病，造成的减产和经济损失最高可达50%，此病害严重危害保护地蔬菜生产。

2. 症状

苗期发病，幼苗呈水浸状腐烂，上有灰色霉层。生菜定植后发病，多从离地面较近的叶片开始，叶片上最初呈水浸状病斑，高温高湿条件下病部迅速扩大呈褐色，病叶基部呈红褐色，最后病株茎基部腐烂坏死，引起地上部分茎叶枯萎死亡。

3. 发病规律

灰霉病是一种真菌病害，病菌的菌丝体、菌核、分生孢子随着病残体在土壤中越冬，借助农事操作及菜田浇水传播，通过伤口及幼嫩组织皮孔侵入造成病害发生。该病在5～31℃条件均可发病，但在空气相对湿度90%以上，温度20～25℃条件下发病严重。灰霉病发生与菜体发育状况和外部环境条件有密切关系：当菜株发育不良或受伤情况下，或当冬春交替季节，因棚内浇水增多而形成高温高湿条件下易发病且发病重。

4. 防治措施

（1）农业防治

1）培育壮苗、及时定植、合理密植。生菜种子细小，对苗床条件要求严格，床土要求细碎、松软、平整。播种前床面要用药土处理，方法如下：每平方米苗床用50%多菌灵8 g与过筛细土充分混合后均匀撒在床面即可。苗期温度白天保持15～20℃，夜间保持10℃左右。苗床管理要细心、细致，这样才能培育出优质壮苗。小苗4~5片真叶时要及时定植，定植时要选用壮苗，剔除病苗弱苗，株行距为20 cm×20 cm，过稀不利于增产，过密易造成植株徒长、菜茎纤细，影响产量且降低抗病能力。

2）合理轮作，避免重茬。生产中合理轮作既可保证作物生长健壮，又能提高作物抗病能力和减轻危害程度。

3）冬季寒冷，要浇小水，不干不浇。生产中要注意通风排湿，每次浇水后要闷棚升温，然后再通风换气，有效降低棚内空气相对湿度；用肥原则是以有机肥为主，合理增施磷、钾肥，防止偏施氮肥，以免菜体生长过于细嫩。生菜正常生长的适宜温度为15~20℃，高于25℃时要及时通风降温。

4）定植前要1次性足量施入腐熟的农家肥，保证充足供给生菜整个生长期所需的各种养分。定植后及时中耕除草以增加土壤通透性，使菜株生长粗壮良好，从而增加菜田群体抗病能力。清除病株残体，切断病源。高温季节要深翻晾晒土壤，达到消灭病菌的作用；收获后要及时清理残枝烂叶，运送到棚外深埋。

（2）药剂防治。在发育初期，可喷洒50%多菌灵可湿性粉剂800~1 000倍液，或50%甲基托布津可湿性粉剂600~800倍液，或50%速克灵可湿性粉剂2 000倍液，或50%扑海因可湿性粉剂1 000~1 500倍液等，每7~10天喷洒一次，连续防治2~3次。

也可在发病初期采用烟雾法或粉尘法，烟雾法用10%速克灵烟剂，每苗每次用量200~250 g，或45%百菌清烟剂，每苗每次用量250 g；粉尘法于傍晚喷撒10%灭克粉尘剂，或5%百菌清粉尘剂，每苗每次用量1 kg，隔9~11天1次，连续或与其他防治法交替使用2~3次。

单元 3

七、生菜腐烂病

1. 分布与危害

生菜腐烂病由立枯丝核菌真菌和软腐欧氏杆菌侵染引起的。立枯丝核菌属半知菌亚门丝核菌属，随着生菜栽培面积的扩大和种植年限的增加，生菜腐烂病的发生日趋严重，露地栽培产量损失达40%~60%，棚室损失达30%~35%。甘肃省张掖市新墩镇1994年引种生菜，1997年腐烂病零星发生，1999年普遍发生。2001年酒泉、张掖、金昌等地种植的生菜遭腐烂病危害，平均发病率达60%，露地种植的病株率为50%~55%，棚室栽培病株率达40%~50%。从苗期到成株期均可发病，病害多从植株茎部叶柄开始，逐渐向上发展蔓延，叶片萎缩软腐。

2. 症状

感病生菜植株表现以下两种发病类型：

（1）萎缩枯死型。由立枯丝核菌侵入植株所致。受害植株初呈水渍状黄褐色病斑，逐渐由基部向上蔓延，然后再由叶柄向叶面扩展。潮湿条件下，根茎或叶柄基部产生稀疏的蛛丝状菌丝，干燥条件下病斑呈褐色，叶片萎缩枯死。

（2）软腐枯死型。由软腐欧氏杆菌侵入引起。高温高湿条件下，病菌侵入植株后，危害根茎部或肉质茎，发病初期呈水渍状病斑，随后变成淡褐色纺锤形或不规则形病斑，稍凹陷，内部组织呈黑褐色腐烂，有恶臭味，病斑软腐，植株枯死。

3. 发病规律

病菌生长发育温度为 7~38℃，最适温度为 17~28℃，在温暖高湿条件下病菌容易侵染。欧氏杆菌属原核生物界欧氏杆菌属。菌体短杆状，周生 2~8 根鞭毛，病菌生长温度为 4~39℃，最适温度为 25~30℃，寄主范围广，除生菜外，还侵染十字花科、瓜类等蔬菜。

露地栽培一般 8 月中旬开始发病，9 月上、中旬进入盛发期。棚室从 3 月下旬发病，4 月中、下旬为发病盛期。丝核菌以菌丝体和菌核在土壤中或病残体上越冬，通过浇水、有机肥料等途径传播。温暖高湿、栽培密度过大、植株生长不良时易受侵害。软腐细菌在带菌的枯枝落叶、杂草和土壤肥料中的病残体上越冬，病菌靠灌溉水、未腐熟农家肥和昆虫传播，由伤口侵入植株。管理粗放、地势低洼、虫害严重、植株遭受机械损伤时易发病。

4. 防治措施

（1）农业防治

1）选用抗病品种。目前生产上栽培的品种单一，长期种植，种性退化，抗病性降低。应选择抗逆性强、生长健壮、高产和抗病的优良品种。

2）播前将种子置于 72℃温箱中处理 72 h，然后浸种 16~18 h 后，放入 15~20℃环境中催芽，待 80% 左右种子发芽时播种，可提高种子发芽势，增强植株抗病力。

3）生菜在高温高湿下抗病性差，按株行距 20 cm×30 cm 栽植，可改善植株通风透光条件，采用地膜覆盖栽培，避免在低洼地种植。

4）播前及时清除田间枯枝落叶和病残体，发现中心病株要随时拔除并进行烧毁，基肥必须是充分腐熟的有机肥。

5）要适期播种，尽量避开高温季节栽培，出苗后小水勤浇，不可过分蹲苗，采用膜下浇水或滴灌技术，防止大水浸灌和土壤积水，高温季节利用遮阳网遮蔽，棚室栽培要注意通风排湿。在幼苗长到 3~4 片真叶时，喷施 1 500 倍的尿素、葡萄糖水溶液，每隔 7~8 天 1 次，连续 2~3 次，可加强叶片营养，调节体内氮糖比，提高植株抗病性。

6）大田种植在整地前撒施五氯硝基苯 30~60 kg/hm²，撒匀深翻，7 天后播种。棚室用福尔马林 150 倍液喷施墙体、地面等部位，密闭一昼夜随后通风，6 天后播种；地下害虫可用 90% 敌百虫 15~3.0 kg/hm²，拌细土 450 kg 均匀撒施地面，翻入土中进行防治。

（2）药剂防治。发病初期用 70% 甲基托布津可湿性粉剂 500 倍液，或 50% 多菌灵可湿性粉剂 600 倍液，喷洒于植株基部。由细菌导致的病害，喷施新植霉素 250 μg/L，每隔 7～8 天进行 1 次，连续 2～3 次，可控制腐烂病发生。

八、生菜白粉病

1. 分布与危害

生菜白粉病是设施蔬菜常见病害，全国各地均有发生。

2. 症状

该病主要危害叶片。被害叶片表面初现边缘界限不清的白色霉斑，后霉斑扩大并转呈为白色粉斑，粉斑相互联合，严重时致叶片大部分甚至全部为白粉所覆盖，叶面恰似被撒上一薄层面粉，致叶片黄化或枯萎，不能食用。白色粉状物既是本病症状，又是本病病征（病菌分孢梗及分生孢子）。寒冷地区，在植株生长后期，或生长季节结束前，病叶上还可出现针头大的小黑粒病征（病菌有性态闭囊壳）。但在温暖的南方，此小黑粒病征不常见或不产生。

3. 发病规律

病菌以无性态分生孢子作为初侵与再侵接种体，借助气流传播侵染致病，完成病害周年循环，并无明显越冬期。在寒冷菜区，病菌以有性态闭囊壳越冬，闭囊壳释放出的子囊及子囊孢子作为初侵接种体侵染致病，发病后病部产生的无性态分生孢子作为再侵接种体，多次重复侵染致病。在植株生长后期或生长季节结束后，病菌又产生有性态闭囊壳进行越冬。病菌分生孢子萌发适温为 20～25℃，温凉多湿的天气，或过分密植、株间通风不良、湿度大，或偏施过施氮肥的地块易发病。品种间抗病性差异尚缺调查。

4. 防治措施

（1）农业防治

1）适度浇水，避免田土过湿或过干。

2）配方施肥，勿偏施过施氮肥；适时喷施叶面营养剂，促进植株稳生稳长。

（2）药剂防治。植株封行开始或发病初期喷施 15% 粉锈宁 1 000 倍液，或 47% 氟硅唑乳油 8 000 倍液，1～2 次，隔 10～15 天 1 次，采收前 7 天停止用药。

九、韭菜灰霉病

1. 分布与危害

韭菜灰霉病是韭菜生产的一种主要病害，各地冬春保护地韭菜普遍发生，可造成叶片干枯而死亡，严重的可减产三成以上。

2. 症状

该病主要危害叶片，初期在叶正面或背面生浅灰褐色或白色小点，由叶尖向下发展，斑点扩大后近椭圆形。后期病斑融合成大片枯死斑。有时从割茬刀口处向下腐烂，潮湿时，病斑表面密生灰褐色绒毛状霉层。韭菜呈湿腐状，霉烂，并有异味。

3. 发病规律

该病是由葡萄孢属真菌所致，病菌主要以菌核在土壤中的病残体上越夏，环境条件适宜时，菌核产生分生孢子侵染韭菜，秋末冬初，韭菜扣棚后开始发病。病斑上产生分生孢子，借气流传播进行再侵染。病菌生长的温度范围为 15～30℃，菌丝生长适宜温度为 15～21℃，27℃ 时，产生菌核最多。春末夏初，随温度升高，病菌形成菌核在土壤中越夏，由于韭菜棚内高湿和较温暖的条件，适宜病害的发生流行。

4. 防治措施

（1）农业防治

1）选用抗病品种。

2）适时通风降湿，是防治该病的关键。通风量要据韭菜长势确定，刚割过的韭菜或外温低，通风要小或延迟，严防扫地风。使棚室内的最高温度不超过 25℃，昼夜温差不超过 10℃，棚内相对湿度控制在 75% 以下。注意应在棚室底口增加围裙，严禁由底口放风。

3）加强田间管理，注意田园清洁。韭菜收割后，及时清除病残体，防止病菌蔓延。

4）施足基肥。基肥使用以有机肥为主，适当增加磷、钾肥料的使用量；合理浇水，推行微滴灌或渗灌，切忌大水漫灌；在生长期内可喷施 0.3%～0.4% 的磷酸二氢钾溶液，提高韭菜的抗病能力。

（2）药剂防治。发病初期开始喷药，可选用 50% 速克灵可湿性粉剂 1 500～2 000 倍液，或 50% 扑海因可湿性粉剂 1 000～1 500 倍液，或 50% 多菌灵可湿性粉剂 500 倍液，或 50% 托布津可湿性粉剂 500 倍液。防治重点是保护心叶和处理周围土壤，每 7～10 天喷施 1 次，连续 2～3 次即可。棚室用 10% 速克灵烟剂或 45% 百菌清烟剂每 667 m^2 250～300 g，或 5% 灭克粉尘剂每 667 m^2 1 kg。烟剂分放 8～10 个点，用暗火烟熏 3～4 h。每 10 天防治 1 次，连续 2～3 次。

十、韭菜疫病

1. 分布与危害

韭菜疫病在韭菜产区均有分布，是韭菜生产中的重要病害之一，还可侵染葱、蒜、茄子、番茄等蔬菜。

2. 症状

根、茎、叶、花苔均可受害，特别以假茎和鳞茎受害较重。病斑通常从中、下部开始出现，初呈暗绿色水渍状，当扩展到叶片一半左右时，全叶发黄、萎蔫、软腐。潮湿时病部出现稀疏灰白霉状物。假茎、鳞茎和根部受害时，呈水渍状褐色腐烂，根毛和新极少。

3. 发病规律

该病由韭菜疫霉属真菌侵染引起，病菌以菌丝体或厚垣孢子随病残体在土中越冬，翌年条件适宜时，产生孢子囊和卵孢子进行侵染，在潮湿时，病部产生大量的孢子囊，借风雨传播进行再侵染，造成病害的流行和蔓延，该病发生的适宜湿度为 $25\sim32℃$，雨季早、雨量大时，发病较重。一般低洼地或雨季排水不良、放风不及时的塑料棚内易发病。

4. 防治措施

（1）农业防治

1）实行轮作，避免连茬种植。与非百合科、茄科蔬菜轮作 $2\sim3$ 年。

2）平整土地，施足肥料。

3）无病土或无病地育苗。分苗时严格检查，做到不从病田取苗栽种。

4）选晴天上午进行，浇完水后立即闭棚提温然后放风排湿，并加强松土、通风降低湿度，对发病地段先进行处理，并停止浇水。

（2）药剂防治。选用75%百菌清 $500\sim700$ 倍液，或64%的恶霜灵锰锌可湿性粉剂 $400\sim600$ 倍液，或70%乙膦铝锰锌可湿性粉剂500倍液，或90%三乙膦酸铝可湿性粉剂 $600\sim800$ 倍液，或50%甲霜铜可湿性粉剂600倍液，或58%甲霜灵·锰锌可湿性粉剂400倍液，或64%杀毒矾可湿性粉剂400倍液，或72.2%普力克水剂800倍液，或60%琥·乙膦铝可湿性粉剂500倍液，或72%g露（64%代森锰锌+8%霜脲氰）可湿性粉剂600倍液，或72.2%霜霉威水剂 $600\sim800$ 倍液，隔10天左右1次，连续防治 $2\sim3$ 次。棚室栽培的除喷雾外，还采用烟雾剂或粉剂，45%百菌清烟雾剂（每立方米 $0.45g$）或5%百菌清粉尘剂（每立方米 $1.67g$），$7\sim10$ 天1次，连用 $2\sim3$ 次。药剂控病除抓好早治、连续治外，尤应注意轮用与混用，以防止或延缓病菌抗药性的形成，这对确保药剂防病效果十分重要。

十一、韭菜软腐病

1. 分布与危害

韭菜软腐病又称韭菜茎枯病叶斑病。病原为葱壳针孢，属半知菌亚门真菌。常在中后期造成烂株，影响产量与品质。

2. 症状

该病主要危害叶片及茎部。叶片、叶鞘初生灰白色半透明病斑，扩大后病部及茎基部软化腐烂，并渗出黏液，散发恶臭，严重时成片倒伏死亡，病田相当触目。

3. 发病规律

病原细菌主要随病残物遗落土中或在未腐熟堆肥中越冬。南方菜区，寄主作物到处

单元

3

可见，田间周年都有种植，侵染源多，病菌可辗转传播危害，无明显越冬期。在田间借雨水、灌溉水溅射及小昆虫活动传播蔓延，从伤口或自然孔口侵入。温暖多湿、降雨频繁的季节容易发病，植地连作或低洼积水或土质黏重的田块发病重。

4. 防治措施

（1）农业防治

1）选用抗病品种，培育壮苗。种植细叶韭菜、大叶韭菜、阔叶韭菜、天津卷毛、马蔺韭、791韭菜等耐热、耐风雨的品种。

2）加强田间管理，浇水要做到小水勤浇，避免田间积水，防止大水漫灌，加强田间排水，发病后少浇水，甚至停水。施肥要充分腐熟，并注意肥害。收获后清除残株病叶，做好清洁工作。发现初发病株立即拔除，并用石灰消毒。

（2）药剂防治

在发病前或发病初期，可选用15%农用链霉素可湿性粉剂5 000倍液，或30%琥胶肥酸铜可湿性粉剂400～500倍液，或64%恶霜·锰锌可湿性粉剂600倍液喷雾。隔7天1次，连喷2～3次。

十二、韭菜黄叶和干尖

1. 分布与危害

该病主要发生在韭菜上，种植区均有发生。

2. 症状

韭菜心叶或外叶变黄；韭菜叶尖干枯，病重时向下发展致使叶片枯死。

3. 发病规律

（1）土壤酸化。韭菜喜中性土壤，长期大量施用粪稀、饼肥、厩肥和硫铵、过磷酸钙等酸性化肥，就会引起土壤酸化，使韭菜叶生长缓慢、纤细、外叶枯黄。

（2）有害气体危害。扣棚前施入大量碳酸氢铵或扣棚后地面撒施尿素，以及在碱性土壤上施用硫酸铵，均易产生氨气，造成氨害。此外，亚硝酸积累过多，会发生亚硝酸气害。

（3）高温、冷风危害。当棚室内温度长期处于35℃以上，且空气比较干燥时，易引起叶烧。有时连续阴天后骤晴，或高温后有冷空气突然侵入，都会使韭菜叶尖乃至整叶变白或黄枯。

（4）低温冷害或冻害。

（5）微量元素失调。缺锌心叶黄化；缺钙心叶黄化，部分叶尖枯死；缺镁外叶黄化枯死；缺硼心叶黄化，硼过多则叶尖枯死；锰过剩心叶轻微黄化，外叶黄化枯死。

4. 防治措施

（1）要在扣棚前用药，并且控制最佳用药量，避开韭菜出芽时间，以免韭菜幼芽受到药剂伤害。

（2）采用配方施肥技术，科学施肥。硫酸铵、尿素、碳酸氢铵不应该一次施用过量，防止撒在叶片表面。

（3）发现缺素症时，可对症根外喷施微量元素肥料或复合微肥。

（4）加强温湿度管理，温度不要高于35℃或低于5℃。

十三、小白菜霜霉病

1．分布与危害

病原为芸薹叉梗霜霉菌芸薹属变种。该病是设施蔬菜常见病害，种植区域均有发生。

2．症状

叶面出现不规则形块状黄褐色枯斑；相应的叶背出现稀疏白霉病征（孢囊梗与孢子囊），严重时病斑联合为大小不等的斑块，致叶片干枯（见图3—20）。

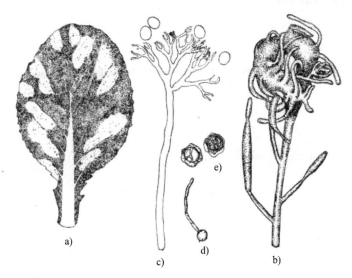

图3—20　小白菜霜霉病
a）症状　b）、c）、d）、e）、病原菌

3．发病规律

设施条件下，周年流行，无明显越冬期。由于病菌发病要求稍低的温度（适温为20～24℃）和高湿条件，通常在忽暖忽寒、多雨高湿的天气条件下本病最易发生流行，降雨量比温度对病害的发展影响更为重要。植株生育不良，或感染了病毒病，或过度密植田间湿度大，发病常较严重。品种间抗病性有差异。

4. 防治措施

（1）农业防治

1）因地制宜选育和选用抗病品种。

2）无病株留种并例行种子消毒，用种子质量0.3%的25%甲霜灵可湿粉拌种。

3）清洁田园，减少菌源，对留种田更为重要。

4）抓好栽培防病，避免在连作地育苗；实行高窄畦深沟栽培；合理密植；施足基肥，增施磷、钾肥，适时追肥和喷施叶面肥，防植株早衰，增强抗病力；适度浇水，防大水漫灌和晴天中午浇水。

（2）药剂防治。发病初期或中心病株出现时即喷药控病，可喷25%甲霜灵可湿粉、64%杀毒矾、58%瑞毒霉锰锌可湿粉500～700倍液，或65.5%霜霉威盐酸盐水剂、72%克露（64%代森锰锌＋8%霜脲氰）可湿性粉剂500～700倍液，或69%安克锰锌＋75%百菌清（1:1）1 000倍液，3～4次，10天左右1次，交替施用，喷匀喷足。

十四、小白菜根肿病

1. 分布与危害

病原为芸薹根肿菌，病菌在寄主细胞内形成休眠孢子囊，对小白菜生产有较大影响。

2. 症状

地下根部，因受病菌的刺激造成细胞增生和增大，形成大小不等的肿瘤。植株地上部症状初期多不明显，当病情进一步发展时，轻则表现缺肥状，重则叶片萎垂乃至枯死（见图3—21）。

3. 发病规律

本病主要侵染植株地下根部，本病菌为专性寄生菌，自然条件下只侵染十字花科植物。病菌以休眠孢子囊随病残体遗落在土中存活越冬，其抗逆力很强，在土壤中可存活并保持侵染力达10年以上，其萌发和侵染最适土温为18～25℃，最适土壤持水量为70%，最适土壤酸碱度pH值为5.4～6.5。病菌远距离传播主要通过感病菜苗或带菌的泥土；田间近距离传播则借助雨水、灌溉水、线虫、昆虫、农具和人畜等。通常植地连作、地势低洼、土壤偏酸、施用未充分腐熟的土杂肥的菜地易发病。菜地定植前后天气对本病的影响力也很大，如雨天定植或定植后遇雨，往往发病率较高。

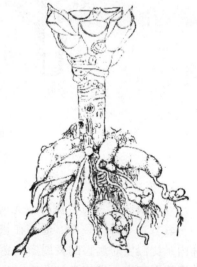

图3—21 小白菜根肿病

4. 防治措施

（1）农业防治

1）实行水旱轮作或与寄主范围外的作物轮作 4～5 年，可有效减轻病害；在无法轮作的地方采用换土（将病表土 6～10 cm 铲去，换上河泥或塘泥）的办法，也可显著减轻发病。

2）增施石灰，调节土壤酸度可减轻发病（结合整地做畦撒施石灰，或定植时穴施石灰，或淋施 l5% 石灰乳，隔 7～10 天 1 次）。

3）选无病苗床育苗（新垦地或无病地），并进行苗床消毒，播前两周湿土，用 1:50 倍福尔马林液，或 1:100 液，施后用薄膜密封 2～3 昼夜，待药味散失后播种。

4）抓好栽培防病，整治排灌系统，实行高畦深沟栽培；配方施肥，施用腐熟净肥。注意田间卫生，收获时收集病残物烧毁。

（2）药剂防治。通常用 75% 五氯硝基苯穴施或条施（22.5～45 kg/hm^2）或淋施 700～1 000 倍液（0.25～0.5 kg/穴）。

第五节　甘蓝类蔬菜病害及其防治

单元 3

→ 了解甘蓝类蔬菜病害发生特点
→ 熟悉甘蓝类蔬菜病害防治原理
→ 掌握科学用药技术

一、甘蓝霜霉病

1. 分布与危害

病原为霜霉菌，属于鞭毛菌亚门真菌。主要危害十字花科植物的茎叶。

2. 症状

幼苗在茎和子叶上发病出现白色霜状霉，逐渐枯死。成株发病叶片上的病斑为淡绿色，以后病斑的颜色渐变为黑色至紫黑色，微微凹陷，病斑受叶脉限制呈不规则形或多角形，叶背上病斑呈现白色霜状霉层；在高温下容易发展为黄褐色的枯斑。发病严重时病斑汇合，叶片变黄枯死。生长期中老叶受害后有时病原菌也能系统侵染进入茎部，在储藏期间继续发展达到叶球内，使中脉及叶肉组织上出现黄色不规则形的坏死斑，叶片干枯脱落。

3. 发病规律

我国十字花科霜霉分芸薹属、萝卜属和荠菜属 3 个变种，主要区别是各自侵染能力不同。芸薹属变种对该属侵染力强，对萝卜侵染力弱，不易侵染荠菜；萝卜属变种对萝卜侵染力强，对芸薹属植物侵染力弱，不侵染荠菜；荠菜属变种，只侵染荠菜，不侵染其他十字花科植物。在芸薹属变种中，据致病性差异又分为3个生理小种，即白菜型、甘蓝型和荠菜型。白菜型主要侵染大白菜、小白菜、油菜、青菜、芥菜、芜菁等，对甘蓝侵染能力弱。甘蓝型主要侵染甘蓝、花椰菜，虽能侵染白菜、油菜、芥菜、芜菁，但致病力弱。芥菜型主要侵染芥菜，对甘蓝侵染力不强，但有些芥菜型霜霉菌却能侵染大白菜、小白菜、油菜等。白菜霜霉菌产生孢子囊的最适温度为8~12℃，孢子囊萌发适温为7~13℃，最高25℃，最低3℃，侵染适温为16℃，菌丝在植株体内生长发育最适温度为20~24℃；卵孢子在10~15℃、相对湿度70%~75%条件下易形成。

病原菌在病残体和土壤中越冬，次年萌发侵染春菜，如小白菜、萝卜和油菜等。发病后，在病斑上产生孢子囊进行再侵染。病原菌也能在采种株体上越冬。冬季田间种植十字花科蔬菜的地区，病原菌则直接在寄主体内越冬。在气温稍低、昼夜温差大、多雨高湿或大雾的条件，易发病流行。连作、脱肥等情况下甘蓝发病重。菜地土壤黏重、低洼积水、大水漫灌、连作菜田和生长前期病毒病较重的地块，霜霉病危害重。

4. 防治措施

（1）农业防治

1）选用抗病品种。

2）与非十字花科作物隔年轮作，最好是水旱轮作，防止与十字花科作物邻近。

3）苗床注意通风透光，不用低湿地作苗床，结合间苗摘除病叶和拔除病株。低湿地采用高垄栽培，合理灌溉施肥。收获后清园深翻。

（2）药剂防治

1）播种前用58%甲霜灵·锰锌可湿性粉剂，或25%甲霜灵可湿性粉剂，或64%恶霜灵·代森锰锌可湿性粉剂，或50%福美双可湿性粉剂按种子质量的0.4%拌种。

2）用45%百菌清烟剂熏烟，每次用药110~180 g，7天熏1次，连熏3~4次。

3）定植后用80%代森锰锌600倍液喷雾预防病害发生。发病初期或出现中心病株时，应立即喷药保护，老叶背面也应喷到。也可选用12%绿乳铜乳油600~800倍液，或75%百菌清可湿性粉剂600倍液，或58%甲霜灵·锰锌可湿性粉剂700倍液，或20%氟吗啉可湿性粉剂1 000倍液，或60%氟吗啉·代森锰锌可湿性粉剂400~600倍液，或69%烯酰吗啉·代森锰锌可湿性粉剂1 000倍液，或72.2%霜霉威盐酸盐水溶性液600倍液，或25%甲霜灵可湿性粉剂600倍液，或64%恶霜·锰锌可湿性粉剂500倍液，或90%乙膦铝可湿性粉剂450~500倍液等药剂喷雾，间隔7~10天喷1次，共喷2~3次。

二、甘蓝软腐病

1. 分布与危害

甘蓝软腐病，又称水烂、烂疙瘩，是甘蓝包心后期的主要病害之一。近年来该病害在郑州几个蔬菜产区发病相当普遍并有加重趋势，严重时造成甘蓝减产50%以上，甚至成片无收，严重影响其产量和品质，造成很大的经济损失。除甘蓝外，此病还危害白菜、萝卜等十字花科及马铃薯、番茄、黄瓜、胡萝卜、芹菜、葱类等非十字花科蔬菜。

2. 症状

甘蓝软腐病，一般始于结球期，初在外叶或叶球基部出现水渍状斑，病部开始腐烂，叶球外露或植株基部逐渐腐烂成泥状，或塌地溃烂，叶球内部组织腐烂，并发出恶臭，叶柄或根茎基部的组织呈灰褐色软腐，严重的全株腐烂。病株一踢即倒、一拎即起，有的从外叶边缘或心叶顶端向下扩展，或从叶片虫伤处向四周蔓延，最后造成整个菜头腐烂；腐烂球叶在干燥环境下失水变成透明薄纸状。田间发病严重时造成甘蓝减产50%以上，甚至成片无收。

3. 发病规律

软腐病菌主要在病种株和病残组织中越冬。田间发病株、春栽的带病采种株、土壤和粪肥等均带有大量病菌，成为侵染来源。春季病菌经雨水、灌溉水、施肥和昆虫（地蛆、菜粉蝶等）传播，从伤口或自然裂口侵入寄主；土壤中残留的病菌还可从幼芽和根毛侵入，通过维管束向地上部运转，或潜伏在维管束中，成为生长后期和储藏期腐烂的菌源。病菌从裂口侵入后发展迅速，损失最大，通常以虫伤侵入为主。寄主愈伤能力强、速度快则发病轻，反之则重。甘蓝莲座期愈伤能力弱，故软腐病多在包心期后发生。秋甘蓝包心后往往多雨，伤口不易愈合，利于病菌繁殖和传播蔓延，故发病严重。通常高垄栽培不易积水，病菌侵染机会少发病轻，而平畦栽培发病重；播种早生育期提前、包心早会加重发病，雨多而早的年份更明显。

4. 防治措施

（1）农业防治

1）培育利用丰产、优质抗病品种是最经济、最有效的防病途径。

2）采用无病种子，在无病田和无病株采种。必要时种子消毒，用冷水预浸10 min，再用50℃的温水浸30 min；或用农用链霉素1 000倍液浸种2 h，均可有效地减少或控制病害的传染。

3）前茬尽可能选择麦类、豆类、韭菜或葱类作物，避免与茄科、瓜类及其他十字花科蔬菜连作。发病严重的地块，与非十字花科蔬菜实行2~3年轮作。

4）秋后深翻，消灭菌源；选择高垄栽培，播前覆盖地膜，提高地温，减少病菌侵染；秋甘蓝适当晚播，使包心期避开传病昆虫的高峰期；施足基肥，肥料充分腐熟，及时追肥，促进菜苗健壮，减少伤口；雨后及时排水；发现病株立即拔出深埋，病穴撒石灰消毒。

（2）药剂防治。发病初期及时喷药，注意近地表的叶柄及茎基部，喷洒72%农用链霉素可溶性粉剂4 000倍液，或氯霉素50~100 mg/L，或2%噻菌铜可湿性粉剂500~

600 倍液，或中生菌素 600~800 倍液，每隔 5~7 天喷施 1 次，连续防治 4~6 次。不同农药交替使用效果更佳。

三、甘蓝黑腐病

1. 分布与危害

甘蓝黑腐病又称黑霉病，是甘蓝的一种主要病害。该病主要危害叶片、叶球或球茎。该病一旦发生，感染面积较大，危害极大。

2. 症状

（1）苗期发病。子叶形成溃状病斑，以后逐渐蔓延到真叶上，真叶叶脉上出现小黑点、斑或细黑条，叶缘出现"V"字形病斑。

（2）成株发病。多从下部叶片开始发病，形成 0.5~1.0 mm^2 的叶斑或黄脉，叶斑由叶缘向叶内成 "V" 形扩展并坏死，外观形成一道圆弧形宽 0.3~1.5 cm 波状黄（红）褐"亮"带（见图 3—22）。病菌蔓延到茎部和根部形成黑色网状脉，导致整个植株萎蔫死亡。从伤口侵入的可在叶片任何部位形成不定形斑。发病时若在 5~10 片真叶期，最下部叶片开始表现萎蔫变黄，随后整个植株逐渐凋萎；如发生在莲座期，多数同时在球体上呈现 2 mm^2 大小的黑色斑点，但由于整个植株叶脉内维管束已被破坏，结球松软而不坚实，完全失去商品价值。

图 3—22　甘蓝黑腐病

3. 发病规律

该病为黄单胞杆菌属甘蓝黑腐黄单胞菌甘蓝黑腐致病变种引起的危害甘蓝类蔬菜的世界性病害。病菌可在种子内或病残体留在土壤中越冬，一般可存活 2~3 年。病菌从幼苗的子叶或真叶的叶缘或伤口侵入，进入维管束组织，造成系统性侵染。此病菌常从叶柄维管束进入种荚而使种子表面带菌。田间病菌主要借助雨水、农具和昆虫以及肥料传播；带菌种子也是远距离传播的主要途径。

病菌生长适温为 25~30℃，最低 5℃，最高 39℃，相对湿度 90% 以上（叶缘有吐水），最适感病期为甘蓝莲座期到结球期，发病潜育期 3~5 天。耐干燥，一般温度高、播种早、管理粗放、害虫防治不及时的田块发病重。高温高湿有利于发病，多雨，尤其暴风雨易造成病害大发生。菜田管理粗放、连作地或偏施氮肥地块发病较重。

4. 防治措施

（1）农业防治

1）选用抗病品种。

2）播种前用50℃温水浸种20~30 min，取出后晾干播种。或在60℃恒温下处理干种子6 h，或用45%代森铵水剂200~400倍液浸种15 min，经清水冲洗晾干后播种。也可用硫酸链霉素1 000倍液浸种2 h，晾干后播种。或按每100 g甘蓝种子用1.5 g漂白粉（有效成分），加少许水，将种子拌匀，置入容器内密闭16 h后播种。

3）在收获后，应及时清除病株残体，与十字花科作物实行2~3年轮作，从无病地或无病株上采种。

4）合理浇水，防止伤根伤叶。

5）加强栽培管理，适时播种，适时蹲苗，避免过旱或过涝。

（2）药剂防治。发病初期及时拔除病株，发病初期和易发病期间，每15天用1 000倍50%代森铵液，或800~1 000倍丰灵（BRN—1枯草芽孢杆菌）高效生物杀菌剂喷雾或灌根，可防止并控制病害发生或蔓延。也可选用14%络氨铜水剂350倍液，或60%琥·乙膦铝可湿性粉剂600倍液，或27%碱式硫酸铜悬浮剂100 mL/亩，或77%氢氧化铜可湿性粉剂500倍液，或50%琥胶肥酸铜可湿性粉剂700倍液，或75%百菌清可湿性粉剂500~800倍液，或40%多·硫胶悬剂1 000倍液，或72.2%霜霉威水溶性液剂1 000倍液，或72%硫酸链霉素可湿性粉剂4 000倍液，或47%春雷·氧氯铜可湿性粉剂700倍液等交替喷雾，7~10天1次，连喷2~3次。药剂防治可参考大白菜黑腐病。

四、甘蓝黑胫病

1. 分布与危害

病原为黑胫茎点霉，属半知菌亚门真菌。主要危害十字花科植物。

2. 症状

叶及幼茎上侵染病原物，形成圆形至椭圆形病斑，初时褐色，后变灰白色，其上散生许多小黑点。重病苗很快死亡。轻病苗移栽后病斑沿茎基部上下蔓延，呈长条状紫黑色病斑，严重时皮层腐朽，露出木质部，后期病部产生许多小黑点。成株期发病，植株叶片萎黄，老叶和成熟叶片上产生不规则形灰褐色病斑，其上散生许多小黑点。发病重时，植株枯死，自土中拔出病株，可见根部须根大部分或全部朽坏，茎基和根的皮层重者完全腐朽露出黑色的木质部，轻者则生稍凹陷的灰褐色病斑，其上散生小黑点。

3. 发病规律

病菌主要以菌丝体在种子、土壤或粪肥中的病残体上，或十字花科蔬菜种株，或田间野生寄主植物上越冬。翌年产生分生孢子，借雨水、昆虫传播，从植株的气孔、皮孔或伤口侵入。播种带菌种子，病菌可直接侵染幼苗子叶及幼茎。发病后，病部产生新的分生孢子可传播蔓延再侵染为害。病菌喜高温、高湿条件。此病害潜育期仅5~6天即可发病。育苗期灌水多湿度大，病害尤重。此外，管理不良，苗期光照不足，播种密度过大，地面过湿，均易诱发此病害发生。

4．防治措施

（1）农业防治

1）与非十字花科蔬菜进行3年以上轮作。

2）高畦覆地膜栽培。

3）施用腐熟粪肥，精细定植，尽量减少伤根。

4）避免大水漫灌，注意雨后排水。

5）定植时严格剔除病苗，及时发现并拔除病苗，收获后彻底清除病残体，并深翻土壤。

6）床土消毒。可每平方米用70%甲基硫菌灵可湿性粉剂5 g，或50%福美双可湿性粉剂10 g，与10～15 kg干细土拌成药土，2/3药土均匀撒施在备好的苗床表面，1/3药土覆盖种子。也可用98%恶霉灵可湿性粉剂3 000倍液喷浇苗床。

7）种子消毒。可用种子质量0.4%的50%福美双可湿性粉剂拌种。也可用种子质量的0.3%～0.4%的50%异菌脲可湿性粉剂，或70%甲基硫菌灵可湿性粉剂拌种。

（2）药剂防治。在发病初期，可用75%百菌清可湿性粉剂600倍液，或60%多·福可湿性粉剂600倍液，或40%多硫悬浮剂500倍液，或50%代森铵水剂1 000倍液＋70%甲基硫菌灵可湿性粉剂800倍液，或80%代森锰锌可湿性粉剂500倍液＋50%异菌脲可湿性粉剂1 200倍液，或50%敌菌灵可湿性粉剂500倍液＋45%噻菌灵悬浮剂1 000倍液，或1.5%多抗霉素可湿性粉剂150～200倍液，或50%多菌灵可湿性粉剂600～800倍液，或50%福美双·福美锌·福美甲肿可湿性粉剂800倍液喷雾，间隔7～10天防治1次，连续防治2～3次。

五、甘蓝菌核病

1．分布与危害

甘蓝菌核病又称菌核性软腐病。还可危害其他十字花科蔬菜及莴苣、胡萝卜、芹菜、黄瓜、辣椒、番茄、茄子、马铃薯、蚕豆等非十字花科作物。甘蓝整个生育期均可发生，以菜体生长后期发生较多。

2．症状

病苗近地面茎部出现水渍状病斑，很快软腐或引起猝倒。包心期发病，甘蓝外叶菜帮和茎基部产生水渍状凹陷病斑，病斑初为淡褐色（见图3—23），后呈褐色或灰白色、病部腐烂。采种株发病则更为普遍而且严重，病株根茎基部、叶柄和荚产生黄褐色病斑，后变为灰白色，最后病部全部腐烂，但没有恶臭味。种荚不能正常结籽或结籽不实。潮湿条件下腐烂的病部长出白色绒毛和黑褐色的菌核，大的如鼠粪，小的如菜籽粒。

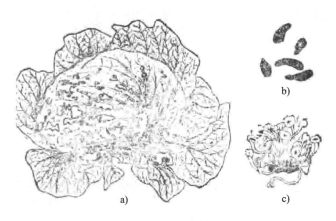

图 3—23　甘蓝菌核病

a）症状　b）菌核　c）菌核萌发产生子囊盘

3．发病规律

病菌以菌核在土壤或混杂在种子和病残体中越夏和越冬。春季气温上升，菌核萌发产生子囊盘，释放大量子囊孢子。子囊孢子借气流传播侵染寄主。早春和秋后多雨有利于菌核病发生。连作地、低洼地发病往往较重。

4．防治措施

（1）农业防治

1）选用无病种子或剔除种子中夹杂的菌核。

2）实行 2～3 年轮作，最好是水旱轮作。

3）合理施肥，避免偏施氮肥，及时追肥；雨后及时开沟排水，使土壤保持适度干燥；发现病株及时拔除、深埋。

（2）药剂防治。发病初期及时喷药保护，重点喷洒茎基部、老叶和地面。可选用 50% 速克灵可湿性粉剂 2 000 倍液，或 40% 菌核净可湿性粉剂 800～1 000 倍液，或 50% 托布津可湿性粉剂 500～800 倍液，每 7～10 天喷 1 次，连喷 2～3 次。也可用草木灰 1 kg 拌消石灰 2 kg 撒施，每 667m^2 用混合物 10～15 kg（盐碱土壤慎用）。

六、花椰菜黑腐病

1．分布与危害

花椰菜黑腐病属细菌性病害，由黄单胞杆菌属甘蓝黑腐黄单胞菌甘蓝黑腐致病变种侵入引起，在花椰菜的全生育期均可发病。近年来，菜田复种指数普遍提高，加之生态条件改变和境外大量引种及广泛种植，又随着连作年限时间的延长，花椰菜黑腐病主产区的植株发病率越来越高，为害日趋加重，且黑腐病危害期长，在花椰菜的整个生长期均可发生，严重年份发病率高达 60%～80%，直接影响花椰菜的商品球的产量和品质及留种园种子的产量和质量，给花椰菜的菜用生产和留种生产造成极大危害。

2. 症状

花椰菜黑腐病主要危害叶片或花球。幼苗受害时，子叶染病呈水渍状，逐渐变褐枯死；真叶染病，病菌由水孔侵入的引起叶缘发病，呈 V 字形病斑。成株期发病，病菌从叶缘水孔和伤口侵入，除叶缘形成向内扩展的 V 字形枯斑外，病菌沿叶脉向下扩展，形成较大坏死区或不规则黄褐色大斑，病斑边缘叶片组织淡黄色。该病流行时，叶缘多处受侵，造成外叶局部或全部腐烂，但无臭味。天气干燥时，病斑干枯或形成穿孔。病菌进入茎部维管束后，在茎部逐渐蔓延，可达叶柄与叶脉处，引起植株萎蔫。花球受害时，病菌先从花梗侵入，颜色变成灰黑色，并逐渐蔓延到花球，呈灰黑色干腐状。

3. 发病规律

病菌随种子、种株或未分解的病残体遗留在土壤中越冬。土壤中的病菌通过昆虫、雨水和人为传播。从幼苗子叶或真叶叶缘的水孔侵入，引致发病。播种带病的种子，病菌从幼苗子叶边缘气孔侵入而引起幼苗发病。成株期病菌通过叶缘水孔或伤口侵入，先侵染少数薄壁细胞，然后进入维管束组织，并随之上、下扩展，引起系统传染。采种株上，病菌由果荚柄维管束进入果荚，致种子表面带菌或从种脐入侵，致使种皮内外带菌。带病的种子是该病远距离传播的主要途径。在生长全过程中病菌主要通过病苗、肥料、风雨和农具等进行传播。

病菌发育温度为 5 ~ 39℃，生长发育适温为 25 ~ 30℃，51℃ 10 min 致死。病菌在土壤中一般能存活 1 年，能耐干燥环境。高温、高湿利于病菌繁殖，有利于病害发生。连作地、低洼地和偏施氮肥的发病重，尤其是田间操作或害虫造成的伤口有利于病菌侵入、发病。植株大多在莲座期或结球期，闽南地区为 10—12 月出现症状。主要危害叶片，发病率 15% ~ 50%，花球相对较少出现病状。而留种地的植株，在抽薹、开花、结荚时期，常遇多雨、多雾天气，湿度较大，容易发病，植株发病率可达 10% ~ 60%。

4. 防治措施

（1）农业防治

1）花椰菜品种之间抗病性有差异，种植抗病品种是防治花椰菜黑腐病的关键措施之一，如农友系列、厦花系列。

2）在无病种株上选留种子，播种前进行种子消毒。常用的消毒方法：温汤浸种，用 50℃ 的温水浸种 20 min，取出立即移入冷水中冷却，晾干后播种；药剂拌种或浸种，可用种子质量 0.4% 的 50% 福美双可湿性粉剂拌种或用 45% 代森铵 200 倍液浸种 15 min，洗净晾干后播种。

3）种植前每 667m² 用 50% 福美双可湿性粉剂或 45% 代森铵 0.8 ~ 1 kg 拌细土沟施或穴施，或每 667m² 用石灰粉 50 ~ 80 kg 撒施，进行土壤消毒。

4）与非十字花科蔬菜实行 2 ~ 3 年轮作，有条件的地方可进行水、旱轮作，可减少土壤中的侵染源，防病效果更好。

5）采用深沟高畦栽培，根据品种熟性实行合理密植，雨后及时排水，做到雨停田干，无积水，以降低田间湿度，控制病菌的繁殖及传播。

6）少施无机氮肥，适当增施有机肥和磷、钾肥，促使植株生长健壮，增强植株抗病能力。

7）及时摘除病叶、老叶，收获后彻底清理病残株，深翻暴晒土壤，减少侵染源。

（2）药剂防治。在田间发病初期应及时喷药，控制病害蔓延。防治药剂应优先选用高效、低毒、低残留的生物农药，减少环境污染。一般每隔7天左右喷药1次，连续防治3~4次。为提高防效，药剂应轮换使用。可选用的农药有倍量式1：2：200波尔多液或农用链霉素200 mg/kg，或45%代森铵800倍液，或77%氢氧化铜可湿性粉剂500倍液，或50%福美双可湿性粉剂500倍液，或65%代森锌可湿性粉剂500倍液等药剂喷洒。菜用栽培的必须在花球收获前15天停止用药。

七、花椰菜霜霉病

1. 分布与危害

花椰菜的叶片、花球、花梗和种荚均可受花椰菜霜霉病危害。

2. 症状

霜霉病主要危害叶片，也危害花梗、种荚。下部叶最先染病，出现边缘不明显的黄色病斑，逐渐扩大，因受叶脉限制，呈多角形或不规则黄褐至黑褐色的病斑，组织逐渐坏死，许多病斑相连时可使叶片部分或整叶枯干。天气潮湿时，上有白色霉层，严重时叶片枯黄脱落。花梗受害常发生折断以致枯死，使种荚不能结籽。

3. 发病规律

花椰菜霜霉病为鞭毛菌亚门霜霉属真菌，病菌形态与白菜霜霉病菌相同，但侵染花椰菜的为十字花科霜霉菌芸薹属变种的甘蓝类型。本地侵染源来自越冬的十字花科蔬菜病菌，在平均气温16~20℃、空气湿度较大、植株表面结水的情况下病害易于发生，且冬季设施栽培和春季露地栽培发生普遍，花球形成期和抽出花梗遇连阴雨、气温较低时，受害较重。

4. 防治措施

（1）农业防治

1）加强栽培管理，避免与十字花科蔬菜连作和邻作，最好能与大田轮作，病害常发区或预报少雨年适期晚播。

2）从无病株采种、留种；在选用抗病品种的基础上，用种子质量0.3%的5%甲霜灵粉剂或50%福美霜进行拌种，效果较好。

3）清理、销毁田间病残体减少初侵染源。

4）菜田深翻晒土，增施优质有机底肥，整平畦面使灌排畅顺，及时中耕除草利于田间通风降湿。

（2）药剂防治。田间发病初期，用40%乙膦铝可湿性粉剂200～300倍液，或25%甲霜灵可湿性粉剂700倍液，或75%百菌清可湿性粉剂500倍液，或70%代森锰锌可湿性粉剂500倍液，或58%甲霜灵·锰锌可湿性粉剂500倍液交替防治。

八、花椰菜黑斑病

1. 分布与危害

花椰菜也称花菜、菜花，其花球洁白，商品性好，营养价值高，深受菜农及消费者青睐。花椰菜黑斑病在闽南地区主产区的植株发病率越来越高，为害日趋加重，且黑斑病的危害期长，整个生长期均可发生，严重年份发病率高达65%～85%，直接影响花椰菜商品球的产量和品质及留种园种子的产量和质量，给花椰菜的菜用生产和留种生产造成极大危害。

2. 症状

花椰菜黑斑病有两种：细菌性黑斑病和真菌性黑斑病。目前生产中经常发生的大多是真菌性黑斑病，又称黑霉病。主要危害叶片、叶柄、花梗和种荚。该病大多发生在外叶上，温度高时病斑迅速扩大为灰褐色圆形病斑，直径5～30mm，轮纹不明显。发病严重时，叶片上可达数十个病斑，密布叶面，叶片病斑多时，病斑汇合成大斑，或致叶片变黄早枯。茎、叶柄染病，病斑呈纵条形。受害叶片、茎、叶柄，在潮湿情况下均长出黑色霉状物。抽薹花梗、种荚染病现出黑褐色长梭形条状斑，种荚结实少或种荚瘦小，籽粒干秕。

3. 发病规律

菌丝体或分生孢子在土壤中、病残体上、留种株上或分生孢子粘附在种子表面越冬，或菌丝体在种子内部越冬，成为田间发病的初侵染源。越冬的分生孢子或菌丝体产生的分生孢子借风雨、气流传播，萌发时产生芽管从寄主气孔或表皮直接侵入，环境条件适合时，在病斑上产生分生孢子，进行再侵染，使病害蔓延。

病菌在水中可存活1个月，在土壤中可存活3个月，在土表可存活1年。病菌生长发育温度为5～35℃，最适温度为13～17℃，闽南地区一般在11—12月植株生长中后期出现症状，翌年春季常遇多雨、低温高湿或田间管理粗放、肥力不足，或大田连作时发病较重。

4. 防治措施

（1）农业防治

1）品种选择。花椰菜品种之间抗病性有差异，目前适合闽南种植的比较抗病的品种有农友系列、厦花系列等花椰菜品种，如厦花6号等。

2）种子处理。尽量在无病种株上选留种子，以减少种子携带病菌，播种前应进行种子消毒。常用的消毒方法有两种。温汤浸种法：用50℃的温水浸种20 min，取出立即移入冷水中冷却，晾干后播种。药剂拌种法：可用种子质量0.4%的50%福美双可湿性粉剂拌种，或用45%代森铵200倍液浸种15 min，洗净晾干后播种。

3）土壤消毒。选择通风、向阳、排灌方便的前3年未种过十字花科蔬菜的地块，在种植前每667m² 用福美双或代森铵0.8 ~ 1 kg拌细土沟施，或每667m² 用50%多菌灵可湿性粉剂0.5 kg与50%福美双可湿性粉剂0.5 kg按1:1混合拌细土穴施，或每667m² 用石灰粉60 ~ 80 kg撒施，进行土壤消毒。

4）与非十字花科蔬菜品种实行2 ~ 3年轮作，有条件的地方可进行水、旱轮作，防治效果更好。

5）高畦栽培。定植前，种植地要深耕、翻晒。栽培上采用深沟高畦，根据品种不同熟性合理密植，宜在傍晚按苗株大小分级穴栽定植。雨后及时排水防涝，做到雨停田干，无积水，以降低田间湿度，控制病菌的繁殖及传播。

6）科学施肥。在植株生长期应掌握少施氮肥，适量增施有机肥和磷、钾肥，视植株生长情况，适当补充硼肥和钼肥的施肥原则，促使植株生长健壮，增强植株抗病能力。

7）清洁田园。种植期间要保持田园整洁，清除杂草，及时摘除病叶、老叶，收获后彻底清理病残株，深翻、暴晒土地，减少侵染源。

（2）药剂防治。要注意掌握气候情况适时用药，植株在发病初期应及时喷药，以控制病害蔓延。一般每隔7天左右喷药1次，连续防治3 ~ 4次。为提高药效，达到防治病害蔓延的效果，药剂应轮换使用。发病初期可用75%百菌清可湿性粉剂600倍液，或58%甲霜灵·锰锌可湿性粉剂600倍液，或70%代森锰锌可湿性粉剂400 ~ 500倍液，或40%克菌丹可湿性粉剂400倍液，50%速克灵可湿性粉剂1 500 ~ 2 000倍液，或50%扑海因可湿性粉剂1 500倍液等药剂喷洒。

九、花椰菜细菌性黑斑病

1. 分布与危害

花椰菜细菌性黑斑病是由丁香假单胞菌斑点致病变种引起的一种细菌性病害。据研究，福建省屏南县花椰菜生产发展迅速，种植面积逐年扩大，随着花椰菜、白菜、结球甘蓝、白萝卜等十字花科蔬菜的连年种植，细菌性黑斑病已成为屏南县种植反季节蔬菜的最主要病害。

2. 症状

花椰菜叶、茎、花梗、种荚均可染病。叶片染病，初生大量小的具淡褐色至发紫边缘的小斑，直径很小，当坏死斑融合后形成大的不整齐的坏死斑，可达1.5 ~ 2 cm，病

单元
3

斑最初大量出现在叶背面，每个斑点发生在气孔处。病菌还可为害叶脉，致使叶片生长变缓，叶面皱缩，进一步扩展；湿度大时形成油渍状斑点，褐色或深褐色，扩大后成为黑褐色，不规则形或多角形，开始外叶发生多，后波及内叶；发病严重时，全株叶片的叶肉脱落，只剩叶梗和主叶脉，导致植株死亡。

3. 发病规律

病菌主要在种子或土壤及病残体上越冬，在土壤中可存活 1 年以上。主要在莲座期至现蕾开花期从气孔和伤口侵入机体，借风、雨、露等传播，进行再侵染。病菌适宜在高温、高湿下活动，台风暴雨或洪涝侵袭，造成叶片伤口多，病害容易流行，长期灌水以及偏施、迟施氮肥的菜地发病较重。

4. 防治措施

（1）农业防治

1）选用抗病品种。可选择庆农 60 日、庆农 65 日、庆农 70 日、福州 60 日等抗细菌性病害的品种。

2）与非十字花科蔬菜进行 2 年以上轮作，收获后及时清除病残体，集中深埋或烧毁。

3）建立无病留种田。带菌种子可用种子质量 0.4% 的 50% 琥胶肥酸铜可湿性粉剂拌种或将丰灵 5～10 g 与花椰菜种子 15 g 拌种后播种。

4）施足粪肥，氮、磷、钾肥合理配比，避免偏施氮肥。均匀灌水，小水浅灌。发现初始病株及时拔除。收获后彻底清除田间病残体，集中深埋或烧毁。

（2）药剂防治。发病初期喷洒 72% 农用硫酸链霉素可湿性粉剂 3 000～4 000 倍液，或 14% 络氨铜水剂 300 倍液，或 30% 碱式硫酸铜悬浮剂 400 倍液，或 53.8% 氢氧化铜干悬浮剂 1 000 倍液，或 50% 氯溴异氰尿酸可溶性粉剂 1 200 倍液，或 60% 琥铜·乙铝·锌可湿性粉剂 500 倍液，或 47% 加瑞农（春雷霉素＋氧氯化铜）可湿性粉剂 900 倍液等药剂防治。

十、绿菜花黑根病

1. 分布与危害

绿菜花又名青花菜、西兰花，属十字花科芸薹属，绿色花蕾和鲜嫩的肥茎可食用，炒菜、炝菜、凉拌、调色及配菜均可。色泽鲜绿，风味独特，营养丰富。长期食用能预防肠癌、胃癌。但该蔬菜病虫害发生较为严重，特别是真菌性病害黑根病发生较重且难以防治，对绿菜花产量影响很大。

2. 症状

绿菜花黑根病是由真菌（立枯丝核菌）侵染引起的。病菌主要侵染幼苗根、茎部，病部变黑、缢缩，继而干枯死亡。

3. 发病规律

该菌可侵染多种农作物，如瓜类、马铃薯、白菜、玉米等。病菌随病残体在土壤中生存，遇到适宜的环境条件便侵入作物引发病害。田间病害流行轻重程度与土壤中病原菌积累数量的多少、品种的抗病性和环境条件密切相关，其中作物在幼苗期的生长环境直接左右着该病害发生的轻重程度，应引起高度重视。

黑根病的发病原因：

（1）多年种植菜花，重茬严重。

（2）品种退化，新品种、杂一代品种发病率普遍低。

（3）蔬菜收获后不及时清洁田园，病残叶随处乱倒，为病虫害提供了越冬场所（菜花黑根病病菌主要在病残叶和土壤中越冬）。

（4）多种病的病菌在土壤中越冬，既不倒茬，也不消毒土壤，造成病虫害逐年增长的趋势。

（5）其他。菜苗生长环境不良和气候异常、管理粗放、间苗不及时、杂草丛生、大水漫灌、盐碱偏重的菜田发病相对较重。化肥的大量投入使土壤盐分逐渐提高，土壤结构恶化，影响幼苗的健壮生长，遇到不适宜的出苗和幼苗生长的气候条件，菜花的抗病能力就会下降，引发病害。

4. 防治措施

（1）农业防治

1）选择优质、抗病、高产、杂一代品种，如玛瑞亚。

2）种子消毒。温汤浸种，将种子放入 55℃ 水中搅拌 20 min，在水中浸泡 5 h，再用清水洗净待播。或用种子质重 0.4% 的 50% 福美双拌种，也可用农用链霉素 1 000 倍液浸种 2 h，或 50% 的百菌清拌种，均可防治黑根病。

3）用多菌灵、百菌清或高锰酸钾在翻地前或起垄后喷洒。

4）最好异地或客土育苗。培育无虫、无病壮苗是蔬菜无公害生产的重要步骤。特别是菜花黑根病，因是苗期病害，可在育苗时预防和剔出。

5）直播时用多菌灵、福美双各 10 g 拌 10～15 kg 细土，播种时先放药土，后播种，再放药土，用药土包住种子，以预防土壤传播病害。

6）减少重茬或多年连作。

7）深沟高畦栽培。垄作或高畦栽培，防止积水，如土壤水分过多，易造成徒长，植株组织柔嫩，抗性降低，容易感病。如果土壤含水量适当，植株生长健壮，抗病能力增强。同时在水分管理上切忌或旱或涝，增强通风透光。

（2）药剂防治

1）出苗后，用较低浓度的农用链霉素与多菌灵混合，在根部喷雾。

2）发病后，用福美双、多菌灵、农用链霉素与多菌灵混合在根部喷雾效果比较好；

发现病株及时拔除，清除田间杂草，病重田拌药土，方法是用 50 kg 土加上述杀菌剂 150 g 覆在幼苗基部，及时换土补苗等。

十一、绿菜花黑腐病

1. 分布与危害

黑腐病是绿菜花的主要病害，在青海省发生普遍，尤其是互助县大面积露地种植受害较重，一般发病率 20% ~ 50%，重病地块发病率达到 70% 左右，造成产量降低、品质变差。此病还侵害多种其他十字花科蔬菜。

2. 症状

露地绿菜花发病在成株期，多从叶缘水孔或叶片上的伤口侵入，形成 "V" 字形或不定形淡黄褐色坏死斑，病健交界不明显，病斑边缘常有黄色晕圈，迅速向外发展至周围，叶肉组织变黄枯死。有时病菌沿叶脉向里发展，形成网状黄脉。病菌进入叶柄或茎部维管束，呈灰褐色坏死或腐烂，逐渐蔓延到花球或叶脉，引起植株萎蔫坏死，严重时花球或主茎呈黄褐色坏死干腐。潮湿时可渗出薄层黏质物（菌脓）。

3. 发病规律

此病是一种细菌性病害，初侵染源主要是带菌种子及在土壤中越冬的病株残体。种子带菌时，子叶上的病菌在幼苗出土时从叶缘的水孔或伤口侵入而发病。再侵染的媒介主要是雨水及农具，成株叶片染病后，病菌在寄主薄壁细胞内繁殖，再迅速进入叶片维管束蔓延至茎部维管束引起系统侵染。此时遇高温多雨、空气潮湿、叶面多露，利于病菌侵入而大面积发病。

4. 防治措施

（1）农业防治

1）选用抗病品种。通过试验发现，用中青 1 号、中青 2 号、碧秋等抗性好，里绿、绿岭等抗性也较强，上海 1 号抗性较差。选用无病干种子，用 60℃ 干热灭菌处理 6 h 或用 55℃ 温水浸种 15 ~ 20 min 后移入冷水中降温，晾干后播种；也可选用种子质量 0.3% 的 47% 加瑞农可湿性粉剂拌种。

2）与非十字花科蔬菜进行 2 ~ 3 年轮作。合理密植，加强通风透光。定植密度为 3.75 万株/公顷，株距为 35 cm，行距为 35 ~ 40 cm。

3）保护地栽培绿菜花，冬春季以保温为主，按绿菜花不同生长阶段对温度的要求进行调节。缓苗期不超过 30℃ 不用放风，在高温高湿环境下促进缓苗；莲座期白天保持 23 ~ 24℃，夜间 11 ~ 12℃；花球形成期白天保持 18 ~ 20℃，夜间 8 ~ 10℃。绿菜花喜光，特别是结球期光照不足，花球颜色浅，茎容易伸长，不但花球肥大，还影响产量和品质。冬季、早春应早揭晚盖草苫，阴天也要揭开草苫。每天揭开草苫后要清洁前屋面薄膜，争取多见阳光。绿菜花生长期间，可重点追肥 3 次。第 1 次在定植后 20 ~ 30 天、植株10～12片叶时进行，早熟种可稍提早，施硫铵225 kg/hm²，尿素150 kg/hm²，氯化钾75 kg/hm²，过磷酸钙150 kg/hm²。植株具17～20片叶时进入花球初现期，需进行第2次追肥，施硫铵300 kg/hm²，氯化钾75 kg/hm²，过磷酸钙105 kg/hm²，或用复合肥225 kg/hm²。进入采收期后，在每次采收后，要施尿素75 kg/hm²。主侧花球兼用型品种，当主花球采收后，可追肥1～2次，肥量同第2次追肥，目的是促进侧花球生长。绿菜花花球污染后很难洗净。因此，花球初显后，禁用人畜粪肥。绿菜花在整个生长期内，要保持土壤湿润，特别是花球发育期，土壤切勿过干。雨天要及时排水，切忌积水。夏季高温期灌水要注意在水凉、地凉的夜间进行。保护地栽培空气湿度大，容易发生气传病害。所以每次浇水后，都要加强放风，以排除室内湿气。

顶花球型品种在顶花球生长期内应经常抹去侧芽。兼用型品种，其侧枝发生较多，可选留4～5个健壮者，其余均应抹去，以减少养分分散消耗，提高侧花球产量。

（2）药剂防治。加强预测预报，早除病源。大田发现中心病株时，立即选用30%的络氨铜水剂350倍液进行全面喷药保护，做到中心病株上的叶片要及早摘除，其他每张叶片见药。发病初期利用低毒农药200 mg/kg的新植霉素或农用链霉素5 000倍液喷雾防治，也可选用77%可杀得可湿性粉剂500倍液，或25%甲霜灵·锰锌可湿性粉剂500倍液喷雾防治，7～10天喷药1次，连续防治2～3次，防效可达85%以上。

单元

3

第六节　豆类蔬菜病害及其防治

培训目标

→ 了解豆类蔬菜病害发生特点
→ 熟悉豆类蔬菜病害防治原理
→ 掌握科学用药技术

一、菜豆灰霉病

1. 分布与危害

灰霉病是由半知菌亚门灰葡萄孢真菌侵染引起的，与番茄灰霉病相同。

2. 症状

苗期和成株期均可侵染。茎、叶、花和豆荚受侵时病部出现云纹斑，周边深褐色，中部淡棕色至淡黄色，干燥时病斑表皮破裂形成纤维状，湿度大时病斑上长出灰霉，有时病菌从茎蔓的分支处侵入，形成水浸状凹陷的病斑，然后萎蔫。苗期子叶受害后变软下垂；叶片受害后形成较大的轮纹斑；后期破裂；荚果受害后从落败的花开始发病，然后扩展至荚果，病斑淡褐色，软腐，表面长出灰霉，此为病菌的分生孢子梗和分生孢子。

3. 发病规律

该病病菌以菌丝、菌核和分生孢子在病残体上越冬或越夏，越冬的病菌以菌丝在病残体上营腐生生活，不断长出分生孢子进行再侵染。不利的条件下，病菌可产生大量抗逆力强的菌核，能在田间长时间存活，遇到合适的条件即可长出菌丝和分生孢子，借雨水、气流和工具传播，分生孢子可直接侵入叶片及幼嫩组织。菌丝生长温度在 4～32℃，最适温度是 13～21℃，高于 21℃病菌生长随温度升高而减弱，该菌产孢需要较高湿度；病菌孢子萌发温度为 5～30℃，空气相对湿度在 95% 以上。因此，通常把灰霉病称为低温高湿的病害。

4. 防治措施

（1）农业防治

1）与十字花科、百合科蔬菜或大田农作物实行 2～3 年轮作。

2）用无病原菌的新苗床或大田育苗，培育无病壮苗用于生产。

3）采取高畦定植，地膜覆盖。

4）加强棚内的通风，降低湿度，把湿度降到 75% 以下，防止夜晚叶片结露。应在晴天早上浇水，浇后立即闭棚，使温度升到 30～35℃，再通风降湿。施入的有机肥要充分腐熟，并注意增施有机肥。

5）适当降低密度，发现病株、病叶、病荚，及时消除，带出田外深埋或烧毁。

（2）药剂防治

1）发病前或发病初期可喷施生物农药 2% 武夷霉素 200 倍液，隔 4～5 天喷施 1 次，共防治 3～4 次。

2）发病初期用 3.3% 噻菌灵烟剂，每 $667m^2$ 用量 250 g，傍晚进行密闭烟熏，每隔 7 天熏一次，共熏治 3～4 次；或者用 10% 腐霉利烟剂，每 $667m^2$ 每次用 250 g，于傍晚分 4～5 个点点燃熏治；还可以采取粉尘防治法，于发病初期选用 6.5% 甲霉灵粉剂，于早晚喷施防治。

3）可在发病初期喷药防治，药剂可选用 45% 噻菌灵悬浮剂 600 倍液，或 50% 腐霉利可湿性粉剂 1 000～1 500 倍液，或 50% 异菌脲可湿性粉剂 1 000～1 500 倍液，或 50% 多菌灵可湿性粉剂 1 000～1 500 倍液，或 65% 甲霉灵可湿性粉剂 600～800 倍液，或 50% 异菌脲可湿性粉剂 1 000 倍液加 90% 三乙膦酸铝可湿性粉剂 800 倍液，或 50% 混杀硫悬浮剂 600 倍液，或 45% 噻菌灵悬浮剂 4 000 倍液，或 40% 嘧霉胺悬浮剂 1 200 倍液，或 65% 甲霉灵可湿性粉剂 900 倍液，或 50% 多霉灵可湿性粉剂 900 倍液。每隔 7 天喷 1 次，共防治 2～3 次。

二、菜豆菌核病

1. 分布与危害

该病是由子囊菌亚门的核盘菌引起的，寄主除菜豆外，还有黄瓜、番茄等蔬菜。

2. 症状

近地面基部或第一分枝处开始受害，初为水浸状，后变为灰白色，表皮开裂呈纤维状，可使全株萎蔫死亡，后期基部组织中可见鼠粪状菌核，有时茎表面也可见黑色菌核（见图3—24）。

3. 发病规律

病菌以菌核在病残体、粪肥或附着在种子表皮越冬，在适宜条件下萌发并产生子囊盘，子囊成熟后射出的子囊孢子随气流传播。病害在冷凉、潮湿的条件下适宜发病，发病适温为5~20℃。病菌必须先在开败的花上取得营养后，才能侵染健康组织。

4. 防治措施

（1）农业防治

1）选育无病种子，在收种前应先除去病株、病枝，并将其烧毁或深埋。

2）避免连种，清除菌源，及时松土、除草、清除下部老叶及病死株，从花期开始连续进行多次。有条件的可在种植时，覆盖地膜，以阻止子囊盘出土，减少初次侵染。

（2）药剂防治。大棚菜豆一旦发病，要尽快选用50%多菌灵可湿性粉剂600~800倍，或70%甲基托布津可湿性粉剂800~1 000倍，或50%异菌脲可湿性粉剂1 000倍，或50%腐霉利可湿性粉剂1 500倍，每667m² 喷药液50~60 kg，每隔7~10天喷1次，酌情连续喷2~4次。

图3—24　菜豆菌核病

三、菜豆炭疽病

1. 分布与危害

该病害是由半知菌亚门豆刺盘孢菌侵染引起的，主要危害菜豆、豇豆、蚕豆等植物。设施环境下，该病发生较为严重，在各地均有发生。

2. 症状

该病从幼苗至成株期均可发生。幼苗染病子叶上出现褐色的圆形病斑，凹陷成溃疡状。叶片上的病斑多发生在叶脉上，并沿叶脉扩展为多角形条斑，由红褐色变为黑褐色，相互连接形成网状。叶柄和茎受害形成凹陷龟裂，长条状，褐锈色。豆荚受害初生褐色小点，扩大后为褐色至黑褐色圆形或椭圆形斑，周边稍隆起，四周常具红褐色或紫褐色晕圈，中间凹陷，湿度大时病斑上溢出红色黏稠物。种子受害表面出现黄褐色大小不等的凹陷斑（见图3—25）。

图3—25　菜豆炭疽病
a）、b）症状　　c）病原菌（分生孢子梗及分生孢子）

3. 发病规律

病斑上出现的黑褐色斑点是病菌的分生孢子盘、分生孢子和黑褐色刚毛。病菌以休眠菌丝潜伏在种皮下越冬，成为翌年的初侵染源，休眠菌丝可存活2年。菜豆播种后，病菌可直接危害子叶和幼茎，受害部长出分生孢子可进行再侵染，分生孢子借气流、灌溉水和昆虫等传播危害。

发病的适宜温度在20℃左右，最适宜的湿度在95%以上。温度超过27℃、湿度低于92%时，病害很少发生。在低温、多雨、结露的气候条件下发病较重，在大棚、温室通风不良、种植过密的条件下发病严重。

4. 防治措施

（1）农业防治

1）用种子质量0.4%的50%多菌灵或福美双可湿性粉剂拌种；用40%多硫悬浮剂或60%防霉宝超微粉600倍液浸种30 min，洗净晾干后播种。播前用45℃温水烫种10 min，洗净晾干再播种。

2）选用抗病品种，如东北的大马掌、家雀蛋和挽袖等品种，华北的黑籽四季豆，芸丰架豆等有中等以上的抗性。

3）与十字花科、百合科、茄科、伞形花科蔬菜实行 2～3 年的轮作，或与非豆科粮食作物轮作 2 年，建立无病留种田。

4）深翻土壤，施入的有机肥要充分腐熟，并增施磷钾肥。

5）高畦栽培，防止大水漫灌。加强通风，降低湿度。发病后要及时摘除病叶、病荚。

（2）药剂防治。棚室栽培时对旧架材要用 50%代森铵水剂 800 倍液进行消毒；发病初期喷施 5%百菌清粉剂，或 0.5%甲霉灵粉剂，或 8%克炭灵粉剂，每 667m² 喷 1 kg，于傍晚喷施。露地栽培在花期或在发病初开始喷药，首选生物农药 2%抗霉菌素（农抗120）水剂 200 倍液，隔 5 天喷 1 次，共喷 3～4 次。其他药剂还有 75%百菌清可湿性粉剂 600 倍液，或 70%甲基硫菌灵可湿性粉剂 500 倍液，或 70%代森联干悬浮剂 600 倍液，或 6%氟苯嘧啶醇可湿性粉剂 1 500 倍液，或 70%甲基硫菌灵可湿性粉剂 800 倍液加 75%百菌清可湿性粉剂 800 倍液，或 25%吡唑醚菌酯乳油 1 500 倍液，或 80%炭疽福美可湿性粉剂 800 倍液。每隔 7～10 天喷施 1 次，连续防治 2～3 次。

四、菜豆根腐病

1．分布与危害

菜豆根腐病是由真菌中的镰刀菌属侵染所致。由于连续重茬，加上防治方法不得当，导致菜豆根腐病越来越严重。据调查，大连地区菜豆根腐病发病严重的地块，发病率达到 80%，其中 20%～30%造成茎叶枯死。

2．症状

菜豆根腐病主要危害植株根部和茎基部（见图 3—26）。发病初期病部出现水渍状红褐色斑点，以后变为暗褐色或黑褐色，稍凹陷或开裂；多由支根蔓延至主根，主根腐烂或坏死，侧根稀少，容易拔出。严重时主根全部腐烂，纵剖病根，维管束呈红褐色，茎叶枯死。潮湿时，茎基部出现粉红色霉状物。

3．发病规律

病菌在病残体或土壤中越冬，土壤越冬的病菌可存活 10 年左右。此病为土传性病害，通过灌水、施肥进行侵染。病菌最适宜生育温度为 29～30℃。据观察，此病在大连地区以冬季温室、早春大棚、秋季露地发病重且主要在苗期为害，成株期也有发病但通过加强管理使之

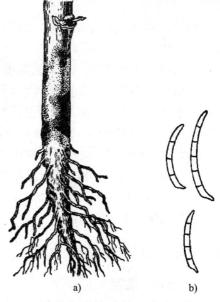

图 3—26　菜豆根腐病
a）症状　b）病原菌

单元 **3**

多产生次根，一般不会太影响产量。天气忽暖忽寒或高温潮湿时发病重；春季育苗，苗龄过长伴随土壤缺水易发病；土壤湿度大、灌水多也利于该病的发生。

4．防治措施

（1）农业防治

1）清洁田园。前茬收获后，及时清洁田园，在拔除植株残体时一定要连根拔起，尽量不要将断根留在土壤里，特别是一些病根更要清除干净，同时残体要烧毁或深埋。

2）轮作换茬。尽量不要连作，并与非豆科作物进行轮作。

3）生态控制，合理施肥。保温防冻，特别是在苗期一定要防止根部受冻；适时定植，苗龄以 25 天为最好，不要太长；控制灌水，忌大水漫灌，要小水勤浇。施用腐熟有机肥，增施磷、钾肥，少施氮肥。

4）发现病株，及时在根部进行培土，促进侧根生长。

（2）药剂防治

1）土壤消毒。育苗的床土是 3 年以上没有种过豆科作物的地块，每立方米床土加 50% 多菌灵可湿性粉剂或 70% 敌克松可湿性粉剂 80 ~ 100g 充分混匀；大棚、温室等保护地，利用空闲时间采用高温闷棚方式消毒杀菌，定植前结合翻地每 667m^2 撒施药土 50 kg（药土比例为 1：20），选用的药剂为 70% 敌克松或 70% 甲基托布津可湿性粉剂，药土一定要撒匀，据试验此种方法防治效果可以达到 50% ~ 80%。

2）种子拌药。播种前将种子进行拌药，比例为 3：1 000，药剂为 50% 多菌灵，要现播现拌。

3）预防。在定植前的 1 ~ 2 天用 1 000 倍液的甲基托布津喷洒苗床中的植株，定植缓苗后再用同样的药剂灌根一次，每穴用药液 0.25 kg 左右。

4）发病初期的防治。发现病株要立即进行灌根或将喷雾器的头拿下直接喷洒，药剂可选用 50% 多菌灵可湿性粉剂 500 倍液，或甲基托布津可湿性粉剂 500 倍液，或 15% 恶霉灵水剂 450 倍液，或 20% 甲基立枯磷乳油 1 200 倍液，或 2.5% 咯菌腈悬浮剂 1 500 倍液灌根；也可选用 50% 福美双可湿性粉剂 800 倍液，或 70% 甲基硫菌灵可湿性粉剂 500 倍液，或 40% 多·硫悬浮剂 800 倍液，或 50% 多菌灵可湿性粉剂 1 000 倍液加 70% 代森锰锌可湿性粉剂 1 000 倍液混合喷洒，隔 10 天 1 次，连续防治 2 ~ 3 次。或用硫酸铜随浇水冲施，每 667m^2 用硫酸铜 1 ~ 1.5 kg。后期如果发现较重病株则应拔掉，同时用药剂将病株周围土壤消毒。

五、菜豆细菌性疫病

1．分布与危害

菜豆细菌性疫病又叫火烧病、叶烧病，是菜豆常见病害之一。目前在我国各地的菜豆生产区均有发生，以夏播菜豆发病最为普遍且严重，主要危害菜豆、豇豆、扁豆、绿豆和小豆等。

2. 症状

该病主要危害叶片、茎蔓和豆荚（见图3—27）。叶片受害，先从叶尖或叶缘处开始发病，形成暗绿色油浸状小斑点，逐渐扩大成不规则形的深褐色病斑，周围有黄色晕圈，病斑扩大相互融合连片，融合的病斑引起叶片干枯，如火烧状。病处脆硬易干裂。潮湿条件下，病处可溢出淡黄色菌脓。嫩叶染病，扭曲变形，容易脱落。茎蔓染病，开始形成油浸状病斑，后发展成圆形病斑，中间凹陷，病斑绕茎一周后，上部茎叶萎蔫后枯死。豆荚染病，荚上生出褐色圆形病斑，中央凹陷，严重受害的豆荚皱缩，种子染病可产生黑色或黄色凹陷病斑。湿度大时，茎叶或种脐病部常有黏液状菌脓溢出。

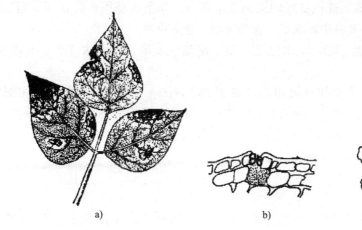

图3—27　菜豆细菌性疫病
a）症状　b）、c）病原菌

3. 发病规律

该病病害是由黄单胞杆菌侵染引起的。病菌主要在种子内越冬，也可在棚室内越冬。种子内的病菌可存活2～3年。病残体在土壤中腐烂后，病菌随即死亡。带病种子萌发后，病菌危害子叶和生长点，产生的菌脓借气流、灌溉水和昆虫传播，病菌从水孔、气孔及伤口等处侵入。子叶发病后有时不产生菌脓，而在寄主的输导组织内扩展，以后迅速蔓延到植株各部。

影响其发生流行的主要因素是温度和湿度。此外还有天气状况、种子、田间管理等。温度在24～32℃，豆株表面有水滴或呈湿润状，是发病的重要条件。一般高温多雨，或雾大露重，或暴风雨后转晴的天气，气温急剧上升，最易发病。栽培粗放、大水漫灌、土壤肥力不足、氮肥施用过多、田间通风不、湿度大、杂草较多、虫害严重、植株长势弱等易加重发病。病菌主要在种子内越冬，能存活2～3年。播种带菌种子，病菌侵害幼苗，病部溢出的菌脓借风雨或昆虫传播，病菌从气孔或伤口侵入，2～5天后茎叶发病。土壤中病残体腐烂后病菌即失去活力。

4. 防治措施

（1）农业防治

1）选用无病种子。自留种子要选无病菜田，未发生病害的健壮豆株上的种子，单收单存。

2）播前进行种子消毒处理。将种子放在 45℃ 温水中，恒温浸泡 10 min 后，捞出移入凉水中冷却；用 50% 福美双可湿性粉剂或 95% 敌 g 松原粉拌种，用药量为种子质量的 0.3%；用农用链霉素 500 倍液浸种 24 h。

3）实行 3 年以上轮作，避免同科蔬菜连作。

4）选择地势较高、通风良好的菜地栽培菜豆，如菜地易积水要在雨季到来之前做好开沟排水准备。要及时中耕除草，合理施肥，防治虫害。

5）采用地膜覆盖，晴天小水勤浇、膜下暗灌或滴灌，不大水漫灌，并注意通风，降低湿度。

（2）药剂防治。发病初期可用新植霉素 250 mg/kg，或 77% 氢氧化铜可湿性粉剂 500 倍液，或 75% 百菌清可湿性粉剂 600 倍液，或 72% 霜脲氰·锰锌可湿性粉剂 1 000 倍液，或 72.2% 霜霉威水剂 500 倍液，每 7 ~ 10 天喷 1 次，连续喷 2 ~ 3 次。

单元 3

六、菜豆锈病

1. 分布与危害

病原菌属担子菌亚门菜豆担孢锈菌，是菜豆主要病害，该病原物还可危害豇豆、蚕豆和豌豆等。该病一年四季都能发生，病情严重时，叶面布满锈斑，致使叶片迅速干枯早落，减少采豆次数。

2. 症状

锈病一般在菜豆生长中后期发生，主要侵害叶片，严重时茎、蔓、叶柄及荚均可受害（见图 3—28）。叶片和茎蔓染病，初现边缘不明显的褪绿小黄斑，直径 0.5 ~ 2.5 mm，后中央稍凸起，渐扩大现出深黄色夏孢子堆，表皮破裂后，散出红褐色粉末，即夏孢子。后在夏孢子堆或四周生紫黑色疤斑，即冬孢子堆。有时叶面或背面可见略凸起的白色疤斑，即病菌锈子腔。寄主衰老后，叶片枯死。荚染病，形成凸出表皮疤斑，表皮破裂后，散出褐色孢子粉，即冬孢子堆和冬孢子，发病重的无法食用。

3. 发病规律

病菌以冬孢子随病残体在土壤中越冬，成为翌年的初侵染源。冬孢子萌发时产生菌丝和小孢子，小孢子侵入寄主，病斑上产生的夏孢子萌发产生芽管，从气孔侵入形成夏孢子堆，夏孢子借气流传播，不断侵染为害。菜豆进入开花期，气温在 20℃ 左右、高湿和结露时间长，病害易流行；高温高湿、通风不良的大棚或温室易发病。

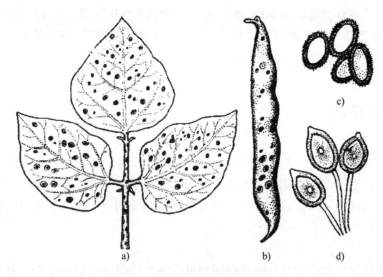

图 3—28　菜豆锈病

a）、b）症状　c）夏孢子　d）冬孢子

4. 防治措施

（1）农业防治

1）因地制宜选用抗病或耐病品种。豇豆品种间对锈病菌的抗病性差异明显，可根据生产要求和消费习惯选用栽培品种。

2）合理安排，加强田间管理。杜绝在早豇豆地中套种迟豇豆；迟豇豆和早播重病田应间隔一定距离，严防紧紧相邻；避免前期氮肥施用过多；合理密植，高畦栽培及拔藤后做好清洁田园工作。

3）实行与瓜类、茄果类、十字花科蔬菜轮作 2 年。用种子质量 0.4% 的多菌灵或福美双拌种消毒。

4）重施腐熟有机肥，增施磷钾肥。

5）科学浇水，及时排除田间积水。春播宜早，必要时可采用育苗移栽避病。合理密植，高畦或半高畦地膜覆盖栽培，提早播种或晚播种躲过高温重发病期。及时打掉病叶及底部老叶。保护地加强放风降湿。收获后清除田间病残体，并集中烧毁，病穴施药或生石灰。

（2）生物防治。病害刚发生时，用 2% 嘧啶核苷类抗菌素（农抗 120）水剂 150 倍液，隔 5 天喷 1 次，连喷 3~4 次。

（3）药剂防治。在发病初期，可选用 25% 丙环唑乳油 3 000 倍液，或 12.5% 烯唑醇可湿性粉剂 4 000 倍液，或 50% 咪鲜胺可湿性粉剂 1 500~2 500 倍液，或 20% 噻菌酮悬浮剂 500~600 倍液，或 25% 嘧菌酯悬浮剂 1 000~2 000 倍液，或 10% 苯醚甲环唑水分散粒剂 1 500～2 000 倍液，或 50% 醚菌酯干悬浮剂 3 000 倍液，或 43% 戊唑醇悬浮剂 3 000倍液，或 25% 吡唑醚菌酯乳油 1 500 倍液，或 15% 粉锈宁 1 000 倍液，或豆类植宝素 500～700 倍液，或 70% 甲基硫菌灵 1 000 倍液等轮换喷雾。每隔 10～15 天喷一次，连续 2～3 次。

七、豇豆病毒病

1. 分布与危害

该病在各地均有分布，是豇豆的重要病害之一。菜豆病毒病又称花叶病，是菜豆的重要病害，尤以夏（秋）季露地栽培的蔓生菜豆发生严重，有时病株率可达80% 以上，甚至引起局部地区毁种。该病除危害菜豆外，还可危害扁豆、豌豆、大豆、烟草、三叶草、紫苜蓿等作物。

2. 症状

该病主要危害叶片，幼苗至成株期间均可发病，田间症状较为复杂。常见其嫩叶明脉，沿脉褪绿，继而呈现花叶，病叶凹凸不平，深绿色部分往往凸起，叶片细长变小，向下弯曲，有时呈扁叶状，叶脉和茎上可产生褐色枯斑或坏死斑。发病严重时，病株矮化，花器官变形，结荚减少，豆粒产生黄绿花斑。有些病株生长点枯死，或个别叶鞘坏死。

3. 发病规律

豇豆病毒病有多种毒源，重要的有豇豆花叶病毒、豇豆坏死花叶病毒、豇豆蔓顶坏死病毒及豇豆斑驳坏死病毒等，田间发病多是两种以上病毒复合侵染。病毒在保护地栽培的豆科蔬菜上越冬，田间越冬的宿根寄主植物上，以及土壤中的病株残体里越冬，成为翌年的初侵染源。

以蚜虫（爪田、豆蚜、桃蚜）、叶蝉等媒介昆虫为主，也可以种子带毒远距离传播，如豇豆花叶病毒种子带毒率高达 17% 左右。田间汁液接触是重要的侵染方式，还具有传毒作用。因此，夏秋季节干旱、苗期缺水，蚜虫数量大以及多年重茬连作，都是病毒病发生的重要条件。

4. 防治措施

（1）农业防治

1）选用抗病品种，对病毒多发地区和季节，应选用矮生种。

2）严格选留无病种子，从无病田或花期检查无病株上选留种子。

3）加强栽培管理。夏（秋）播种菜豆宜选较凉爽地块种植，或者与小白菜、大蒜等间作套种。适当密植，以降低地温和保持土壤水分。苗期浅中耕。施肥量要轻，及时搭架、引蔓，结荚期间适量浇水，注意防渍降渍，增强植株耐病性。

（2）药剂防治

1）及时治蚜。用40%乐果乳油、25%蚜青灵、50%稻丰散1 500倍液，或用2.5%溴氰菊酯（敌杀死）乳油、20%氰戊菊酯、10%氯氰菊酯乳油2 000~3 000倍液喷洒防治和杀灭蚜虫，以防有翅蚜虫迁飞时传播，引起菜豆病毒病的发生和蔓延。

2）发病初期，选用20%盐酸吗啉胍·铜（病毒A）可湿性粉剂500倍液，或1.5%植病灵乳油1 000倍液，或2.8%克病灵可湿性粉剂500倍液喷洒，隔10天1次，连续防治2~3次。

八、荷兰豆白粉病

1. 分布与危害

白粉病是保护地荷兰豆的重要病害之一，各地均有发生。轻者发病率10%~30%，重者达40%以上，甚至100%。除危害荷兰豆外，还可危害豌豆、菜豆、豇豆、芹菜、甘蓝等多种蔬菜。

2. 症状

该病主要危害叶片，也可危害茎、荚。叶片受害，叶正面开始产生呈白粉状浅黄色小斑点，以后渐渐扩大成不规则形粉斑，并互相汇合，病斑上覆盖一层白粉，叶背有紫色或褐色斑，严重时叶片枯黄。茎荚受害，茎干缩、枯黄，荚也干缩变小。最后病斑上出现小黑点，即闭囊壳。

3. 发病规律

该病是由子囊菌亚门蓼白粉菌侵染引起的。菌丝体表生，分生孢子长椭圆形，闭囊壳附属丝多，呈菌丝状，暗褐色。子囊卵形，子囊孢子3~6个，淡黄色，卵形。

在寒冷的地方，病菌以闭囊壳在土表病残体上越冬。翌春条件适宜时，产生子囊孢子进行初侵染，借气流传播。发病后，病部产生分生孢子，靠气流进行传播再侵染。保护地日暖夜凉温差大，湿度高，易结露，适宜白粉病发生，但在干燥条件下，病菌仍能萌发，发病也很严重。

4. 防治措施

（1）农业防治

1）病地实行轮作。

2）选用较抗病的丰产良种。

3）施足底肥，增施磷钾肥；科学浇水，不宜大水漫灌；加强通风，降低湿度；清洁田园，把病叶、病残体、病秧等清除出田园，集中深埋或烧毁。

（2）生物防治。发病初期，用2%农抗BO—10水剂或农抗120水剂200倍液，隔7天喷1次，连喷2~3次。

（3）物理防治。发病初期，用27%高脂膜乳剂80~100倍液，隔6天1次，连喷2~3次。

（4）药剂防治

1）喷洒药液。发病初期，用45%硫黄胶悬剂300～400倍液，或15%三唑酮可湿性粉剂800～1 000倍液，或40%氟硅唑乳油800～1 200倍液，或25%醚菌酯悬浮剂1 500倍液喷洒。隔7天1次，连喷2～3次。

2）烟熏。发病前，可用45%百菌清烟剂，每667m² 每次200～250 g，傍晚进行，分放4～5个点，点燃冒烟后密闭棚、室，隔7天1次，连熏3～4次。

3）喷小苏打。病害刚刚发生，只有个别株有1～2个小斑点时喷小苏打500倍液，隔3天1次，连喷4～5次，不仅防白粉病，又分解出 CO_2，提高了产量。

九、荷兰豆褐斑病

1. 分布与危害

该病菌为半知菌亚门真菌，主要危害荷兰豆、菜豆、蚕豆等蔬菜植物。

2. 症状

该病菌主要危害叶片，严重时也危害茎和豆荚。叶片被侵染后出现浅褐色至黑褐色的圆形病斑，边缘明显，在斑面上长有针头大小的黑色小点；茎被侵染，产生褐色至黑褐色的圆形或椭圆形的病斑；豆荚被侵染，在荚上出现浅褐色至黑褐色稍凹陷的圆形病斑，在斑面上也产生针头大小的小黑点，后期病斑还穿过豆荚而侵染到种子上，但病斑不明显，当潮湿时种子呈污黄色至灰褐色。

3. 发病规律

该病菌在田间病株残体及种子上越冬，成为第2年初侵染来源。当播种后即侵染幼苗、茎，产生病斑，病斑上产生孢子，其孢子靠雨水或气流再进行传播形成再侵染，重复循环。病菌发育适温为15～26℃。当温度在15～20℃，湿度大、多雨潮湿时，褐斑病最容易发生。如果播的是带菌种子，播前又未消毒，那么病菌就带入田中，无病田变成病田。连茬病地，病菌越积越多，发病就越来越严重。如土壤缺钾肥，植株抗病能力弱，病害易发生。在低洼地、排水不良地种植，密度又过大，田间通风透光不良，发病严重。

4. 防治措施

（1）农业防治

1）病地与非豆科蔬菜实行2年以上轮作。

2）选用抗病种子；或在播种前将种子放入冷水中先浸4～5 h，然后在50～52℃温水中浸种5 min，再浸入冷水中冷却，催芽或晾干播种。

3）施足腐熟过的粪肥并增施磷钾肥，以提高植株抗病能力。

4）科学的栽培技术，如适时播种、采用高畦栽培、合理密植、雨后及时排水并加强松土、清洁田园、秋冬深翻土壤等。

（2）药剂防治

1）种子药剂消毒。可用种子质量 0.3% 的 50% 多菌灵可湿性粉剂或 70% 甲托可湿性粉剂拌种。

2）可每 $667m^2$ 用 3.3% 噻菌灵烟剂 250 g，傍晚进行烟熏，隔 7 天熏 1 次，连熏 3 ~ 4 次。

3）于发病初期，每 $667m^2$ 用 6.5% 甲霉灵粉尘剂 1 kg，早上或傍晚进行喷粉，隔 7 天喷 1 次，连喷 2 ~ 3 次。

4）发病初期，用 40% 噻菌灵悬浮剂 800 ~ 1 000 倍液，或 50% 多菌灵可湿性粉剂 600 ~ 800 倍液，或 40% 多硫悬浮剂 600 ~ 800 倍液，或 50% 敌菌灵可湿性粉剂 500 倍液，或 65% 甲霉灵可湿性粉剂 600 ~ 800 倍液，或 50% 苯菌灵可湿性粉剂 1 500 倍液，或 70% 甲基硫菌灵可湿性粉剂 500 倍液，或 75% 百菌清可湿性粉剂 600 倍液，或 80% 代森锰锌可湿性粉剂 600 倍液喷洒，交替用药，隔 7 天 1 次，连喷 2 ~ 3 次。

十、菜豆枯萎病

1. 分布与危害

菜豆枯萎病俗称萎蔫病、死秧，为真菌性病害。一般发病率在 30% ~ 50%，个别重病田病株率高达 90% 以上。

2. 症状

多在初花期开始发病，结荚盛期植株大量枯死。发病初期先在下部叶片的叶尖、叶缘出现不规则形褪绿斑块，似开水烫伤状，无光泽，后全叶失绿萎蔫，变成黄色至黄褐色，并由下叶向上叶发展，3 ~ 5 天后整株凋萎，叶片变黄脱落。有时仅少数分枝枯萎，其余分枝仍正常。病株根系不发达，变色腐烂，容易拔起。根颈处有纵向裂纹。剖视主茎、分枝或叶柄，可见维管束变褐色至暗褐色，有的荚果腹背合线也呈现黄褐色。严重时，植株成片枯死。潮湿时茎基部常产生粉红色霉状物。

3. 发病规律

病害是由半知菌亚门镰孢属真菌侵染引起的。病菌以菌丝、厚垣孢子和菌核在病残株、土壤和肥料中越冬，翌年侵染发病。病菌离开寄主可存活 3 年以上。病菌还可以附着在种子上越冬，并成为远距离传播的主要途径。病菌通过根部伤口或根毛顶端细胞侵入，在寄主导管内发育，并随水分迅速传到植株的顶端。病菌的繁殖可堵塞导管，引起植株萎蔫。病害靠孢子随灌水进行短距离传播。病害的发生与温度、湿度的关系较为密切。发病的最适温度为 24 ~ 28℃，空气相对湿度 80%。棚室内管理粗放、重茬连作的地块发病重。

4. 防治措施

（1）农业防治

单元
3

1）种植抗病品种，从无病地或无病株上采种。

2）种子处理。用60%防霉宝可湿性粉剂600倍液，加0.01%平平加浸种1 h，捞出后种子用清水反复冲洗后催芽播种，可以杀死种子内外的病原菌。也可以在播种前，用50%多菌灵可湿性粉剂按种子质量的0.5%拌种；或用36%多·硫悬浮剂50倍液浸种3～4 h，或用40%甲醛300倍液浸种4 h，浸后用清水洗净再播种。

3）重病田应与非豆科作物轮作3～5年以上，或与水稻轮作1年以上。

4）施足腐熟的有机肥，并增施磷、钾肥。

5）低洼地可采用高畦或半高畦地膜覆盖栽培，适当控制浇水，避免大水漫灌，雨后及时排水，防止田间积水。及时清除病株，可减少病原菌在田间传播。

（2）药剂防治

1）带药播种，方法是每667 m² 用50%多菌灵可湿性粉剂2 kg，或60%防霉宝可湿性粉剂2 kg，或50%苯菌灵可湿性粉剂1 kg，加细土50～100 kg拌匀后，均匀地施在播种沟内，再盖上一层细土，然后播种。

2）田间发现病株后，立即灌药防治，用50%多菌灵可湿性粉剂500倍液，或60%防霉宝可湿性粉剂600倍液，或50%苯菌灵可湿性粉剂1 000倍液，或12.5%增效多菌灵可湿性粉剂200～300倍液，或12.5%治萎灵水剂200～300倍液，或20%甲基立枯磷乳油1 200倍液，或2.5%咯菌腈悬浮剂1 500倍液进行灌根，每株灌药液250 mL，隔7～10天1次，连续2～3次。

十一、菜豆花叶病

1. 分布与危害

菜豆花叶病是由多种毒源侵染而引起的，主要有菜豆普通花叶病毒、菜豆黄花叶病毒、黄瓜花叶病毒菜豆系以及烟草花叶病毒等。这些病毒还可危害豇豆、蚕豆、豌豆和采用大豆等。

2. 症状

菜豆苗期感染病毒，可出现明脉，叶片呈淡绿色斑驳或凸凹不平，叶皱缩；有的品种植株矮小，叶片扭曲畸形，开花推迟或落花；豆荚略短并出现绿色斑点（见图3—29）。

3. 发病规律

由菜豆普通花叶病毒引起的花叶病主要靠种子传毒，也可以通过蚜虫传毒；菜豆黄花叶病毒和黄瓜花叶病毒菜豆系的初侵染源主要来自越冬寄主，露地菜豆也可通过蚜虫传播。菜豆花叶病受环境条

图3—29　菜豆花叶病

件影响较大，尤其受气温影响，当气温在 26℃ 以上时，表现重型花叶，叶片卷曲，植株矮小；气温低于 18℃ 时，只出现轻微花叶或不显症状；20～25℃ 利于显症，光照时间长或强度大时，症状尤为明显；土壤缺肥，植株生长期干旱时发病较重。

4. 防治措施

（1）农业防治

1）选用适宜抗、耐病品种。种植抗病、耐病品种可以经济有效地防止和减轻该病的发生。而品种间抗性也存在一定的差异，一般蔓生种比矮生种发病重。目前市场上的抗耐病品种主要有早熟号、芸丰架豆、优胜者、春丰 4 号、早白平角菜豆、吉农快引豆、秋抗 6 号等。

2）播种前用磷酸三钠溶液浸种 30 min，药剂消毒后要用清水冲净种子，以免影响种子发芽率。

3）一般在苗期就应该进行，可结合苗期根外追肥用药，加强植物自身的新陈代谢，提高植株抗病力。在生产中，常用的防治药剂主要有：病毒、高脂膜、增抗剂、植病灵、菌毒清等，每 7 天左右喷次，连续防治 3 次。若播种了带毒种子，出苗后应及时拔除病株。

（2）药剂防治。一般在高温干旱年份或季节，蚜虫极易发生，而发生后再防治则较为困难，因此要搞好蚜虫的预测预报，做到以防为主。药剂防治蚜虫最好在发生初期几种农药轮换使用，防止蚜虫因产生抗药性而影响防治效果。常用的有效药剂有抗蚜威、吡虫啉乳油。

发病初期喷洒 1.5% 植病灵乳油 1 000 倍液，或 2.8% 病灵可湿性粉剂 500 倍液，隔 10 天 1 次，连续防治 2～3 次。

单元
3

十二、豇豆煤霉病

1. 分布与危害

豇豆煤霉病又称叶霉病、叶斑病，是由真菌豆类煤污尾孢菌侵染引起的，病斑上生暗灰至灰黑色霉，分布广泛，在夏秋季节常普遍发生，为害严重。病重时病叶逐渐干枯脱落，病株叶片瘦小，植株早衰，采收期缩短，鲜荚产量降低，已成为长江流域豇豆丰产的重要障碍。病菌除侵染豇豆外，还危害菜豆、毛豆（大豆）、蚕豆、扁豆、绿豆、红小豆、豌豆及刀豆等多种豆科作物。

2. 症状

该病主要危害叶片，病害严重时藤蔓、叶柄及豆荚也能被害（见图 3—30）。幼苗期与成株期的嫩叶不易发病，成熟叶易被感染，田间病害自下向上扩展蔓延。病斑初起为不明显的近圆形黄绿色斑，继而黄绿斑中出现由少到多、叶两面生的紫褐色或紫红色小点，后扩大为直径 0.5～2 cm 的近圆形或受较大叶脉限制而呈不整形的紫褐色或褐色病斑，病斑边缘不明显。在变黄的叶上，病斑周围仍可保持绿色。湿度大时病斑表面生暗灰色或灰黑色煤烟状霉，尤以叶背密集。病斑可相互连合形成不定形较大斑块。病害严重时，病叶曲屈、干枯早落，仅存梢部幼嫩叶片。本病病斑不产生轮纹且在相同的条件下霉较密集，据此，可与豇豆轮纹病相区分。

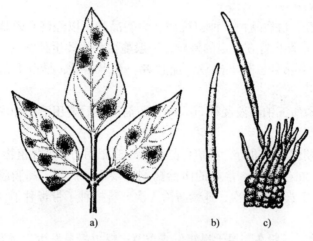

图3—30　豇豆煤霉病
a）症状　b）、c）病原菌

3．发病规律

病菌主要以菌丝块随病残组织遗落在土中越冬；在周年都有豇豆生长的南部温暖地区，病菌可辗转为害，无明显越冬现象。分生孢子通过气流传播，从气孔侵入。被侵染的部位发病后又产生大量分生孢子，不断进行再侵染，从而导致病害的流行。病菌生长温度范围为7～35℃，最适温度为30℃。而25～28℃为分生孢子萌发的最适温度。

田间高湿或高温多雨有利于发病，故各地的雨季往往是煤霉病的危害盛期。病情轻重也随播期不同而有差异，春播豇豆比夏播的发病重，尤以晚春播豇豆受害最重。凡套种、连作，发病早而重。地势低洼、排水不良、长势弱的地块发病也较重。豇豆不同品种间对煤霉病的抗病性差异较明显。在植株个体生长过程中，幼嫩叶片较成熟叶片的抗病性强，田间一般表现为苗期较少感病，多在现蕾开花后开始发病；成株期的上部叶片及顶端嫩叶受害轻或不发病。

4．防治措施

（1）农业防治

1）不同品种间对煤霉病的抗病性差异较明显。据报道，鄂豇豆2号，湘豇1号、2号、4号，之青3号及之豇矮蔓等较抗病。

2）避免套种、连作。重病田与非豆科作物进行2年轮作。

3）豇豆采收完毕后，清除病株、病残体，并集中烧毁或深埋。外地有于发病初期

单元
3

及时摘除病叶，以减轻病害蔓延的做法。

4）注重施用有机肥及磷钾肥，促使其健壮生长，提高植株的抗病性。

5）合理密植，以利田间通风透光，防止湿度过大。

（2）药剂防治。在发病初期，可用70%甲基硫菌灵可湿性粉剂1 000倍液，或50%多菌灵可湿性粉剂600～800倍液，或75%百菌清可湿性粉剂600倍液，或77%氢氧化铜可湿性微粒粉剂500倍液，或50%甲·硫悬浮剂500倍液，或40%多·硫悬浮剂800倍液，或50%腐霉利可湿性粉剂1 000～1 500倍液，或65%代森锌可湿性粉剂500～600倍液，或78%波·锰锌可湿性粉剂500～600倍液，或80%多·福·锌可湿性粉剂700倍液等进行喷雾，施药间隔10天左右。也可用36%双苯三唑醇乳油2 000～2 500倍液喷雾，间隔10～20天1次。

第七节　设施蔬菜虫害及其防治

→ 了解设施蔬菜虫害发生特点
→ 熟悉设施蔬菜虫害防治原理
→ 掌握科学用药技术

单元
3

一、蛴螬

1. 分布与危害

蛴螬是鞘翅目金龟甲科幼虫的统称，是地下害虫。又称为白土蚕、白地蚕、核桃虫、蛭虫、土蚕、老母虫、粪虫等。金龟甲总科全世界已记载2万余种。我国已有记录为1 072种，其中危害农、林、牧草的蛴螬100余种。主要有分布于新疆塔里木盆地边缘各县的塔里木鳃金龟，分布于东北、华北北部的马铃薯鳃金龟中亚亚种。

成虫白天藏于土中，晚上进行活动，具假死性和趋光性，喜欢未腐熟的有机粪肥；在全国均有分布，但以北方发生较重。蛴螬可危害蔬菜及其他农作物和花卉苗木的种子、根、块茎及幼苗，将植物幼苗根茎咬断，使幼苗枯死，常造成缺苗断垄，根部伤口易诱发病害。蛴螬在保护地春、秋两季为害最重。

2. 形态特征

（1）塔里木鳃金龟（见图3—31）

1）成虫。体长19.5～25.5 mm，宽10～13 mm。体除鞘翅淡黄褐色外，全体栗色带红。头、前胸背板及小盾片略有紫色闪光。触角10节，鳃状部雄虫由7大片组成，向外

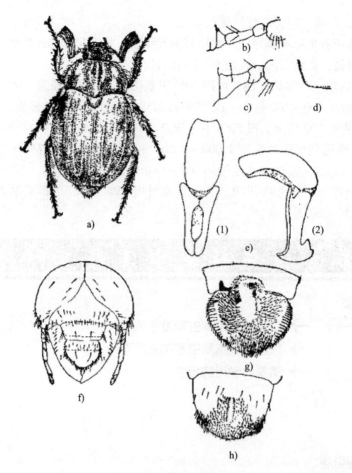

图3—31 塔里木鳃金龟

a) 雄成虫背面　b) 雌成虫触角柄部　c) 雄成虫触角柄部　d) 前胸背板后角
e) 雄性外生殖器（1）背面（2）侧面　f) 幼虫头部　g) 幼虫内唇　h) 幼虫肛腹片

侧弯曲，雌虫6小片组成。前胸背板边框不显著，前缘有少数纤毛，侧缘弧形扩阔，前、后侧角皆钝角形。小盾片近半圆形。鞘翅肩凸、端凸较发达，4条纵肋纹明显。臀板宽三角形，末端微平截（雄）或圆尖（雌）。前足胫节外缘2齿（雄）或3齿（雌）；爪下齿较小，接近基部。雄性外生殖器阳基侧突端部左侧略大于右侧。

2）卵。乳白色，椭圆形。

3）幼虫。初孵化的幼虫体长约3 mm，老熟幼虫外曲线达45 mm，头部棕黄色，胸部和腹部乳黄色而带褐色刚毛，触角5节，腹部末端在肛门两侧各有一排纵行的肛毛列，每侧21～25根，上端靠拢，下端分离。

4）蛹。长20 mm左右。

（2）马铃薯鳃金龟中亚亚种（见图3—32）

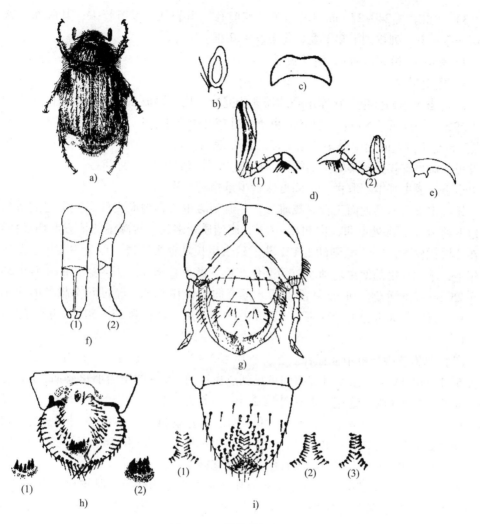

图 3—32　马铃薯鳃金龟

a）成虫背面　b）下颚须末节　c）唇基　d）触角（1）雄虫（2）雌虫　e）爪

f）雄性外生殖器（1）背面（2）右侧　g）幼虫头部

h）幼虫内唇（1）、（2）端感区刺与感觉器构造　i）幼虫肛腹片（1）、（2）、（3）刺毛列数及排列

1）成虫。体长 14.2～17.4 mm，宽 7.2～9.5 mm。体中型，较狭长。头、胸、腹部腹面深栗褐色；鞘翅淡黄褐色，全体密被较长的黄色绒毛。触角 9 节，鳃状部 3 节组成，雄虫扁阔长大，雌虫短小。腹部每腹节被乳白毛带，末腹板光滑。雄虫腹下有明显中纵沟。足较纤弱，中、后足股节后部有粗强刺毛；前足胫节外缘 3 齿，内缘距发达；爪纤长，爪下部有 1 小齿。雄性外生殖器阳基侧突略呈管状，末端扁。

2）卵。乳白色，椭圆形，长 1.9～2.1 mm，宽径 1.4～1.6 mm。

3）幼虫。长 24 ~ 27 mm，乳白色。肛门孔三射裂状；臀节较尖，其腹面钩状毛三角形分布；刺毛列排列上窄下宽，每侧 9 ~ 12 根。

4）蛹。长 20 ~ 23 mm，淡黄色或黄色。

3. 发生规律

（1）塔里木鳃金龟。在库尔勒约需 3 年完成一代，以成虫和一年生及两年生幼虫在地下越冬，深度可达 85 cm。越冬成虫于 4 月初开始出土，4 月中、下旬盛发，每日下午 5 点开始至 7 点之间出土最多，出土以后，在地面上留下一个直径 7 ~ 8 mm 的孔洞，易于发现。雌虫有较强诱集雄虫的能力，1 头雌虫最多时诱集雄虫 38 头。雌虫交配一次后不再出土。成虫基本不取食，仅偶见取食少量榆树叶片。

雄虫出土后紧靠地面飞行寻找雌虫，一遇到雌虫即在地面交配，交配过的雌虫即返回地下约 20 mm 深处产卵，卵期 8 ~ 9 天，腐殖质较多又比较潮湿的地方产卵量特别多。曾在一株桃树下，1 m² 挖到幼虫 127 头。幼虫生长发育很缓慢，可分一年生、两年生及三年生，不同年份的幼虫均随季节的变化在地下做垂直移动。当年孵化的一年生幼虫一直在 25 cm 以上活动。到 10 月份以后才逐渐向下转移越冬。经过两次越冬的两年生幼虫，从 4 月中旬大部分上升为害，直到 7 月中下旬多数转移到 25 ~ 50 cm 深层土中化蛹，8 月中旬为化蛹盛期，蛹期约三周，新羽化的成虫即留在土壤中越冬。

（2）马铃薯鳃金龟中亚亚种。在新疆伊犁 2 ~ 3 年完成 1 代，以幼虫在土壤中越冬。成虫 5 月下旬开始羽化，5 月底田间可见到成虫活动，6 月中旬为羽化盛期，7 月上旬为羽化末期，7 月底成虫绝迹。前后持续 2 个月。6 月上旬成虫开始产卵，下旬为产卵盛期，7 月上旬幼虫开始孵化，中旬为孵化高峰，有些幼虫在当年 8、9 月蜕皮为 2 龄，有些要到第 2 年 5、6、7 月蜕皮为 2 龄。2 龄幼虫都经 1 年在翌年 6、7 月变为 3 龄，3 龄幼虫经一年于 5 月初开始化蛹，5 月底为化蛹盛期。

成虫取食危害，昼伏夜出。飞翔能力强，对黑光灯趋性差。雌雄比为 10:15，成虫寿命平均为 17 天，最长可达 28 天。卵期平均为 156 天，产卵量平均 32 粒。幼虫老熟后做一蛹室在内化蛹，蛹期平均为 21 天。

4. 防治措施

（1）农业防治

1）实行水、旱轮作。

2）清除田间杂草，入冬前翻地。精耕细作和耕翻土壤可造成不利于蛴螬的生存条件。不宜在蛴螬为害重的田地上修建保护地。

3）施用腐熟的有机肥（可先过筛），可用碳酸氢铵追肥。

4）适当调节播种期可减轻受害。

（2）物理防治。用黑光灯诱杀成虫，防虫网覆盖保护地以免成虫侵入，同时在耕作时可人工捕捉成虫和挖捉幼虫。

（3）药剂防治

1）药剂拌种。同种作物不同品种对药剂的反应可能不同，拌种前应做发芽试验，确定适当用药量。先将原液加少量水化开，然后加到所需水量，边加药液边搅拌种子，或用喷雾器将药液喷到种子上，边喷边搅拌，使其均匀。待药液被种子吸收后，堆闷数小时然后播种。

2）毒土与处理苗床。每 $667m^2$ 用 80% 敌百虫可溶性粉剂 100~150 g，或 50% 辛硫磷乳油 200~250 g，加 10 倍水稀释，喷在 25~30 kg 细土上，拌匀制成毒土，将毒土顺垄条施，随即浅锄。或将毒土撒于播种沟内、覆盖一层细土后播种，或将毒土撒于地面即耕翻或混入厩肥中。

每 $667m^2$ 用 5% 辛硫磷颗粒剂或 5% 二嗪磷颗粒剂 2.5~3 kg 处理土壤。

在育苗时，每平方米苗床用 2.5% 敌百虫粉剂 3 g 拌过筛细土 15 g，混匀制成毒土，先往苗床内撒一层毒土，然后再铺苗床土。

3）用 50% 辛硫磷乳油 1 000 倍液，或 80% 敌百虫可溶性粉剂 800 倍液，或 25% 甲萘威可湿性粉剂 600 倍液，灌根防治蛴螬；用 20% 氰戊菊酯乳油 4 000 倍液，或 80% 敌百虫可溶性粉剂 1 000 倍液，或 40% 乐果乳油 800 倍液，喷雾防治金龟甲。

二、地老虎

1. 分布与危害

地老虎又名切根虫、土地蚕、夜盗虫等，属鳞翅目夜蛾科。据记载，中国农区地老虎有 170 种，分布广、危害重的地老虎主要有小地老虎、黄地老虎、警纹地老虎等。

地老虎主要危害茄果类、瓜类、豆类、十字花科等蔬菜及玉米、高粱、棉花、烟草、麻类、小麦、甜菜、苜蓿等作物，成虫取食花蜜，喜食糖醋等酸甜味汁液，不为害，一般夜间活动，有较强的趋光性。成虫喜在小旋花、小蓟、藜、猪毛菜等矮小杂草上产卵，尤其在贴近地面的叶背或嫩茎上。幼虫咬食为害，以天刚亮、露水多时为害最凶。三龄前幼虫昼夜咬食植株地上部分的心叶及幼嫩部位，将叶片咬食成小孔状或缺刻状；三龄后幼虫白天潜伏在表土层中，夜间到地面上为害，从幼苗茎基部咬断或咬食嫩茎叶，或将咬断的嫩茎拖到穴内取食，常造成缺苗断垄。还能钻入甘蓝、大白菜的叶球内或茄子、辣椒等果实内为害。土质疏松、团粒结构好、保水性强的壤土、黏壤土、沙壤土等地，蜜源植物多的地，耕作粗放地易受地老虎危害。

2. 形态特征

（1）小地老虎（见图 3—33）

1）成虫。体长 17~23 mm、翅展 40~54 mm。头、胸部背面暗褐色，足褐色，前足胫、跗节外缘灰褐色，中后足各节末端有灰褐色环纹。前翅褐色，前缘区黑褐色，外缘

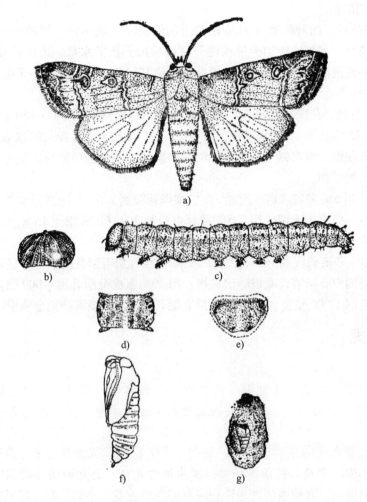

图 3—33　小地老虎
a）成虫　b）卵　c）幼虫　d）幼虫第四腹节背面
e）幼虫末节臀板　f）蛹　g）土室

以内多暗褐色；基线浅褐色，黑色波浪形内横线双线，黑色环纹内一圆灰斑，肾状纹黑色具黑边、其外中部一楔形黑纹伸至外横线，中横线暗褐色波浪形，双线波浪形外横线褐色，不规则锯齿形亚外缘线灰色、其内缘在中脉间有 3 个尖齿，亚外缘线与外横线间在各脉上有小黑点，外缘线黑色，外横线与亚外缘线间淡褐色，亚外缘线以外黑褐色。后翅灰白色，纵脉及缘线褐色，腹部背面灰色。

2）卵。馒头形，长径 0.5 mm、短径 0.3 mm，具纵横隆线。初产乳白色，渐变黄色，孵化前卵一顶端具黑点。

3）幼虫。圆筒形，老熟幼虫体长 37～50 mm、宽 5～6 mm。头部褐色，具黑褐色不规则网纹；体灰褐至暗褐色，体表粗糙，满布大小不一而彼此分离的颗粒，背线、亚背线及气门线均黑褐色；前胸背板暗褐色，黄褐色臀板上具两条明显的深褐色纵带；胸足与腹足黄褐色。

4）蛹。体长18~24 mm、宽6~7.5 mm，赤褐色有光泽。口器与翅芽末端相齐，均伸达第4腹节后缘。腹部第4~7节背面前缘中央深褐色，且有粗大的刻点，两侧的细小刻点延伸至气门附近，第5~7节腹面前缘也有细小刻点；腹末端具短臀棘1对。

（2）黄地老虎（见图3—34）

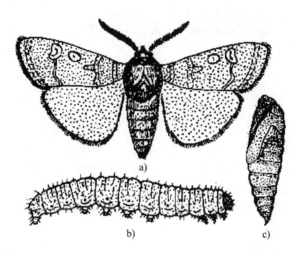

图3—34　黄地老虎
a）成虫　b）幼虫　c）蛹

1）成虫。体长15~18 mm、翅展35~45 mm，全体黄褐色，头部、胸部、腹部灰褐色。触角线状（雌）、双栉状（雄）。前翅基线、内、外、中横线不明显；肾状纹、环状纹、楔状纹明显，各具黑褐色边。后翅白色，前缘略带黄褐色。

2）卵。扁圆形，黄褐色，高0.5 mm，顶部较隆起、底部较平，卵孔不明显，中纵脊38~41根，纵脊间14~18个横道。

3）幼虫。体长35~50 mm，体黄色。头部褐色有不规则的黑褐色斑点，光滑的体表匀布微小颗粒。腹部末节臀板中央有黄色纵纹，两侧各有1个黄褐色大斑。

4）蛹。长16~20 mm，腹背第四节中央有稀少刻点，5~7节各前缘密布细小刻点9~10排，腹部末端稍延长，着生臀棘1对。

（3）警纹地老虎（见图3—35）

1）成虫。体长16~20 mm，翅展33~37 mm。触角线状（雌）、双栉状（雄）。前翅灰褐色。楔状纹粗而长，黑色，与灰褐色的肾状纹配置似一惊叹号。环状纹颜色较肾状纹淡，有时不明显。

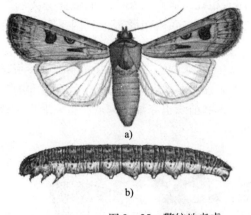

图 3—35　警纹地老虎
a）成虫　b）幼虫　c）蛹

2）卵。扁圆形，直径为 0.8 mm，有纵脊 13～15 条，横纹 17～20 条。

3）幼虫。老熟幼虫长 38～48 mm。体灰黄色，无光泽。头部黄褐色，头侧无网纹，额区直达颅顶。体表有大小不同的颗粒，稍有皱纹。背线、亚背线暗褐色。气门线不明显。前胸盾和臀板黄褐色，臀板上有稀少的褐色斑点。头部冠缝极短，傍额缝在冠缝顶端相汇合，额约为一等边三角形；上唇缺切浅；吐丝器短宽、扁平。虫体刚毛较短，腹部各节第 1 与第 2 毛片大小相似；第 4 毛片不比气门大。气门椭圆形，黑色。腹足趾钩单序缺环，第 1 对腹足趾钩数为 8～12 个，第 2～4 对腹足趾钩各 9～18 个。

4）蛹。长 18～22 mm，黄褐色。腹部第 4 节背面无刻点，第 5～7 节背面和腹面前缘有稀疏刻点 5～7 排。腹末具 1 对粗壮的臀棘。

3. 发生规律

（1）小地老虎。小地老虎在西北地区 2～4 代，长城以北一般年 2～3 代，长城以南黄河以北年 3 代，黄河以南至长江沿岸年 4 代。越冬代成虫全国大部分地区羽化盛期在 3 月下旬至 4 月上、中旬，宁夏、内蒙古为 4 月下旬。成虫多在下午 3 时至晚上 10 时羽化，白天潜伏于杂物及缝隙等处，黄昏后开始飞翔、觅食，3～4 天后交配、产卵。卵散产于低矮叶密的杂草和幼苗上，少数产于枯叶、土缝中，近地面处落卵最多，每雌产卵 800～1 000 粒、多达 2 000 粒；卵期 5 天左右，幼虫 6 龄、个别 7～8 龄，幼虫期在各地相差很大，但第 1 代为 30～40 天。幼虫老熟后在深约 5 cm 土室中化蛹，蛹期为 9～19 天。

成虫的活动性和温度有关，在春季夜间气温达 8℃以上时即有成虫出现，但 10℃以上时数量较多、活动越强；适宜生存温度为 15～25℃；具有远距离南北迁飞习性，春季由低纬度向高纬度、低海拔向高海拔迁飞，秋季则沿着相反方向飞；微风有助于其扩散，风力在 4 级以上时很少活动；对普通灯光趋性不强、对黑光灯极为敏感，有强烈的趋化性；特别喜欢酸、甜、酒味。成虫的产卵量和卵期在各地有所不同，卵期随分布地区及世代不同的主要原因是温度高低不同所致。幼虫的危害习性表现为 1～2 龄幼虫昼夜均可群集于幼苗顶心嫩叶处取食为害；3 龄后分散，幼虫行动敏捷、有假死习性、对光线极为敏感、受到惊扰即卷缩成团，白天潜伏于表土的干湿层之间，夜晚出土从地面将幼苗植株咬断拖入土穴或咬食未出土的种子，幼苗主茎硬化后改食嫩叶和叶片及生长点，食物不足或寻找越冬场所时，有迁移现象。

凡地势低湿，雨量充沛的地方，发生较多；头年秋雨多、土壤湿度大、杂草丛生有利于成虫产卵和幼虫取食活动，是第二年大发生的预兆；但降水过多，湿度过大，不利于幼虫发育，初龄幼虫淹水后很易死亡；土壤含水量在 15%～20% 的地区危害较重。沙壤土易透水、排水迅速，适于小地老虎繁殖，而重黏土和沙土则发生较轻；土质与小地老虎的发生也有关系，但实质是土壤湿度不同所致。

（2）黄地老虎。黄地老虎在南疆每年发生 3～4 代，北疆发生 2～3 代，以老熟幼虫在土内越冬。越冬深度多数在 7～10 cm，一般 2～15cm。越冬场所主要在早播的冬麦地、菜地、马铃薯地以及苜蓿、绿肥地，其次是玉米、棉花地，田埂密度大于田中，田埂向阳面多于阴面。

春季，气候回暖后，老熟幼虫即爬到离地表 3～5 cm 的土层中做一土室，直立其中化蛹。成虫羽化后需取食花蜜进行补充营养。越冬代成虫最喜食马兰、大葱、沙枣、洋槐花蜜，以后各代常喜欢向日葵花蜜。成虫对糖醋和发酵的糖浆有强烈的正趋性，趋光性强，对杨柳枝把也有趋性。成虫羽化后 1 天即开始交配，产卵前期为 3～4 天，产卵期为 5～10 天，每头雌虫产卵 1 000 粒左右。卵一般散产在湿润的土表、土块、枯茬、枯须根上以及植物的幼曲、叶片上。各地发现的黄地老虎产卵的植物种类很多，尤以苘麻上最多，其他如灰藜、旋花、白菜、萝卜、玉米、小麦、苜蓿、棉花、苋菜、龙葵等。第 1 代卵最喜欢产在苘麻上，其次为灰藜、旋花等杂草。第 2 代卵则以休闲地、夏播作物及北疆早播的大白菜、萝卜地较多。第 3 代卵产在秋播作物如冬麦和冬白菜地。

卵初产时为乳白色，2～3 天后出现浅灰色斑纹，孵化前变灰褐色，卵期长短随温度高低而异，春天 19～20℃时，卵期为 7 天。

幼虫一般蜕皮 5 次，完成 6 个龄期。第 1 代幼虫平均 23～31 天。1～2 龄幼虫常集中在植物的嫩头取食，3 龄以上幼虫白天潜伏于土中，夜间活动，将接近地面的茎部咬断，造成缺苗断垄。

黄地老虎的第 2、第 3 代幼虫重叠发生，冬白菜从出苗一直到采收在整个生长期中均受其害，在 2～6 片真叶时，虫口密度最大。龄期小的幼虫咬断生长点，也同样造成无头苗，大龄幼虫于大白菜包心前，常从菜帮基部蛀入白菜内，引起白菜腐烂病。幼虫老熟后在土中做土室化蛹，蛹期一般为 15～25 天。

黄地老虎的发生与作物的播期有关，春播作物播种时正值越冬代成虫逐步羽化，所以早播者受害轻；秋播作物播种晚成虫正趋向于减少，晚播者受害轻。

（3）警纹地老虎。1年发生2代，以老熟幼虫在地下越冬。一般以5～7 cm密度最大。越冬代化蛹羽化及第一代发生时间，大致与黄地老虎相同。警纹地老虎寄主范围较黄地老虎窄。第1代幼虫一般生活于苜蓿地和藜科杂草之下，第2代幼虫主要集中在苜蓿、甜菜和马铃薯上为害。

4. 防治措施

地老虎的防治应根据不同作物受害的生育阶段、危害幼虫的龄期、害虫的发生规律、种群的田间分布状况及数量，以及防治投资的效益等，结合当地实际情况，综合考虑选择使用。

（1）农业防治

1）及时将蔬菜残株烂叶等清除出棚室外，以防其发酵物诱使成虫产卵。

2）秋耕冬灌。破坏地老虎越冬场所，消灭越冬幼虫，减少越冬基数。或春耕耙地，不宜在小地老虎为害重的田地上修建保护地。

3）诱集产卵。地老虎喜产卵在小白菜和苘麻上，可作诱集产卵植物，引诱成虫产卵，当诱集产卵植物出苗后，每5天在其上喷1次药，20天后处理掉，防治效果显著。

4）适时播种。春播作物适期早播，秋播作物适期晚播。

5）在菜苗定植前，可将灰菜、刺儿菜、苦苣菜、小旋花、苜蓿、艾蒿、青蒿、白茅、鹅儿草等杂草堆放在田间，诱集幼虫人工捕捉，或先拌入药剂毒杀。

（2）物理及诱杀防治

1）用糖醋液诱杀器（盆）或黑光灯诱杀成虫。糖醋液是用红糖6份、醋3份、酒1份、水10份配成，90%敌百虫原药1份，置于容器内，容器大小规格为直径20 cm、高15 cm，上下一致，装容器的1/3，置于高1 m的三脚架上，药液干了及时增补，日落放，清晨收回检查蛾数。每10天换1次糖醋毒液。

2）用杨枝把诱集。选1～2年生的叶片较多的杨树枝条，剪成60 cm长，用绳扎成直径为15 cm左右的枝把，晾置1～2天后将其倒插于田间，高于作物30～50 cm，90把/公顷，每日清晨人工捉拿幼虫。

3）保护地的通风口和进出门口，安放防虫网。

4）对高龄幼虫可在每天早晨到田间，扒开新被害植株的周围或畦边田埂阳坡表土，捕捉幼虫杀死。

（3）药剂防治

1）药剂处理种子防治。

2）撒施毒饵、毒土。用药种类及剂量为：25%溴氰菊酯乳油25 mL、50%辛硫磷乳油或40%甲基异硫磷乳油500 mL加水适量，喷拌细土50 kg配成毒土，顺垄撒施于幼苗根际附近。

撒施毒饵多在幼虫 3 龄以后使用。每公顷用 90% 敌百虫 35 kg 或 40% 氧化乐果乳油 750 mL 加水 175～350 kg，喷拌在铡碎的鲜嫩杂草或菜叶 200～225 kg 中，或拌入碾碎的炒香棉籽饼或油渣 350 kg 中制成毒饵，于傍晚在受害作物田每隔一定距离堆施，或在作物苗际附近围施。地老虎取食并接触毒饵，可获得胃毒及接触兼有的杀虫效果。

3）在 1～3 龄幼虫期，用 90% 敌百虫原药 800～1 000 倍液，或 80% 敌敌畏乳油 1 000～1 500 倍液，或 40% 乐果乳油 1 000～1 500 倍液，或 50% 辛硫磷乳油 800 倍液，或 2.5% 溴氰菊酯乳油 3 000 倍液，或 20% 氰戊菊酯乳油 3 000 倍液，或 2.5% 高效氟氯氰菊酯乳油 2 000～4 000 倍液，或 2.5% 联苯菊酯乳油 2 000～4 000 倍液，喷雾防治。或用 90% 敌百虫原药 800～1 000 倍液，或 80% 敌敌畏乳油 2 000 倍液，或 50% 辛硫磷乳油 2 000 倍液灌根。

三、金针虫

1. 分布与危害

金针虫是鞘翅目、叩头甲科幼虫的统称，主要有条纹金针虫、农田金针虫、暗金针虫、阔金针虫等。以幼虫危害各种农作物、蔬菜、花卉及林木的地下部分，咬食刚发芽的种子或幼苗的细根和嫩茎，使小苗枯死。幼虫也常钻入地下根茎、大粒种子和薯类等地下块根块茎内部取食为害，同时传播病原菌引起腐烂。金针虫咬断的根茎被害部呈刷状。其成虫可取食地上部分的叶片，但危害轻微。

2. 形态特征

（1）沟金针虫（见图 3—36）

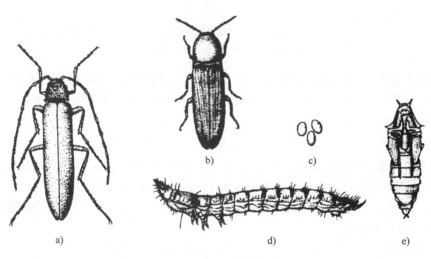

图 3—36　沟金针虫
a）雄成虫　b）雌成虫　c）卵　d）幼虫　e）蛹

单 元 3

1）成虫。雌虫体长 16～17 mm，宽 4～5 mm；雄虫长 14～18 mm，宽 3.5 mm。身体栗褐色，密被细毛。雌虫触角 11 节，略呈锯齿状，长约前胸的两倍；前胸发达，中央有微细纵沟；鞘翅长为前胸的 4 倍，其上纵沟不明显，后翅退化。雄虫体细长，触角 12 节，丝状，长达鞘翅末端；鞘翅长约前胸的 5 倍，其上纵沟明显，有后翅。

2）卵。乳白色，长约 0.7 mm，宽约 0.6 mm，椭圆形。

3）幼虫。老熟幼虫体长 20～30 mm，宽约 4 mm，金黄色，宽而扁平。体节宽大于长，从头部至第 9 腹节渐宽，胸背至第 10 腹节背面中央有 1 条细纵沟。尾节两侧缘隆起，具 3 对锯齿状凸起，尾端分叉，并稍向上弯曲，各叉内侧均有 1 小齿。

4）蛹。纺锤形，长 15～20 mm，宽 3.5～4.5 mm；前胸背板隆起呈半圆形，尾端自中间裂开，有刺状凸起。化蛹初期体淡绿色，后渐变深色。

（2）细胸金针虫（见图 3—37）

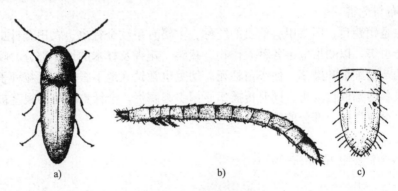

图 3—37　细胸金针虫
a）成虫　b）幼虫　c）幼虫尾节

1）成虫。体长 8～9 mm，宽约 2.5 mm。体细长，暗褐色，略具光泽。触角红褐色，第 2 节球形。前胸背板略呈圆形，长大于宽，后缘角伸向后方。鞘翅长约为胸部的 2 倍，上有 9 条纵列的刻点。足红褐色。

2）卵。乳白色，圆形，直径为 0.5～1.0 mm。

3）幼虫。老熟幼虫体长约 23 mm，宽约 1.3 mm，体细长圆筒形，淡黄色有光泽。尾节圆锥形，背面近前缘两侧各有褐色圆斑 1 个，并有 4 条褐色纵纹。

4）蛹。纺锤形，长 8～9 mm。化蛹初期体乳白色，后变黄色；羽化前复眼黑色，口器淡褐色，翅芽灰黑色。

3. 发生规律

金针虫一般 3～4 年完成 1 代。以成、幼虫在地下越冬。在北疆越冬成虫于 4 月上旬始见，成虫出现 2～3 周开始产卵，5 月上、中旬为产卵盛期。卵产于有较高湿度的土壤表层。幼虫孵化后，生长很慢，一年只能增长 3 个龄期左右。

成虫昼伏夜出，多数个体黄昏后开始活动，通常前半夜交配行为较多，午夜后以取食为主。雌雄成虫取食葫芦、黄瓜等植物的花瓣和花蕊，也咬食小麦、玉米、马铃薯、白菜等作物及灰藜等杂草的嫩叶，被害叶片残留表皮和叶脉。因取食量很少，故对作物无明显危害。雌雄成虫均有重复交配习性，一夜期间交配多达 6 次，交配多在地面或枯枝落叶下及土块下进行。卵散产于背风向阳、靠近水渠、杂草多、施有机肥料较多的田间土中 0 ~ 7 cm 处。产卵期延续 9 ~ 29 天，平均 21 天，单雌产卵量多数为 30 ~ 40 粒。成虫对禾本科杂草及作物枯枝落叶等腐烂发酵气味有趋性，并有群集在烂草堆下和土块下的习性。具有较强的假死性和微弱的趋光性。

4. 防治措施

（1）农业防治

1）采用合理的耕作制度，调整茬口科学轮作。

2）深翻土壤，精耕细作，降低虫口数量。

3）不施用未腐熟的有机肥。

4）利用成虫昼伏夜出，白天潜伏在土缝或作物根茬中，傍晚开始活动交配、产卵、取食，略具趋光性，并对新鲜而略萎蔫的杂草及作物枯枝落叶等腐烂发酵气味有极强的趋性，常群集于草堆下等特点，对金针虫进行诱杀。

（2）药剂防治

1）采用生物农药治虫。

2）在虫情密度小的情况下，可用 50% 辛硫磷乳油 50 g 兑水 50 g，拌 5 kg 的炒香的麦麸、米糠制成毒饵撒于沟内。

3）可用 48% 的乐斯本乳油 30 ~ 40 g 兑适量水在作物的根部周围土表喷雾处理。

4）可用 40% 辛硫磷 0.25 kg 兑水 0.5 kg 或 3% 呋喃丹 1.5 ~ 2.5 kg 拌干土 20 kg，均匀撒于地表随即耕翻。

5）定植后，用 45% 的辛硫磷 1 500 倍液灌施于植株根部，效果较好。

四、蝼蛄

1. 分布与危害

蝼蛄属直翅目蝼蛄科，是常见的地下害虫之一。主要有华北蝼蛄、普通蝼蛄，分布于河南、河北、山东、山西、陕西、内蒙古、辽宁、吉林（西部较多）、俄罗斯西伯利亚、土耳其等地。该虫喜居于温暖、潮湿、多腐殖质的壤土或沙土内，昼伏夜出活动为害。成虫、若虫均喜食刚发芽的种子，危害农作物的幼苗根部、接近地面的嫩茎，被害部分呈丝状残缺，致使幼苗枯死；同时成虫、若虫在表土层内钻筑隧道，使幼苗根土分

单元 3

离失水而枯死。

2．形态特征

（1）华北蝼蛄（见图 3—38）

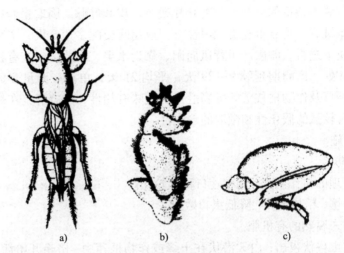

图 3—38　华北蝼蛄
a）成虫　b）前足　c）后足

1）成虫。雌虫体长 45 ~ 50 mm，最长可达 66 mm，头宽 9 mm；雄虫体长 39 ~ 45 mm，头宽 55 mm。体黑褐色，密被细毛，腹部近圆筒形；后足胫节内上方有刺 0 ~ 2 根。

2）卵。椭圆形，初产时长 1.6 ~ 1.8 mm，宽 1.3 ~ 1.4 mm，以后逐渐膨大，孵化前长 2.4 ~ 3 mm，宽 1.5 ~ 1.7 mm；卵色初产为黄白色，后变为黄褐，孵化前呈深灰色。

3）若虫。初孵化的若虫头、胸特别细，腹部肥大，全身乳白色；复眼淡红色，以后颜色逐渐加深，5 ~ 6 龄后基本与成虫体色相似；若虫共分 13 龄，初龄体长 3.6 ~ 4 mm，末龄体长 36 ~ 40 mm。

（2）普通蝼蛄。成虫体长 35 ~ 50 mm，前翅长 13 ~ 21 mm，后翅长 36 ~ 42 mm，后足胫节背侧内缘有刺 4 ~ 5 根。

3．发生规律

华北蝼蛄 3 年才能完成 1 代，以成虫、若虫在土中越冬。普通蝼蛄 13 ~ 14 个月完成一代。

华北蝼蛄越冬成虫于 6 月上、中旬开始产卵，7 月初孵化。初孵幼虫有聚集性，3 龄后分散为害，到秋季达 8 ~ 9 龄，深入土中越冬。次春越冬若虫恢复活动继续为害，到秋季达 12 ~ 13 龄后进入越冬。第三年春又活动为害，夏季若虫羽化为成虫。

蝼蛄的全年活动过程大致可分为 6 个阶段：

（1）冬季休眠阶段。从 10 月下旬开始到次年 3 月中旬为越冬阶段，以成虫和若虫在 60～120 cm 深的土层中越冬，一窝一头，头部向下。越冬深度决定于冻土层深度和地下水位，即在冻土层以下和地下水位以上。

（2）春季苏醒阶段。这阶段在 3 月下旬至 4 月上旬，越冬蝼蛄开始恢复活动。清明以后头扭转向上，进入表土层活动。华北蝼蛄洞顶隆起 10 cm 左右的新鲜虚土隧道，这时对春季调查虫口密度和挖洞灭虫有利。

（3）出窝迁移阶段。4 月中旬至 4 月下旬，地表出现大量弯曲虚土隧道，并在其上留有一个小孔，蝼蛄已出窝为害。这时是结合播种拌药和撒药保苗的关键。

（4）猖獗为害阶段。5 月上旬至 6 月中旬，越冬后的蝼蛄体内营养消耗很大，需要补充营养，大量活动取食为害，此时正值春播作物苗期和冬小麦返青期，是一年中第一次为害高峰，也是再次施药保苗的紧要时机。

（5）产卵和越夏阶段。6 月下旬至 8 月下旬，温度增高，天气炎热，蝼蛄潜入 30～40 cm 以下的土中越夏。此时，成虫进入交尾产卵盛期，是人工挖窝毁卵和消灭若虫的适期。

（6）秋季为害阶段。9 月上旬至 9 月下旬，气候逐渐转凉，经过越夏的若虫又需补充消耗的营养以准备越冬，再次上升活动取食，当年孵出的若虫也分散为害，此时正值秋播作物播种和幼苗阶段，形成一年中第二次为害高峰。

蝼蛄类对产卵地点有严格选择性，华北蝼蛄多在轻盐碱地内的高燥向阳、地埂畦埝附近和松软油渍状土壤里产卵，而禾苗茂密、荫蔽之处产卵少。在山坡干旱地区，多集中在水沟两旁、过水道和雨后积水处。产卵前先做成产卵窝，呈螺旋形向下，内分三室，上部为运动室或称耍室，距地表 8～16 cm，一般约 11 cm。中间为卵室，椭圆形，距地表 9～25 cm，一般约 16 cm。下面是隐蔽室，供雌虫在卵室产卵后栖居之用，距地面 13～63 cm，一般约 24 cm。一头雌虫通常挖一个卵室，也有挖两个的。每雌产卵量为120～160 粒，可少至 40 余粒，多达 500 余粒。

普通蝼蛄更喜潮湿，多集中在湿润的低洼地。在灌水较多的蔬菜地危害较重。产卵在地下深 10～20 cm 的卵室中，一头雌虫可产卵 96～250 粒。

蝼蛄夜出活动，有趋灯光习性，黑光灯下特别是无月光时可以诱到大量蝼蛄。对香、甜物质气味有趋性，特别嗜食煮至半熟的谷子、棉籽，炒香的豆饼和麦麸等，用此类食料配成毒饵诱杀。对马粪、粪土等有机粪肥有趋性，可利用粪肥诱杀。喜栖息于河岸渠旁、菜园地及轻度盐碱潮湿地。群众有"蝼蛄跑湿不跑干"的说法，可见土壤湿度与蝼蛄的活动为害有密切关系。如 10～20 cm 深处土壤湿度超过 20% 时，活动为害最盛。低于 15% 时，活动减弱。适当的降水量有利于蝼蛄的钻躜，田间常出现较多的隧道。但如雨水过多，土壤含水量达到饱和时，也影响正常活动。

单 元
3

4．防治措施

（1）农业防治

1）改良盐碱地，或实行水旱轮作。

2）施用腐熟的有机肥料。在蝼蛄为害期，追肥可用碳酸氢铵等化肥。或对田间新拱起的蝼蛄隧道，人工挖洞捕杀虫、卵。

3）夏收后及时翻地，破坏蝼蛄的产卵场所；秋收后先大水灌地，使土壤深层的蝼蛄向上迁移，在上冻前深翻地，把翻上地表的害虫冻死。

（2）物理防治

1）用白炽灯（下加水盆）诱杀成虫。

2）傍晚在田间挖个土坑，放1个水盆，盆口与地面齐平，装水八成满，在水面上滴几滴香油诱杀。

（3）药剂防治

1）每667 m^2 用3%辛硫磷颗粒剂1.5~2 kg或10%二嗪磷颗粒剂2~3 kg，与细土15~30 kg混匀，制成毒土，将毒土撒于苗床土上或播种沟内或栽植穴内，播种或栽苗后覆土。

2）先把麦麸、豆饼、秕谷、棉籽饼或玉米碎粒等饵料炒香后放凉，每100 kg饵料，用90%敌百虫原药0.5~1 kg，先将敌百虫用少量温水溶解，倒入饵料中拌匀，再根据饵料干湿程度加适量水，拌至用手一攥稍出水就行，即制成毒饵；每667 m^2 用毒饵1.5~2.5 kg，在傍晚时撒在已出苗的菜地或苗床的表土上，或播种、移栽定植前撒于播种沟内或定植穴内。制成的毒饵应当日用完。

3）苗床受害严重时，用80%敌敌畏乳油30倍液灌洞灭虫。

五、种蝇

1．分布与危害

种蝇幼虫又名根蛆或地蛆，是蔬菜生产中常发生性害虫。国内常见的种蝇有4种：灰地种蝇（种蝇）、葱地种蝇（葱蝇）、萝卜地种蝇（萝卜蝇）和毛尾地种蝇（小萝卜蝇），均属双翅目花蝇科。分布于黑龙江、内蒙古、河北、山西和新疆等地。

种蝇食性杂，能危害瓜类、豆类、葱蒜类、十字花科蔬菜、花生、棉花等作物。以幼虫危害萌动的种子，取食胚乳或子叶，葱、蒜的鳞茎，使叶片发黄、萎蔫，甚至造成成片植株死亡，造成缺苗断垄。危害菜株造成大量伤口，有利于软腐病菌侵入，引起病害流行，从而造成更大的损失。

2．形态特征

四种花蝇科种蝇形态特征见表3—1，四种花蝇科种蝇成虫形态区别、幼虫腹端形态比较如图3—39、图3—40所示。

表 3—1　　　　　　　　　　　　　　四种花蝇科种蝇形态特征

虫态	灰地种蝇	葱地种蝇	萝卜地种蝇	毛尾地种蝇
成虫	前翅基背毛短小，不及盾间沟后背中毛的 1/2 长，两复眼间额带最狭部分比中单眼狭。雄虫后足胫节内下方几乎占胫节全长，生有成列密而等长短毛。雌虫中足胫节外上方仅有 1 根刚毛	前翅基背毛短小，不及盾间沟后背中毛的 1/2 长，两复眼间额带最狭部比中单眼狭。雄虫后足胫节内下方中央，约为胫节 1/3～1/2 长，生有成列稀疏约等长的短毛。雌虫中足胫节外上方有 2 根刚毛	前翅基背毛与盾间沟后的背中毛约等长，雄虫两复眼间额带最狭部分至少为中单眼宽度的 2 倍。雄虫后足腿节下方全长有 1 列稀疏长毛。雌虫腹部灰至黄色，背面无斑纹	前翅基背毛与盾间沟后的背中毛约等长，雄虫两复眼间额带最狭部分小于中单眼宽度的 2 倍。雌虫腹部灰黄至灰色，从后方观，腹部背面中央有稍显暗色纵带，两侧有不规则暗色花纹
幼虫	腹部末端有 7 对凸起，均不分叉；第 7 对极小，第 1 对与第 2 对在同一高度上，第 6 对与第 5 对一样大	腹部末端有 7 对凸起，均不分叉，第 7 对极小，第 1 对在第 2 对的内上侧，第 6 对比第 5 对稍大	腹部末端有 6 对凸起，第 5 对凸起很大，分为很深的两叉	腹部末端有 6 对突起，第 6 对分为很浅的两叉

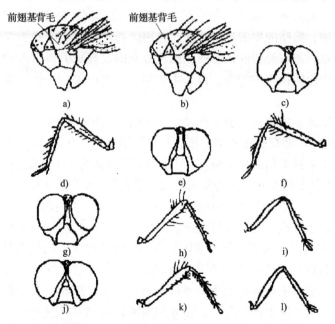

图 3—39　四种花蝇科种蝇成虫形态区别

a)、b) 胸部侧面观前翅基背毛的位置和不同长度萝卜地种蝇　c) 雄虫头部（正面观）

d) 雄虫右后足（内面观）毛尾地种蝇　e) 雄虫头部（正面观）　f) 雄虫右后足（内面观）葱地种蝇

g) 雄虫头部（正面观）　h) 雄虫右后足（内面观）　i) 雌虫左中足灰地种蝇

j) 雄虫头部（正面观）　k) 雄虫右后足（内面观）　l) 雌虫左中足

单 元

3

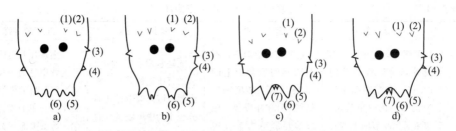

图3—40　四种花蝇科种蝇幼虫腹端形态比较

a）萝卜地种蝇　b）毛尾地种蝇　c）葱地种蝇　d）灰地种蝇

（1）～（7）表示各肉质凸起的所在位置和形态

3. 发生规律

灰地种蝇在黑龙江省1年发生2～3代，辽宁3～4代，北京、山西3代，陕西4代，江西、湖南5～6代。在北方一般以蛹在土壤中越冬。在山西越冬代成虫于4月下旬至5月上旬羽化、交配产卵。第1代幼虫发生于5月上旬至6月中旬，主要危害甘蓝、白菜等十字花科蔬菜的采种株、苗床的瓜类幼苗和豆类发芽的种子等。第2代幼虫发生在6月下旬至7月中旬，危害洋葱、韭菜、蒜等。第3代幼虫发生于9月下旬至10月中旬，危害洋葱、韭菜、大白菜、秋萝卜等。成虫早晚隐蔽，喜在晴朗的白天活动，对花蜜、蜜露、腐烂有机物、糖醋的发酸味有趋性。施用的粪肥不腐熟或裸露在地表，可诱集大量成虫产卵。成虫产卵有趋湿性，多产在比较湿润的、有机肥料附近的土缝下。幼虫活动性很强，在土中能转换寄主为害。以瓜类、棉花、大白菜、豆类、韭菜和葱类受害最重。

葱地种蝇在东北、内蒙古等地1年发生2～3代，在华北发生3～4代，山东、陕西3代，在北方各地均以滞育蛹在韭菜、葱、蒜根际附近5～10 cm深的土壤中越冬。在陕西关中，越冬蛹于4月上旬羽化成虫，4月下旬至5月初为第1代幼虫为害高峰期，5月上、中旬化蛹，5月下旬至6月初为第1代成虫盛发期。6月上、中旬为第2代幼虫为害盛发期。9月底至11月初为第3代幼虫为害期，11月上、中旬幼虫化蛹越冬。以第1代幼虫为害最重。葱地种蝇常与灰地种蝇混合发生，但发生略比灰地种蝇晚。成虫白天活动，10—14时活动最盛，晴朗干燥时活跃，阴雨天活动较少。趋化性很强，对未腐熟的牲畜粪、饼肥、腐败的有机物和发酵霉味物以及葱、蒜腐败的气味有强烈的趋性。当施用的粪肥不腐熟，或粪肥裸露在地表，便可诱集大量成虫产卵。大蒜在烂母子时，常受葱地种蝇的严重危害。卵堆产在葱叶、鳞茎和周围1 cm深的表土中，田间多集中在被害后的凋萎株附近产卵。

萝卜地种蝇在各地均是1年发生1代，以蛹在土中滞育越冬。成虫盛发期在黑龙江的佳木斯为7月下旬至8月上旬，在辽宁的锦州为9月上旬，在山西晋城是8月下旬至9月上旬。在新疆的乌鲁木齐7月下旬末（日平均气温27℃左右）成虫开始羽化，8月下旬为盛期，9月中旬为末期。9月上旬是产卵盛期，幼虫为害盛期在9月中、下旬，末期在10月中旬。10月下旬为化蛹盛期，并以蛹在土中越冬。哈尔滨地区成虫8月上旬开始羽化，盛发期在8月中、下旬，8月中旬为成虫产卵高峰期，8月下旬是卵孵化盛期，老熟幼虫9月入土，在6~15 cm深处化蛹、越冬。成虫畏强光，喜在早晨及黄昏活动，对糖醋液有趋性，但对粪肥无明显趋性。卵多产在植株周围的地面或潮湿的土缝里，或产在叶柄基部，呈卵块产。8月份多雨潮湿有助于成虫的羽化及幼虫的孵化，发生较重。幼虫孵化后，即从根部表面或叶柄间钻入根内取食，造成隧道，易诱发软腐病菌的侵染和该病的流行。幼虫老熟后在根际附近5~20 cm深的土壤中化蛹越冬，极少数化蛹较晚的幼虫随秋菜或留种菜株带到菜窖或室内越冬。

灰地种蝇不耐高温，当气温超过35℃时，有70%以上的卵不能孵化而死亡，幼虫不能存活，蛹不能羽化，故夏季种蝇发生量较少。萝卜地种蝇在东北地区当炎热夏季过后平均温度下降至18℃时才发生危害，故其发生危害有在北部地区偏早、在南部地区偏晚的现象，在黑龙江省佳木斯地区成虫盛发期在7月下旬至8月上旬，在哈尔滨8月中、下旬盛发，在辽宁省锦州9月上旬盛发。在成虫羽化期降雨可促进成虫羽化，在羽化前连续降雨20~30 mm，则雨后3~5天开始羽化，若在羽化期中后阶段连续降雨，则雨后1~2天开始羽化。相对湿度60%对卵孵化最有利。干旱对成虫的羽化和卵的孵化均不利。葱地种蝇在降雨量较少、土壤干旱的葱、蒜、韭菜地为害重。

萝卜地种蝇在地势低洼、排水不良的菜地比地势高燥、通风良好的地块受害重；含腐殖质高的土壤、黏重土壤比沙壤土受害重；重茬地受害重，生地或换茬地受害轻。葱地种蝇则在高燥及较干旱地块为害严重，一般排水不良、土壤水分较多的地块，则受害较轻。

灰地种蝇和葱地种蝇成虫产卵有趋向未腐熟粪肥习性，施用未腐熟的粪肥于地表极易招引成虫集中产卵而加重根蛆的危害。在成虫产卵期新翻耕的潮湿土壤易招引成虫产卵。在葱、蒜烂母子期大水漫灌，能缩短烂母子时间而减轻葱地种蝇的为害，精选种子，葱、蒜剥皮栽植，也能减轻葱地种蝇的危害。

4．防治措施

（1）农业防治

1）精选蒜种、韭根或种子催芽处理。选用无虫韭根，选用饱满无霉无破伤的蒜瓣做种，并剥皮栽植，以缩短烂母子时间。瓜类、豆类、茄果类种子需先浸种催芽后播种；或用40%二嗪磷粉剂拌种后播种，用药量为种子质量的0.3%。

2）禁止使用生粪作肥料，施用腐熟的粪肥和饼肥，施肥时做到均匀、深施，最好作底肥，且种、肥隔离。或施肥后立即覆土，或在施入的粪肥中拌入一定量的具有触杀和熏蒸作用的杀虫剂做成毒粪。作物生长期内不追施稀粪。

3）浇水播种时覆土要细致，不使湿土外露。在葱、蒜烂母子时大水勤浇，缩短烂

单元 3

母子时间。发现葱地种蝇幼虫为害时，及时进行大水漫灌数次，可有效控制蛆害。

4）清洁田园。葱、蒜收获后及时清除田间残株落叶，特别是腐烂的茎、叶。

（2）药剂防治

1）土壤处理。在地蛆重发区，每667 m² 用2%二嗪磷颗粒剂1.25 kg或50%辛硫磷颗粒剂1～1.5 kg，与20～30 kg细土拌匀，制成毒土，撒施在基肥上或播种沟、定植穴内。

2）喷雾防治。常用药剂有：1.8%阿维菌素乳油、21%增效氰·马乳油、5%高效灭百可（顺式氯氰菊酯）乳油、2.5%溴氰菊酯乳油3 000倍液、5%氟虫脲乳油、75%灭蝇胺可湿性粉剂、50%地蛆灵乳油、10%溴·马乳油2 000倍液、40%乐果乳油1 000倍液等。

3）浇灌或灌根。当发现幼虫为害时，用80%敌敌畏乳油、90%晶体敌百虫、50%辛硫磷乳油、48%毒死蜱乳油、25%增效喹硫磷乳油、40%乐果乳油、50%马拉硫磷1 000倍液，或用50%地蛆灵乳油1 500倍液浇灌。可用去掉雾化片的喷雾器沿葱、蒜根头或韭墩灌入土中。瓜类和豆类营养钵定植时，用50%马拉硫磷乳油2 000倍液作"定根"水，均有良好防效。

4）利用种蝇类成虫的趋化性，在成虫发生期，每块地设置1～2个糖醋盆（口径33 cm），盆内先放入少许锯末，然后倒入适量诱剂（诱剂配方是红糖∶醋∶水＝1∶1∶2.5，并加入少量敌百虫拌匀），加盖，盆距地面15～20 cm。每天在成虫活动时间开盖，及时检查诱集虫数和雌雄比，并注意补充和更换诱剂。当盆内诱蝇数量突增或雌雄比接近1∶1时，是成虫发生盛期，应在5～10天内立即防治。

六、菜蚜

1. 分布与危害

蚜虫是蔬菜生产中的重要害虫，给农作物、蔬菜和果树等植物造成严重的危害，并且能够传播多种植物病毒。随着设施农业的快速发展，保护地蔬菜栽培面积逐年扩大，蚜虫更是常年发生，危害逐渐加重。保护地内温度条件极适合蚜虫的繁殖，与露地相比，蚜虫繁殖周期短、代数多、速度快，可周年发生。每年可发生几十代，并可进行孤雌生殖，蔓延速度极快，迫使菜农用药次数增加，造成蔬菜中农药污染加重，给人们健康带来威胁。保护地蔬菜蚜虫的种类主要有桃蚜、萝卜蚜、甘蓝蚜等。

蚜虫危害时群集在菜株上幼嫩叶片和嫩茎上刺吸汁液，使植株生长缓慢、矮小，香气和香味改变。分泌蜜露而引起霉菌滋生影响光合作用，且传播病毒病。一般年份该虫可造成10%～15%的经济损失，如果大发生或病毒病流行，则可造成50%～80%的经济损失，甚至绝收。

2. 形态特征

菜蚜形态特征见表3—2，具体形态如图3—41、图3—42和图3—43所示。

表 3—2 三种菜蚜形态特征

虫态	桃蚜	萝卜蚜	甘蓝蚜
有翅胎生雌蚜	体长约 2 mm。头、胸部均黑色。腹部淡暗绿色，背面有淡黑色的斑纹。复眼赤褐色。额瘤很发达，且向内倾斜。腹管绿色，很长，中后部稍膨大，末端明显的缢缩。尾片绿色而大，具 3 对侧毛（见图 3—41）	体长 1.6～1.8 mm。头、胸部均黑色，腹部黄绿色至绿色。额瘤不显著。第 1、2 节背面及腹管各有两条淡黑色横带。复眼赤褐色。翅脉黑色。腹管暗绿色较短，约与触角第 5 节等长，中后部稍膨大，末端稍缢缩（见图 3—42）	体长 2.2 mm。头、胸部黑色。复眼赤褐色。腹部黄绿色，有数条不很明显的暗绿色横带。两侧各有 5 个黑点。全身覆盖有明显的白色蜡粉。无额瘤。腹管很短，远比触角第 5 节短，中部稍膨大，尾片短，呈圆锥形，基部稍凹陷，两侧有 2～3 根长毛（见图 3—43）
无翅胎生雌蚜	体长约 2 mm。全体绿色，但有时为黄色至樱红色。额瘤和腹管同有翅蚜	体长约 1.82 mm。全体黄绿色或稍覆白色蜡粉。胸部各节中央有一黑色横纹，并散生小黑点。腹管和尾片同有翅蚜	体长 2.5 mm 左右，全体暗绿色，也有明显的白色蜡粉，复眼黑色。无额瘤，腹管同有翅蚜

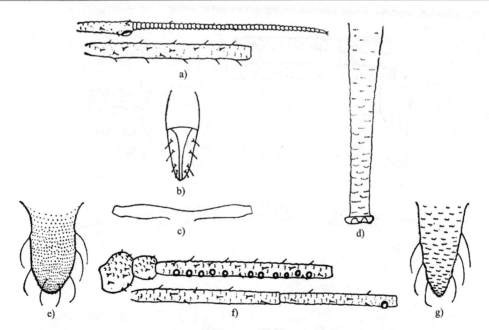

图 3—41 桃蚜

无翅孤雌蚜：a）触角Ⅲ b）喙端部 c）中胸腹岔 d）腹管 e）尾片

有翅孤雌蚜：f）触角 g）尾片

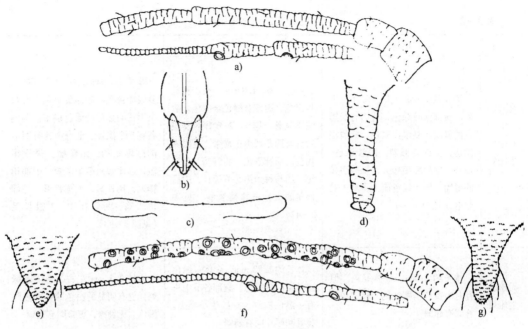

图 3—42　萝卜蚜

无翅孤雌蚜：a）触角Ⅲ　b）喙端部　c）中胸腹岔　d）腹管　e）尾片　有翅孤雌蚜：f）触角　g）尾片

单元
3

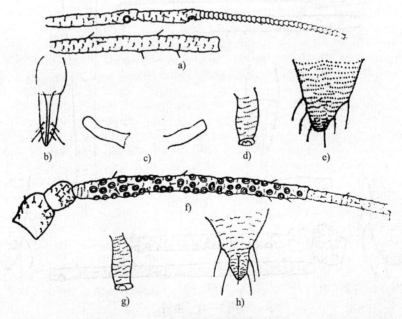

图 3—43　甘蓝蚜

无翅孤雌蚜：a）触角Ⅲ　b）喙端部 c）中胸腹岔 d）腹管　e）尾片　有翅孤雌蚜：f）触角　g）腹管　h）尾片

3. 发生规律

新疆一年发生10～20代，而华南、西南及北方温室内的桃蚜可终年繁殖为害。桃蚜生活史有全周期型和不全周期型，全周期型由一系列的孤雌生殖及每年一次有性生殖组成，性雌蚜和雄蚜在原生寄主上交配产卵越冬，来年孵化为干母，干母进行孤雌生殖产生干雌，干雌进行孤雌生殖产生有翅迁移蚜迁移到夏寄主（次生寄主）上进行孤雌生殖若干代，在秋末产生有翅性母迁回越冬寄主。不全周期型全年营孤雌生殖，不发生有性世代，冬季也以孤雌生殖在蔬菜上越冬。全周期生活的蚜虫以卵在桃树枝条芽腑腋和缝隙等处越冬，初春孵化为干母，危害桃树嫩叶，成熟后孤雌胎生干雌，4～5月份干雌迅速繁殖，5月份开始产生大量有翅孤雌蚜，少数仍留在桃树上继续为害外，大多数飞向烟田、蔬菜和杂草等寄主上繁殖危害，造成6、7月份烟草和蔬菜受害最重的局面。在烟草上连续孤雌生殖10余代，8、9月间产生有翅和无翅性母，前者飞回桃树，孤雌胎生无翅雌蚜；后者在蔬菜上孤雌胎生有翅雄蚜，并渐次飞回桃树与无翅产卵雌蚜交配，产卵越冬。

在同一地区，全周期和不全周期型可混合发生，以不同的方式越冬。不全周期型桃蚜秋季继续留在蔬菜上孤雌生殖，并以最后1代孤雌胎生成若蚜，在风障或菜窖内越冬，但菜窖存活率不高。研究结果显示，春季只有桃树上的干母才能成活，因此，烟草上的蚜源主要来自桃树。

桃蚜具有明显的趋嫩习性，有翅孤雌蚜对黄色呈正趋性，对银灰色和白色呈负趋性。蚜虫的传播方式是迁飞和扩散，迁飞是指在越冬寄主和夏（次生）寄主之间的迁移，扩散发生在次生寄主之间，但远距离也是通过迁飞实现的。自主飞行只能在无风条件下进行，一般飞行距离不超过3 m，高不过1 m，而被动飞行常受气流影响。桃蚜的孤雌蚜在寄主叶间经常移动，这可充分利用环境增加了病毒的传播机会。在烟草上，无论有翅蚜或无翅蚜大多在烟叶的嫩叶背面取食，当烟株进入采收期，则大多转迁到花蕾和枝叶上。有翅性母秋季迁回后，多停留在叶面叶尖处，发育成熟后，渐向叶基移动，性蚜交尾多在芽缝或近芽处，以无风晴天10—15点为最多，一生可交尾数次。雌蚜每交尾1次，产1次卵，每次产2～4粒，卵多产在芽缝间、芽背面或树皮裂缝处。该虫生殖力较强，胎生期为4～6天。胎生蚜量为15～20头，每头雌蚜产卵10粒左右。桃蚜常主要危害茄科、十字花科等作物，如茄子、甜椒、花椰菜等。

萝卜蚜生活周期为不全周期型或同寄主全周期型，在北方各地一般1年发生10～20代，在新疆以无翅胎生雌蚜随冬菜在菜窖内越冬或以卵在白菜和十字花科留种株上越冬。一般越冬卵于3—4月孵化为干母，在越冬寄主上繁殖数代后，产生有翅蚜而转至大田蔬菜上扩大危害。春（4—6月）、秋（9—10月）两季危害最重。春季发生量少于秋季，一般不造成严重危害，秋季是一年中为害高峰期。至晚秋继续胎生繁殖或产生雌、雄蚜交配产卵越冬。主要危害十字花科蔬菜，如大白菜、小白菜、甘蓝、花椰菜、萝卜等。

甘蓝蚜一年可发生 8~21 代。在新疆以卵越冬。越冬卵主要在晚甘蓝上，其次是球茎甘蓝、冬萝卜和冬白菜上。全周期留守型蚜虫，全年只在几种近缘寄主植物之间转移为害。越冬卵一般在 4 月开始孵化，孵化的蚜虫首先在十字花科种株上繁殖为害，5 月中、下旬迁移到春菜、油菜和早甘蓝上辗转为害。新疆以 6—7 月的早甘蓝和 7—8 月的晚甘蓝、秋白菜和冬萝卜上受害最重，一般在 10 月上旬即开始产卵越冬。甘蓝蚜的发育起点温度为 4.3℃，有效积温为 112.6 日度。最适宜的发育温度为 20~25℃，小于 14℃ 或大于 18℃ 均趋于减少。早春气温不高，蚜量增长缓慢，至春末夏初，气温逐渐升高，蚜量大增，形成春季危害高峰。夏季温度过高，虫口急剧下降。进入秋季气温渐降，蚜量又再度增值，形成秋季危害高峰。晚秋气温继续下降，不适于蚜虫发生，种群下降。甘蓝蚜主要危害白菜、萝卜、甘蓝、花椰菜、卷心菜等十字花科蔬菜；豆蚜主要危害豇豆、菜豆、扁豆等豆科类蔬菜。

自然条件下 3 种蚜虫在田间常混合发生，因各地条件不同，种类组成和组成中的数量比例常有差异。大部分地区常是萝卜蚜和桃蚜混合发生，在津京地区，春季在甘蓝、花椰菜和白菜上发生的只有桃蚜，到春菜后期才出现两种蚜虫危害。进入秋菜期，两种蚜虫混合发生，但菜缢管蚜越来越占优势。在陕西关中菜田，3 种蚜虫均有；新疆则为甘蓝蚜和桃蚜，秋季萝卜上萝卜蚜也发生严重。

4．防治措施

（1）农业防治

1）根据保护地蔬菜品种布局，优先选用适合当地市场需求的丰产、优质、抗虫和耐虫品种。调整播种期，避开当地蚜虫发生高峰期。做好苗床内的防蚜工作，培育无蚜苗。幼苗可带药定植。育苗与生产种要分棚进行。

2）合理安排茬口，避免连作，实行轮作和间作。

3）在扣棚膜前，及时清运田间残枝败叶，深埋或烧掉，并铲除或喷洒除草剂灭除田间地边的杂草。

4）清洁田园。清除田间杂物和杂草，及时摘除蔬菜作物老叶和被害叶片。对已收获的瓜果蔬菜或因虫毁苗的作物残体要尽早清理，集中堆积后喷药灭杀，或者集中烧毁，减少蚜虫源。

5）在保护地扣棚膜后维持棚温 20℃ 左右数天，并采用敌敌畏烟剂等熏蒸后再播种或定植幼苗。

（2）物理防治

1）黄板诱杀。利用蚜虫趋黄性，在大棚内挂黄板诱杀。可以将废纸盒或纸箱剪成 30 cm×40 cm 大小，漆成黄色，晾干后涂上机油与少量黄油调成的油膏挂在大棚内，下边距作物顶部 10 cm，每 100 m² 大棚挂 8 块左右，每隔 7~10 天涂 1 次机油。

2）采用银灰色避蚜。在苗床四周铺 15～20 cm 宽银灰色薄膜，苗床上方每隔 50～100 cm 挂 3～6 cm 宽银灰色薄膜；或菜田播种后即搭 50 cm 高的拱棚，每隔 30 cm 宽，纵、横各拉一条银灰色薄膜，覆盖约 18 天，当菜苗长到 6～7 片真叶时撤去拱棚定植；或按铺地膜要求，整好菜地，用银灰色薄膜代替地膜进行覆盖，然后播种或栽苗；或搭架后在菜苗上方与菜畦平行拉两条 10 cm 宽的银灰色薄膜，并随着蔬菜生长向上移动银灰色薄膜；或用银灰色薄膜代替普通棚膜覆盖小拱棚，在小拱棚上拉 10 cm 宽的银灰色薄膜；或采用银灰色遮阳网、防虫网覆盖蔬菜；或在大棚四周挂银灰色薄膜条。

3）安装防虫网。保护地的放风口、通风口可以安装 40～50 目的防虫网阻隔蚜虫由外边迁入。

（3）生物防治

1）充分利用和保护天敌消灭蚜虫。助迁捕食性的天敌瓢虫、食蚜蝇、草蛉等，寄生性的天敌蚜茧蜂、蚜小蜂等，微生物蚜霉菌等。

2）利用植物源农药，如 50% 辟蚜雾可湿性粉剂 2 000～3 000 倍液，或 10% 烟碱乳油杀虫剂 500～1 000 倍液。

3）植物驱蚜。如韭菜的挥发性气味对蚜虫有驱避作用。将其他蔬菜与其搭配种植，可降低蚜虫的密度，减轻蚜虫对蔬菜的危害程度。

（4）药剂防治

1）洗衣粉对蚜虫有较强的触杀作用，用 400～500 倍液喷两次。若将洗衣粉、尿素、水按 0.2:0.1:100 的比例搅拌混合，喷洒受害植株，可收到灭虫施肥一举两得的效果。

2）烟草石灰水溶液灭蚜。用烟叶 0.5 kg，生石灰 0.5 kg，肥皂少许，加水 30 kg，浸泡 48 h 过滤，取液喷洒，效果显著。

3）初发生蚜虫时，用 80% 敌敌畏乳油 1 000～1 500 倍液，或 50% 马拉硫磷乳油 1 500 倍液，或 25% 喹硫磷乳油 2 000 倍液，或 40% 乐果乳油 1 000～1 500 倍液，或 2.5% 氯氟氰菊酯乳油 3 000～5 000 倍液，或 10% 联苯菊酯乳油 3 000～4 000 倍液，或 50% 抗蚜威可湿性粉剂 2 000～3 000 倍液（不能在瓜蚜上使用），或 21% 氰戊·马拉松（增效）乳油 5 000～6 000 倍液，或 40% 氰戊·杀螟松乳油 2 000 倍液喷雾。在蚜虫始盛期每 667 m² 用 10% 吡虫啉可湿性粉剂 10～20 g 或 5% 吡虫啉乳油 20～40 mL，兑水 30～40 L 喷雾；用 3% 啶虫脒乳油 15～20 mL 或 5% 啶虫脒可湿性粉剂 9～12 g，兑水 30 L 喷雾。

4）在傍晚密闭棚膜，每 667 m² 用 22% 敌敌畏烟剂 500 g 熏蒸，或用 80% 敌敌畏乳油 300～400 mL，洒在几个装有干锯末的花盆内（分别摆开），每个花盆内放入烧红的煤球，点燃锯末熏烟。

5）在傍晚密闭棚膜，每 667 m² 用 5% 灭蚜飘浮粉剂 1 kg 喷撒。

单元 3

七、粉虱

1. 分布与危害

危害蔬菜的粉虱主要有两种：温室白粉虱和烟粉虱，同属同翅目粉虱科。由于大面积发展保护地蔬菜，温室白粉虱种群数量逐渐上升，成为温室和露地栽培蔬菜、花卉的重要害虫。

两种粉虱都是多食性害虫，寄主有黄瓜、番茄、茄子、辣椒、南瓜、豆类等温室蔬菜作物及一些观赏植物，常混合发生，属世界性害虫。均以口针刺入植物韧皮部取食。被害叶片褪色、变黄、萎蔫，甚至死亡。烟粉虱对不同植物有不同的危害症状。在十字花科蔬菜受害，表现为叶片萎缩、黄化、枯萎；根茎类的萝卜受害，表现为颜色白化，无味，质量减轻；果菜类如番茄受害，表现为果实不均匀成熟等。粉虱成虫、若虫除直接刺吸植物汁液，致植株衰弱外，还分泌蜜露，诱发煤污病的产生。密度高时，叶片呈黑色，严重影响光合作用和外观品质。两种粉虱传播病毒病是比粉虱本身危害更严重的问题。

2. 形态特征

粉虱的形态特征见表3—3，具体形态如图3—44和图3—45所示。

表3—3　　　　　　　　　　　温室白粉虱和烟粉虱的形态特征

虫态	温室白粉虱	烟粉虱
成虫	雌虫体长1.06±0.04 mm，翅展2.65±0.12 mm；雄虫体长0.99±0.03 mm，翅展2.41±0.06 mm；虫体黄色。翅面有白色蜡粉，外观呈白色。前翅脉有分叉。左右翅合拢平坦；当与其他粉虱混合发生时，多分布于高位嫩叶（见图3—44）	雌虫体长0.91±0.04 mm，翅展2.13±0.06 mm；雄虫体长0.85±0.05 mm，翅展1.81±0.06 mm；虫体淡黄白色到白色，前翅脉一条不分叉，左右翅合拢成屋脊状（见图3—45）
卵	卵初产时淡黄色，孵化前变为黑褐色	卵在孵化前呈琥珀色，不变黑
4龄若虫（蛹壳）	解剖镜观察：蛹白色至淡绿色，半透明，0.7~0.8 mm；蛹壳边缘厚，蛋糕状，周缘排列有均匀发亮的细小蜡丝；蛹背面通常有发达的直立蜡丝，有时随寄主而不同	解剖镜观察：蛹淡绿色或黄色，0.6~0.9 mm；蛹壳边缘扁薄或自然下陷，无周缘蜡丝；胸气门和尾气门外常有蜡缘饰，在胸气门处呈左右对称；蛹背蜡丝有无，常随寄主而不同
	制片镜检：瓶形孔长心脏形，舌状凸短，上有小瘤状凸起，轮廓呈三叶草状，顶端有一对刚毛；亚缘体周缘单列分布有60多个小乳突，背盘区还对称有4~5对较大的圆锥形大乳突（第4腹节乳突有时缺）	制片镜检：瓶形孔长三角形，舌状凸长，匙状，顶部三角形，具1对刚毛；管状肛门孔后端有5~7个瘤状凸起

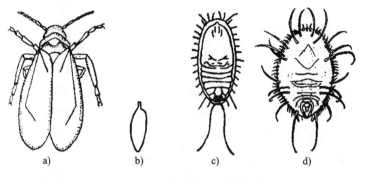

图 3—44　温室白粉虱

a) 成虫　b) 卵　c) 幼虫　d) 蛹壳

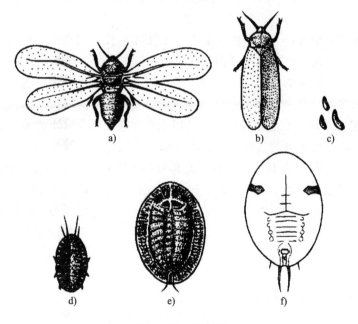

图 3—45　烟粉虱

a) 成虫　b) 成虫静止状　c) 卵　d) 若虫　e) 蛹　f) 蛹壳

3. 发生规律

（1）温室白粉虱。温室白粉虱在温室内 1 年发生 10～12 代。在北方地区 1 年发生 9 代。在室外不能越冬，而以各种虫态通过各种渠道进入温室、花窖或养花者居室内繁殖过冬。世代严重重叠。翌年春季后，多从越冬场所向阳畦和露地蔬菜上逐渐迁移扩散危害；前期虫口密度增长较慢；7—8 月虫口密度增长较快，8—9 月为害十分严重。10 月下旬后因气温下降，虫口数量逐渐减少，并开始向温室内迁移危害或越冬。

温室白粉虱喜群集于嫩叶上取食为害。栖息在被害寄主叶背面、有强烈的集中性。不善于飞翔，在田间多先点、片发生后逐渐扩散蔓延。成虫羽化时蛹壳背面前半部出现"T"字形裂口，成虫从此裂口中钻出，羽化多在清晨进行。初羽化的成虫翅尚未完全展开，蜡粉不显著，不能飞行，但能迅速取食，不久便分泌白色蜡粉，第 2 天便可正常飞行。成虫活动适温为 25～30℃，当温度达到 40.5℃明显下降。成虫对黄色、绿色有强的趋性。成虫有两性生殖和孤雌生殖的能力，前者所产生的后代均为雌虫，后者均为雄虫。成虫羽化后很快就可交配，雌雄常成对并列排在一起，一生可交配多次。交配后经 1～3 天产卵，喜产卵于上部嫩叶上。每雌一生平均产卵 120～130 粒，最多达 534 粒。卵大多产在叶片背后，少数产在叶片正面或茎上，15～30 粒排列成环状或散产，有一小卵柄从气孔插入叶片组织内，与寄主植物保持水分平衡，极不易脱落。

温室白粉虱有趋嫩叶产卵的习性。随着作物新叶生长，成虫也逐步上移产卵，由于早产的卵发育早，因此，在植株不同的层次出现不同的虫态。即最上部嫩叶，以成虫和新产的卵最多，稍下部多为变黑的卵，其下多为初龄若虫，再下为中老龄若虫，最下部则以蛹、蛹壳为多。

（2）烟粉虱。烟粉虱在温暖地区，主要以成虫在杂草和花卉上越冬。春季和夏季迁移至经济作物，当温度上升时虫口数量迅速增加，一般在夏末暴发成灾。成虫常在作物幼嫩部产卵，每雌产卵平均 160 粒左右，最高可达 500 粒以上。成虫寿命一般 14 天左右，与温室白粉虱相比，若虫对植物取食频率高且消化时间短，为害更严重。

烟粉虱在干旱、高温的气候条件下易爆发。适宜的温度范围宽，耐高温和低温的能力较强。发育适宜温度范围在 23～32℃，完成一个世代所需时间随温度、湿度和寄主有所变化，一般变动在 16～38 天。

4. 防治措施

（1）农业防治。对粉虱的防治，首先应注意培育"无虫苗"，把苗房和生产温室分开，育苗前彻底熏杀残余虫口，彻底清除杂草残株，在通风口密封尼龙纱，控制外来虫源。在温室、大棚附近避免种植黄瓜、番茄及其他粉虱发生危害严重的蔬菜，以减少虫源。

（2）物理防治。粉虱对黄色有强烈趋性，可在温室内设置黄板诱杀成虫。方法是用 1 m×0.2 m 的硬纸板或纤维板，用油漆涂成橙黄色，然后涂上机油置于行间，可与植株高度相同，每公顷设置 480～510 块。当白粉虱粘满时，应及时重涂机油，一般 7～10 天重涂 1 次。

（3）生物防治。人工助迁草蛉，释放丽蚜小蜂。此外，也可用粉虱座壳孢菌或赤座霉菌防止温室白粉虱，施药后 7 天，卵和初孵若虫的感染率达 90% 左右。

（4）药剂防治。点片发生就应立即防治，药剂可用 40% 乐果乳油或 50% 的马拉硫磷乳油 1 000 倍液喷雾。

熏蒸或熏烟法每公顷温室用 80% 敌敌畏乳油 2.25 L，加水 210 kg 稀释后，拌木屑 600 kg，均匀撒于田间，密封门窗，熏 1~1.5 h，温度控制在 30℃ 左右。每公顷温室用 80% 敌敌畏乳油 6~7.5 kg，浇洒在载体上，再加一块煤球熏烟。

常规喷雾常用药剂 25% 扑虱灵可湿性粉剂、1.8% 阿维菌素乳油 450~600 mL/hm^2、10% 比虫啉可湿性粉剂 37.5~75 g/hm^2、3% 啶虫脒乳油 37.5~75 mL/hm^2 均对粉虱有特效，2.5% 联苯菊酯乳油、2.5% 功夫菊酯乳油、4.5% 高效氯氰菊酯乳油、25% 阿克泰水分散性粒剂等也有较好的效果。作物生长期防治可用 40% 乐果乳油、80% 敌敌畏、50% 辛硫磷、50% 马拉硫磷乳油、35% 赛丹乳油等 100 倍液或 20% 康福多浓溶剂 1 500~2 500 倍液喷洒。

八、美洲斑潜蝇

1. 分布与危害

斑潜蝇属双翅目潜蝇科，是世界范围内对花卉和蔬菜极具危险性的检疫性害虫之一。主要有美洲斑潜蝇、蒿斑潜蝇、番茄斑潜蝇、葱斑潜蝇、豌豆斑潜蝇、南美斑潜蝇、黄斑潜蝇等。美洲斑潜蝇在全世界有 30 多个国家和地区严重发生，造成巨大的经济损失，并有继续扩大蔓延的趋势，而且较难防治。目前，我国除青海、西藏、黑龙江以外，斑潜蝇已分布 20 多个省、自治区和直辖市。

斑潜蝇是一种多食性害虫。其寄主植物多，在国内已记载 24 科 120 多种植物。主要有瓜类、十字花科蔬菜、豆类、芹菜、马铃薯、茄子、番茄、辣椒、大葱、洋葱、菠菜、苜蓿、蓖麻、甜菜、陆地棉等，菊花、瓜叶菊、大理菊、火球花等花木和田旋花、龙葵等杂草。以葫芦科、茄科、豆科及十字科蔬菜和菊科花卉受害最重。

雌成虫用产卵器刺破寄主叶片产卵，在叶片上形成近圆形的凹陷状灰白色刻点，而且还可以传播植物病毒病；幼虫潜食叶肉，形成由细渐粗的灰白色弯曲或缠绕的蛇行状蛀道，随着幼虫逐渐老熟，蛀道末端略膨大。导致寄主植物生长不良、早衰、落花、落果，丧失商品或观赏价值。一般作物苗期受害轻，在生长中后期受害较严重，受害严重的叶片布满虫道，以植物中、下部叶片发生重。受害作物以葫芦科、茄科、豆科最重，植株受害率高达 80%~100%，叶片受害率达 80%，一般减产 20%~30%，严重时减产 40%~60%，最严重时绝产和毁苗重种。

2. 形态特征（见图 3—46）

（1）成虫。体长 1.3~2.3 mm，雌虫稍大于雄。体色淡灰黑色，额宽约为眼宽的 1.5 倍，触角亮黄色，小盾片亮黄色，前盾片亮黑色，中侧片黄色，下缘带黑色斑，腹侧片有 1 个三角形大黑斑。内顶鬃着生于黄色、黑色区域交接处。足基节、腿节黄色，胫节、跗节暗褐色。

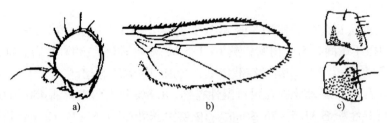

图 3—46　美洲斑潜蝇
a) 头　b) 翅　c) 中侧片

（2）卵。长 0.2 ~ 0.3 mm，宽 0.1 ~ 0.15 mm，近椭圆形，乳白色稍微透明。

（3）幼虫。无头蛆状，老熟幼虫体长约 3 mm。初孵时无色近透明，渐变为淡黄色，后期为黄色。后气门形似圆锥形，开口于 2 个气孔，锥突端都有 1 孔。

（4）蛹。长 1.3 ~ 2.3 mm，宽 0.5 ~ 0.75 mm，椭圆形，腹面稍扁平。颜色变化大，淡橙色至金黄色。

3. 发生规律

美洲斑潜蝇年发生代数因地而异，且同一地区发生代数因年份而变化较大。新疆每年发生 7 ~ 9 代；南疆露地 5 ~ 6 代，北疆露地少 1 ~ 2 代；冬季保护地 2 ~ 3 代；日光温室内 9 ~ 11 代。据调查，在新疆田间自然条件下不能越冬，但可以在温室大棚内安全越冬和继续为害，成为第二年虫源。在自然种群中，该虫存在着明显的世代重叠现象。在我国北方地区，一年当中有两个月是比较明显的危害高峰：一是 5 月份左右在保护地形成第 1 个危害高峰；二是 9 月份左右在露地形成第 2 个危害高峰。

美洲斑潜蝇最适生存温度为 25 ~ 32℃。自然条件下，卵期 4 ~ 5 天，幼虫期 5 ~ 9 天，蛹期 7 ~ 9 天，成虫寿命 6 ~ 7 天。卵产于叶片上、下表皮之间，透过上表皮可见淡白色近圆形的卵粒，使叶表面呈球状微隆起。卵孵化后幼虫立即潜食叶肉。幼虫孵化潜入叶片和叶柄内为害，完成三龄，幼虫老熟后，爬出虫道，在叶片表面、土表或土下化蛹。成虫白天取食、交尾、产卵，繁殖力极强，雌虫一生平均产卵 160 ~ 200 粒，孵化率为 90% 以上。成虫对不同寄主取食、产卵的选择也不同，成虫有一定的向光性，喜欢取食黄瓜、豇豆等，卵多集中于中上部叶片正面。

4. 防治措施

（1）加强检疫。加强对种苗的检疫，可有效防止随种苗传播和蔓延。

（2）农业防治

1）合理轮作、套种。在斑潜蝇危害重的蔬菜种植区，要考虑蔬菜布局，把斑潜蝇嗜好的瓜类、茄果类、豆类与苦瓜、葱蒜等斑潜蝇不危害的作物进行套种、轮作，提高蔬菜作物长势，可有效防治其危害程度。

2）种植前耕翻土壤，害虫发生期增加中耕与浇水，破坏化蛹，减少成虫羽化。适当疏植，增加田间通透性。

3）收获后及时清洁田园。把被斑潜蝇危害的作物残体集中深埋、沤肥或烧毁。

4）在冬季低温季节，揭开保护地棚膜 7～10 天，冷冻灭虫，然后再扣棚膜。

（3）物理防治

1）诱杀成虫。根据斑潜蝇成虫具趋黄性，采用黄板诱杀成虫。从成虫始盛期开始，在田间悬挂 30 cm×40 cm 的黄板诱杀成虫。或用涂有粘虫胶的黄色自制诱虫器进行诱杀。轻发生区加强田间调查，发现受害叶片及时摘除。

2）利用太阳能进行高温消毒杀虫。在夏秋季节，利用设施闲置期，采用密闭大棚、温室的措施，选晴天高温闷棚 7 天左右，使设施内最高气温达 60～70℃，可杀死害虫。菜园内，可采取覆盖塑料薄膜、深翻土再覆塑料薄膜的方式，使地温超过 60℃，从而达到高温杀虫以及深埋斑潜蝇虫卵的目的。

3）在保护地通风口和进出门口安放防虫网，并密闭棚膜用敌敌畏烟剂熏蒸，定植无虫苗（子叶或真叶上无虫蛀隧道）。

4）用地膜覆盖高畦畦面，以防老熟幼虫钻入土内化蛹。

（4）生物防治。保护和利用天敌昆虫进行防治，释放姬小蜂、反颚茧蜂、潜蝇茧蜂等，这 3 种寄生蜂对斑潜蝇的寄生率可达 50% 以上。

（5）药剂防治

1）在傍晚密闭棚膜，每 667 m² 用 22% 敌敌畏烟剂 400 g 熏蒸，灭杀成虫。

2）当叶片上初见幼虫钻蛀的虫道时，用 98% 杀螟丹原粉 1 000～1 500 倍液，或 1.8% 阿维菌素乳油 2 000～2 500 倍液，或 10% 除虫脲悬浮剂 3 000 倍液，或 48% 毒死蜱乳油 1 000 倍液，或 20% 氰戊菊酯乳油 1 500 倍液，或 75% 灭蝇胺可湿性粉剂 5 000～6 000 倍液，或 40% 阿维·敌敌畏乳油 1 000～1 500 倍液，或 6% 烟碱·百部碱·印楝素乳油 500～1 000 倍液，全株喷药，叶背也要喷到。

3）用柴油、机油、润滑脂类及黄色颜料按一定比例调制成黏杀剂，在叶面初见虫道时，用普通排刷将黏杀剂涂刷在地膜表面、涂层厚 0.1 mm 左右，涂层与植株茎基部和两侧土壤保持 1～2 cm 距离，黏杀幼虫、成虫、蛹等；过 30 天或落上土粒、叶片，应清理膜面，补刷黏杀剂。

4）在老熟幼虫落土化蛹前或成虫羽化前，用 5% S - 氰戊菊酯乳油 1 份、水 7 份和细土 300 份，先将氰戊菊酯与水混匀、再喷于细土上，拌匀后制成毒土，在清晨将毒土撒于地表，每 667 m² 用毒土 60～70 kg。

5）在夏季换茬时，暂不清理植株残体，昼夜密闭棚膜，使棚温达到 60～70℃（晴天中午），维持 7～10 天后再清理残株。

单元 **3**

九、叶螨

1. 分布与危害

叶螨属蛛形纲真螨目叶螨科，主要有朱砂叶螨，危害茄子、菜豆、青椒、白菜、番茄、黄瓜、苦瓜、甘蓝等蔬菜及田间多种杂草。刺吸蔬菜的叶子，吸取汁液和叶绿粒，导致叶片出现褪绿、枯黄、卷叶，严重时甚至落叶。

2. 形态特征（见图3—47）

（1）成螨。雌螨体椭圆形，长 0.41 ~ 0.50 mm，宽 0.26 ~ 0.31 mm。夏型体黄绿色，背面两侧有暗色斑；越冬型体橙红色。须肢 1 对，具有发达的胫节爪，须肢跗节锤突较粗大，其长约为宽的 2 倍，轴突短于锤突，刺突长于锤突。口针鞘一般突出于体前方。背毛光滑，刚毛状，不着生在疣突上，背毛 6 列，共 24 根。无臀毛，肛毛 2 对，有生殖皱褶纹。第 1 对足跗节有双刚毛 2 对，彼此远离，爪呈条状，末端生有黏毛。爪间突端部分裂成相似的 3 对毛刺。

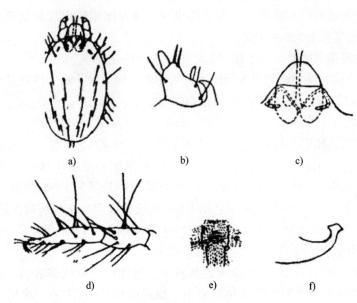

图3—47　朱砂叶螨

a）雌螨背面观　b）须肢　c）口针鞘和气门沟　d）足　e）菱状肤纹　f）阳茎

（2）雄螨。体长 0.24 ~ 0.38 mm，宽 0.12 ~ 0.17 mm，比雌螨小，体末略尖，呈菱形，体色黄绿或橙黄。背毛 7 列，共 26 根。阳茎端锤较大，近侧突起钝圆，远侧突起尖锐。

（3）若螨。体椭圆形。足 4 对，行动敏捷。前若螨体长 0.20 ~ 0.28 mm，宽 0.13 ~ 0.17 mm，背毛数同雌螨，肛毛及肛后毛各 2 对；后若螨体长 0.32 ~ 0.35 mm，宽 0.20 ~ 0.21 mm，背毛数同雌螨，生殖毛 1 对。

（4）幼螨。体半球形，长 0.15 ~ 0.20 mm，宽 0.10 ~ 0.13 mm，体色浅黄或黄绿。足 3 对。背毛数同雌螨。腹毛 5 对。基毛、前基间毛和中基间毛各 1 对，肛毛和肛后毛各 2 对。

（5）卵。卵圆形，透明，直径为 0.10 ~ 0.12 mm，初产时乳白色，后变浅黄色，即将孵化前透过卵壳可见到两个红色的眼点。

3. 发生规律

朱砂叶螨在吉林省长春地区年繁殖 6 ~ 8 代。以雌螨在落叶、土块缝隙、杂草根际等场所越冬。越冬雌螨翌年 6 月上旬复苏后离开越冬场所，迁往茄子、青椒、菜豆等蔬菜上取食并产卵。当气温达 25 ~ 30℃，相对湿度为 50% ~ 65% 时，完成一代所需时间约为 10 天。7 月中、下旬为该螨的盛发期，8 月中旬开始转至越冬场所进入越冬态。

朱砂叶螨主要繁殖方式为两性生殖，也能进行孤雌生殖。孤雌生殖的后代为雄性。多数雌螨一生交尾 1 次，也有少数交尾 2 ~ 3 次，但雄螨可进行多次交尾，每次交尾时间从一分钟至数分钟不等。雌螨交尾后 1 ~ 2 天即可产卵。卵单产，多产于叶背主脉两侧，为害严重时也可产在叶表、叶柄等处。每头雌螨平均产卵量为 120 粒，最少 55 粒，最多达 255 粒。幼螨、若螨及成螨多在植株的幼嫩部位，尤其在叶背面栖息取食。茄子受害后其上部叶片僵直，叶背呈黄褐色，叶缘向下卷曲，受害严重时卷叶，茎部、果柄、萼片及果实变灰褐色或黄褐色；茄株在花蕾期受害后，严重时不能开花。青椒受害后，叶背呈油渍状，渐变黄褐色，叶缘向下卷曲，幼茎变黄褐色，受害严重时植株矮小，落叶、落花、落果，形成秃尖，果柄及果实变黄褐色。越冬雌螨有群集越冬（几头到几十头）的习性，但也有少数分散越冬，越冬数量以避风向阳处为多。该螨的迁移传播有主动和被动两种方式：在食料丰富的环境中，它的活动范围一般较小，主要靠爬行传播，这属于主动传播方式；被动传播方式主要凭借风力、流水、昆虫、人畜及人类农事活动携带传播。在为害十分严重且螨的密度大、食料恶化情况下，蔬菜上的螨体往往群集成团，凭借吐丝，串连下垂，由风力传播，扩散迁移。

4. 防治措施

（1）农业防治

1）清洁菜地，及时除草，该螨也危害菜田的杂草，及时除草可减少对蔬菜的危害。秋季及时清除落叶、残枝，秋翻并深埋能大量减少越冬螨。

2）育苗要与种植生产分棚进行，培育无螨苗。

3）合理使用氮肥、适量增施磷肥，适时适量浇水，防干旱。

（2）生物防治。释放或助迁草铃、小花蝽、深点食螨瓢虫、捕食螨等天敌。

（3）药剂防治。在螨害初发生时，用 10% 浏阳霉素乳油 1 000 ~ 1 500 倍液，或 35% 杀螨特乳油 1 000 ~ 1 500 倍液，或 73% 炔螨特乳油 1 000 ~ 3 000 倍液，或 20% 双甲脒乳油 1 000 ~ 2 000 倍液，或 5% 噻螨酮乳油 1 500 ~ 2 000 倍液，或 50% 苯丁锡可湿性

单元 **3**

粉剂 1 500 ~ 2 000 倍液，或 50% 溴螨酯乳油 1 000 倍液，往受害部位喷雾。

十、蓟马

1. 分布与危害

在保护地蔬菜上为害的蓟马类害虫主要有棕黄蓟马、瓜蓟马和西花蓟马，均是一种体型很小的害虫。成虫和若虫喜在蔬菜作物幼嫩的芽、茎、叶、花、果等处，锉吸食汁液，叶片受害处出现黄白色斑点，严重时斑点连成片，使整片叶呈灰白色，或叶片上出现锈褐色斑点，卷缩扭曲；嫩茎芽受害，新芽僵缩、生长受阻，或枝叶丛生，或茎上形成伤疤；花器官受害，造成落花，影响结实；幼果受害，僵硬畸形，生长停止，严重时落果，或果上形成伤疤，或出现锈褐色斑点；还可传播病毒病，受害重的植株枯萎。寄主范围很广，危害葫芦科、豆科、十字花科、茄科等几十种寄主植物。现以棕黄蓟马为例说明蔬菜蓟马的防治。

2. 形态特征（见图 3—48）

成虫体长 1 mm，金黄色；头近方形，复眼稍突出，单眼 3 只，呈红色三角形排列，单眼间鬃位于单眼三角形连线外缘；触角 7 节，呈鞭状；翅 2 对，周围有细长缘毛；腹部扁长，卵长 0.2 mm，长椭圆形，淡黄色。若虫黄白色，3 龄复眼红色。

图 3—48　棕黄蓟马

3. 发生规律

棕黄蓟马发育适温为 15 ~ 32℃，2℃ 仍能存活，但骤然降温易死亡。成虫活跃、善飞、怕光、具有嗜蓝色特性。多数在中上部叶背为害，少数在生长点或嫩梢及幼果上取食，雌成虫主要进行孤雌生殖，卵散产于叶肉组织内，每雌产卵 40 ~ 60 粒，若虫怕光。到了龄末停止取食，顺植物茎秆落入根部表土化蛹。在保护地条件下每年可发生 11 ~ 13 代。

4. 防治措施

（1）农业防治

1）清除越冬场所，搞好扣棚前的灭虫工作。将前茬寄主植物在收获时把茎、叶、秸秆连同大棚周围杂草一起清理干净，进行粉碎沤肥或深埋。棚内土壤深翻 25 ~ 30 cm，把表土层翻到下面。

2）采用营养钵或穴盘育苗。

3）采用地膜覆盖栽培，蔬菜生长期注意小水勤浇。

（2）物理防治

1）根据棕黄蓟马对温度差反应敏感的特性，冬季在蔬菜定植前 15 ~ 20 天，将大棚覆膜，密封8~10天后，当土壤中蓟马基本羽化出土时，夜间将棚膜上方掀开进行通风降温，致其死亡。这样经过几天的温差处理，可将土壤中90%以上的蓟马消灭，此法效果甚佳。

2）利用棕黄蓟马趋蓝色的习性，在作物种植行间悬挂蓝色诱集带或诱集板诱集成虫。具体做法是：高秸作物如黄瓜、苦瓜、芸豆等，可用旧塑料薄膜制成长100 cm、宽30 cm的蓝色诱杀带，两面涂上不干胶，挂在作物行间。成虫数量少时可间隔3~5 m挂一条，数量多时可间隔2~3 m挂一条。在矮作物中如番茄、茄子、西葫芦，可用胶合板或纸板制成高20~30 cm、宽50 cm的蓝色诱集板。在成虫发生时用木棍插入作物行间，间距与使用诱集带相同，只是诱集板高度应根据作物的高矮适当调整。其高度应与同期作物中部偏上点高度一致。

（3）药剂防治

1）幼苗移栽前对土壤用辛硫磷进行处理。

2）当出现每株有成虫3~5头时，应及时进行药剂防治，可选用50%辛硫磷乳油1 000倍液，或25%喹硫磷乳油800~1 000倍液，或48%毒死蜱乳油660倍液，或80%杀螟丹可湿性粉剂2 000倍液，或20%丁硫克百威乳油1 000倍液，或2.5%多杀菌素悬浮剂1 000~1 500倍液，或1.8%阿维菌素乳油3 000倍液，或20%吡虫啉可溶性液剂3 000倍液，或25%噻虫嗪水分散粒剂1 500倍液，或0.3%印楝素乳油400倍液，或2.2%阿维·吡虫啉乳油1 000倍液，或21%氰戊·马拉松（增效）乳油3 000倍液喷雾，注意要往叶背面喷药。

十一、棉铃虫

1. 分布与危害

棉铃虫属于鳞翅目夜蛾科棉铃虫属。国外分布于非洲、亚洲、中东、欧洲南部、大洋洲和东太平洋诸岛。国内分布于各地区。棉铃虫是多食性害虫，已知寄主植物30多科200种，农作物中有棉花、玉米、小麦、高粱、豌豆、油菜、苜蓿、胡麻、花生、向日葵、番茄、辣椒、茄子、豆角、瓜类、烟草等；杂草中有曼陀罗、菲沃斯、锦葵等。棉铃虫主要以幼虫蛀食蕾、花、果；开花时花药和柱头被害，不能授粉结铃；果被蛀成孔洞，常诱发病菌侵害，造成烂果。

2. 形态特征（见图3—49）

（1）成虫。体长14~20 mm，翅展27~38 mm。雌蛾红褐色，雄蛾灰绿色。复眼绿色。前翅翅尖凸伸，外缘较直；环状纹圆形内有暗斑，肾状纹暗灰色，环状纹和肾状纹从翅反面看极明显；中横线由肾状纹下斜至翅后缘，末端达环状纹正下方；外横线呈宽横状倾斜，末端达肾状纹正下方；亚缘线呈均匀锯齿状，与外缘近于平行；外缘有7个小黑点。后翅灰白色，中部具新月纹；沿外缘有黑褐色宽带，宽带中部有两个不靠近外缘的白斑。

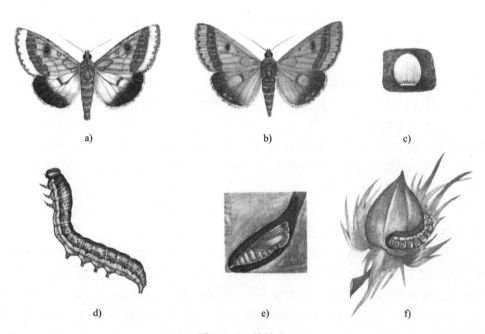

图3—49 棉铃虫

a) 雄成虫 b) 雌成虫 c) 卵放大 d) 幼虫 e) 蛹及土室 f) 幼虫危害棉铃状

（2）卵。半球形，顶部稍隆，底部较平，卵孔不明显，中部通常有26～29条直达底部的纵棱，每两条纵棱间有横纹18～20条，且与纵棱形成长方形格。初孵乳白色或苹果绿色，后为黄色，并出现浅红色带，近孵化时，变为紫褐色，顶部黑色。

（3）幼虫。体色变化很大，有黄白、淡红、黄褐、淡绿、深绿等色。初孵幼虫青灰色，末龄幼虫体长40～50 mm，前胸气门前两根刚毛的连线通过气门或与气门下缘相切。气门线多为白色。各体节上有毛片12个，3龄前毛片黑色明显，4龄后不太明显。但不同龄期体色和斑纹变化很大。

（4）蛹。纺锤形，体长17～20 mm，赤褐色。腹部5～7节背面和腹面前缘有7～8排较稀疏的刻点。腹部末端有1对基部分开的刺。雌蛹腹部第8、9节后缘呈倒"V"形，生殖孔在第8腹节腹面，与肛门距离远；雄蛹腹部第8、9节后缘平直，生殖孔在第9腹节腹面，与肛门距离近。

3. 发生规律

在菜田，棉铃虫最主要的寄主就是番茄，因此番茄的长势与棉铃虫的发生有着直接关系。一般种植早、长势好的番茄田，见卵早，卵量大，危害重，反之，始见卵晚，危害轻。棉铃虫在北疆一年发生3代，在南疆发生4～5代，多为4代。世代重叠和各龄幼虫均可同期发生，仅第2代为害重。棉铃虫以蛹在2～25 cm深土中越冬，尤以2～5 cm土中为主。越冬处有明显疏松的小土包，蛹在其下孔洞中，很易查找越冬蛹。在田间土中越冬蛹较多，田埂、渠埂的水位线以上越冬蛹密度大。翌年 5 月份，当日平均温度稳定在 20℃，或 5 cm 地温达 18.5℃，便有成虫出现，5 月下旬为羽化高峰期，6 月上旬为产卵高峰期。第一代卵产于小麦、玉米、瓜菜、紫草、曼陀罗等。第二代棉铃虫成虫羽化为 7 月上旬，产卵孵化高峰为 7 月上、中旬，以棉花、玉米、瓜菜为主要寄主植物。第三代于 8 月中、下旬出现，危害棉花中上部青铃。在南疆，第四代在 8 月下旬发生，主要危害棉花和玉米。

幼虫孵化后有吃掉卵壳的习性，然后取食嫩叶和嫩梢，稍大后取食花蕾和嫩果。3～4 龄幼虫大多蛀食果实，常从果实蒂部侧面蛀入果内，咬食胎座、果肉，使果实内常残留许多虫粪，大多数被蛀果实遇雨腐烂脱落，不脱落的果实因品质受到严重影响也基本不能食用。幼果有转果危害的习性，每头幼虫一般危害 2～3 个果实。

蔬菜田棉铃虫性喜高湿和适温，其发生数量受降雨和温度的影响极为明显。温度 25～28℃、相对湿度在 70% 以上时最适合棉铃虫的发生繁殖。据观察，阴雨天气以后，蔬菜田卵量有突然增加的现象，此时的环境气候也适于卵的孵化和幼虫的生长发育，而暴雨则能冲刷卵粒，减少菜田有卵株率。一般情况下定植早、植株生长茂密的蔬菜田，由于田间小气候（温湿度）有利于成虫产卵和幼虫孵化，棉铃虫为害较重。

棉铃虫成虫有远距离迁飞的习性。成虫羽化以 19 时至凌晨 2 时为高峰，成虫觅食、活动、交尾、产卵多在黄昏和夜间进行，白天隐蔽静伏。成虫具有多次交配的习性，羽化的当晚即可交配，2～3 天后开始产卵，产卵期为 6～8 天，以前 3 天产卵最多。每头雌成虫平均产卵 1 000 粒，最多可达 3 000 多粒。卵散产，成虫喜产卵于生长茂密的嫩尖、嫩叶等幼嫩部分。老熟幼虫化蛹前数小时停止取食，在土中做蛹室后化蛹，在土中 2～5 cm 越冬蛹最多，也有深达 25 cm 以下的。

4．防治措施

（1）农业防治

1）入冬前翻耕土地，浇水淹地。

2）在田边（内）种植早熟玉米或甜玉米诱集带，清晨专人捕杀成虫和喷药灭幼虫。

3）保护地的通风口处和进出门口安装防虫网。

4）结合整枝，摘除带虫卵的枝叶、果实，并深埋。

（2）物理防治。用黑光灯诱蛾，捕杀成虫，减少蛾量。

（3）生物防治

1）生物防治棉铃虫，主要是在蔬菜田人工饲养、释放赤眼蜂。在二代棉铃虫产卵始、盛期连续放蜂 2～3 次，每次每 667 m² 放 1.5～2 万头。此外，还可用苏芸金杆菌、核多角体病毒防治。

2）用杨树枝和棉铃虫性诱剂诱蛾，捕杀成虫。

番茄定植后，用铁丝将棉铃虫性诱剂诱芯悬挂在直径 20 cm 的诱捕器（用铁盆或铝盆做成）上方，诱捕器内放水，并加少量洗衣粉，诱芯距水面 1 cm。诱捕器之间相隔 40 m，放置高度应高出菜田植株 15 cm，每天早晨检查记载蛾量。采用上述方法诱蛾，当蛾量突然增加时，表明成虫已盛发，3 ~ 5 天后即为田间产卵盛期，从而可预报 5 ~ 8 天后为幼虫孵化盛期，即田间施用药剂防治的适期。或者在第一次诱到成虫后，选水肥条件好、长势旺的田块，定点定株系统调查产卵情况，一般选择 5 点，每点调查 10 ~ 20 株，每隔 3 天调查 1 次，当 70% ~ 80% 的卵已孵化时即应迅速施用药剂。

（4）药剂防治

1）在产卵盛期过后 3 ~ 4 天和 6 ~ 8 天时，各喷 1 次苏云金杆菌水乳剂（100 亿个孢子/mL）200 ~ 300 倍液。

2）用 50% 辛硫磷乳油 1 000 倍液，或 25% 增效喹硫磷乳油 1 000 倍液，或 2.5% 氯氟氰菊酯乳油 5 000 倍液，或 2.5% 联苯菊酯乳油 3 000 倍液，或 2.5% 高效氟氯氰菊酯乳油 2 000 倍液，或 4.5% 高效氯氰菊酯乳油 3 000 ~ 3500 倍液，或 21% 氰戊·马拉松（增效）乳油 6 000 倍液喷洒，一般在早、晚无露水时进行喷药，番茄植株顶部的嫩叶和果实等部位是重点喷药区。

十二、菜粉蝶

1. 分布与危害

菜粉蝶为世界性害虫，广泛分布于世界各地。国内除西藏不详外，全国各省（区）均有。但以华东、华南、华中、西南、华北及西北的东部发病较多，严重危害十字花科蔬菜。菜粉蝶幼虫通常称为菜青虫。寄主主要是十字花科植物，且最喜食白菜，只有十字花科植物缺乏时，才取食其他植物。已知寄主植物有 9 科 35 种，如十字花科、菊科、白花菜科、金莲花科、木樨草科、紫草科、百合科等。但主要危害十字花科的甘蓝、花椰菜、白菜、芜菁、萝卜、芥菜、油菜等。初龄幼虫在叶背啃食叶肉，残留表皮，呈小型凹斑。3 龄以后吃叶成孔洞和缺刻，严重时只残留叶柄和叶脉。同时排出大量虫粪，污染叶面和菜心；由于幼虫危害造成的伤口便于软腐病菌的侵入，所以易引起软腐病流行，严重降低蔬菜的产量和品质。

2. 形态特征（见图 3—50）

（1）成虫。体长 12 ~ 20 mm，翅展 45 ~ 55 mm。体黑色，前后翅均为粉白色。雌蝶前翅前缘和基部大部分灰黑色，顶角三角形黑斑较大，中室外方和接近后缘处各有 1 黑色圆斑；后部分较小，前翅近后缘圆斑不显，顶角三角形黑斑稍淡而小。

（2）卵。瓶状，顶端稍尖，基部较钝，长径约 1 mm，短径约 0.4 mm。初产时淡黄色，后变橙黄色。表面有许多纵横脊纹，形成长方形小格。

（3）幼虫。老熟幼虫体长 28 ~ 35 mm，体青绿色，背线淡黄色，腹面淡绿白色。体上密布细小黑色毛瘤，上生细毛。沿气门线有一列黄色斑点。体节每节有 5 条横皱纹。

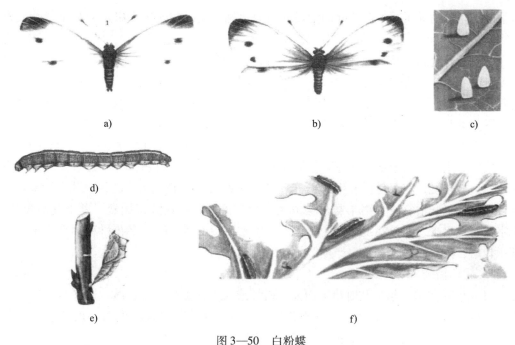

图3—50　白粉蝶
a) 雄成虫　b) 雌成虫　c) 卵粒放大　d) 幼虫　e) 卵　f) 甘蓝叶被害状

单元 3

（4）蛹。长18～21 mm，纺锤形，两端尖细，中间膨大而有棱角状突起。蛹色因化蛹地点而不同，在叶上的多为绿色或黄绿色，土墙或篱笆上多为褐色，此外还有黄色、灰绿色等。

3．发生规律

菜粉蝶在我国各地1年发生世代数由北向南逐渐增加。在新疆1年发生3～4代。以蛹在秋季危害地附近的墙壁、篱笆、树干越冬。由于越冬处环境复杂，温度差异大，导致越冬羽化时间拖得很长，造成以后世代不整齐。同一时期各虫态共存，给药剂防治造成一定困难。

越冬成虫一般在3月下旬羽化，4月上旬出现第一代幼虫危害，5～6月达危害高峰；7月为第二代幼虫危害时期，8～9月为第三代幼虫危害高峰。

成虫只在白天行动，晚上栖息在生长较旺盛的植物上，通常在早晨露水干后开始行动，晴天中午活动最盛。成虫产卵对芥子油有趋性，而芥子油为十字花科植物所特有，故卵多产在十字花科植物上。成虫在菜园飞翔时，在菜上每停留一次，即产卵一粒。全田比较而言，以菜田四周产卵最多。卵散产，直立于叶上，夏季多产在叶背，冬季多产在叶片正面，少数产在叶柄上。每雌平均产卵120粒左右，以越冬代成虫产卵最多。

卵孵化以清晨最多，出卵幼虫先吃去卵壳，然后取食叶片。受惊时，1、2龄虫有吐丝下坠习性，大龄幼虫则有卷缩虫体坠落地面的习性。幼虫行动缓慢，但老熟幼虫能爬行很远寻找化蛹场所。多在菜叶的背面或正面化蛹，化蛹前吐丝将尾足缠结于菜叶或附着物上，再吐丝缠绕腹部第 1 节而后化蛹。

菜粉蝶适宜温暖潮湿的气候条件，不耐高温。生长发育适宜温度为 16 ~ 31℃，相对湿度 68% ~ 80%，最适宜温度为 20 ~ 25℃，相对湿度 76% 左右。若温度超过 31℃，相对湿度在 68% 以下大量死亡。暴雨袭击会造成低龄幼虫大量死亡。故春季随天气转暖而虫口逐渐上升，春夏之交达高峰；盛夏高温多雨，虫口迅速下降；秋季气候转凉，虫口又逐渐上升，秋末又进入越冬。所以，田间虫量消长以春、秋两季发生量大，危害重。

菜粉蝶主要取食十字花科蔬菜，因此有无十字花科蔬菜植物，与其是否发生关系很密切。一般来说，在菜粉蝶发生的 4—6 月和 9—10 月，也正是十字花科蔬菜大量栽培的季节。由于气候适宜，食物丰富，构成大发生的条件，一直危害最烈。夏季气候炎热，十字花科栽培少，菜粉蝶发生也少。但近几年来，不少地区的十字花科蔬菜夏季也有大面积栽培，菜粉蝶夏季发生也严重。

4. 防治措施

（1）农业防治。越冬及时清洁田园，破坏或人工捕捉越冬蛹，减少越冬虫源。每茬十字花科蔬菜收获后，应及时把残株老叶清除掉，减少菜粉蝶的繁殖场所并消灭部分蛹，这是压低夏季虫源、控制秋季危害的重要措施。

（2）生物防治。保护自然天敌，充分发挥自然天敌的控制作用。大力推广施用微生物杀虫剂。

（3）药剂防治。防治掌握在 1 ~ 3 龄幼虫盛发期，一般在产卵高峰后 1 周左右。因其发生不整齐，每代高峰期需连续用药 2 ~ 3 次。用 50% 辛硫磷乳油 1 000 倍液，或40% 乙酰甲胺磷乳油 1 000 倍液，或 20% 氰戊菊酯乳油 2 000 倍液，或 2.5% 溴氰菊酯2 000倍液，或 1.8% 阿维菌素乳油 3 000 倍液，或 1.5% 多杀菌素悬浮剂 800 ~ 1 000 倍液，或 25% 杀虫双水剂 500 倍液，或 50% 杀螟丹可溶性粉剂 1 000 ~ 1 500 倍液，或 10%虫螨腈乳油 3 000 倍液，或 25% 灭幼脲悬浮剂 1 800 倍液，或 5% 氟啶脲乳油 3 000 倍液，或 5% 氟虫脲乳油 3 000 倍液，或 5% 氟虫腈乳油 3 000 倍液，或 30% 茚虫威水分散粒剂 5 000 倍液喷洒。

十三、小菜蛾

1. 分布与危害

小菜蛾属鳞翅目菜蛾科，分布极其广泛，遍布于世界各地。国内各省（自治区）均有发生。主要以幼虫危害油菜及十字花科的甘蓝、花椰菜、球茎甘蓝、白菜、萝卜等蔬菜，以油菜受害最重；也可危害番茄、生姜、马铃薯、洋葱和观赏植物中的紫罗兰、桂竹香以及药用植物中的板蓝根等。初孵幼虫潜入叶片组织，取食叶肉，稍大即啃食叶的表皮及叶肉，残留一面表皮，形成透明斑，农民称为"开天窗"。3 ~ 4 龄幼虫食叶成孔洞或缺刻,严重时可将叶片吃光,仅留主脉。幼虫也能危害嫩荚幼荚并咬食籽实,使油菜籽产量和品质受到严重损失。

2. 形态特征(见图3—51)

(1)成虫。翅展12～15 mm,体灰黑色,头、胸背面灰白色,前翅前半部灰褐色,中间有1纵3曲的黑色波状纹,翅的后面部分灰白色;当静止时翅在身上叠成屋脊状,灰白色部分合成3个连续的菱形的斑纹。

(2)卵。椭圆形,长约0.5 mm,宽约0.3 mm,淡黄色,表面光滑。

(3)幼虫。老熟时长约10 mm,绿色。前胸背板有褐色小点,并列成两个"U"字形纹。臀足往后伸长超过腹端。

(4)蛹。长约6 mm,绿色,腹部第2～7节背面两侧各有一小突起,腹部末端有14对钩刺。茧白色,沙网状,在茧内的蛹清晰可见。

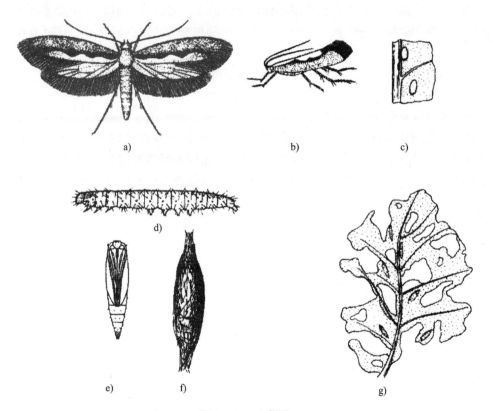

图3—51 小菜蛾

a)成虫 b)成虫静止状态 c)产在叶片上的卵 d)幼虫 e)蛹 f)茧 g)被害叶

3. 发生规律

小菜蛾在新疆1年发生4代,以蛹在田间残枝落叶下越冬。翌年5月越冬蛹开始羽化，7—8 月为幼虫危害盛期。

成虫昼伏夜出，飞翔力不强，但能随风做远距离迁飞。白天隐藏在植株的隐蔽处或杂草中，日落后开始活动，以晚上 7—11 时为上灯的高峰时间。趋光性较弱，虽然上灯，但其冲击力不强，因此灯诱效果不够理想。成虫羽化后即可交尾，一生多次，交尾后即可产卵。羽化后最初 5 天内，产卵量占一生产卵量的 70% 左右。卵散产或 5 ~ 11 粒聚集在一起。卵大多数产在叶背近叶脉的凹陷上。成虫寿命和产卵量的多少与温度和蜜源植物密切相关。每雌平均产卵 200 粒左右，最多可达 589 粒。成虫寿命除越冬者长达 1 个月以上外，一般雄蛾为 10 ~ 16 天，雌蛾为 6 ~ 14 天。

卵期一般为 3 ~ 11 天。初孵幼虫常咬破叶片表皮，将身体前半部潜入上、下表皮之间取食叶肉，形成小隧道。多数个体在 1 龄末、2 龄初才从隧道中退出来。3 ~ 4 龄多在叶背或叶心取食，给防治造成困难。幼虫对食物质量要求极低，老、黄叶都能完成其发育。大发生时残株败叶上往往有许多幼虫，故清洁田园是综合防治的一个重要环节。幼虫活跃，遇惊动即扭动身体倒退、吐丝下垂。幼虫共 4 龄。幼虫老熟后，在叶脉附近或落叶上结茧化蛹。

菜蛾对温度的适应范围很广，既耐寒又耐高温。在 10 ~ 40℃ 范围均可以生存繁殖，但最适发育温度为 20 ~ 30℃。空气相对湿度对菜蛾生长发育的影响并不显著，但暴雨或雷雨的冲刷对卵及幼虫均不利。

天敌是影响菜蛾种群消长的主要因素，仅已记载的寄生蜂就达 100 余种。国内在这方面也做了大量的工作，记载寄生蜂类 10 余种，比较重要的有菜蛾绒茧蜂和啮小蜂等。其寄生率分别可达 95% 和 84.5% 以上。此外，还有菜蛾幼虫颗粒体病毒在田间感染数量也很大。捕食性天敌有蜘蛛、草蛉、步甲等，这些天敌对菜蛾数量的增加起了一定的抑制作用。

4. 防治措施

（1）农业防治

1）合理布局，尽量避免十字花科作物周年连作或早、中、晚熟品种的邻作，在一定时间、范围内，切断其食物源。

2）作物收获后及时清除残株、落叶，并带出田间加以处理；田块立即耕翻，可消灭大量虫源。

3）保护地上可覆盖防虫网。

（2）生物防治

1）应用人工合成的菜蛾性诱剂诱芯诱杀雄虫。每公顷用 90 ~ 120 个诱芯，用铁丝将诱芯固定在水盆中央上方，距水面 1 ~ 2 cm，水中加少量洗衣粉，盆底高于植株顶端 10 ~ 20 cm。每月更换 1 次诱芯即可。

2）在自然寄生率高的田块，保护和转移菜蛾绒茧蜂。

（3）物理防治。用黑光灯、频振式杀虫灯或小菜蛾性诱剂诱杀成虫。

（4）药剂防治

1）在 3 龄幼虫前，轮换选用下列药剂喷雾防治。由于甘蓝、花椰菜等叶面上蜡质较厚，可在药液中加入 0.1% 洗衣粉喷洒（先试后用），注意往叶背喷药。

2）用苏云金杆菌（每克含 100 亿个活孢子以上）粉剂 500～1 000 倍液，或杀螟杆菌（每克含 100 亿个活孢子以上）粉剂 800 倍液。

3）用 50% 辛硫磷乳油 1 000 倍液，或 40% 乙酰甲胺磷乳油 1 000 倍液，或 20% 氰戊菊酯乳油 2 000 倍液，或 2.5% 溴氰菊酯 2 000 倍液，或 1.8% 阿维菌素乳油 3 000 倍液，或 1.5% 多杀菌素悬浮剂 800～1 000 倍液，或 25% 杀虫双水剂 500 倍液，或 50% 杀螟丹可溶性粉剂 1 000～1 500 倍液，或 10% 虫螨腈乳油 3 000 倍液，或 25% 灭幼脲悬浮剂 1 800 倍液，或 5% 氟啶脲乳油 3 000 倍液，或 5% 氟虫脲乳油 3 000 倍液，或 5% 氟虫腈乳油 3 000 倍液，或 30% 茚虫威水分散粒剂 5 000 倍液。

十四、黄条跳甲

1. 分布与危害

黄条跳甲类害虫主要有黄曲条跳甲、黄狭条跳甲、黄宽条跳甲和黄直条跳甲 4 种。又称菜蚤子、土跳蚤、黄跳蚤等，属鞘翅目叶甲科害虫，主要危害萝卜、白菜、甘蓝、油菜、芥菜等十字花科蔬菜，也能危害茄果类、瓜类、豆类等，并能传播软腐病。该虫在我国分布极广，危害损失大。

以成虫危害寄主植物的叶片，被害叶片有很多小穿孔或仅剩下透明表皮的斑点。成虫取食有趋嫩性，因而幼苗期被害重，尤其是刚出土的幼苗，受害后就不能生长，往往毁种。留种蔬菜的花蕾和嫩果表面、果梗、嫩梢上也常被咬成疤痕或被咬断。幼虫生活于土中，专门危害寄主根部表皮，使其表面形成若干不规则条疤，也可咬断须根，使叶片由内到外发黄萎蔫死亡。萝卜肉质根被害后，表面形成许多黑斑点，逐渐扩大腐烂；白菜等受害，除直接伤根外，还可传播软腐病，叶片变黑萎蔫死亡。

2. 形态特征

（1）黄狭条跳甲（见图 3—52）。成虫体长 1.5～1.8 mm，体黑色，有光泽。头、胸部呈金属暗绿色；鞘翅上黄条较狭窄，直形，中央宽度仅为翅宽的 1/3。触角黑褐色，但基部 4 节赤褐色，可与其他种区别。

（2）黄曲条跳甲（见图 3—53）

1）成虫。体长 1.5～2.4 mm，黑色小甲虫，鞘翅上各有一条黄色纵斑，中部狭而弯曲。后足腿节膨大，善跳，胫节、跗节黄褐色。老熟幼虫体长约 4 mm，长圆筒形，黄白色，各节具不显著肉瘤，生有细毛。

2）卵。长约 0.3 mm，椭圆形，淡黄色，半透明。

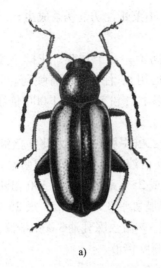

a)   b)

图3—52　黄狭条跳甲

a）成虫　b）亚麻叶被成虫危害状

a)   b)

图3—53　黄曲条跳甲

a）成虫　b）十字花科蔬菜根被幼虫为害状

3）蛹。长约2 mm，椭圆形，乳白色，头部隐于前胸下面，翅芽和足达第5腹节，胸部背面有稀疏的褐色刚毛。腹末有一对叉状突起，叉端褐色。

（3）黄宽条跳甲（见图3—54）。成虫体长1.6～2.2 mm，头、胸部黑色，具光泽，鞘翅中缝和周缘黑色，每翅上黄色条纹较宽大，占鞘翅大部分，仅剩黑色边缘，中央无弓形弯曲，其最狭处也在翅宽1/2以上。额顶刻点较稀少，体型较小。触角基部6节黄色或赤褐色。

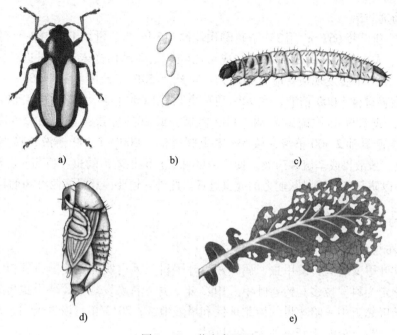

图3—54 黄宽条跳甲
a) 成虫 b) 卵粒放大 c) 幼虫 d) 蛹 e) 萝卜叶被害状

3. 发生规律

该虫在我国南北均有分布，发生量大，活动为害时间长，在长江以北至整个华北地区1年均发生4～6代，以秋季发生为害最重，以成虫在寄主植物或残株落叶上越冬，春季当气温回升到10℃以上时开始活动取食，气温上升到20℃以上时食量激增，32～34℃时最大，气温超过35℃食量剧减，酷热时有入土蛰伏现象。卵散产于植株周围潮湿的土壤中或细根上，气温20℃时卵期为4～9天。幼虫孵化需要较高的湿度，因此近水沟边的地块发生量大。北方秋季正值雨季后，卵孵化率高，因而为害重。幼虫孵化后多在3～5 cm的表土层剥食寄主根表皮。幼虫期11～16天，共3龄。老熟幼虫在3～7 cm深的土层中做土室化蛹，蛹期约20天，羽化后出土为害。

4. 防治措施

（1）农业防治

1）与非十字花科蔬菜实行2年以上轮作或水旱轮作。

2）清除菜地残株落叶和杂草，消灭藏在其中的成虫和幼虫。

3）于播种前7～10天深翻地晒垄，恶化幼虫生存环境。

4）播种前多施基肥，促进幼苗早发快长；移栽时选无虫苗，减少田间虫源等，均有良好的预防和防治效果。

（2）物理防治。用黑光灯诱杀成虫，覆盖防虫网。

（3）药剂防治

1）种菜前，每 667 m² 用 3% 辛硫磷颗粒剂 1.5 kg 与适量细土混匀，配制毒土撒布。

2）防治成虫的用药时期应掌握在成虫已经开始活动而尚未产卵时进行，重点在蔬菜苗期，幼苗出土后发现被害应立即用药。可选用 50% 辛硫磷乳油 1 000～1 500 倍液，或 80% 敌敌畏乳油 1 000 倍液，或 90% 敌百虫原药 1 000 倍液，或 40% 毒死蜱乳油 800～1 000 倍液，或 50% 马拉硫磷乳油 1 000 倍液，或 20% 氰戊菊酯乳油 2 500 倍液，或 2.5% 溴氰菊酯乳油 2 500 倍液，或 5% 氟虫脲乳油 1 000～1 500 倍液，喷雾防治成虫。可用敌百虫、敌敌畏或辛硫磷药液（使用浓度见上）灌根防治幼虫。喷药时应注意从田边向里围喷，以防具有很强跳跃能力的成虫逃逸。此外，还要注意最好两种药剂轮换施用。

十五、马铃薯甲虫

1. 分布与危害

马铃薯叶甲又名马铃薯甲虫，属鞘翅目叶甲科。因它发生在美国科罗拉多州，故将其普通名称定为科罗拉多马铃薯叶甲。1993 年 5 月，首次发现马铃薯甲虫传入我国新疆维吾尔自治区靠近中—哈边界的伊犁地区和塔城地区；2010 年，该虫仅向东部扩散到新疆的木垒县一带，分布于新疆的 36 个县市。

马铃薯叶甲是世界性、具毁灭性的马铃薯害虫，严重危害马铃薯、茄子、番茄、辣椒等茄科植物。也可取食烟草、曼陀罗和菲沃斯等多种植物。以成虫和幼虫取食寄主植物的叶片、幼果和嫩茎。严重时一般每株有虫 60～70 头，多的百头以上，可将全部叶片吃光，造成绝产。其是国内外重要检疫对象。

2. 形态特征（见图 3—55）

（1）成虫。体长 10～12 mm，雄虫较雌虫小。短卵圆形（呈半球形），体背显著隆起。淡黄至红褐色，具多数黑色条纹和斑。头部黄褐色，前胸背板隆起，黄褐色，中央有一"U"形斑纹或 2 条黑色纵纹，每侧有 4～5 个黑斑。小盾片光滑，黄色至近黑色。每一鞘翅有 5 条黑色纵条纹，以中间 3 条较粗。黑色纵条纹由翅基部延伸到翅端。雄虫阳茎呈圆筒形状，显著弯曲，端部扁平，长为宽的 3.5 倍。雌雄两性外形差别在于：雄虫末腹板有一纵凹线，雌虫无上述凹线。

（2）卵。长 0.8～1.65 mm，椭圆形，黄色，有光泽。

（3）幼虫。初孵时橙红色，后渐变为橙黄色或砖红色。4 龄幼虫体长 13～14 mm，头部常缩入前胸之下。腹部膨大而隆起。前胸背板骨片，气门片暗褐色或黑色。前胸背板显然大于中胸和后胸背板，其后缘有褐色宽带。中胸和后胸各有 4 个斑点，每侧 1 个，中间有 2 个。胸足 3 对，黑色。腹部 9 节，背面各有一黑斑，末节附尾足一对。腹部侧面前 7 节有 2 排黑斑，上面一排较大，位于气门四周，下面一排较小。腹部腹面尚有 3 行小斑，由密集短刚毛组成。

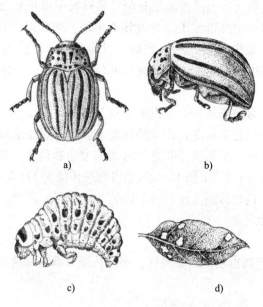

图3—55 马铃薯甲虫

a）成虫 b）成虫侧面观 c）幼虫 d）危害状

（4）蛹。为离蛹，椭圆形，长9 mm，宽6 mm，橘黄色或淡红色。

3. 发生规律

马铃薯叶甲1年发生3代，部分4代，均以成虫潜入马铃薯地下或田边树下甚至附近树林地下越冬，越冬深度0～15 mm。翌春4—5月，田间杂草或马铃薯出苗时，越冬成虫出土并大量取食。第一代产卵于马铃薯叶片背面，以上面较幼嫩叶片为多，往往一处产卵10余粒，多者达40粒以上。越冬成虫出土后4～5周内产卵500余粒，最高者产卵2 500粒。

第1代卵经4～9天即开始孵化，幼虫与越冬代成虫同时大量取食，造成春季对马铃薯的最大危害。幼虫取食2～3周，达4龄时成熟，潜入地下筑一圆形土室，化蛹于其中，入土深度与成虫不同，蛹期1～2周。成虫羽化出土后取食若干天产第2代卵，孵化后的第2代幼虫继续如前危害，羽化为第2代成虫。卵的发育速度视温度而定，18℃时卵期为5天，12℃时为17天，低于12℃成虫不产卵，卵也不能发育，28℃卵发育最快，高于30℃卵发育停止。成虫25℃最长寿命可达120天，一般50天后，成虫死亡率达到50%。雌虫在其产卵期可产几块卵。在实验室的条件下，刚羽化的成虫5～7天后开始产卵，大约15天后，达到产卵鼎盛期，以后的30天产卵量急剧下降，总计每只成虫最多可产4 000粒卵。

马铃薯叶甲有很强的生命力，成虫不食，只要有适当水分，可活一年；无食又无水,也能活2个月。土壤为沙土或沙壤土有利于马铃薯甲虫化蛹及越冬。在土壤表层越冬的成虫,春天干旱时,则难以出土,再度转入冬眠,如此寿命得以延长,个别可达2年之久。成虫在重黏土地中越冬死亡率最高,因为此类土壤的高湿度对其忍受低温不利。而为了获得适当温度,在地下滞育的成虫可以向下移动,增加深度,以减轻越冬死亡。

当每株番茄上马铃薯甲虫幼虫由5头增加到10头的时候,其产量减少67%。

马铃薯甲虫成虫的飞行活动受食物及种群密度影响,越冬成虫出土后寻找寄主过程中,可以远距离传播扩散,扩散速度和方向与大风方向和风速密切相关。据观察,在遇到10 m/s以上的大风,马铃薯甲虫16天时间可随风传播到115 km以外的地区。马铃薯甲虫主要通过贸易途径进行传播。来自疫区的薯块、水果、蔬菜、原木及包装材料和运载工具,均有可能携带此虫。

4. 防治措施

(1) 植物检疫。严格检疫,封锁疫区,不得从疫区调运种薯和商品薯。

(2) 农业防治

1) 培育抗虫品种,如大白花和陇薯7号。

2) 推行轮作。据研究,马铃薯连作,叶甲种群密度较与冬小麦或黑麦轮作的大40倍。冬小麦田改种马铃薯的,叶甲种群的建立为害要晚2~3周。

3) 早播早熟马铃薯品种,可以减少叶甲食料。采收后及时翻耕灭茬,尽量消除田间覆盖物,可恶化叶甲的越冬条件。

(3) 生物防治。在捕食性天敌中,常见的有乌鸦、火鸡、红胸松雀、草蛉、瓢虫、步行虫、刺益螨、蓝蝽、蜀敌螨、中华长腿胡蜂等。

在越冬代幼虫入土期,亩喷施300亿/g白僵菌可湿性粉剂100 g,30天后僵虫率达80%以上。在第一代马铃薯甲虫幼虫1~2龄时施用菌剂,在马铃薯植株郁闭度较大情况下,亩使用剂量为100~150 g,15~20天僵虫率达70%。

(4) 人工防治。调查表明,每隔2~3天进行一次人工捕捉成虫和杀灭卵块,可有效抑制田间虫口密度,成虫密度平均比对照(未进行人工捕捉的田块)减少81.3%,卵块密度减少87.5%,可有效减轻第一代幼虫防治压力。

(5) 药剂防治

1) 土壤处理。在马铃薯播种时,沟施呋喃丹,用量为37.5 kg/hm²,防治越冬的甲虫。

2) 在第1代和第2代幼虫高峰期轮换使用高效环境友好型农药进行防治,主要药剂亩用量:5%氟虫腈悬浮剂18 mL,或5%阿克泰水分散粒剂6 g,或70%艾美乐水分散粒剂2 mL,或3%莫比朗乳油15 mL,或20%啶虫脒可溶性液剂10 g,或48%多杀霉素和2.5%多杀霉素悬浮剂60 mL,或3%甲维盐60 g,或森乐可湿性粉剂800倍液,或

7.5% 鱼藤酮乳油 1 000 倍，或 3% 高渗苯氧威乳油 500 倍液，或 10% 呋喃虫酰肼悬浮剂 500 倍液。

单元测试题

一、填空题（请将正确的答案填在横线空白处）

1. 根据设施蔬菜病虫发生特点，其中病虫害防治应贯彻"_____"的植保方针。
2. 植保理念是_____、_____。
3. 温汤浸种可有效杀灭种子上的病菌，一般在_____热水中烫种。
4. 带苗闷棚，使苗上部气温升至_____，连续保持 2 h。
5. 危害十字花科蔬菜的蚜虫主要有 3 种，分别是_____。
6. 在蔬菜生产中，地下害虫以_____等危害较重。
7. 茄子三大病害为_____。
8. _____是诱发豆类锈病的主要因素。
9. 各种豆类作物的锈病症状大致相似，主要危害_____，也可为害茎和豆荚。
10. 菜粉蝶属_____目_____科，幼虫称为_____，一般皆以_____越冬。

二、判断题（下列判断正确的请打"√"，错误的打"×"）

1. 寄生性天敌昆虫有丽蚜小蜂、赤眼蜂、瓢虫、草蛉。（　　）
2. 危害豆科蔬菜的害虫中，美洲潜叶蝇属于世界性检疫害虫。（　　）
3. 马铃薯瓢虫是能够危害蔬菜根部的害虫。（　　）
4. 金龟子具有较弱的趋光性。（　　）
5. 茄子黄萎病俗称"半边疯""黑心病"，是茄子生产上的重要病害之一。（　　）
6. 瓜类白粉病在发病部位的病征为白粉状物，病菌借助后期产生小黑点传播扩大危害。（　　）
7. 黄瓜霜霉病的症状是在子叶正面产生不规则形褪绿枯黄病斑，叶背产生紫黑色霉层。（　　）
8. 茄科蔬菜灰霉病的寄生性很强。（　　）
9. 茄科蔬菜青枯病是一种真菌性维管束病害。（　　）
10. 黄瓜角斑病是由细菌侵染引起的。（　　）

三、单项选择题（下列每题的选项中，只有 1 个是正确的，请将其代号填在横线空白处）

1. 菜蚜的危害虫态是_____。
   A. 成蚜和若蚜　　　B. 仅为成蚜　　　C. 仅为若蚜　　　D. 仅为有翅蚜

2. 菜粉蝶幼虫主要危害的蔬菜是_____。

    A. 十字花科　　　　B. 茄科　　　　C. 豆科　　　　D. 葫芦科

3. 菜蛾在我国西部和北部地区越冬的虫态一般是_____。

    A. 卵　　　　B. 老熟幼虫　　　　C. 蛹　　　　D. 成虫

4. 瓜类白粉病菌主要危害瓜的_____。

    A. 叶片　　　　B. 茎　　　　C. 叶柄　　　　D. 果实

5. 在田间进行美洲斑潜蝇预测预报的调查时，可利用成虫生物学特性中的_____。

    A. 多食性　　　　B. 趋黄性　　　　C. 趋嫩性　　　　D. 趋上性

6. 十字花科蔬菜病毒病的传毒昆虫是_____。

    A. 地下害虫　　　　　　　　B. 蚜虫

    C. 菜青虫　　　　　　　　D. 黄条跳甲

7. 番茄病毒病的防治策略是_____。

    A. 防治蚜虫、加强栽培管理　　　　B. 嫁接防病

    C. 药剂防治为主　　　　　　　　D. 土壤消毒

8. 防治茄子黄萎病的有效措施有_____。

    A. 生态防病　　　　　　　　B. 防治蚜虫

    C. 生长期间清除病叶　　　　D. 嫁接防病

9. 茄科蔬菜苗期立枯病的病原是_____。

    A. 不适宜的环境条件　　　　B. 真菌

    C. 细菌　　　　　　　　　　D. 线虫

10. 黄瓜炭疽病的病原菌是_____。

    A. 真菌　　　　　　　　B. 寄生性种子植物

    C. 细菌　　　　　　　　D. 线虫

四、多项选择题（下列每题的选项中，至少有2个是正确的，请将其代号填在横线空白处）

1. 在设施栽培条件下，_____、_____、_____的小气候特点有利于病虫害的发生。

    A. 温度高　　　　B. 湿度大　　　　C. 通气性差

    D. 农事操作　　　　E. 水　　　　F. 光照

2. 设施蔬菜病虫害的发生特点有_____、_____、_____、_____。

    A. 繁殖速度加快　　　　B. 生活周期缩短　　　　C. 世代增多

    D. 蔓延速度加快　　　　E. 需水量少　　　　F. 迁飞能力强

单元 3

3. 农药根据作用方式分_____、不育剂、昆虫生长调节剂、保护剂、治疗剂。

    A. 触杀剂   B. 胃毒剂   C. 内吸剂

    D. 熏蒸剂   E. 拒食剂   F. 引诱剂

4. 防治黄瓜霜霉病可采取_____等措施。

    A. 高温闷棚   B. 喷施1%红糖   C. 喷施农用链霉素

    D. 选用抗病品种   E. 灌水   F. 防治蚜虫

5. 蔬菜苗期病害主要在_____越冬。

    A. 种子   B. 土壤   C. 病残体

    D. 昆虫   E. 杂草   F. 农田

五、问答题

1. 简述设施蔬菜病虫害的发生特点。

2. 番茄叶霉病都有哪些症状，应如何防治？

3. 番茄晚疫病都有哪些症状，应如何防治？

4. 芹菜早疫病都有哪些症状，应如何防治？

5. 生菜菌核病都有哪些症状，应如何防治？

6. 韭菜软腐病都有哪些症状，应如何防治？

7. 小白菜根肿病都有哪些症状，应如何防治？

8. 甘蓝黑腐病都有哪些症状，应如何防治？

9. 蝼蛄都有哪些为害特点，应如何防治？

10. 马铃薯甲虫都有哪些为害特点，应如何防治？

六、技能题

1. 制订辣椒病虫害的综合防治方案。

2. 简述生物防治与化学防治的差异。

单 元
3

单元测试题答案

一、填空题

1. 预防为主，综合防治 2. 公共植保 绿色植保 3. 50~55℃ 4. 42~45℃
5. 萝卜蚜、桃蚜、甘蓝蚜 6. 蛴螬、蝼蛄、金针虫、地老虎 7. 茄褐纹病、茄黄萎病、茄绵疫病 8. 高温高湿 9. 叶片 10. 鳞翅，粉蝶，菜青虫，蛹

二、判断题

1. × 2. √ 3. × 4. √ 5. √ 6. √ 7. √ 8. × 9. × 10. √

三、单项选择题

1. A 2. A 3. C 4. A 5. B 6. B 7. A 8. D 9. B 10. A

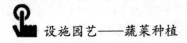

四、多项选择题

1. ABC　2. ABCD　3. ABCDEF　4. AD　5. ABC

五、问答题

答案略。

六、技能题

答案略。

单元

3

理论知识模拟试卷

一、名词解释（每题 2 分，共 10 分）

1. 设施园艺

2. 日光温室

3. 温室效应

4. 植株调整

5. 种子春化

二、填空题（请将正确的答案填在横线空白处；每题 2 分，共 20 分）

1. 农业设施的特点：一是_____。二是_____。

2. 连栋温室主体结构一般包括_____、_____、_____等部分。

3. 温室自然通风系统主要采用以下通风方式：_____、_____、_____三种方式。其中_____效果最好。

4. 球形指数是指_____；叶形指数是指_____。

5. 番茄按照花序着生的位置及主轴生长的特性，可分为两大类：_____和_____。

6. 设施蔬菜病虫害防治应贯彻"_____、_____"的植保方针。

7. 危害十字花科蔬菜的蚜虫主要有 3 种，分别是_____、_____、_____。

8. 在蔬菜生产中，地下害虫以_____、_____、_____等危害较重。

9. 茄子三大病害为_____、_____和_____。

10. 黄瓜霜霉病的症状是_____，叶背产生_____。

三、判断题（下列判断正确的请打"√"，错误的请打"×"；每题 1 分，共 20 分）

1. 设施园艺栽培方式与常规栽培方式相比，农业资源的利用率提高但需要投入更多的能量以及新的能源形态。（　）

2. 南北方位的温室与东西方位的单栋温室相比，冬季室内地面光照强且分布较均匀。（　）

3. 由于日光温室采光面为拱形屋面，各处屋面坡度角均不相同，所以光强和采光

量在室内空间上分布不均匀。 （　　）

4. 温室的稳定性是指温室及塑料大棚结构及所有构件的设计必须能安全承受可能的所有载荷。 （　　）

5. 日光温室的通风扒缝方式以顶部扒缝通风效果最好。 （　　）

6. 由于温室处于相对封闭状态，内部二氧化碳浓度日变化幅度远高于外界大气，常满足不了作物光合作用所需。 （　　）

7. 采用湿帘风机系统降温，外界空气越干燥，温度越高，湿帘降温效果越大。理论上使用湿帘可使室内温度降低到露点温度。 （　　）

8. 甘蓝的茎分为内、外短缩茎和花茎，内短缩茎着生球叶。内短缩茎越短，包心越紧实、食用价值越高。 （　　）

9. 茄子的短花柱花属正常花，而番茄的长花柱花属正常花。 （　　）

10. 增施钾肥是薯芋类、根菜类蔬菜丰产的主要措施之一。 （　　）

11. 为了提高马铃薯和萝卜产品器官的品质和耐储能力，在生长中、后期应及时停止浇水。 （　　）

12. 葱蒜类的叶片和根系都具有耐旱的形态特征。 （　　）

13. 马铃薯块茎上的芽眼数目与地上主茎的节数相当，其排列顺序与主茎的叶序相同。 （　　）

14. 豆类蔬菜的根系都与根瘤菌共生，在栽培中不必施用氮肥。 （　　）

15. 危害蔬菜的瓜蚜别名是菜蚜。 （　　）

16. 能够危害蔬菜根部的害虫是美洲斑潜蝇。 （　　）

17. 在蝼蛄生物学特性中，成虫喜食榆树、杨树叶片。 （　　）

18. 美洲斑潜蝇一般只危害叶部。 （　　）

19. 十字花科蔬菜病毒病的传毒昆虫是黄条跳甲。 （　　）

20. 番茄病毒病的防治策略是防治蚜虫，加强栽培管理。 （　　）

四、简答题（每题 5 分，共 20 分）

1. 文洛型（Venlo）温室的结构特点是什么？

2. 影响菜豆落花落荚的原因有哪些？

3. 设施蔬菜病虫害的发生特点是什么？

4. 如何防治马铃薯甲虫？

5. 瓜类白粉病的典型症状是什么？影响发病的因素有哪些？

五、论述题（每题 10 分，共 30 分）

1. 设施园艺生产基地规划与布局的内容及原则是什么？

2. 根据温室内热量得失的途径，说明提高温室保温节能性能的措施。

3. 试述番茄病毒病的综合防治。

理论知识模拟试卷答案

一、名词解释

1. 设施园艺是指在不适宜露地种植的季节或地区，利用温室、塑料大棚等农业设施栽培蔬菜、果树、花卉等园艺作物的生产方式。

2. 日光温室一般是指以太阳辐射能为主要能量来源的单屋面温室，一般由透光前坡（前屋面）、后屋面、后墙、东西山墙、操作间和外保温帘（被）组成，坐北朝南，东西向延伸。

3. 温室效应是指太阳辐射能透过透明覆盖物进入温室内，被地面等吸收，同时地面的有效辐射被透明覆盖物阻挡，再加上覆盖物阻挡了室内外气流交换，而使室内的气温高于外界的现象。

4. 植株调整是指人为控制某些器官的生长发育而促进另外一些器官的生长和发育，从而生产出产量高、品质好的产品器官的技术措施。

5. 种子春化是指从萌动的种子开始就可感受低温的刺激而通过春化阶段。

二、填空题

1. 可以为各种农业生产对象提供比自然环境更加适宜的生产环境条件，且可以调控环境　依靠各种生产设备实现高效生产

2. 基础　骨架　天沟（排水槽）

3. 顶窗通风　侧窗通风　顶侧窗通风　顶侧窗通风

4. 叶球高度/直径　叶片长/叶片宽

5. 有限生长型　无限生长型

6. 预防为主　综合防治

7. 萝卜蚜　桃蚜　甘蓝蚜

8. 蛴螬　蝼蛄　金针虫　地老虎　根蛆

9. 褐纹病　黄萎病　绵疫病

10. 在子叶正面产生不规则形褪绿枯黄病斑　紫黑色霉层

三、判断题

1. √　2. ×　3. √　4. ×　5. ×　6. √　7. ×　8. √　9. ×　10. √

11. × 12. × 13. √ 14. × 15. × 16. × 17. × 18. √ 19. ×
20. √

四、简答题

答案略。

五、论述题

答案略。

试卷

答案